Der Kampf des Ingenieurs gegen Erde und Wasser im Grundbau

Von

Dr.-Ing. A. Agatz
Hafenbaudirektor a. D.
o. Professor für Grund- und Wasserbau an der Technischen Hochschule
Berlin

Unter Mitarbeit von
Dr.-Ing. E. Schultze
Regierungsbaumeister a. D.
Ständiger Assistent am Lehrstuhl für
Grund- und Wasserbau, Berlin

Mit 155 Textabbildungen

Berlin
Verlag von Julius Springer
1936

ISBN-13:978-3-642-89444-2 e-ISBN-13:978-3-642-91300-6
DOI: 10.1007/978-3-642-91300-6

Softcover reprint of the hardcover 1st edition 1936

Vorwort.

Wenn ich mich entschlossen habe, das Ergebnis der Gedanken und Überlegungen einer 15jährigen Entwurfs- und Ausführungstätigkeit für mannigfaltige Bauwerke der Tiefe niederzuschreiben, so tue ich es besonders aus Verantwortlichkeit denen gegenüber, die heute, aus der jüngeren und teilweise auch jüngsten Generation stammend, auf dem Gebiet des Bauingenieurwesens vor Aufgaben gestellt sind, die rasches Handeln verlangen, um die neuen Verkehrswege und vielgestaltigen Bauwerke möglichst bald dem deutschen Volke nutzbar zu machen.

Wer Werke errichtet, die mit dem Grund und Boden in Berührung kommen, hat die Pflicht, sich darüber Klarheit zu verschaffen, daß „Wasser“ und „Erde“ die natürlichen Gegner jedes Ingenieurs sind, der auf oder in ihnen Bauwerke errichten will.

Begibt er sich doch auf ein Gebiet, das für uns „Wasserbauer“ Lebenselement ist und bleiben wird, wo wir mit den Naturelementen harte Kämpfe austragen müssen, in denen wir nicht immer Sieger bleiben. Erst aus den Fehlern derer, die mit ihren Bauwerken ganz oder teilweise Schiffbruch erleiden, lernen wir den unabänderlichen Zwang zur Wahrheit und zum folgerichtigen Aufbau unserer Gedanken und Handlungen der Natur gegenüber.

Die durch den Verlust der landeigenen Scholle abgerissene Verbundenheit zur Natur rächt sich auch an denen, die Ingenieurbauwerke der Tiefe errichten. Was die um ein Menschenalter ältere Generation an unverfälschter Naturerkenntnis noch besaß, hat die Mehrzahl der nachfolgenden Generation zum großen Teil verloren.

Während sich früher die enge Verbundenheit zwischen Ingenieur und Natur in der statischen und konstruktiven Behandlung der Grundbauwerke durch die Erfahrung auswirkte, ließ die falsche Einschätzung auftretender Mißerfolge die rein statisch-konstruktive Behandlung der Grundbauwerke in den Vordergrund und den Faktor „Naturerkenntnis“ zu weit zurücktreten. Es ist nun an der Zeit, aus dieser Entwicklung das Fazit zu ziehen und einmal offen und ehrlich zu bekennen, was richtig, was falsch war und ist, und welche Möglichkeiten uns offenstehen, an der Gabelung vieler Wege die bessere Richtung einzuschlagen. Wenn hierbei der Leitgedanke klar erkannt wird,

daß es Patentlösungen nicht gibt und auch nicht geben wird,

daß der Mensch infolge seiner eigenen Unvollkommenheit immer Fehler machen wird,

daß es aber seine Pflicht ist, mögliche Fehler weitgehendst zu vermeiden, dann sind wir auf dem richtigen Wege, der uns dem Ziele näher führen wird und muß.

Und so kann und wird es für alle diejenigen, die auch in diesem Buch eindeutige Lösungen zu finden hoffen, eine Enttäuschung sein, daß ich ihnen ihre Sorgen nicht abnehmen, sondern sogar neue hinzufügen werde. Verstehen sie aber, den Geist richtig einzuschätzen, der uns Grundbauingenieure beherrschen sollte, dann lernen sie auch aus meinen Aufzeichnungen das, was mir die vergangenen $1^1/_2$ Jahrzehnte immer gegeben haben, die Freude an dem inneren Streben nach Wahrhaftigkeit in dem Labyrinth der verschiedenen Möglichkeiten.

Mancher Ingenieur hat es einmal erleben müssen, daß der Gegner Erde die Frucht seiner Arbeit verschüttet, daß der Gegner Wasser, aus allen Hohlräumen des Bodens hervorquellend, sein in Arbeit befindliches Bauwerk überflutet und alles zusammensacken läßt, was er gerade mit Mühe und Not aus dem Untergrund herausgeholt hat, daß das Feuer das mit gierigen Fängen umzüngelt, was in einigen Tagen dem Betrieb übergeben werden sollte.

Wie unendlich klein ist der Mensch, wenn er den tobenden Elementen gegenübersteht. Staunend verhält er sich in den Jahren der Lehre, hart emporwallt das Gefühl der menschlichen Unzulänglichkeit in den Jahren des verantwortlichen Meisters. Und gerade hieraus schießt immer gleichzeitig der Wille zum letzten Gegenangriff und zur zähen Verteidigung empor und läßt sie zur Tat werden.

Dabei verliert man das Gefühl der Überheblichkeit und läßt den Willen reifen, ein Mensch zu werden, der die Grenzen menschlichen Könnens richtig erfaßt und trotzdem den Mut wachsen fühlt, den Kampf mit immer schärfer werdenden Waffen gegen seine Feinde zu wiederholen.

Und wenn dann zu allem die Freude an dem Ingenieurberuf, an der Tagesarbeit, die Freude an dem Menschen mit seinen Fehlern und Schwächen, das Vertrauen auf das Zusammenstehen mit den Mitarbeitern bei Erfolgen und Mißerfolgen hinzukommt, dann ist der Geist um uns, den wir Ingenieure brauchen, um aufrecht die harten Schläge unserer natürlichen Feinde zu ertragen und doch immer wieder anzufangen und stolz zu sein auf den gemeinsam errungenen Sieg.

In diesem Sinn gehe ich an ein Werk heran, das helfen soll das aufzudecken, was wir wissen und nicht wissen, und Wege zu weisen, wo wir gemeinsam für die Zukunft arbeiten müssen, um unsere Erkenntnis zu schärfen und der Wahrheit näherzukommen.

Diese Veröffentlichung soll nicht die Zahl der umfangreichen Handbücher des Ingenieurbaus vermehren, sondern bewußt die eigene Auffassung kundgeben zu den vielen Problemen des Grundbaues, die auch heute noch immer trotz allen Fortschrittes der Lösung harren.

Sie stützt sich auf die eigenen Erfahrungen, die an den verschiedenartigsten Bauwerken der Tiefe, Untergrundbahnen, Kaimauern, Schleusen, Doks, Fundamenten für Brücken, eiserne Hallen, Schuppen, Kran- und Maschinenanlagen, an Unterfangungen und Unterfahrungen, an Seedeichen und an Dämmen für Eisenbahn- und Straßenverkehr gewonnen wurden.

Man muß den Mut haben, seine Auffassung zu bekennen. Liegen eigene Gedanken und Überlegungen vor uns, dann ist es leichter, unser Wissen dauernd zu vervollständigen. Wie not das tut, erkennt jeder erfahrene Ingenieur, wenn er die Praxis durchwandert und Bauwerke kritisch betrachtet.

Man muß erkennen,

daß letzten Endes ein Untergrundbahnkörper, ein unterirdischer Wasserbehälter oder ein Tiefkeller denselben Gesetzen im Entwurf und in der Ausführung unterliegen, wie ein Trockendockkörper,

daß ein Brückenwiderlager und eine Futtermauer der Eisenbahn nach denselben Grundsätzen zu behandeln sind wie eine Ufermauer oder umgekehrt.

Um daher die innere Einstellung zu den nachfolgenden Erörterungen zu erleichtern, habe ich bewußt die Namen der einzelnen Bauwerke, an denen ich in Entwurf und Ausführung mit Hand anlegen durfte, fortgelassen, nur allgemein von den Bauten der Tiefe gesprochen und die Beispiele zur Erleichterung des Verständnisses vereinfacht.

In ihren Anfängen ist die Arbeit während meiner praktischen Entwurfs- und Bautätigkeit entstanden, und ich danke daher meinen alten Mitarbeitern, mit denen ich seinerzeit oft die nachstehenden Gedanken austauschte. Insbesondere gedenke ich Herrn Baurats O. Martinsen, meines früheren ersten Assistenten und langjährigen Mitarbeiters in der Praxis, der an den ersten Grundlagen und zusammen mit Herrn Regierungsbaurat R. Wolter, meinem derzeitigen Honorarassistenten und alten Arbeitskameraden, an der Durchsicht dieser Arbeit mitgearbeitet hat, und Herrn Regierungsbaumeister a. D. Dr.-Ing. E. Schultze, meines jetzigen ersten Assistenten, der mir getreulich bei der Zusammenstellung und Abfassung der Arbeit geholfen hat.

Berlin, im Januar 1936.

Dr.-Ing. A. Agatz.

Inhaltsverzeichnis.

I. Der Gegner „Erde“.

Will man den Gegner „Erde“ in seinen noch immer nicht restlos geklärten Angriffsmöglichkeiten erfassen, so muß man von der geologischen Entstehung der obersten Erdschichten, soweit sie für Bauten der Tiefe in Betracht kommen, ausgehen und damit sich von dem Gedanken sowohl der gleichartigen Beschaffenheit irgendeiner Bodenschicht als auch der gleichen Beschaffenheit scheinbar gleich aussehender und gleich benannter Bodenarten und -schichten an verschiedenen Stellen loslösen. Diese Vorstellung wurde fälschlicherweise dadurch hervorgerufen, daß in den Handbüchern des Ingenieurbaues in gewissen Grenzen feste Beiwerte für Sand, Kies, Lehm, Ton u. a. m. gegeben wurden. Diese Angaben verleiten immer wieder dazu, derartige Werte als feststehende Grundlagen für Bauentwürfe hinzunehmen, statt die Bodenverhältnisse für jeden Fall zu prüfen und auszuwerten. So kommt es, daß vielfach Sand gleich Sand, Ton gleich Ton und Lehm gleich Lehm gesetzt wird. Und wie anders hat Mutter Natur sie geschaffen. Erfreulicherweise haben hier die Versuchsanstalten wertvolle Arbeit geleistet und uns das abweichende Verhalten scheinbar gleichartiger Bodenarten aufgedeckt.

Aber trotzdem gibt die Praxis immer wieder erschütternde Beispiele der Verständnislosigkeit auf diesem Gebiete. Weder im Straßenbau, im städtischen Tiefbau, im Eisenbahnwesen und im konstruktiven Ingenieurbau, noch in den anderen Zweigen des Bauwesens gibt es Bauten, die nicht mit der Erde in Verbindung stehen. Diesen Untergrund für seine Bauwerke aufzuschließen, obliegt dem Bauingenieur. Der Geologe soll wohl den geologischen Aufbau aufdecken, es darf aber niemals seine Aufgabe sein oder werden, den Untergrund für das Bauwerk und seine Bauausführung auszuwerten.

Wie man dem Gegner „Erde“ seine Tarnkappe herunterreißen kann, soweit es nach dem heutigen Stand der wissenschaftlichen und praktischen Erkenntnisse möglich ist, sollen die nächsten Kapitel zeigen.

1. Die Erkundung seiner Lage.

a) Die Lagerung des Bodens.

Je nach der geologischen Beschaffenheit des Untergrundes ist mit einer mehr oder weniger starken Ungleichmäßigkeit des Schichtenverlaufs zu rechnen. Grundsätzlich sollte man die Annahme der am seltensten vorkommenden horizontalen Lagerung der Bodenschichten, solange die Bohrergebnisse sie nicht erwiesen haben, aus den Überlegungen ausschalten, weil gerade sie zu den schwersten Irrtümern in den Entschlüssen führen kann. Auch das beim Herstellen der Bodenschnitte so beliebte gradlinige Verbinden gleichartiger Bodenschichten zweier weit voneinander liegender Bohrungen kann nur dann ohne Gefahr vorgenommen werden, wenn entweder das Bauwerk und sein Gründung

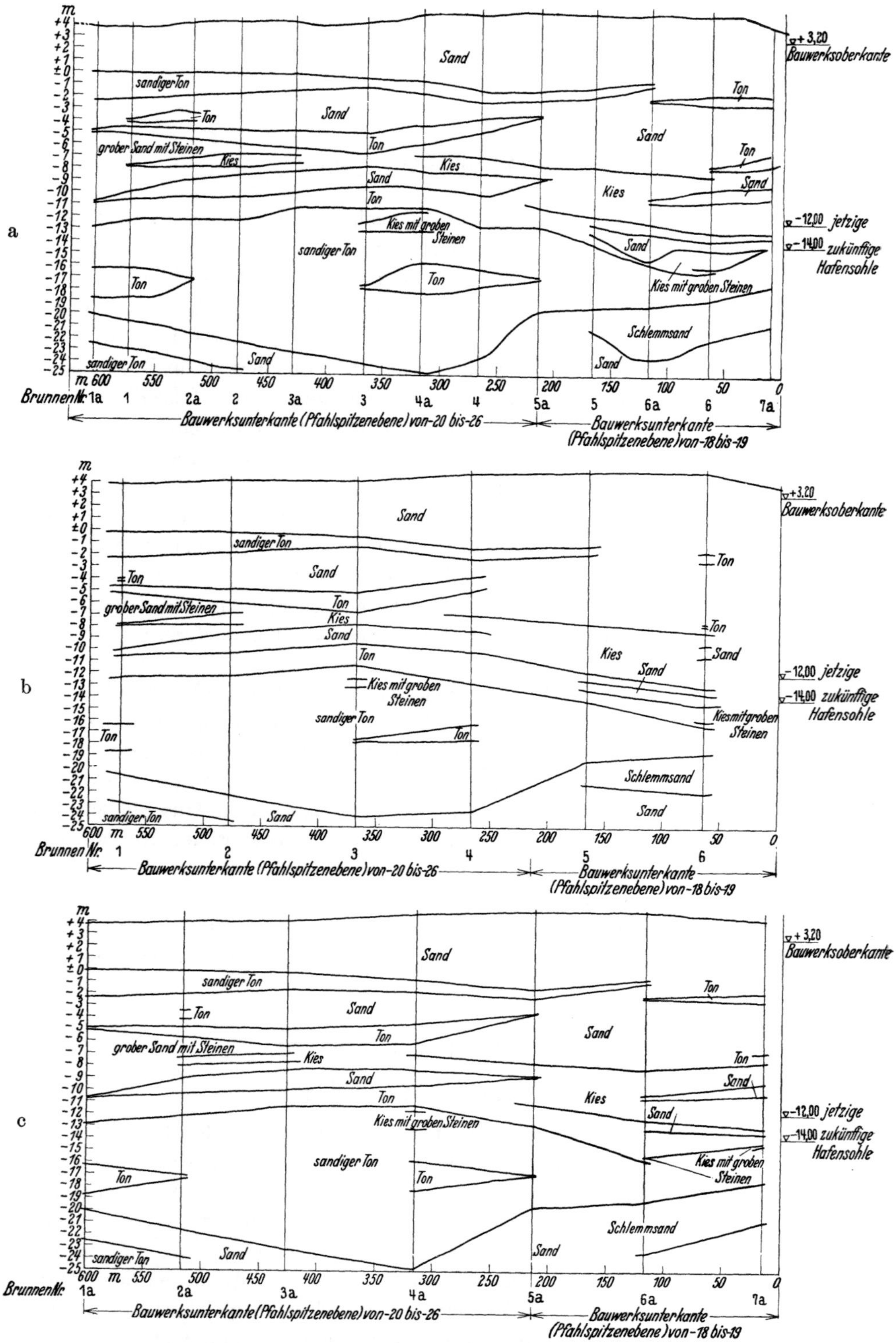

Abb. 1. Einfluß des Bohrabstandes auf die Erschließung des Untergrundes.
a) enger Bohrabstand, b) weiter Bohrabstand, c) weiter Bohrabstand mit anderer Bohrreihe.

gegenüber dem Verlauf der Bodenschichten unempfindlich ist, oder aber die Lage der Bohrungen zueinander und die räumliche Vorstellung vom Verlauf der Bodenschichtung zu der geradlinigen Verbindung berechtigen.

So zeigt die Abb. 1 nur allzu deutlich, wie die Verbindung der einzelnen Bodenschichten zweier Bohrpunkte sich auswirken kann. Bei diesem Beispiel handelt es sich um ein langgestrecktes Stützbauwerk auf Holzpfählen. Für dieses Bauwerk war es von wesentlicher Bedeutung, die rammerschwerenden Bodenschichten festzustellen, um die Holzpfähle so tief unbeschädigt in den Untergrund einbringen zu können, bis die erforderliche Tragfähigkeit erreicht wurde. Die Abb. 1a zeigt, daß sowohl die Schlemmsandschicht als auch die grobe Sandschicht mit Steinen und die Kiesschicht mit groben Steinen von großem Einfluß auf die Bauausführung sein mußte. Tatsächlich wurden dann auch zugleich auf Grund früherer Bauerfahrungen die oberen steinhaltigen Schichten bis auf etwa —12 m durch Baggerung vor dem Rammen beseitigt und dort, wo die tragfähige Sandschicht in größeren Tiefen lag, entsprechend längere Holzpfähle verwendet. Die Abb. 1b und 1c zeigen sehr klar, wie sowohl zu weiter Bohrabstand als auch nur etwa bis —19 m heruntergebrachte Bohrungen das Bild vom Untergrund hätten verändern und zu falschen Schlüssen hinsichtlich Länge und Anzahl der Pfähle im vorliegenden Fall führen können.

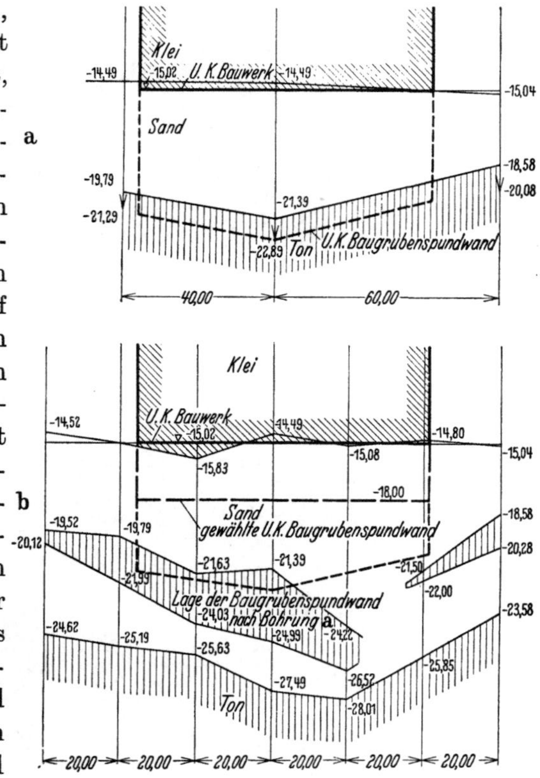

Abb. 2. Einfluß der Bohrlöcher auf die Wahl der Bauausführung (mit und ohne Wasserhaltung).

Sind also tiefere Gründungen notwendig, bei deren Ausführung gröbere Steine und Findlinge unangenehm werden könnten, dann ist erst recht die Lagerung einer solchen Schicht weitgehendst aufzuklären, vor allem, wenn sich ungleiche Lagerungsdichte oder sogar nur örtlich begrenzte Einschüsse herausstellen.

Beim bindigen Boden kann neben seiner Zusammensetzung auch seine Lagerung eine maßgebende Rolle spielen, wenn eine von den Seiten oder auch von unten her wasserdichte Umschließung der Baugrube gewährleistet und vor allem, wenn dieser Boden auch als Baugrund für die Bauwerksfundamente herangezogen werden soll.

Bei der Abb. 2 handelt es sich um ein massiv gegründetes Bauwerk, dessen Sohle aus konstruktiven Gründen nur etwa bis —13 m hätte heruntergeführt zu werden brauchen. Die Bohrungen ergaben aber, daß die tragfähige Sandschicht erst auf —15 m lag. Daher mußte die Sohle von vornherein entsprechend stärker bemessen werden. Drei Bohrungen im Abstand von 40 und 60 m, die nur rund 1,5 m in den Ton hineingetrieben wären (Abb. 2a), hätten ferner zu dem falschen Entschlusse geführt, in diese wasserundurchlässige Schicht Stahlspundwände herunterzurammen und auf diese Weise eine wasserdichte Um-

Abb. 3a.

Abb. 3b.

Abb. 3a u. b. Zerklüfteter Fels unterhalb einer Spundwandumschließung.

schließung mit erheblich geringerem Kostenaufwand herzustellen. Diese wäre auch für ein unmittelbar an den Neubau anschließendes altes Bauwerk, das auf gleicher Tiefe gegründet war, von wesentlichem Vorteil gewesen. Tatsächlich führten aber bis auf —28 m im engen Abstand von 20 m heruntergebrachte Bohrungen (Abb. 2b) zu dem für die obengenannte Art der Bauausführung verhängnisvollen Ergebnis, daß diese Tonschicht nur 0,5 bis 3 m stark war und auf einer längeren Strecke nicht mehr zusammenhing. Die durchgehende, brauchbare Tonlage lag erst 5 bis 6 m tiefer. Demzufolge wurde auf eine wasserdichte Umschließung der Baugrube mit langen Spundwänden verzichtet und nur eine bis —18 m reichende Spundwand gerammt. Das Bauwerk wurde dann unter dem Schutze von Tiefbrunnen, die auch das alte Bauwerk umfaßten, ausgeführt, um letzteres vor Rissen infolge einseitiger Absenkung zu schützen.

Der Aufschluß der Lagerung von felsigem Untergrund kann noch wichtiger sein, wenn wasserführende Spalten oder fauler Fels vorkommen. Diese können sowohl die Bauausführung als auch die vorgesehene Gründungsart in Frage stellen, oder wie die Abb. 3 zeigt, zu schweren Wassereinbrüchen führen.

b) Die verschiedenen Bohrverfahren.

Der Streit, ob Bohrungen von 30 bis 100 mm oder 100 bis 300 mm Bohrdurchmesser zweckmäßiger sind, kann wohl in allen den Fällen zugunsten der größeren Bohrweiten entschieden werden, wo es sich nicht um ausgesprochene Flachbohrungen für Bauwerke untergeordneter Bedeutung handelt.

Von den bislang gebräuchlichen Bohrverfahren sind die neuerdings von den Versuchsanstalten entwickelten Verfahren zur Entnahme ungestörter Proben dort vorzuziehen, wo die Bodenproben gleichzeitig zur bodenmechanischen Untersuchung verwendet werden sollen[1]. Auf die Gewinnung ungestörter Bodenproben muß alsdann größerer Wert als auf Ersparnis an Kosten gelegt werden. Selbstverständlich ist es nicht notwendig, daß alle Bohrungen nach diesen Gesichtspunkten durchgeführt werden, sondern man wird von vornherein wiederum planmäßig vorgehen und das Schichtenbild laufend entsprechend den gewonnenen Proben ergänzen[2].

Grundsätzlich muß man sich nach den ersten Bohrungen, die einen Anhalt über die tieferliegenden Bodenschichten geben, darüber klar werden, an welchen Stellen die Gründung und deren Ausführung Bodenaufschluß in größerer Tiefe erfordern. Um dann diese Bohrungen müheloser und damit billiger herunterzutreiben, kann es notwendig sein, mit zweierlei Bohrweiten, oben mit der weiteren und unten mit der engeren, zu arbeiten.

c) Der Umfang der Bohrungen.

Bevor man überhaupt an Bohrungen herangeht, muß man prüfen, wieweit Ausführungen früherer Bauten in der Nähe der Baustelle und die Akten der Bauämter u. a. m. Aufschluß über die Bodenverhältnisse und über die Vor- und Nachteile der angewandten Bauausführungen geben können. Hierbei sind besonders Setzungsbeobachtungen an benachbarten Bauwerken von Wert. Mit besonderer Sorgfalt ist festzustellen, welche Zuverlässigkeit älteren Bohrungen beizumessen ist und inwieweit die früheren Bezeichnungen der Bodenarten mit den heute gebräuchlichen übereinstimmen.

---

[1] Neuerdings ist von der Deutschen Gesellschaft für Bodenmechanik die Untersuchung des Baugrundes mit Schwingungen ausgearbeitet worden. Da das Verfahren sich noch im Entwicklungsstadium befindet, läßt sich zur Zeit nicht feststellen, ob es in vollem Umfange einmal die Bohrungen ersetzen wird. Ich persönlich glaube kaum an diese Möglichkeit, da die vielseitigen Aufschlüsse, die man durch die Bohrungen erhält, durch kein anderes Verfahren erreicht werden dürften.

[2] Vgl. DIN-Vornorm 4021: Grundsätze für die Entnahme von Bodenproben.

Dabei sind zu berücksichtigen:
die Art des Bauwerks,
die Art der in Aussicht genommenen Gründung,
die Art der in Aussicht genommenen Bauausführung.

Liegen die Erfahrungen bei benachbarten Bauten nicht vor, so kann über die beiden letzteren Punkte vor einem überschläglichen Aufschluß des Bodens kein vorläufiger Entschluß gefaßt werden.

Ein Tiefbau mit wechselnden Lasten, mit wasserdichter Umschließung oder der Gefahr der Unterspülung, beeinflußt sehr weitgehend die Art und den

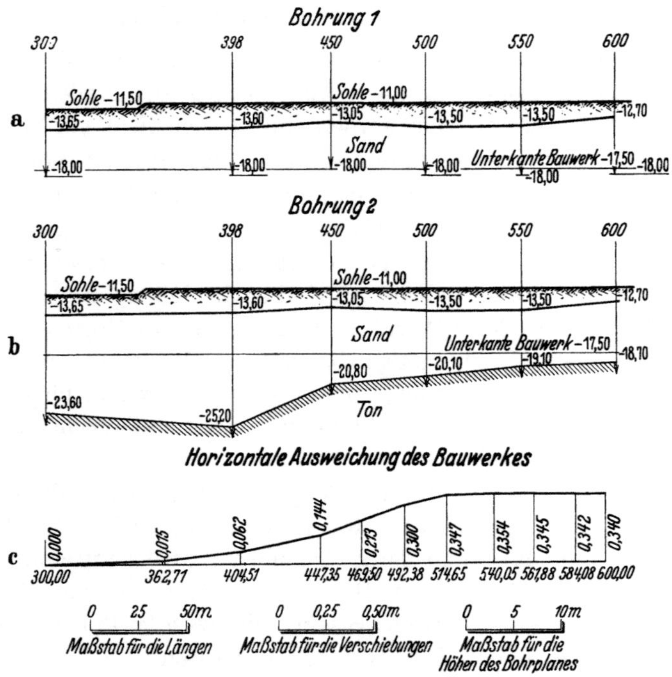

Abb. 4. Einfluß der Tiefe der Bohrungen auf die Erschließung des Untergrundes.

Umfang der Bohrung. Die Anzahl der Bohrlöcher ist zu vermehren, der Abstand zu verringern und die Tiefe zu vergrößern, sobald die „Erkundungsbohrung“, die man zugleich folgerichtig in den endgültigen Bohrplan eingliedert, einen Anhalt für ungleichmäßig gelagerten und nicht zuverlässigen Baugrund gibt. Darum sollte man die Erkundungsbohrungen ruhig tief genug hinabführen, um wenigstens je nach Art und Umfang des Bauwerkes eine oder mehrere Tiefbohrungen zu erhalten. Maßgebend für die Bohrtiefe wird die Belastung und die Gründungstiefe sein. Bei zweifelhaften Untergrundsverhältnissen wird man bei einem Grundbauwerk auf etwa die doppelte Gründungstiefe bohren, wobei die Art des Bauwerkes, die Belastung des Untergrundes, die Höhe und Art des Geländesprunges und die erbohrten Bodenschichten eine wesentliche Rolle spielen. Beispielsweise habe ich bei einem schwierigen Verkehrswasserbauwerk und schlechtem Untergrund eine Bohrung sogar bis zur dreifachen Gründungstiefe heruntergetrieben, um Klarheit über den Untergrund zu erlangen.

Bei jedem Gründungsbauwerk entsteht zum mindesten für die Bauausführung in irgendeiner Form ein Geländesprung, und damit wird das natürliche Gleichgewicht des ungestörten Untergrundes durch ein „erzwungenes“ Gleichgewicht ersetzt.

Abb. 4 erläutert den Einfluß der Tiefe der Bohrungen auf die Erschließung des Untergrundes. Abb. 4a und b zeigt den Untergrund für ein langgestrecktes Stützbauwerk auf Pfählen. Die ersten Bohrungen wurden nur bis zur Konstruktionstiefe von —18 m vor bzw. hinter dem Bauwerk heruntergebracht, wobei von

a

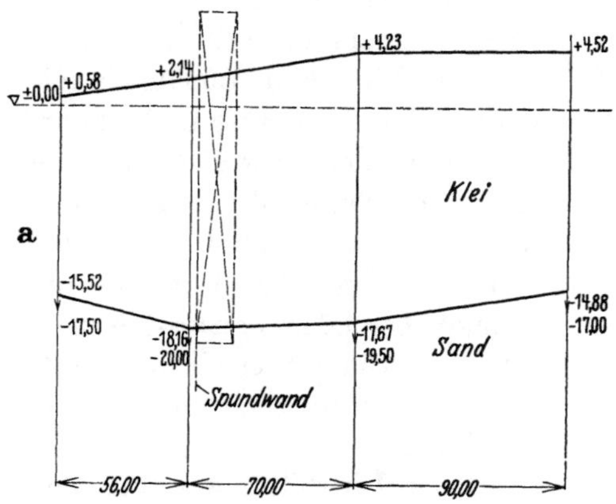

b

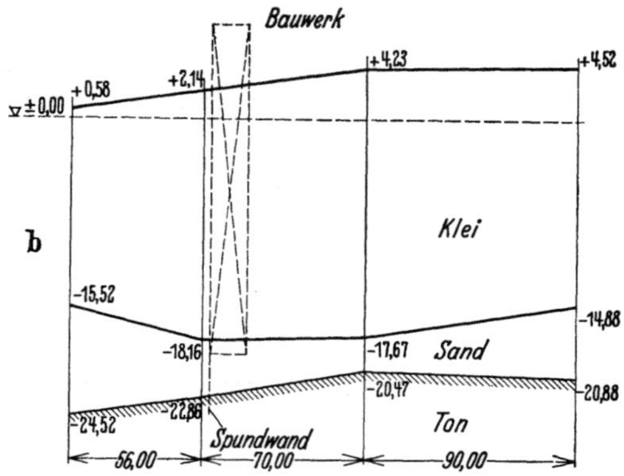

Abb. 5. Einfluß der Tiefe und Entfernung der Bohrungen auf die Lage des Bauwerks.

c

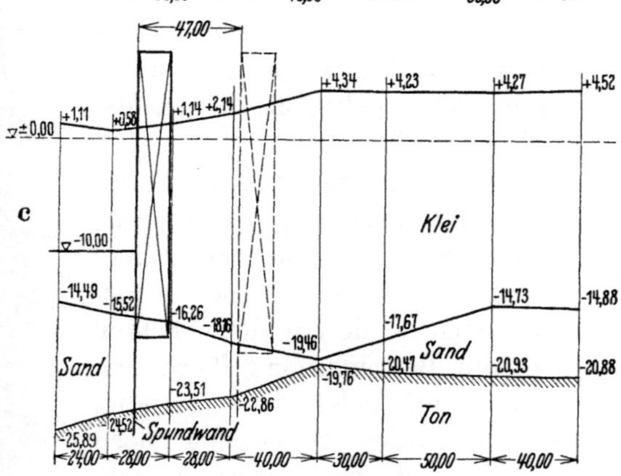

etwa —12,70 m an überall Sand angetroffen wurde. Später wurden noch weitere bis —28 m reichende Bohrungen angeordnet, die auf —19 m und tiefer eine Tonschicht ergaben. Angestellte Prüfungen in der Versuchsanstalt und anschließende Grundbruchuntersuchungen deckten die Gefährlichkeit dieser Bodenschicht auf, die nach dem einen Ende des Bauwerks anstieg. Tatsächlich wich später das Bauwerk auf dieser Schicht nach der Wasserseite aus (Abb. 4c).

Abb. 5 zeigt einen Schnitt durch den Untergrund mit einem Stützbauwerk auf Pfählen. Die Bohrungen wurden im Abstand von im Mittel 50 bis 90 m ausgeführt und reichten 2 m tief in die angetroffene Sandschicht, was etwa der Konstruktionsunterkante (Pfahlspitzen) entspricht. Sie ließen die gestrichelt angedeutete Lage des Bauwerks als günstig erscheinen (Abb. 5a). Auch eine tiefere, durch die Sandschicht hindurchgeführte Bohrung an den gleichen Stellen (Abb. 5b) hätte zu dem gleichen verhängnisvollen Trugschluß geführt. Statt der maßgebenden, knapp 0,3 m starken Sandschicht wäre eine 2,5 bis 3 m starke Sandschicht unter dem Bauwerk angenommen worden. Wie später im engeren Abstand angeordnete Bohrungen erkennen ließen (Abb. 5c), wäre bei wirklicher Ausführung nach den Berechnungen (Abb. 5a und b) das Bauwerk infolge Grundbruchs eingestürzt. Da der Untergrund aber sorgfältig aufgeschlossen war, konnte durch eine Parallelverschiebung um 47 m die Standsicherheit des Bauwerks ohne zusätzliche Kosten für eine Konstruktionsverstärkung erreicht werden.

Auf Grund der Erkundungsbohrung werden je nach Art des Bauwerks und Untergrundes entweder weitere Erkundungsbohrungen angesetzt oder sogleich die „Hauptbohrungen“ begonnen.

Hauptsache ist und bleibt hierbei der „organische Bohrplan“, damit genügende Längs-, Quer- und Schrägschnitte durch den Untergrund gelegt werden können und nicht sofort alle Bohrungen hintereinander ausgeführt werden. Man wird allmählich mit der laufenden Auswertung der Bohrergebnisse den Abstand und die Lage der Bohrstellen bestimmen, um dann zum Schluß an gefährlichen Stellen oder dort, wo die Gründungs- oder Bauausführungsart es erwünscht erscheinen läßt, noch „Ergänzungsbohrungen“ vorzunehmen.

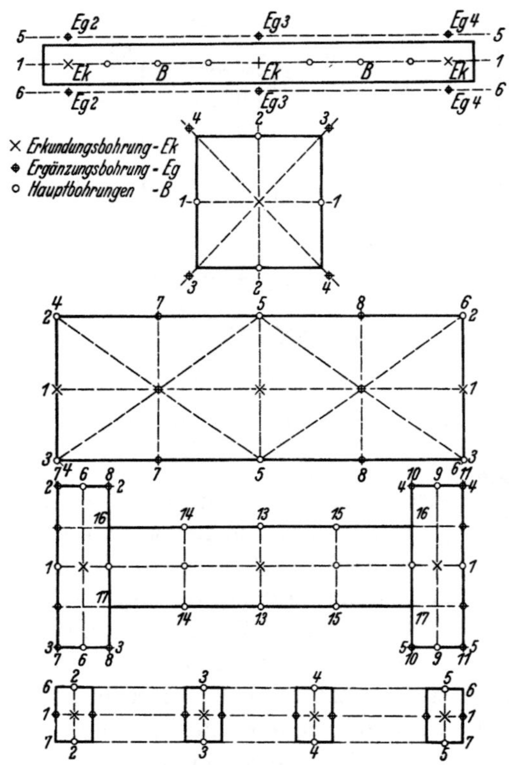

Abb. 6. Anordnung von Bohrungen für verschiedene Bauwerksgrundrisse.

Einen Überblick, wie für verschiedene Bauwerksgrundrisse die entsprechenden Bohrungen anzusetzen sind, geben die Übersichtsskizzen (Abb. 6).

Die Quer- und Schrägschnitte des Untergrundes der Abb. 7 zeigen den Verlauf und die Form eines versandeten Prieles. Dieses Beispiel zeigt wiederum den Nachteil zu weiter Bohrungen in gefährlichem Gelände und zeigt die Notwendigkeit, in solchen Fällen auch noch parallel, senkrecht und schräg zum Bauwerk den Boden aufzuschließen. Bei dem vorliegenden Pfahlrostbauwerk haben neben anderen Ursachen die Wasserdruckkräfte im Priel in Verbindung mit einer natürlich vorhandenen Gleitfläche des Bodens zum Bruch geführt. Die Abb. 8 zeigt die Lage des Bauwerks im Querschnitt und läßt die wesentlich ungünstigere Form der eingetretenen Gleitfläche im Vergleich zur errechneten Gleitfläche erkennen.

Man sollte bereits auf Grund der Erkundungsbohrungen entscheiden, ob man bei der Bauausführung Grundwasser entziehen muß. In diesem Fall wird man zweifellos weitere Bohrungen gleichzeitig für die Grundwasserentziehungsbrunnen verwenden und dadurch Kosten und Zeit ersparen.

Abb. 9 zeigt einen Untergrundschnitt mit einem auf —17 m gegründeten massiven Bauwerk. Die ersten im Abstand von 40 bis 50 m angeordneten Erkundungsbohrungen ergaben eine genügend starke, tragfähige Sandschicht mit darunterliegendem wasserundurchlässigem Ton (Abb. 9a). Man konnte also bei etwa 1 bis 1,5 m tief in den Ton reichenden Spundwänden mit einer wasser-

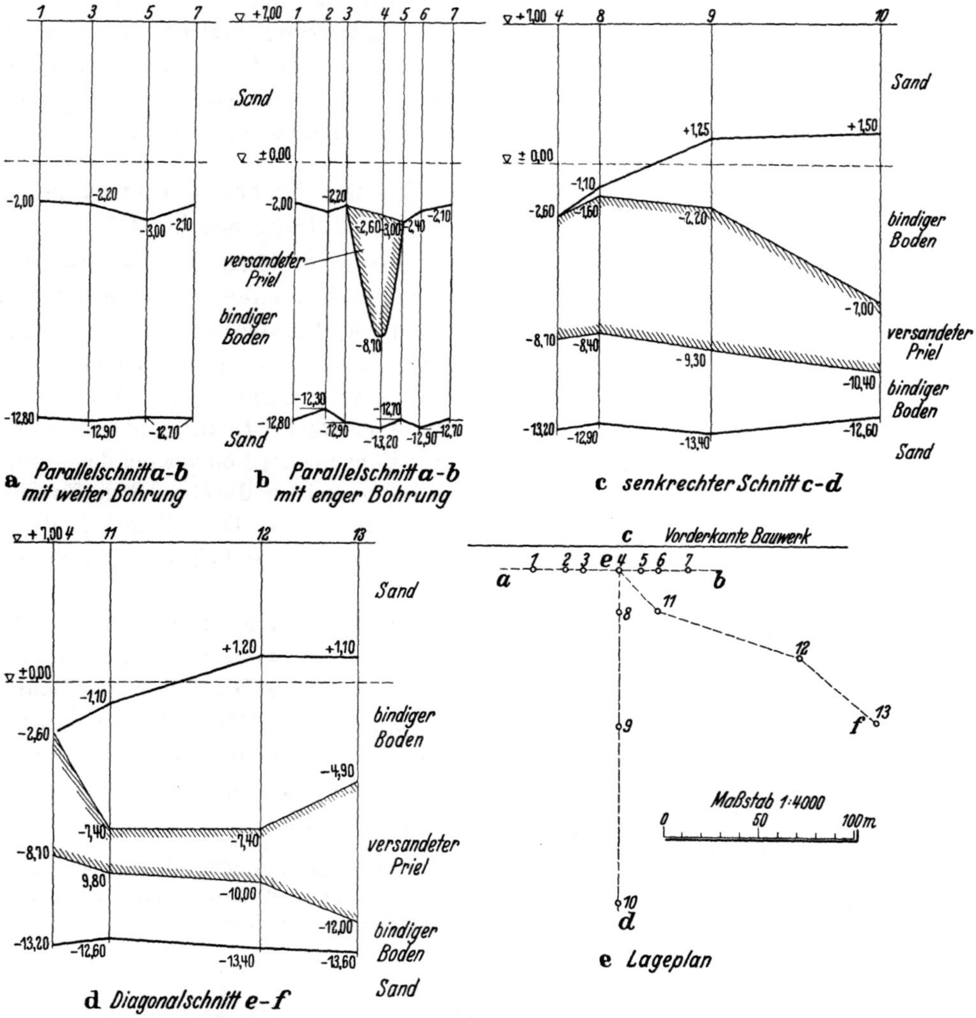

Abb. 7. Einfluß der Anordnung der Bohrlöcher auf die Erschließung des Untergrundes bei einem versandeten Priel.

dichten Umschließung rechnen. Der Horizontalschub auf die Spundwand sollte durch außerhalb liegende Grundwassersenkungsbrunnen vermindert werden. Die Hauptbohrungen zur Feststellung des genauen Verlaufes der unteren Tonlage wurden von vornherein mit so weitem Durchmesser gebohrt, daß sie später gleichzeitig als Brunnen für die Wasserhaltung

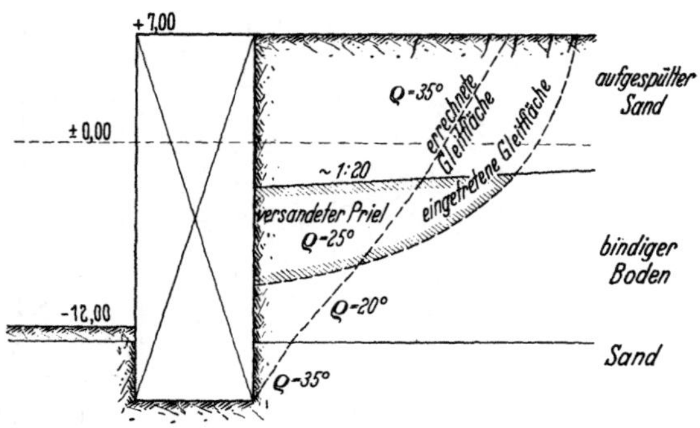

Abb. 8. Erzwungene Gleitfläche infolge eines versandeten, unter erhöhtem Wasserdruck stehenden Priels.

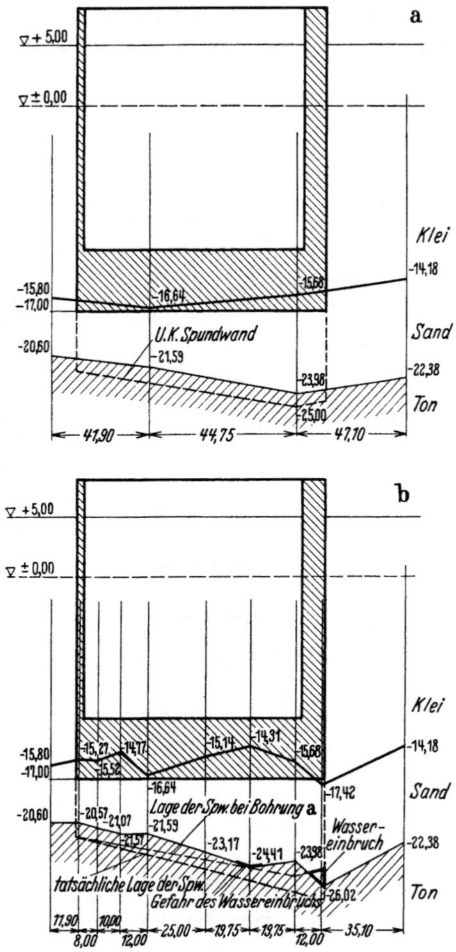

Abb. 9. Lage einer wasserführenden Schicht und einer Spundwandumschließung auf Grund a) weiter, b) enger Bohrabstände.

verwendet werden konnten. Hätte man aus Sorglosigkeit oder aus Ersparnisgründen auf weitere Bohrungen bzw. ihre Auswertung verzichtet, dann wäre es an den beiden gekennzeichneten Stellen zu einem gefährlichen Wassereinbruch gekommen (Abb. 9b).

d) Die Bohrbücher — Bohrpläne — Untergrundschnitte.

Über das Bezeichnen der Bodenarten und Führen der Bohrbücher geben die Merkblätter des Deutschen Ausschusses für Baugrundforschung und die DIN-Vornorm 4022[1] Aufschluß. Größter Wert ist auf die einwandfreie Führung der Bohrbücher deswegen zu legen, weil sie die Grundlage für die Herstellung von Bohrplänen, Bodenschichtenplänen und Untergrundschnitten bilden.

Die Bohrpläne müssen Aufschluß über Flach- und Tiefbohrungen geben. Die zeichnerische Darstellung der Bohrpläne hat darauf Rücksicht zu nehmen, daß sie die Unterlage bilden sollen für:

den Entwurf des gesamten Gründungsbauwerkes,

[1] DIN-Vornorm 4022: Einheitliche Benennung der Bodenarten und Aufstellung der Schichtenverzeichnisse.

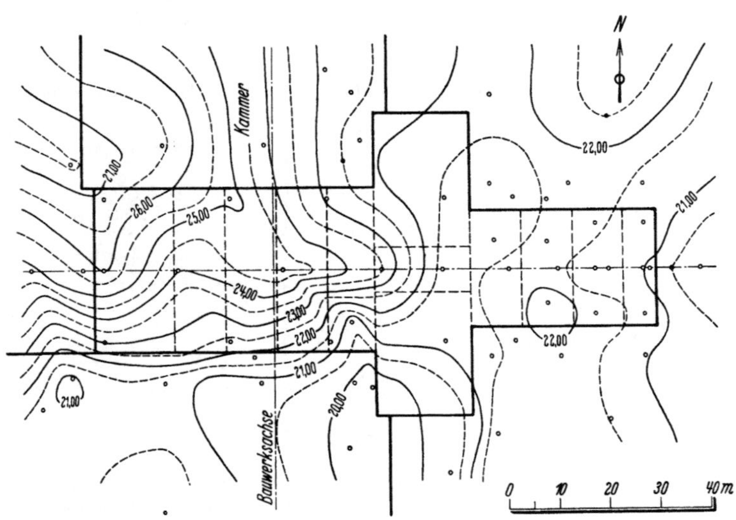

Abb. 10a

die Konstruktion der Einzelglieder des Gründungsbauwerkes,
die Konstruktion des Bauwerks selbst,
die Wahl der Bauausführung.

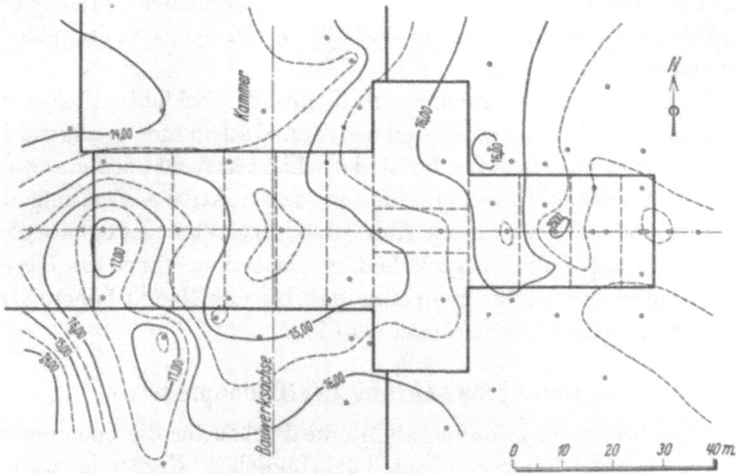

Abb. 10 b.

Hieraus geht hervor, daß Bodenschichtenpläne und Untergrundschnitte auf Grund der bodenmechanischen Untersuchungsergebnisse sehr sorgfältig ergänzt

Abb. 10 c

Abb. 10. Flächenhafte und räumliche Darstellung des Verlaufs von Bodenschichten im Untergrund. a) Höhenschichtenplan des Urtones, b) Höhenschichtenplan des tragfähigen Sandes, c) Modell.

werden müssen. Gegebenenfalls sind besondere Bodenwertigkeitsschnitte herzustellen, auf die ich im nächsten Kapitel noch zurückkommen werde.

Längs-, Quer- und Schrägschnitte sind dann anzuwenden, wenn es die Art der Bauausführung und die Art der Konstruktion erfordert. Die auf S. 7, Abb. 5,

7 und 9 bereits angezogenen Fälle des nicht genügend abgebohrten Geländes und der unterlassenen Auswertung der vorhandenen Bohrungen kann nicht besser meine Ausführungen erhärten.

Genügt der Bodenschnitt allein nicht, um den räumlichen Verlauf der Schichten für das Bauwerk zu verfolgen, so sind auf Grund der Schichtenpläne Höhenschichtenmodelle anzufertigen.

Abb. 10a und b lassen erkennen, daß mit den Schichtenplänen des tragfähigen Sandes und des darunterliegenden Tones allein eine genügend klare Erfassung des räumlichen Verlaufes der Bodenschichten nicht möglich war, um mit Sicherheit den richtigen Entschluß für die konstruktive Gestaltung und Bauausführung zu fassen. Erst das in Abb. 10c dargestellte zerlegbare Schichtenmodell mit eingetragenem Bauwerk ließ in plastischer Form die Lage der ungünstigen Bodenschichten erkennen, ohne daß für das Modell höhere Kosten als für ein einziges Bohrloch aufgewendet wurden.

e) Die Aufbewahrung der Bodenproben.

Die Aufbewahrung hängt davon ab, ob die Proben für die bodenmechanische Untersuchung benutzt oder nur zur nachträglichen Kontrolle während der ersten Betriebsjahre aufbewahrt werden sollen.

Abb. 11. Aufbewahrung von Bodenproben.

Im ersten Fall wird man das 2-l-Gefäß oder die für ungestörte Bodenentnahme bestimmten Gefäße nehmen,

im zweiten Fall wird man nicht unter das $^1/_2$-l-Gefäß gehen.

Für beide ist luftdichter Abschluß zu fordern, wenn es sich um bindige oder andere Bodenarten handelt, die durch die Berührung mit der Luft ihre Beschaffenheit verändern können. Die gläsernen Behälter, deren luftdichter Abschluß durch einen Paraffinüberzug gewährleistet wird, ziehe ich persönlich vor, weil man sich bei der Auftragung und Auswertung der Bodenproben durch äußerliches Betrachten besser die festgestellte Beschaffenheit des Bodens ins Gedächtnis zurückrufen und Vergleiche anstellen kann (vgl. Abb. 11).

f) Die spätere Kontrolle der Bohrergebnisse.

Wer glaubt, mit der Feststellung der Bodenschichtung seiner Pflicht genügt zu haben, darf sich nicht wundern, wenn die Bauausführung ihn plötzlich vor unangenehme Überraschungen stellt, da auch bei sorgfältiger Untersuchung kleinere Einschüsse und Steilhänge an den einzelnen Schichtoberflächen unbemerkt bleiben können.

Brunnen für die Grundwasserentziehung können die erste Bodenuntersuchung ausgiebig und noch rechtzeitig ergänzen, z. B. um die Länge von Pfählen und Spundbohlen der veränderten Lage der Bodenschicht anzupassen. Bei aufgelöster, massiver Gründung kann das gleiche erzielt werden, wenn einzelne Schächte vorab heruntergetrieben werden. Grundsätzlich sollte man alle Ausschachtungen, Rammergebnisse und Naßbaggerungen zur Ergänzung der Bodenpläne heranziehen, da sie für die spätere Kontrolle der Bauten von wesentlichem Nutzen sein können.

g) Die Kosten der Erkundung und ihr Verhältnis zu den Kosten des Bauwerks und seiner Bauausführung.

Nichts wirkt erschütternder als die Einstellung eines Ingenieurs, daß weitere Bohrungen das Bauwerk oder die Bauausführung zu sehr verteuert oder verzögert hätten, weil sich der Nachteil dieser Unterlassungssünde später leicht bemerkbar macht.

Nach einem logisch aufgebauten Plan angesetzte Bohrungen werden bei restloser Auswertung ihrer Ergebnisse die Kosten für die Herstellung eines größeren Bauwerkes nie vergrößern, sondern sie immer nur verringern können.

Die Bodenuntersuchungen für ein großes Tiefbauwerk kosteten z. B. rund RM 150000 = 0,5% der Bausumme von rund RM 30000000. Warum war ein derartiger Betrag gerechtfertigt?

1. Der überaus mangelhafte, zerrissene Untergrund verlangte grundsätzlich eine eingehende Untersuchung.

2. Auf dieser aufbauend, konnte das bereits früher in seiner Lage festgelegte Gesamtbauwerk in die günstigen Bodenschichten hinein verschoben werden, wodurch die Kosten der Stützmauern wesentlich verbilligt werden konnten.

3. Die einzelnen Stützmauerquerschnitte konnten der Bodenschichtung und Bodenwertigkeit angepaßt werden.

4. Vor der Bestellung konnten die Längen der Pfähle und Spundwände genau festgelegt werden, ohne unliebsame Überraschungen zu befürchten.

Je kleiner das Bauwerk, je geringer seine Gründungstiefe, je einheitlicher die nichtbindigen Untergrundsverhältnisse, desto einfacher und billiger wird sich der Untergrund aufschließen lassen. Grundsätzlich sollte nur der bauerfahrene Ingenieur dann auf Bohrungen verzichten, wenn durch in der Nähe liegende Bauwerke, Bodeneinschnitte, Vegetation, Wasserläufe und andere Merkmale der Untergrund genügend aufgeschlossen erscheint und er sein Bauwerk auftretenden Überraschungen des Untergrundes ohne große Kosten anpassen kann.

Bei der Verwendung von Bohrungen kann der bauerfahrene Ingenieur dann von eingehenderen Untersuchungen in den Versuchsanstalten absehen, wenn die Bodenproben klare Rückschlüsse auf ihre Beschaffenheit zulassen und das Bauwerk eine genauere Erfassung der Bodenbestandteile nicht erfordert.

Ich bin mir klar darüber, daß in der Praxis immer wieder Fälle vorkommen, wo infolge Zeitmangels auch beim Vorliegen von Bodenproben auf eine genauere Auswertung derselben in der Versuchsanstalt verzichtet werden muß. Hier muß die Erfahrung und Beobachtung des verantwortlichen Ingenieurs einspringen und gegebenenfalls die Sicherheit den Umständen entsprechend höher festgesetzt werden.

Allerdings muß erst einmal jedem Ingenieur die Erkenntnis aufgegangen sein, daß wir in „Erde“ und „Wasser“ Gegner haben, die sich auch heute noch nicht ihre Karten haben aufdecken lassen. Ist es denn so schwer, sich klarzumachen, daß die Sicherheit um so größer wird, je mehr die Berechnungsgrundlagen sich den tatsächlichen Angriffsverhältnissen nähern? Man kann dann auf den entsprechenden Prozentsatz der Sicherheit in der Beanspruchung der Baustoffe verzichten und alle Konstruktionsteile sowie den Untergrund selbst besser ausnutzen.

Wer sich im Grundbau sklavisch an die Bestimmungen für den konstruktiven Ingenieurbau hält und glaubt, dabei sicher zu gehen, dem wird wahres Ingenieurtum immer ein unverständlicher Begriff bleiben. Grundbauwerke können nur in der elastischen Kampfweise errichtet werden, und nur eine folgerichtig aufgebaute Erkundung des Untergrundes kann die Grundlage für eine folgerichtig aufgebaute Ermittlung seiner Wertigkeit bilden.

2. Die Ermittlung seiner Wertigkeit.

Um ihren Einfluß auf Bauwerke im Untergrund beurteilen zu können, ist es erforderlich, die Eigenschaften des Untergrundes zu erkunden und geeignete Wege für ihre zahlenmäßige Festlegung zu suchen.

a) Das Verhalten des Bodens in der Natur.

Das Verhalten des Bodens in der Natur ist in folgenden Punkten nicht einheitlich:

α) Lagerung und Beschaffenheit der Böden.

Wie unregelmäßig die Lagerung und Beschaffenheit der Böden ist, haben die Ausführungen des vorigen Kapitels wohl eindeutig gezeigt. Alle Anstrengungen von Theorie und Praxis, mit und ohne Hilfe der Versuchsanstalten, werden nicht den Erfolg zeitigen, die einzelnen Bodenarten in ein starres System zu bringen, wie es uns z. B. bei den Baustoffen, besonders beim Stahl, in gewissem Umfange gelungen ist. Darauf wird man immer bei der Anwendung aller Bauhilfsmittel und Bauwerksglieder, wie z. B. Pfähle, Spundbohlen u. a. m., Rücksicht nehmen müssen. Ihre Eignung und Wertigkeit muß wechselnden Verhältnissen angepaßt bleiben. Wer sich auf den Standpunkt stellt, daß ein Baustoff für eine Spundbohle oder einen Pfahl zu verwerfen ist, weil er da und dort versagt hat, hat die grundlegende Erkenntnis über den wechselvollen Einfluß der Lagerung und der Beschaffenheit des Bodens, deren wir nicht Herr sind, noch nicht in sich aufgenommen.

β) Verhalten der Böden im Wasser.

Es ist hauptsächlich das Verdienst von Terzaghi[1], das Verhalten von bindigen und nichtbindigen Böden im Oberflächen- und Grundwasser, bei Wasserzuführung, Wasserentziehung und Strömung untersucht und auf die mannigfaltigen dabei auftretenden Beziehungen hingewiesen zu haben. Besonders sind es wiederum die bindigen Böden, die mit besonderer Vorsicht untersucht werden müssen, da sie ihre Beschaffenheit und Wertigkeit in mechanischer, physikalischer und chemischer Beziehung wesentlich verändern können.

Zu unterscheiden ist bei dem Verhalten der Böden im Wasser die Einwirkung des Oberflächenwassers und des Grundwassers, und zwar hinsichtlich der Wasserzuführung, der Wasserentziehung und der Strömung.

[1] Terzaghi, K. v.: Erdbaumechanik auf bodenphysikalischer Grundlage. Leipzig und Berlin 1925.

γ) Verhalten der Böden in der Luft (Verwitterung).

Auch hier sind es in erster Linie wieder die bindigen Böden, die uns die Sorgen bereiten. Ich kann auf meine früheren Ausführungen verweisen und nur noch bemerken, wie notwendig es ist, sich darüber klar zu werden, daß bindiger Boden in gewachsenem Zustand wesentlich andere Eigenschaften aufweisen kann als im hinterfüllten Zustand, wo er zuerst aus seinem natürlichen Zusammenhang gelöst, dann geladen, dann auf die Kippe gebracht, später dort wieder gelöst, geladen und zuletzt an Ort und Stelle endgültig eingebracht wird.

So wurden bei einem großen Tiefbau im bindigen Boden auf Grund der Bohruntersuchungen Sulfate und Schwefelkies nachgewiesen. Es wurde festgestellt, daß die Sulfate sich erst gebildet hatten, nachdem der Boden mit der Luft in Berührung gekommen war. Das Oberflächenwasser (z. B. der Regen) hätte aus dem bindigen Boden, der ja in erdfeuchtem Zustand ausgehoben wird, die Sulfate herauslösen und eine Gefahr für den Baustoff Beton herbeiführen können. Derartige Feststellungen beweisen die Veränderlichkeit der Böden an der Luft und veranlassen uns, dafür Sorge zu tragen, daß solche Böden möglichst nur an trockenen Tagen hinterfüllt werden, sowie auch dafür, daß das Oberflächenwasser einwandfrei abgeführt und der Boden möglichst dicht gelagert, gegebenenfalls der Baustoff gesichert wird.

δ) Verhalten der Böden bei Veränderung der Lagerungsdichte.

Sobald sich der Boden nicht mehr in natürlichem Zustand befindet, sondern bearbeitet ist (z. B. als Hinterfüllungsboden), ist die Gefahr der Ausspülung, der Veränderung der chemischen Bestandteile und der Setzungen vorhanden. Es ist natürlich ein Unterschied, wie lange ein ausgehobener Boden auf der Kippe gelagert hat, ob er inzwischen starken Regengüssen und Frost, bzw. ob die Kippe Erschütterungen ausgesetzt gewesen ist. Die Veränderung der Lagerungsdichte des darunterliegenden Bodens kann auch schon durch Aushub und Wiedereinbau des darüberliegenden Bodens allein erfolgen.

Ferner kann die Lagerungsdichte durch Ausspülung verändert werden. Dieser Vorgang ist stets unerwünscht. Er kann besonders gefährlich bei Baugrubenumschließungen werden, wenn Quellen auftreten. Sobald eine Färbung des hindurchtretenden Wassers eintritt, ist eine Ausspülung vorhanden, die zuerst die feineren Bestandteile des Bodens erfaßt. Durch die entstehenden Hohlräume sackt der Boden allmählich zusammen und gerät in Bewegung. Diese Veränderungen können von sich aus groß genug sein, um einen Einsturz von Baugrubenumschließungen hervorzurufen.

Eine Verminderung der Lagerungsdichte hat Setzungen zur Folge. Es ist ohne weiteres ersichtlich, daß diese desto größer ausfallen müssen, je zahlreichere Hohlräume im nichtbindigen Boden bei ungleichmäßiger Körnung oder je mehr Wassergehalt im bindigen Boden vorhanden sind. Hinterfüllter Boden wird sich daher stark setzen, wenn nicht besondere Maßnahmen getroffen werden, um seine Lagerungsdichte zu erhöhen. Eine künstliche Verdichtung wird bei der Herstellung von Dämmen je nach deren Verwendungszweck mehr oder weniger vorgenommen; hierauf komme ich noch zurück. Es ist jeweils möglich, durch zweckmäßiges Einbringen von Schüttboden die Setzungen auf ein ungefährliches Mindestmaß herabzusetzen. Dies konnte z. B. bei der Herstellung der hohen Dammbauten des Mittelkanals an Hand der dort eingebauten Grundpegel zahlenmäßig festgestellt werden.

b) Feststellung der Wertigkeit des Bodens[1].

Greift man auf die Ingenieurhandbücher früherer Jahre zurück, so wurde dort der Boden durchweg in 5 Hauptklassen nach

Dammerde, Sand und Kies, Lehm, Ton, Geröll

eingeteilt. Die Angaben ihrer Wertigkeit beschränkten sich auf das Raumgewicht γ und den natürlichen Böschungswinkel ϱ.

Bei bindigem und nichtbindigem Boden vereinigte man Wasserdruck mit Erddruck unter willkürlicher Veränderung von γ und oft auch von ϱ. In diese 5 Klassen wurde der jeweils anstehende Boden auf Grund einer oder mehrerer Bodenproben eingegliedert und mit den Tabellenwerten versehen. Auf diese Weise sind kleine und große Bauten bis nach dem Kriege bei uns entstanden, ohne — wenn wir ehrlich sein wollen — im allgemeinen großen Schaden zu erleiden, weil die Erfahrungen der älteren maßgebenden Ingenieure bei der Bemessung der Bauwerke die wesentliche Rolle spielten und die wirtschaftliche Ausnutzung der Baustoffe noch keine solche Bedeutung wie heute hatte.

Betrachtet man demgegenüber den Umfang der heutigen Baugrundwissenschaft, so ist es staunenswert, was aus diesem kargen Pflänzlein innerhalb kürzester Zeit geworden und wie stark es in den Vordergrund geschoben worden ist. Hüten wir uns jedoch davor, daß es zu einer Treibhauspflanze wird, die wunderschön anzusehen ist, aber für den täglichen Gebrauch nicht verwendet wird.

Das immer weitere Eindringen des Eisenbetons und des Stahls in das Ingenieurbauwesen, das Anwachsen der freien Höhen und der Abmessungen der Ingenieurbauwerke verlangte immer tiefere Eingriffe in den Untergrund unter zwangsweiser Störung seines Gleichgewichts, und es liegt auf der Hand, daß bei einem derartig raschen Fortschritt die Erfahrungen vergangener Zeiten nicht mehr die schlüssige Beweiskraft in sich trugen. Dieses ist u. a. ein Grund, warum in der Übergangszeit eine ganze Anzahl von Bauunfällen im In- und Auslande eingetreten sind. Betrachtet man das S. 25, Abb. 13, an einem Beispiel dargestellte Kräftespiel und zieht die Erfahrungen an eingestürzten Bauwerken heran, so muß man zugeben, daß die Erschließung des Baugrundes und die Ermittlung seiner Wertigkeit mit Recht diesen erheblichen Ausbau erfahren hat.

α) Die Beiwerte des Untergrundes.

Die Größe der Beanspruchungen des Bodens und des Bauwerkes durch den Boden in Gestalt von:

Erddruck, Erdwiderstand, Bodengegendruck und Bodenreibung

ist abhängig von:

1. den Eigenschaften der Bodenelemente (Körner): Form, Größe, Material, spezifisches Gewicht, Druckfestigkeit, Scherfestigkeit;

2. den Eigenschaften des Bodens (Korngefüges, Kornhaufens): Raumgewicht, Festigkeit (senkrecht zum Querschnitt: Zug und Druck, parallel

[1] Vgl. K. v. Terzaghi: a. a. O.

zum Querschnitt: Reibung und Haften), Kornzusammensetzung, Hohlraumgehalt, Wassergehalt, Konsistenzgrenzen;

3. den Kennziffern für das Verhalten des Bodens: Porenziffer, Schwellziffer, Reibungsbeiwert, Wasserdurchlässigkeitsziffer, Zusammendrückungsziffer, Verdichtungsziffer;

4. der Wertigkeit des Untergrundes im engeren Sinne: gemeint ist hierunter im Gegensatz zu den Materialeigenschaften, die an einer Bodenprobe festgestellt werden können, die Beschaffenheit der in der Natur anstehenden Bodenschichten, die außer von den Materialwerten von den Gleichgewichtsbedingungen innerhalb der Bodenschichten abhängt. Zu bestimmen sind:

die zuzulassende Tragfähigkeit, } Lastsenkungsdiagramm mit der
die zu erwartende Senkung, } Bettungsziffer
der zeitliche Verlauf der Setzungen,
die Druckverteilung,
die Sicherheit gegen Bildung von Gleitflächen.

Je schlechter und zerrissener der Untergrund, je größer und schwerer das Bauwerk, je mehr die Belastungszustände wechseln (je nachdem, ob bewegliche Belastungen auftreten oder nicht), je ungünstiger das Verhältnis der beweglichen Belastung zur ruhenden Belastung ist, desto weiter sollte man die Untersuchungen ausdehnen. Wer hier zur falschen Zeit und am unrechten Ort sparen will, macht sich schuldig, daß die auf das von ihm herzustellende Bauwerk wirkenden Kräfte des Untergrundes nicht restlos erfaßt werden.

Nicht die Versuchsanstalten sollen dem ausführenden Ingenieur vorschreiben, was zu tun ist, sondern das Umgekehrte soll der Fall sein. Der ausführende Ingenieur bestimmt auf Grund der ersten Versuchsergebnisse in Zusammenarbeit mit der Versuchsanstalt, in welchem Umfange und an welchen Stellen Bodenproben genommen und nach welcher Richtung sie untersucht werden sollen. Wenn man sich überlegt, daß niemals die Versuchsanstalt, sondern immer nur der ausführende Ingenieur die Verantwortung für den Umfang und die Auswertung der Untersuchungen trägt, so kann auch keine andere Regelung verständlich erscheinen. Daher ist von dem ausführenden Ingenieur auch zu verlangen, daß er nicht nur die Größen, die die Wertigkeit des Bodens beeinflussen, sondern auch die Untersuchungsarten und ihren Wert kennt.

β) Die Untersuchungsmethoden[1].

Die Kenntnis der Bodenbeiwerte allein nützt nichts, solange man nicht die Untersuchungsmethoden zu ihrer Ermittlung kennt. Daß sämtliche Untersuchungsmethoden bei der verschiedenartigen Beschaffenheit auch anscheinend gleichartigen Bodens, keine volle Meßgenauigkeit erzielen können, ist für den selbstverständlich, der sich die Entstehung der Bodenschichtung in der Natur klarmacht.

Aus der Verschiedenartigkeit der einzelnen Untersuchungsmethoden hat sich inzwischen eine einheitliche Norm entwickelt, die nur zu begrüßen ist.

[1] Die Grundlagen sind von Terzaghi gegeben. Vgl. hierzu die zusammenfassenden Darstellungen: Deutsche Gesellschaft für Bauwesen, Baugrundausschuß, Richtlinien zur Durchführung von Bodenuntersuchungen für Entwurfsbearbeiter, Bauausführende und Bauherren. Berlin 1935. — Loos, W.: Praktische Anwendung der Baugrunduntersuchungen. Berlin 1935.

Bestehen gelegentlich für den bodenphysikalischen Aufschluß noch verschiedene Untersuchungsmethoden, die jeweils von anderen Voraussetzungen ausgehen, und verlangen Bauwerk und Untergrund eine besonders genaue Erfassung der Wertigkeit des Bodens, dann sollte der bauausführende Ingenieur auch hier genau so, wie ich später bei der Berechnung der Kräfte noch ausführen werde, die verschiedenen Untersuchungsmethoden heranziehen und auswerten.

γ) Die Zusammenstellung der Untersuchungsergebnisse und ihre Auswertung für die Berechnung eines Bauwerks.

Je mehr die Beschaffenheit des Untergrundes Schwankungen unterworfen ist, und je mehr Bodenuntersuchungen notwendig sind, desto mehr ist es erforderlich, sich die Ergebnisse der Untersuchungen zum Vergleich zusammenzustellen und sie in die Bodenschichtpläne einzutragen. Je mehr die Werte schwanken, desto notwendiger ist die letztere Maßnahme, die gegebenenfalls für jeden Bauwerksteil getrennt durchzuführen ist.

Tabelle 1. Untersuchungsergebnisse eines Bohrloches[2].

Lfd. Nr.	Tiefe von m	Tiefe bis m	Schichtstärke m	Tiefe ab Gelände m	Raumgewicht γ[1]	Belastung in kg/cm² ν	Reibungsbeiwert für ν μ	Bodenbezeichnung
1	+ 4,86	+ 3,06	1,80	1,80	1,575	1,14 1,50	0,62 0,53	magerer Klei mit feinem Sande (Nr. 1–9)
2	+ 3,06	+ 2,16	0,90	2,70	1,640	1,50 1,13	0,33 0,44	
3	+ 2,16	+ 1,36	0,80	3,50	1,625			
4	+ 1,36	− 1,44	2,80	6,30	1,640			
5	− 1,44	− 5,34	3,90	10,20	1,510	1,50 2,00	0,50 0,35	
6	− 5,34	− 8,64	3,30	13,50	1,500	1,80 2,40	0,53 0,56	
7	− 8,64	−10,69	2,05	15,55	1,690	2,00 2,60	0,60 0,54	
8	−10,69	−11,14	0,45	16,00	1,525			
9	−11,14	−12,14	1,00	17,00	1,525			
10	−12,14	−12,99	0,85	17,85	1,412	1,2 3,0	0,52 0,46	humoser, fetter Klei (Nr. 10–11)
11	−12,99	−14,14	1,15	19,00	1,512			
12	−14,14	−14,34	0,20	19,20	1,900			kleihaltiger Sand
13	−14,34	−15,94	1,60	20,80	1,965			schwach kleihaltig, feiner scharfer Sand
14	−15,94	−16,74	0,80	21,60	1,940			grauer, scharfer Sand
15	−16,74	−17,14	0,40	22,00	2,100			scharfer, grober Sand mit Steinen (Nr. 15–16)
16	−17,14	−18,64	1,50	23,50	1,965			
17	−18,64	−19,59	0,95	24,45	1,965			scharfer feiner Kies
18	−19,59	−20,14	0,55	25,00	1,900			feiner Sand
19	−20,14	−21,44	1,30	26,30	1,813			grober Kies mit Steinen
20	−21,44	−22,84	1,40	27,70	1,883			scharfer, grober Sand
21	−22,84	−23,44	0,60	28,30	1,951	2,0 4,6	0,28 0,28	graubrauner Ton

[1] Das Raumgewicht der Böden muß mit einem gewissen Vorbehalt angegeben werden, da es nicht unter den in Betracht kommenden Drücken ermittelt ist, sondern unter annähernd gleichem Druck.

Tabelle 2. Untersuchungsergebnisse von diluvialem Ton[1,2].

Bohrung Nr.	Tiefe von — bis	Bodenart und ihre Mächtigkeit	Raumgewicht t/m³	Spezifisches Gewicht t/m³	Scherfestigkeit Belastung kg/cm² ν	Belastungsdauer (Tage)	Reibungsbeiwert μ
8	−21,15 bis −21,70	Fester Ton	1,97	2,75	2,0	3	0,20
		(0,55 m)			4,0	2	0,15
35	−22,84 bis −23,44	Graubrauner Ton	1,95	2,73	2,0	1	0,28
		(0,60 m)			4,6	4	0,28
68	−20,63 bis −21,03	Fester Ton mit Sandschichten	1,90	2,70	0,8		0,34
					2,9		0,27
68	−21,03 bis −23,12	Feiner kleiiger Sand	1,90	2,67	2,0		0,50
		(2,09 m)			4,0		0,65
68	−23,12 bis −24,68	Ton mit Sandschichten	1,90	2,72	2,0		0,15
		(1,56 m)			4,0		0,20
68	−24,68 bis −25,68	Fester Ton mit wenig feinem Sand	2,00	2,73	2,0		0,24
					3,5		0,24
69	−20,68 bis −21,18	Fester Ton	1,90	2,70	2,0		0,15
		(0,50 m)			4,0		0,20
69a	−20,52 bis −20,82	Fester Ton	1,90	2,70	2,0		0,15
		(0,30 m)			4,0		0,20
101b	−23,27 bis −23,87	Fester Ton	1,96	2,73	2,0	2	0,25
		(0,60 m)			4,0	5	0,18
102a	−24,45 bis −26,45	Starksandiger mittelfester Ton	1,90	2,74	1,3		0,25
					3,4		0,26
102a	−26,45 bis −26,95	Fester Ton	1,90	2,71	1,3		0,17
		(0,30 m)			3,4		0,13
104	−22,45 bis −24,05	Fester Ton	1,90	2,72	1,1		0,32
		(1,60 m)			3,2		0,30
104d	−18,84 bis −20,54	Weicher Ton	1,90	2,72	0,7		0,50
		(1,70 m)			2,8		0,50
104d	−20,54 bis −22,74	Mittelfester Ton mit Sandadern	2,00	2,72	0,8		0,25
					2,9		0,27
104d	−22,74 bis −23,54	Mittelfester Ton mit Sandadern	2,00	2,72	4,5		0,18
					4,5		0,25
104d	−24,14 bis −24,34	Fester Ton mit Sandschichten	1,90	2,72	1,2		0,40
					3,3		0,39
105a	−18,92 bis −19,12	Weicher Ton mit Steinen und viel Kalkresten	1,90	2,70	0,6		0,48
					2,7		0,40
105a	−19,12 bis −19,32	Mittelfester Ton	1,90	2,73	2,0		0,15
		(0,20 m)			4,0		0,25
105a	−19,32 bis −19,92	Fester Ton	1,90	2,72	2,0		0,15
		(0,60 m)			4,0		0,25
108	−20,94 bis −21,49	Fester Ton	1,97	2,71	4,4	1	0,18
					4,6	3	0,18

[1] Oberkante Gelände liegt i. M. auf +4,0; obere bindige Bodenschicht i. M. bis −15,0; Sandschicht i. M. bis −20,0; untere bindige Bodenschicht i. M. bis etwa −35,0; darunter Sand (Unterkante Bauwerk i. M. −17,0).

[2] Zu Tabelle 1 und 2: Zusammenfassung der Untersuchungsergebnisse:

Zahl der Proben	Bodenart	Reibungsbeiwert $\operatorname{tg}\varrho = \mu$	Kohäsion k_s	Durchlässigkeitsziffer k in l/m² und Std.
10	Kleiboden — mager	0,33 bis 0,55; im Mittel 0,48	—	0,02 bis 0,038
10	Kleiboden — fett	0,29 bis 0,46; im Mittel 0,38	—	0,0046
20	Sandiger Ton	0,22 bis 0,48; im Mittel 0,33 bis 0,35	0,06	—
31	Ton	0,20 bis 0,36; im Mittel 0,27 bis 0,30	0,11	—

Tabelle 2. (Fortsetzung.)

Bohrung Nr.	Bohrung Tiefe von — bis	Bodenart und ihre Mächtigkeit	Raumgewicht t/m³	Spezifisches Gewicht t/m³	Scherfestigkeit: Belastung kg/cm² ν	Scherfestigkeit: Belastungsdauer (Tage)	Scherfestigkeit: Reibungsbeiwert μ
109b	–20,17 bis –20,57	Weicher starksandiger	2,10	2,73	2,0		0,53
		Ton (0,40 m)			4,0		0,60
109b	–20,57 bis –21,17	Fester Ton mit Sand-	2,00	2,72	0,8		0,28
		adern (0,60 m)			2,9		0,22
126	–21,06 bis –21,66	Sehr feuchter Ton mit	1,80	2,72	0,8		0,35
		Sandadern (0,60 m)			2,0		0,37
126a	–21,12 bis –21,62	Fester Ton	1,90	2,74	0,8		0,32
		(0,50 m)			2,9		0,22
126b	–21,18 bis –21,98	Mittelfester Ton	2,00	2,72	2,0		0,15
		(0,80 m)			4,0		0,25
126c	–20,66 bis –22,86	Weicher sandiger Ton	1,90	2,76	0,9		0,38
		(2,20 m)			3,0		0,32
126c	–22,86 bis –23,66	Fester Ton	1,90	2,72	1,0		0,23
		(0,80 m)			3,1		0,22
127	–20,93 bis –21,43	Mittelfester Ton	1,90	2,73	2,0		0,15
		(0,50 m)			4,0		0,25
127a	–20,83 bis –24,73	Weicher Ton	1,90	2,75	2,0		0,18
		(3,90 m)			4,0		0,27
127a	–24,73 bis –25,23	Fester Ton	1,90	2,74	1,2		0,27
		(0,50 m)			3,3		0,25
128	–20,87 bis –21,42	Fester Ton	1,90	2,74	0,8		0,31
		(0,60 m)			2,9		0,34
400	–29,36 bis –29,66	Fester Ton mit Sand-	2,00	2,71	2,0	5	0,20
		adern (0,30 m)			4,0	6	0,15
400	–29,66 bis –31,06	Fester starksandiger Ton	1,93	2,71	2,0	3	0,60
		(1,40 m)			4,0	2	0,35
202	–17,91 bis –18,91	Fester Ton mit Sand-	1,90	2,69	0,6		0,20
		schichten (1,0 m)			2,7		0,17
202	–18,91 bis –19,41	Sehr fester Ton	2,00	2,72	0,6		0,29
		(0,50 m)			2,7		0,24
202	–19,41 bis –20,41	Weicher Ton	2,00	2,72	0,7		0,39
		(1,0 m)			2,8		0,43
202	–20,41 bis –20,81	Weicher Ton	1,90	2,73	0,81		0,55
		(0,40 m)			2,9		0,54
202	–20,81 bis –21,81	Sehr fester Ton	2,00	2,72	0,8		0,37
		(1,0 m)			2,9		0,23
202	–21,81 bis –22,81	Fester sandiger Ton	1,90	2,73	0,96		0,36
		(1,0 m)			3,0		0,36
202	–22,81 bis –23,81	Fester Ton	2,00	2,72	1,0		0,30
		(1,0 m)			3,1		0,31
202	–23,81 bis –24,81	Sehr fester Ton	1,90	2,72	1,1		0,32
		(1,0 m)			3,0		0,26
202	–24,81 bis –25,81	Fester sandiger Ton	2,00	2,72	1,2		0,27
		(1,0 m)			3,3		0,24
202	–25,81 bis –26,81	Fester Ton	1,90	2,74	1,3		0,25
		(1,0 m)			3,4		0,23
202	–26,81 bis –27,01	Fester Ton mit starken	1,90	2,72	1,3		0,23
		Sandschichten			3,4		0,17
202	–27,01 bis –27,31	Weicher sandiger Ton	1,80	2,72	1,4		0,46
		(0,3 m)			3,5		0,45

Tabelle 2. (Fortsetzung.)

Bohrung		Bodenart und ihre Mächtigkeit	Raumgewicht	Spezifisches Gewicht	Scherfestigkeit		
Nr.	Tiefe von — bis		t/m³	t/m³	Belastung kg/cm² ν	Belastungsdauer (Tage)	Reibungsbeiwert μ
202	−27,31 bis −27,61	Mittelfester sandiger Ton (0,30 m)	1,90	2,72	1,4 3,5		0,46 0,39
202	−27,61 bis −28,06	Fester sandiger Ton (0,45 m)	1,90	2,72	1,5 3,6		0,17 0,14
204	−18,01 bis −18,96	Fester Ton (0,95 m)	1,80	2,72	0,6 2,7		0,26 0,24
204	−18,96 bis −20,01	Fester Ton mit feinen Sandadern	1,90	2,71	0,7 2,8		0,25 0,18
204	−20,01 bis −21,01	Fester Ton (1,0 m)	1,90	2,72	0,8 2,9		0,34 0,22
204	−21,01 bis −22,06	Fester Ton (1,05 m)	1,90	2,70	0,96 3,0		0,31 0,22
204	−22,06 bis −22,66	Fester Ton (0,60 m)	1,90	2,70	0,96 3,0		0,29 0,24
204	−22,66 bis −23,11	Fester Ton mit feinen Sandadern (0,45 m)	2,00	2,72	0,96 3,0		0,34 0,26
204	−23,11 bis −24,11	Fester Ton (1,0 m)	2,00	2,72	1,0 3,1		0,28 0,27
204	−24,11 bis −25,11	Fester Ton (1,0 m)	2,00	2,72	1,1 3,2		0,36 0,27
204	−25,11 bis −26,11	Fester Ton (1,0 m)	2,00	2,72	1,2 3,3		0,33 0,29
204	−26,11 bis −27,11	Sehr fester Ton (1,0 m)	2,00	2,70	1,3 3,4		0,33 0,29
204	−27,11 bis −28,11	Fester Ton mit feinen Sandadern (1,0 m)	1,90	2,73	1,4 3,5		0,26 0,27
213	−23,66 bis −24,66	Fester Ton (1,0 m)	1,90	2,69	1,0 3,3		0,23 0,20
213	−24,66 bis −25,56	Fester Ton (0,90 m)	1,90	2,69	2,0 3,3		0,19 0,18
213	−25,56 bis −26,16	Fester Ton (0,60 m)	2,00	2,71	1,2 3,4		0,31 0,32
213	−26,16 bis −27,16	Weicher Ton (1,0 m)	2,00	2,72	1,5 3,5		0,46 0,42
213	−27,16 bis −27,86	Weicher Ton (0,70 m)	1,90	2,73	1,4 3,5		0,43 0,45
213	−27,86 bis −28,86	Fester Ton (1,0 m)	1,80	2,67	1,5 3,5		0,27 0,19
213	−28,86 bis −29,86	Fester sandiger Ton (1,0 m)	1,90	2,71	1,6 3,6		0,48 0,43
213	−29,86 bis −30,86	Weicher sandiger Ton (1,0 m)	2,00	2,70	1,7 3,8		0,47 0,47
213	−30,86 bis −31,86	Sehr fester Ton (1,0 m)	1,90	2,68	1,7 3,8		0,17 0,14
213	−31,86 bis −32,86	Weicher starksandiger Ton (1,0 m)	2,00	2,68	1,9 3,9		0,60 0,61
213	−32,86 bis −33,66	Weicher starksandiger Ton (0,8 m)	2,00	2,72	1,9 4,0		0,56 0,59
213	−33,66 bis −33,96	Sehr fester Ton (0,30 m)	1,90	2,74	1,9 4,0		0,28 0,21

So wurden, wie die Tabelle 1 zeigt, für ein größeres Tiefbauwerk trotz anscheinend einheitlich bindigen Bodens die einzelnen Schichten der alluvialen Bodenart untersucht, mit dem Ergebnis, daß das Raumgewicht von 1,5—1,69 und der Reibungsbeiwert von 0,33 bis 0,62 (d. h. $\varrho = 18$ bis $32°$) schwankte. Auch der tiefliegende diluviale Ton (vgl. Tabelle 2, S. 19 bis 21) wurde in einzelnen Schichten untersucht und ein Raumgewicht von 1,8 bis 2,1, ein Reibungsbeiwert

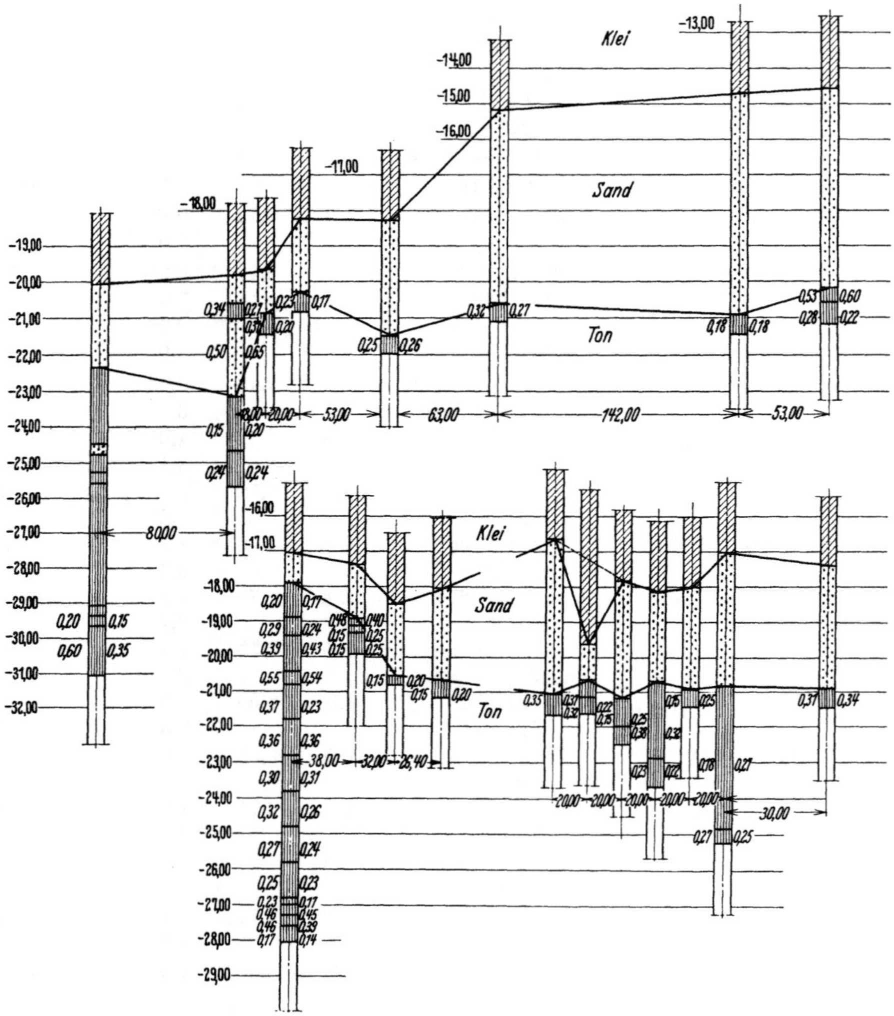

Abb. 12. Wertigkeitsplan für diluvialen Tonboden.

von 0,14 bis 0,60 (d. h. $\varrho = 8$ bis $31°$) festgestellt. Man kann sich allein aus diesen beiden Beispielen verschiedener bindiger Bodenarten ein Urteil darüber bilden, zu welchen Fehlschlüssen man kommen wird, wenn gefährliche Bodenschichten nicht in ihrer ganzen Tiefe auf ihre Wertigkeit hin untersucht werden, sobald die Bohrung die Wahrscheinlichkeit verschiedenartiger Zusammensetzung erkennen läßt. Entweder baut man zu günstig, dann wird das Bauwerk in Bewegung geraten, oder man baut so sicher, daß die Mehrkosten als nutzlose Verschwendung gekennzeichnet werden müssen.

Kommt außerdem hinzu, daß die Wertigkeit der einzelnen Bodenschichten in den verschiedenen Bohrlöchern ebenfalls schwankt, dann bleibt nichts anderes übrig, als einen Wertigkeitsplan aufzustellen. Die Abb. 12 gibt ein anschauliches Beispiel, wie auf diese Weise für ein umfangreiches Tiefbauwerk trotz der Zerrissenheit des Untergrundes eine gewisse Gesetzmäßigkeit festgestellt werden konnte, so daß nur für die obere, 1 m starke Tonschicht mit einem Reibungsbeiwert von 0,15, für die tieferen Lagen aber mit 0,25 als Mittelwert gerechnet werden konnte. Die Reibungsbeiwerte wurden für zwei verschiedene Belastungen bestimmt und zu beiden Seiten der Bohrprofile angeschrieben.

δ) Die chemische Untersuchung.

Daß die chemische Untersuchung des Bodens, besonders wenn er bindig ist, eine Selbstverständlichkeit bedeutet, kann leider ebenfalls noch nicht als Allgemeingut betrachtet werden, obwohl die Dauerhaftigkeit eines Bauwerkes von der chemischen Angriffsfähigkeit des Bodens abhängt[1]. Daß auch hier eine einzige Untersuchung noch nicht zum Ziele führt, zeigt folgendes Beispiel der Untersuchungsergebnisse an einem bindigen Boden durch zwei Chemiker:

Institut A. „Untersuchung von Boden aus zwei Bohrlöchern: Auf Grund dieser Befunde müssen wir den Untergrund beider Baugelände als ‚gefährlich für Beton‘ betrachten. Die Sulfide haben die Neigung, sich bei Luftzutritt zu oxydieren und schwefelsaure Salze resp. bei Basenarmut des Bodens evtl. auch freie Schwefelsäure zu bilden. Sulfate und freie Schwefelsäure greifen den Beton aber äußerst heftig an.“

Institut B. „Untersuchung von Boden aus drei Bohrlöchern: Ton und Klei enthalten Sulfatmengen, welche imstande sind, das Wasser mit Sulfat anzureichern und dadurch eine ‚gewisse Gefahr für den Beton“ herbeizuführen. Das vorhandene Sulfid kann außerdem bei Zutritt von Luft in Sulfat übergeführt werden und dadurch auch seinerseits zu einer Gefährdung des Betons beitragen.“

Da der Untergrund nicht mit der Luft oder mit dem strömenden Wasser hinter dem Bauwerk in Berührung kam und deswegen eine derartige Oxydation des Sulfides in größerem Umfange kaum zu erwarten war, konnte auf jeden teueren und doch nicht voll wirksamen Anstrich verzichtet werden. Es wurde nur auf einen dichten Beton in einwandfreier Güte Wert gelegt, wie man es als selbstverständlich bei Wasser- und Grundbauten voraussetzen muß. Hinzu kam, daß im Gegensatz zu dem Gutachten des Instituts A die Fundamente der bereits bestehenden Bauwerke, soweit sie guten Beton enthielten, einen einwandfreien Zustand zeigten.

Hinzuweisen wäre noch auf die Behandlung von Bodenproben für die chemische Untersuchung. Da, wie festgestellt wurde, sich die schädlichen Stoffe im Boden oft erst bei der Berührung mit der Luft bilden, sollte man:

1. derartige Bodenproben für die chemische Untersuchung nicht zu klein nehmen und dann sogleich auch von der Luft abschließen;

---

[1] Abgesehen davon bestehen zwischen der Rutschneigung und der Chemie von Tonböden Zusammenhänge, die in letzter Zeit näher erforscht wurden. Vgl. Mitteilungen der Preußischen Versuchsanstalt für Wasserbau und Schiffbau. Berlin 1935, Heft 20.

2. die chemische Untersuchung möglichst umgehend ansetzen und aus der Mitte der Bodenproben einen entsprechenden Teil herausnehmen, um den Boden in einem natürlichen Zustand untersuchen zu können;

3. nachforschen, wieweit der Boden durch die Bauausführung und im späteren Betrieb mit der Luft in Berührung kommt (Bodenaushub und Hinterfüllung). Im bejahenden Fall ist dann auch die zu untersuchende Bodenprobe in gleicher Weise zu behandeln.

3. Die Berechnungsmöglichkeiten.

An Hand eines praktischen Beispieles (Massivstützbauwerk) soll ganz allgemein gezeigt werden, was man vom Untergrund wissen muß, wenn man
die Festigkeit eines Bauwerkes,
die Standsicherheit eines Bauwerkes,
die Festigkeit des Baugrundes,
die Standsicherheit des Baugrundes
beurteilen will (vgl. Abb. 13).

Bei diesem Beispiel sind folgende Kräfte einzusetzen

zum Nachweis der Festigkeit des Bauwerkes (Abb. 13a): Erddruck, Erdwiderstand, Bodengegendruck, Gewicht des Bauwerkes mit Auflast (feste und bewegliche), Wasserüberdruck[1] (waagerechter Druck und senkrechter Auftrieb);

zum Nachweis der Standsicherheit des Bauwerkes (Abb. 13b): es ist zu untersuchen: Kippen und Gleiten — Erddruck, Erdwiderstand, Bodengegendruck, Bodenreibung, Gewicht des Bauwerkes mit Auflast (feste und bewegliche), Wasserüberdruck[1] (waagerechter Druck und senkrechter Auftrieb);

zum Nachweis der Festigkeit des Baugrundes (Abb. 13c): es ist die Setzung desselben zu bestimmen — Erddruck, Erdwiderstand, Bodengegendruck, Bodenreibung, Wandreibung, Gewicht des Bauwerkes mit Auflast, Wasserdruck[1];

zum Nachweis der Standsicherheit des Baugrundes (Abb. 13d, e): es ist zu untersuchen: Grundbruch und Geländebruch. — Grundbruch: Erddruck, Gewicht des Bauwerkes mit Auflast, Gewicht des von der Gleitscheibe eingeschlossenen Bodens, Bodenreibung am äußeren Umfang der Gleitscheibe, Wasserüberdruck[1] (waagerechter Druck und senkrechter Auftrieb); Geländebruch: Gesamtgewicht der Gleitscheibe (Bauwerk + Auflast und Boden), Bodenreibung am äußeren Umfang der Gleitscheibe, Wasserdruck[1] (waagerechter Druck und senkrechter Auftrieb).

Um die in der Abb. 13 skizzierten Kräftespiele in ihrer Auswirkung erfassen zu können, muß man sich klarmachen, welche Annahmen man voraussetzen muß und welche Möglichkeiten der Berechnung es gibt. Hier ist die Theorie von 2 Annahmen, und zwar von der Annahme des elastischen und des starren Bodens, ausgegangen.

Da die Kenntnis des elastischen Verhaltens des Bodens sich heute noch im Anfangsstadium befindet, lassen sich die Auswirkungen, die ein Ersatz der bisher in der Praxis fast ausschließlich gebrauchten Annahmen eines starren Verhaltens durch das elastische Verhalten nach sich ziehen würde, schwer genau angeben.

---

[1] Der Wasserdruck ist der Übersicht halber im Beispiel und in der Abbildung nicht angegeben worden. Er wird im nächsten Abschnitt behandelt werden.

Beim Erddruck gehen die Beobachtungen von Terzaghi dahin, daß der Ruhedruck des Bodens eher die Größenordnung des hydrostatischen Druckes annimmt als die des Grenzfalles für den Erddruck. Letzterer stellt also die geringste Kraft dar, die hinter einer Stützwand auftritt, und zwar nur dann, wenn diese Wand bereits eine, wenn auch nur geringe Bewegung durchgemacht hat. Diese Bewegung erscheint aber nur in seltenen Fällen unzulässig, so daß die Berechnung des Erddruckes nach der klassischen Theorie als Näherung fast immer ausreicht. Das gleiche gilt in geringerem Maße vom Erdwiderstand, da es hier fraglich ist, ob die Durchbiegungen elastischer Bauwerke immer von derjenigen

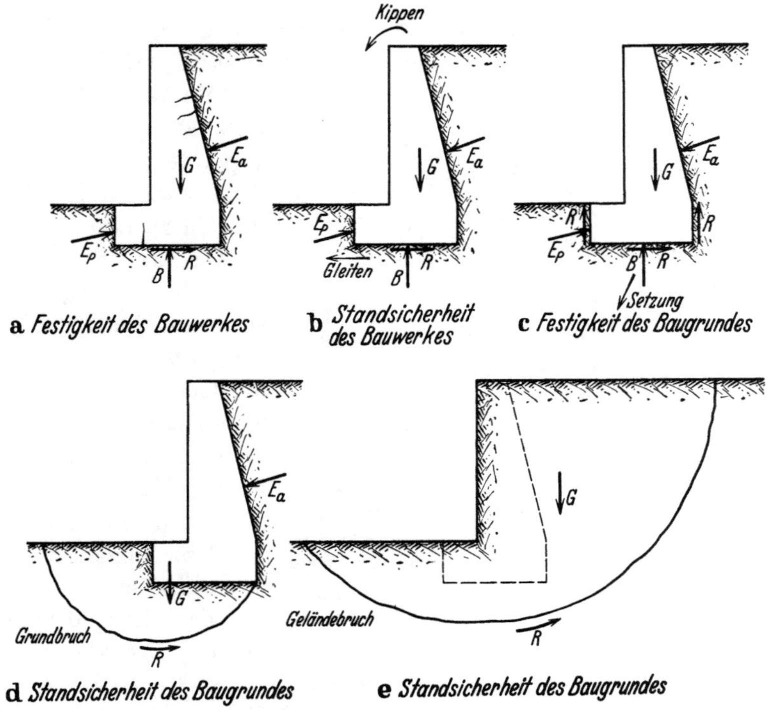

Abb. 13. Kräftespiel an einem Stützbauwerk.

Größenordnung sind, die eine volle Entwicklung des Erdwiderstandes bewirken. Bei Spundwänden kann die Verteilung des Erdwiderstandes nach den bisherigen Methoden als nicht völlig befriedigend angesehen werden. Mehr noch stellt sich beim Bodengegendruck die Notwendigkeit heraus, das elastische Verhalten des Bodens zu berücksichtigen, da auf einer starren Unterlage sich eine Verteilung des Bodengegendruckes (Spannungstrapez) einstellt, die nur als grobe Näherung angesehen werden kann. Bei der Bodenreibung, insbesondere bei deren Wirkung auf Gelände- und Grundbruch, verspricht die Berücksichtigung elastischen Verhaltens weniger Erfolg und erscheint daher nicht besonders sinnvoll.

Der augenblickliche Stand unserer Kenntnisse ist der, daß wir zwar das Unzureichende unserer bisherigen Rechnungsansätze eingesehen haben, aber von einer praktischen Anwendung des elastischen Verhaltens des Bodens auf die Berechnung der auftretenden Kräfte noch weit entfernt sind. Dazu ist die Zahl unserer Beobachtungen noch zu gering, und es wird eine Aufgabe der Zukunft sein, hier eine neue Möglichkeit der Berechnung aufzubauen.

a) Das elastische Verhalten des Bodens.

Die Annahme des elastischen Verhaltens des Bodens kommt den natürlichen Verhältnissen am nächsten. Trotzdem muß man hierbei eine Voraussetzung machen, die in der Natur nur in den seltensten Fällen erfüllt sein wird.

Diese Voraussetzung ist die gleichmäßige Beschaffenheit des Bodens, die durch die Bodenbeiwerte gekennzeichnet wird. In Wirklichkeit wird auch innerhalb einer einzigen Schicht stets eine ungleichmäßige Zusammensetzung des Bodens vorhanden sein, und der Wert der Bodenbeiwerte kann sich von Punkt zu Punkt ändern.

Wenn wir von einer Schichtung des Bodens sprechen, so ist das nur ein Ausdruck dafür, daß sich die Bodenbeiwerte sprungweise so erheblich verändern, daß ihr Wechsel nicht erst im Laboratorium mit Versuchsapparaten, sondern mit bloßem Auge bzw. mit einfachen Hilfsmitteln zu erkennen ist.

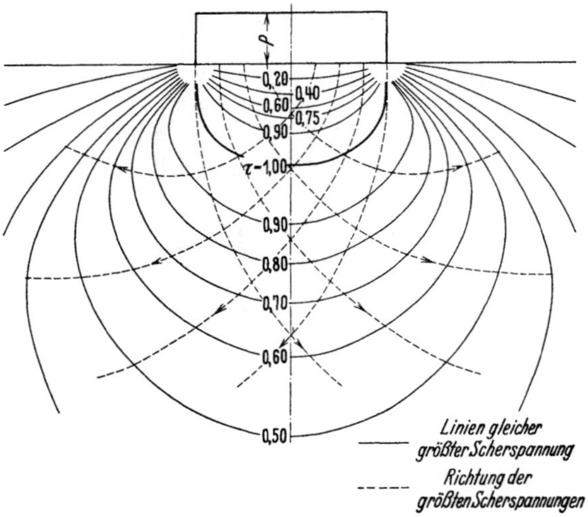

Abb. 14. Verlauf der größten Scherspannungen unter einer runden Platte (nach Casagrande, Journal of the Boston Society of Civil Engineers 1934, Bd. 21, Nr 3).

Die Ermittlung der elastischen Verformung des Bodens erfordert eine Übersicht über den Verlauf der Spannungen im Boden. Gerade hier sind in letzter Zeit mehrere Arbeiten erschienen, die diesem bisher wenig erfaßten Gebiet etwas näherkommen[1].

Ganz allgemein sind zu unterscheiden[2]:

Die Normalspannungen, die die Druckbeanspruchung des Bodens in einem bestimmten Punkt angeben, und

die Scherspannungen, die die Reibungs- und Kohäsionsbeanspruchung des Bodens an einem bestimmten Punkt angeben.

Für die Beurteilung der Beanspruchung des Bodens sind ferner von Bedeutung:

die größten Scherspannungen und die Normalspannungen auf die waagerechten Schnittflächen (senkrechte Normalspannungen), die die Veränderung des Drucks mit zunehmender Tiefe veranschaulichen;

die Darstellung des Verlaufs der Bodenspannungen durch Linien gleicher Spannungsgröße für die verschiedenen Spannungen, wie Hauptspannungen, senkrechte Spannungen, größte Scherspannungen usw. (Potentiallinien);

die Linien der Spannungsrichtung für die Hauptspannungen und größten Scherspannungen (Strömungslinien, Kraftlinien) (Abb. 14).

Da die Haupt- und Scherspannungen in jedem Punkt des Querschnitts eine bestimmte Richtung haben, entsteht durch Verbindung dieser Richtungen eine Kraftlinienschar.

---

[1] U. a. Fröhlich, O. K.: Druckverteilung im Baugrunde. Wien 1934.

[2] Vgl. Krey, H.: Erddruck, Erdwiderstand. Berlin 1932, S. 24.

Die Kenntnis des Verlaufs der Bodenspannungen beruht noch vorwiegend auf theoretischen Überlegungen und einigen Versuchsergebnissen. Es ist daher zu wünschen, daß die Theorie durch eine Nachprüfung an fertigen Bauwerken ergänzt und auf ihre Richtigkeit hin nachgeprüft wird. Durch Einbau von Meßdosen läßt sich jedenfalls in bestimmten Grenzen eine Ermittlung der wirklich an und unter einem Bauwerk auftretenden Druckspannungen durchführen.

Der Verlauf der Bodensenkungen wird durch das Lastsenkungsdiagramm dargestellt, dessen Abszisse die Belastung des Bodens je Flächeneinheit (kg/cm^2) und dessen Ordinate die Senkung s in cm angibt. Aus diesen beiden ergibt sich die Bettungsziffer $C = \frac{q}{s} \frac{kg}{cm^3}$ (Abb. 15).

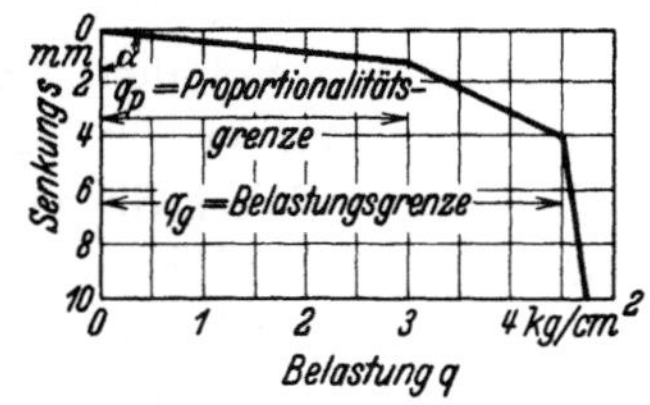

Abb. 15. Lastsenkungsdiagramm für Boden.

Entsprechend dem Spannungsdehnungsdiagramm für feste Körper bezeichnet man als Proportionalitätsgrenze q_p die Grenze, bis zu der die Senkung geradlinig mit der Belastung je Flächeneinheit zunimmt, also den Bereich, in dem die Bettungsziffer C ziemlich konstant ist.

Die Belastungsgrenze q_g entspricht der statischen Festigkeit σ_B (Bruchspannung) und ist dadurch gekennzeichnet, daß die Bettungsziffer sehr klein oder gleich Null wird. Die Senkungslinie wird von hier an fast parallel der Ordinate laufen, d. h. bei geringer Zunahme der Belastung findet eine starke Zunahme der Senkungen statt.

Die vorhandene Tragfähigkeit des Bodens wird häufig gleich der Belastungsgrenze gesetzt. Man versteht dann unter „Tragkraft" eines Bodens die Maximalbelastung, die eine bestimmte Bodenfläche gerade eben noch tragen kann, unter „Tragfähigkeit" die entsprechende Belastung der Flächeneinheit des Bodens.

Die Tragfähigkeit eines Bodens ist abhängig von:

den Bodenbeiwerten und von der Art der Belastung (Größe — Richtung — Angriffspunkt — ruhende — bewegliche Last — Erschütterungen).

Bindiger und nichtbindiger loser Boden verdichtet sich also infolge der Einwirkung der Belastung unter der Lastfläche und gibt zunächst bis zur mehr oder weniger ausgeprägten Proportionalitätsgrenze annähernd geradlinig, dann mit Steigerung der Belastung schneller nach, bis die Grenze seiner Tragfähigkeit erreicht wird, d. h. bis der Boden ausweicht und die Last versinkt (Belastungsgrenze). Die Außenfläche der bleibenden Verformung wird mit der Steigerung der Belastung immer steiler, bis die Scherbeanspruchung des Bodens die zulässige Grenze überschreitet. Der Boden weicht dann in den Gleitflächen des geringsten Widerstandes aus.

Die vorhandene Tragfähigkeit eines Bodens wird in erster Annäherung durch Belastungsversuche (Probebelastungen, Proberammungen) an Ort und Stelle im Baugelände festgestellt[1]. Die für die Herstellung von Grundbauwerken zuzulassenden Bodenbelastungen sind bislang mit Rücksicht auf die Unübertragbarkeit der in kleinerem Maßstabe vorgenommenen Belastungsversuche geringer als die jeweils festgestellte Tragfähigkeit anzunehmen. Die Sicherheit ist vor allem

[1] Vgl. Deutsche Gesellschaft für Bauwesen, Baugrundausschuß: Vorschläge und Richtlinien für Probebelastungen.

bei bindigen Böden höher als bei Kies und Sand zu wählen. (Vorsicht bei zu erwartenden Erschütterungen des Bodens!) Allgemeingültige Werte für die zulässige Belastung der verschiedenen Bodenarten lassen sich nicht angeben[1]. Die zulässigen Grenzen für die Bodenbelastungen sind von Fall zu Fall durch Versuche und durch Messungen an Bauwerken festzustellen. Sie werden gleich oder kleiner als die Proportionalitätsgrenze gesetzt, je nach dem Wert des der Untersuchung zugrunde gelegten Belastungsfalles und den zuzulassenden Setzungen.

Besonders auf dem Gebiet der Beurteilung der Bodenbelastung haben die Versuchsanstalten in den letzten Jahren erstaunliche Fortschritte gezeitigt. Allerdings weichen die verschiedenen Verfahren und ihre Ergebnisse noch voneinander ab, und es wird weiterer gemeinsamer Erörterungen und Vergleiche der Versuchsergebnisse mit den an Bauwerken gemachten Erfahrungen bedürfen, bevor ein Urteil gefällt werden kann.

Die Verteilung der Bodenbelastung auf die tieferen Bodenschichten hängt von deren Beschaffenheit ab. Liegen unter Bodenschichten mit größerer Scherfestigkeit solche mit geringerer Scherfestigkeit, und haben erstere nur eine geringe Mächtigkeit, so ist darauf zu achten, daß die schwächeren Bodenschichten nicht überlastet werden. Wenn man für Böden eine bestimmte Belastung an der Oberfläche zuläßt, bestehen keine Bedenken bei tiefgegründeten Bauwerken, zu dieser die bereits vorhandene Bodenauflast zu addieren, wenn dadurch die Grenzbelastung nicht überschritten wird.

Außer der behandelten elastischen Verformung des Bodens ist die bleibende Verformung zu betrachten. Der Verlauf der Bodenspannungen ist hierbei im wesentlichen derselbe wie vor. Gleichlaufend mit der Setzung tritt eine Bodenverdichtung ein. Sie ist gekennzeichnet durch die kontinuierliche Setzung im Lastsenkungsdiagramm.

Der Bruch des Bodens ist im Senkungsdiagramm als ruckartige Setzung zu erkennen und vollzieht sich durch Bildung von Gleitflächen (Bruchfugen), auf denen der Boden abrutscht.

b) Das starre Verhalten des Bodens.

Bei der Voraussetzung des starren Verhaltens des Bodens sind die vereinfachenden Annahmen gegenüber dem Verhalten in der Natur weit umfangreicher als wie bei dem geschilderten elastischen Verhalten des Bodens. Man kann aber diese Betrachtungsweise heute noch nicht entbehren, da das elastische Verhalten des Bodens theoretisch noch nicht weit genug durchgearbeitet ist, um in allen Fällen eine brauchbare Auskunft zu geben. So beruht die klassische Erddrucktheorie auf der Annahme starren Verhaltens des Bodens. Sie hat den Vorteil, verhältnismäßig einfache Berechnungsweisen zu liefern. Es wird wohl schwierig sein, auf Grund des elastischen Verhaltens des Bodens eine Erddruckberechnung zu entwickeln, die ihr in dieser Beziehung auch in ihrer Durchführung gleichwertig ist.

Die Annahme, die dem starren Verhalten des Bodens zugrunde liegt, ist außer der Homogenität des Bodens die, daß der Boden aus starren Einzelteilen

[1] Trotzdem diese Erkenntnis eigentlich bereits Allgemeingut geworden sein sollte, finden sich in Bestimmungen aus dem Jahre 1935 neuerdings wieder feste Zahlenwerte, mit denen sich in der Praxis aber nichts anfangen läßt. Vgl. auch Terzaghi in De Ingenieur 1935, Heft 50.

zusammengesetzt ist und sich wie ein starrer, aber bis zu einem gewissen Grad in sich beweglicher Körper, etwa wie ein Kugelhaufen, verhält.

Hieraus geht hervor, daß eigentliche Setzungen und Verformungen unendlicher kleiner Größen nicht mehr auftreten können, sondern nur Bewegungen von endlichem Ausmaß.

Diese Bewegungen vollziehen sich in bestimmten Flächen geringsten Widerstandes, die im allgemeinen gekrümmt und unter der Bezeichnung „Gleitflächen" bekannt sind (Abb. 16, 19, 21—23).

Gekrümmte Gleitflächen treten bei der Untersuchung der Standsicherheit des Bodens ohne und mit Auflast (Geländebruch, Grundbruch und Ausweichen des Bodens unter Flachgründungen) auf und können hier ohne Schwierigkeiten der Rechnung zugrunde gelegt werden. In den meisten Fällen ergeben sie ungünstigere Resultate als geradlinige und geradlinig gebrochene Gleitflächen. Trotzdem werden letztere der Ermittlung des Erddruckes und Erdwiderstandes zugrunde gelegt, da die Berücksichtigung gekrümmter Gleitflächen hier bislang auf große rechnerische Schwierigkeiten stößt. Bauliche Maßnahmen können im Untergrund Gleichgewichtsstörungen hervorrufen, die je nach der Art, Beschaffenheit, Lage, Mächtigkeit und Lagerung der vorhandenen Bodenschichten zu Rutschungen des Bodens außerhalb der Bauwerksbegrenzung führen. Es kann ein Grundbauwerk mit den auftretenden Bodenkräften bis zur Gründungssohle im Gleichgewicht stehen und trotzdem wird es abrutschen (abgleiten), wenn sich unterhalb der Gründungssohle Bodenschichten befinden, deren Scherfestigkeit den veränderten Bodenbelastungen nicht gewachsen ist.

α) Gekrümmte Gleitfläche beim senkrechten Geländesprung.

Beim Geländesprung bedeutet der Sprung in der Bodenoberfläche auch gleichzeitig einen Belastungssprung, der Veränderungen des Druckes auf die tieferliegenden Bodenschichten hervorruft. Dieser Belastungssprung kann zum Abgleiten der höherliegenden Bodenmassen führen (Abgleiten des Geländesprunges = Geländebruch).

Wird der Boden unter der Sohle eines Grundbauwerks überlastet, so werden die überlasteten Bodenschichten nach der Seite des geringsten Widerstandes ausweichen (Grundbruch bzw. Ausweichen unter Flachgründungen).

Man untersucht also die Gleitgefahr des Geländesprunges und die Möglichkeit des Grundbruches, um die Abmessungen eines Grundbauwerkes (Breite, Tiefe und Eigengewicht) den Untergrundverhältnissen und Belastungen so anzupassen, daß Bodenrutschungen vermieden werden.

Bodenrutschungen können auch bei Böschungen eintreten. Ursache und Wirkung sind die gleichen.

Der Nachweis der Bodenstandsicherheit (Geländebruch, Grundbruch bzw. Ausweichen) läuft also darauf hinaus, das Verhältnis zwischen dem möglichen Scherwiderstand (Reibung mit oder ohne Kohäsion) der Bodenschichten und den wirksamen Scherkräften in den Gleitflächen festzustellen. Die gefährliche Gleitfläche ist diejenige, für die das Verhältnis der Momente des Scherwiderstandes zu dem der angreifenden Kräfte das kleinste ist. Die Form und der Verlauf der Gleitfläche kann wegen der verschiedenartigsten Einflüsse (Beschaffenheit, Wechsel, Lage, Lagerung usw. der Bodenschichten und der im Boden jeweils herrschenden Wasserverhältnisse usw.) nicht genau ermittelt werden. Man ist daher auf Annahmen angewiesen.

Wie die in der Natur beobachteten Rutschungen (Geländebruch) immer wieder erkennen lassen, ist die Gleitfläche wohl gekrümmt, aber in ihrer Gestalt nicht einheitlich. Weder die kreis-, kreis-tangenten-, korbbogenförmige[1] noch die ebene gebrochene Bruchfuge mit oder ohne Ausrundung der schärferen Brechpunkte, die zur Ermittlung der Standsicherheit des Bodens herangezogen werden, erfassen somit die wirklichen Verhältnisse (Abb. 16). Grundsätzlich kann als erste Annäherung für die Berechnung der Kreis angenommen werden. Die vorliegenden Verhältnisse werden dann den Weg weisen, ob man zu ergänzenden Berechnungen auf Grund anderer Bruchfugenformen schreiten muß. Am meisten eingebürgert hat sich infolge ihrer Einfachheit die analytische Berechnung nach Krey auf kreisförmiger Gleitfläche.

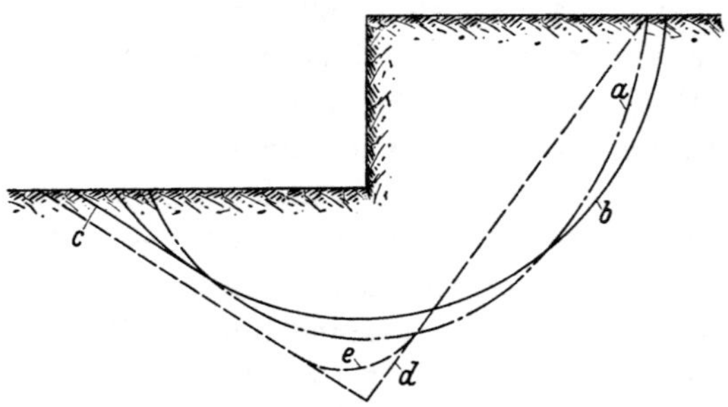

Abb. 16. Der Berechnung bislang zugrunde zu legende Gleitflächen bei einem Geländesprung.
a Korbbogen, *b* Kreis, *c* Kreistangente, *d* ebene gebrochene, *e* ebene gebrochene ausgerundete Fuge.

Die Ermittlung der Standsicherheit von Geländesprüngen ist nur dann erforderlich, wenn ein geringer Reibungswinkel des Bodens vorhanden, die freie Höhe des Geländesprungs verhältnismäßig groß ist oder beträchtliche äußere Lasten (bzw. Schwingungen) auftreten. Es ist daher nicht erforderlich, z. B. bei Binnenkanälen, wo Spundwände von etwa 5—6 m freier Höhe vorkommen, im sandigen Boden die Sicherheit gegen Geländebruch nachzuweisen. Genaue Maße für die Grenze, von der ab diese Sicherheit nachgeprüft werden muß, lassen sich nicht geben, da die Sicherheit des Geländesprunges von der jeweiligen Auflast und dem Wasserüberdruck abhängt.

Bei senkrechter Begrenzung des Geländesprunges und nicht allzu uneinheitlichem Boden nimmt man an, daß der Boden sich um den Geländesprung in einer kreisförmigen Fuge löst, also einen Ausschnitt einer Kreisscheibe bildet, und sich unter der Einwirkung seiner Schwere um einen Kreismittelpunkt oberhalb des Geländesprunges drehen will. (Die Kreisscheibe wirkt dann als einheitliches Gebilde; die innerhalb dieser Scheibe auftretenden Kräfte befinden sich im Gleichgewicht.) Das Drehen versuchen die am Umfang der Scheibe wirkenden Reibungswiderstände des stehenbleibenden Bodens und die entgegengesetzt wirkenden Schwerkräfte zu verhindern. Man bestimmt das Drehmoment der senkrecht wirkenden Bodenlast und der auf die Scheibe wirkenden äußeren Kräfte (waagerechte und senkrechte) um den Mittelpunkt der angenommenen Kreisscheibe (Drehpunkt) und das Drehmoment der am Scheibenumfange wirkenden Reibungskräfte des Bodens[2]. Das Größenverhältnis dieser beiden Drehmomente zeigt, ob für die untersuchte Gleitfläche eine Gleitsicherheit vorhanden ist, und wie groß diese ist.

Zu diesem Verfahren ist grundsätzlich folgendes zu sagen:

---

[1] Vgl. Bautechn. 1925 S. 728; 1926 S. 348, 436; 1931 S. 703.

[2] Vgl. Krey: Erddruck, Erdwiderstand, S. 117. Berlin 1932.

1. Die Annahme einer kreisförmigen Gleitfläche ist als Annäherung an die wirklich im Boden auftretende, aber unbekannte Form der Gleitfläche brauchbar. (Feststellungen bei eingetretenen Rutschungen.) Sie kommt der Wirklichkeit bei annähernd einheitlichem Boden näher als die Annahme ebener Gleitflächen.

2. Die Annahme kreisförmiger Gleitflächen erleichtert die Ermittlung der Gleitsicherheit.

Bei der Wertung der Sicherheit hat man von Fall zu Fall unter Berücksichtigung:
der Höhe und der Form des Geländesprunges,
der Bodenschichten und ihrer Wertigkeit,
des Verlaufs des Porenwasserdruckes,
der Form und Ausdehnung des späteren Bauwerks,
die möglichen Gleitfugen nach Form und Lage abzuwägen, um wirklich die für die Sicherheit maßgebende Gleitkurve zu erhalten. Man muß insbesondere an den Stellen, wo der Gleitkreis sich der senkrechten Richtung nähert, den bei Rutschungen tatsächlich festgestellten Verlauf der Rutschflächen in Betracht ziehen, die auf der Erdwiderstandseite nie den rechten Winkel erreichen (vgl. Abb. 16). Bei der Ermittlung der Sicherheit macht sich allerdings die unterschiedliche Behandlung geradliniger und gekrümmter Gleitflächen störend bemerkbar[1]. Die wirkliche Fuge wird im angezogenen Beispiel weder ein Kreis noch eine Kreistangente sein, sich aber mehr der letzteren nähern.

Die praktische Bedeutung einer Gleituntersuchung mit nicht ebenen Gleitflächen für den Geländesprung ist:

1. Man kann, ohne Rücksicht auf das herzustellende Bauwerk, diejenige Gleitfuge finden, bei der unter der Voraussetzung, daß die Gleitscheibe selbst sich im Gleichgewicht befindet, die geringste Gleitsicherheit eintreten wird.

Dabei kann es, je nach den Untergrundsverhältnissen und Untersuchungsmethoden, auch verschiedene gefährliche Gleitfugen geben.

2. Aus dieser „gefährlichen" Gleifuge ergeben sich die baulichen Maßnahmen zur Sicherung des Geländesprunges (Feststellung, durch welches Bauwerk die gefährliche Gleitfuge, deren Sicherheitsgrad $\eta \gtrless 1$ sein kann, abgefangen werden kann: Spundwand, Pfahlrost, massive Gründung). Man spricht dann von einer durch das Bauwerk erzwungenen Gleitfuge.

Ist bei einer Geländesprunguntersuchung ein wirksamer waagerechter oder senkrechter Wasserüberdruck möglich, so ist er in die Gleichgewichtsbedingungen einzusetzen.

Nach Krey lautet die allgemeine Gleichung für den Sicherheitsgrad η bei waagerechtem Wasserüberdruck:

$$\eta = \frac{\Sigma M_T}{\Sigma M_G + M_W},$$

wobei M_W = Moment infolge waagerechten Wasserüberdruckes, bezogen auf den Mittelpunkt 0 des Gleitkreises.

Strenggenommen ist eine Sicherheit $= \frac{\text{günstige Größen}}{\text{ungünstige Größen}}$ hier $= \frac{\text{günstige Momente}}{\text{ungünstige Momente}}$ $\frac{\Sigma MT + \Sigma M_{GL}}{\Sigma M_{GR} + M_W}$, der einfacheren Berechnung halber wird bei Krey die Summe M_{GL}

[1] Wie die Sicherheit festgesetzt werden kann, wenn keine kreisförmigen Rutschflächen vorliegen, also kein Verhältnis der Drehmomente mehr gebildet werden kann, siehe Marx: Die Berechnung der Rutschgefahr. Bautechn. 1931 S. 103.

der günstig drehenden Schwerkraftsmomente von den entgegengesetzt drehenden Schwerkraftsmomenten abgesetzt.

$$\eta = \frac{\gamma_0 \cdot b \cdot R \cdot \Sigma \xi}{\gamma_0 \cdot b \cdot R \cdot \left[\sum\left(\frac{m}{n}\cdot h\right)_r - \sum\left(\frac{m}{n}\cdot h\right)_l\right] + M_W \cdot \frac{\gamma_0 \cdot b \cdot R}{\gamma_0 \cdot b \cdot R}}$$

bei $\gamma_0 = 1$, wird

$$\eta = \frac{\Sigma \xi}{\sum\left(\frac{m}{n}\cdot h\right)_r - \sum\left(\frac{m}{n}\cdot h\right)_l + \frac{M_W}{b \cdot R}}.$$

Strenggenommen müßte es heißen:

$$\eta = \frac{\sum \xi + \sum\left(\frac{m}{n}\cdot h\right)_l}{\sum\left(\frac{m}{n}\cdot h\right)_r + \frac{M_W}{b \cdot R}},$$

wo $\xi = \frac{h}{\cos\varphi \operatorname{ctg}\varrho + \sin\varphi} = \frac{h}{\alpha}$ und $\frac{m}{n} = \sin\varphi$ (Abb. 17).

Ist ein senkrechter Wasserdruck von oben (Wasserauflast) wirksam, so wird er in den h-Werten berücksichtigt.

Für die Durchführung von Gleitkreisuntersuchungen sei nachfolgendes Muster gegeben:

Nachdem der Drehpunkt in dem in Abb. 17 gekennzeichneten Quadrat zunächst willkürlich gewählt und ebenso ein Radius angenommen wurde, wird für die so erhaltene Probefuge die Sicherheit berechnet.

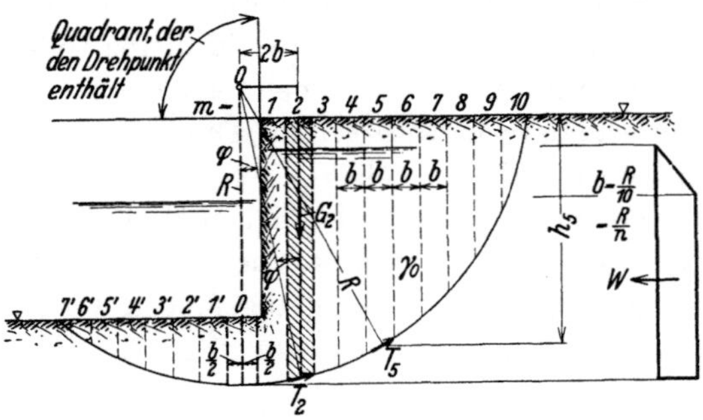

Abb. 17. Untersuchung eines Geländesprunges mit kreisförmiger Gleitfuge (nach Krey).

Die Belastung des Geländesprunges wird auf Erde vom Gewicht $\gamma = 1$ mit einer entsprechenden Höhe h umgerechnet. Sind Bauwerke im Erdkörper vorhanden (bei Nachrechnungen), so sind diese durch eine entsprechende Vergrößerung von h zu berücksichtigen. Geht der Gleitkreis unter der Sohle eines Bauwerks oder unter der Pfahlspitzenebene eines Pfahlrostes hindurch, so ist für die Verteilung der Lasten des Bauwerks auf die Gründungsfuge das Spannungstrapez zu benutzen und auf $\gamma = 1$ umzurechnen. Schwieriger lassen sich die Lasten einzelstehender Pfähle, die vom Gleitkreis unterschnitten werden, verteilen, da die Druckverteilung unterhalb einer Pfahlspitze noch nicht eindeutig bekannt ist. Hier helfen nur grobe Näherungsmaßnahmen, wie Verteilung der Spitzenlast unter 45° auf die Gleitfuge.

Die Ermittlung der h-Linie wird streifenweise vorgenommen. Die Streifenbreite beträgt $^1/_{10}$ des gewählten Radius R, so daß $n = \frac{R}{b} = 10$. Bei einer senkrechten Begrenzung des Geländesprunges schließt man an der Begrenzung zweckmäßig mit einem Streifen ab, d. h. legt den Mittelpunkt des Gleitkreises in eine Entfernung $(m + 0{,}5)\,b$ von der Geländesprungkante (m = Streifennummer).

Werden keine Bauwerksteile geschnitten, so geschieht die Berechnung der Gleitsicherheit zweckmäßig nach folgendem Muster:

Näherungsrechnung				Genaue Kontrollrechnung für ϱ_{erf}	
Streifen m	h	$\frac{m}{n} = \sin\varphi$	$h \sin\varphi$	$\alpha = \cos\varphi \operatorname{cotg}\varrho + \sin\varphi$ zeichnerisch ermittelt gem. Bautechn. 1929 S. 327 (α — Kreis)	$\xi = \frac{h}{\alpha}$
10 9 8 7 ⋮		1,0 0,9 0,8 0,7 ⋮			
	Σh		$\Sigma h \sin\varphi$		$\Sigma \xi$
angenähert $\operatorname{cotg}\varrho_{erf} \cong \frac{\Sigma h}{\Sigma h \sin\varphi}$				$\Sigma h \sin\varphi - \Sigma\xi$ muß annähernd gleich Null werden.	
Sicherheit $\eta = \frac{\operatorname{tg}\varrho_{vorh}}{\operatorname{tg}\varrho_{erf}}$					

Bei wechselnder Bodenart bedient man sich besser der etwas umständlicheren Berechnungsmethode von Krey.

Beim Schneiden eines Bauwerks sind entweder die Widerstandskräfte gegen Herausziehen oder die auftretenden Schubkräfte $T = \tau F$ den Reibungskräften zuzuzählen. Es ist dann der Betrag $\frac{\tau F}{\gamma b} = \frac{\tau}{\gamma \cos\varphi}$ von der Spalte $h \cdot \sin\varphi$ abzuziehen.

In gleicher Weise muß bei Wasserüberdruck das Moment M_W des Wasserüberdrucks dadurch berücksichtigt werden, daß der Spalte $h \sin\varphi$ der Ausdruck $\frac{M_W}{b R}$ hinzugezählt wird.

Denn es ist bei $\gamma = 1$:

$$b R \Sigma h \sin\varphi + M_W = b R \Sigma \xi + T R,$$

$$\Sigma h \sin\varphi + \frac{M_W}{b R} = \Sigma\xi + \frac{T}{b},$$

nach Krey kann für $\Sigma\xi$ angenähert $\frac{\Sigma h}{\operatorname{cotg}\varrho}$ gesetzt werden. Erstreckt sich das Bauwerk über die ganze Streifenbreite b mit dem geschnittenen Querschnitt $F = 1 \cdot s$, so ist $T = \tau s = \frac{\tau b}{\cos\varphi}$ und

$$\Sigma h \sin\varphi + \frac{M_W}{b R} = \frac{\Sigma h}{\operatorname{cotg}\varrho} + \frac{\tau}{\cos\varphi},$$

$$\operatorname{cotg}\varrho = \frac{\Sigma h}{\Sigma h \sin\varphi + \frac{M_W}{b R} - \frac{\tau}{\cos\varphi}}$$

und als Kontrolle:

$$\Sigma h \sin\varphi + \frac{M_W}{b R} = \Sigma\xi + \frac{\tau}{\cos\varphi}$$

für Angaben in t und m.

Die Bestimmung der Werte α auf graphischem Wege ist bequemer als deren Ausrechnung. Einzelheiten finden sich in dem angeführten Aufsatz von Hedde[1].

[1] Hedde, P.: Beitrag zur Berechnung der Standsicherheit eines Bauwerks gegen Grundbruch des Untergrundes nach Krey. Bautechn. 1929 S. 327.

Dort sind auch wertvolle Formeln zur Verbesserung der Näherung für die ϱ-Werte gegeben.

Die Frage, ob man die Sicherheit η als Verhältnis der günstigsten und ungünstigsten Momente um den Nullpunkt bestimmen soll oder als Verhältnis der tgϱ, kann dahin entschieden werden, daß je nach dem gewählten Verfahren das eine oder das andere getan werden kann. Als noch zulässigen Grenzwert von η für den ungünstigsten Fall muß man die Ziffer 1,1 betrachten (vgl. Abschn. IV).

Vorstehendes Muster weicht etwas von der Kreyschen Rechnungsweise ab, erfordert aber eine geringere Rechenarbeit.

Die praktische Durchführung der Gleituntersuchungen von kreisförmigen Fugen erstreckt sich, nachdem man die Konstanten für Boden und Wasser bestimmt hat, auf folgende Punkte:

1. Wahl der Lage der Kreismittelpunkte und der Größe der Kreishalbmesser, abhängig von der Größe des Geländesprunges, den Boden- und Wasserverhältnissen und der Auflast.

2. Aufsuchen der gefährlichen Gleitfuge, d. h. derjenigen, bei der die Gleitsicherheit am geringsten ist.

Die Ermittlung des gefährlichen Gleitkreises ist nur auf dem Wege des Probierens praktisch möglich. Theoretisch läßt sich allerdings auch die Lage des Kreismittelpunktes und der Größe des ungünstigsten Halbmessers analytisch ermitteln. Aber die Durchführung derselben erfordert so umständliche Integrationen, daß die rechnerische Anwendung derselben zu zeitraubend ist.

Die in der Gleichung von Krey in Zähler und Nenner enthaltenen Ausdrücke lassen sich in Abhängigkeit von der freien Höhe des Geländesprunges H, der Höhe der Auflast h, den Koordinaten des Kreismittelpunktes x' und y' und dem Radius R darstellen und über den gesamten Kreisbogen integrieren. Das Ergebnis müßte nach x' und y' und R differenziert und gleich Null gesetzt werden. Man erhält 3 Gleichungen mit 3 Unbekannten für x' und y' und R und kann diese Werte in die Ausgangsgleichung für η einsetzen. Man würde auf diese Weise eine unmittelbare Formel für die Sicherheit η erhalten, die irgendeine Zwischenarbeit oder ein Probieren ersparte. Aber es erscheint kaum möglich, diese Rechnung für einen normalen Fall durchzuführen und die Formel für η nachher so weit zu vereinfachen, daß sie in der Praxis brauchbar ist.

Welche Folgerungen ergeben sich aus der Lage der Gleitfuge für die Grundbauwerke? Ist eine genügende Sicherheit vorhanden, so sind die Bauwerke keinerlei Beschränkungen unterworfen. Ist dagegen die Sicherheit η kleiner als 1,1, so empfiehlt es sich nicht, Spundwandbauwerke zu wählen. Man muß sich hierbei klar darüber sein, daß eine Spundwand, gleich welchen Baustoffs, selten eine gefährliche Gleitfläche in eine andere Bahn zwingen kann. Entweder wird nämlich bei genügend tiefer Rammung unter die erzwungene Gleitfläche der Scherwiderstand des Wandprofils oder bei geringerer Rammtiefe die Kraft, die aufzuwenden ist, um den Teil der Spundwand unterhalb der gefährlichen Gleitfläche herauszuziehen, in die Rechnung eingesetzt. Da der erstere Fall praktisch selten vorkommt, muß in der Regel mit der zweiten Möglichkeit gerechnet werden. Diese wird aber nicht immer zur Änderung der Gleitfläche ausreichen.

Anders sieht es mit Pfahlrost- und Massivbauwerken aus, wo entweder durch die Pfahlspitzen oder die Sohle die gefährliche Gleitfläche nach unten hin verlagert wird. Es ergeben sich also bestimmte Forderungen an die Breite und Tiefe der Bauwerksunterkante. Man kann hier 2 Wege gehen (Abb. 18):

Entweder vertieft man das Bauwerk um das Maß, das für die günstigere Gleitfläche gebraucht wird, oder man verbreitert es.

Gleitkreisuntersuchungen werden vor der Festlegung der Art des Bauwerks durchgeführt, da ja erst nach ihrem Ergebnis die Art des Bauwerks gewählt werden soll. Jedoch muß man bei dem Ansatz der zu untersuchenden Gleitkreise Rücksicht auf die spätere Gestalt des Bauwerks nehmen. So ist es z. B. nicht angängig, einen Gleitkreis zu untersuchen, der kurz unterhalb der Sohle beginnt und eigentlich nichts anderes als eine kreisförmige Erddruckgleitfläche darstellt. Solche Gleitkreise werden immer eine sehr geringe Sicherheit haben, aber sie scheiden von vornherein aus, da mit Rücksicht auf die Standsicherheitsberechnung jedes Bauwerk eine Mindestgründungstiefe aufweisen wird. Die Sicherheit der Gleitkreise nimmt zunächst mit zunehmender Schnittiefe etwas ab, um später wieder zuzunehmen. An der Grenze beider ist der gefährliche Gleitkreis zu suchen.

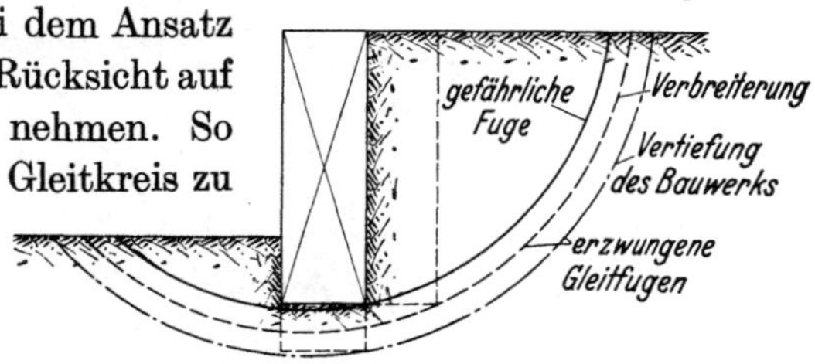

Abb. 18. Durch ein Bauwerk erzwungene Gleitflächen.

β) Gekrümmte Gleitfläche beim schrägen Geländesprung.

Die Ermittlung der Standsicherheit von Geländesprüngen mit schräger Begrenzung unterscheidet sich nicht von dem bisher ausgeführten Verfahren. Gleituntersuchungen von Böschungen haben den Zweck, etwaige Rutschungen im voraus zu bestimmen und damit unschädlich zu machen.

Ein Abgleiten von Bodenschichten kann bei Böschungen, je nach den Untergrundverhältnissen, eintreten (vgl. Abschnitt III, 2). Zwar treten keine so plötzlichen Belastungssprünge wie beim Geländesprung auf, aber es kann bei Böden mit geringem Reibungsbeiwert und hoher Kohäsion auch eine nur geringe Belastungsänderung des Bodens, zumal wenn sie in Form von einer Veränderung der Wasserdrucksverhältnisse oder von Schwingungen auftritt, zu Rutschungen führen. Die Untersuchung solcher Böschungen kann nach dem unter α angegebenen Verfahren durchgeführt werden. Es gibt aber auch einfachere Wege, die zu einem brauchbaren Ergebnis führen. Sie sind in der Fachliteratur[1] beschrieben.

Alle diese Annahmen sind nur ein Zeichen, daß man ebenso wie bei der Ermittlung der Bodenkräfte auf Grund ebener Gleitflächen auch bei der Anwendung gekrümmter Gleitflächen auf Annahmen angewiesen bleibt. Daher ist eine zu große mathematische Genauigkeit solcher Untersuchungen zwecklos; es kommt vielmehr darauf an, das richtige Kräftespiel zu erkennen und gründliche Bodenuntersuchungen anzustellen.

Eine Untersuchung der Gleitsicherheit auf kreisförmiger Fuge unter Berücksichtigung der Kohäsion geschieht nur dann, wenn Sicherheit besteht, daß die Kohäsion sich nicht auslösen kann.

[1] Krey: Erddruck, Erdwiderstand. — Marx: Die Berechnung der Rutschungsgefahr. Bautechn. 1931 S. 103.

γ) Gerade und geradlinig gebrochene Gleitflächen beim Geländesprung.

Gerade und geradlinig gebrochene Gleitflächen werden auch zur Ermittlung der Standsicherheit von Geländesprüngen beim Anstehen verschiedener Bodenarten (= Geländebruch) benutzt. Nimmt der Gleitwinkel mit zunehmender Tiefe ab, so kann der Gleitkreis zweckmäßig durch das ausgerundete oder nicht ausgerundete Vieleck ersetzt werden, das durch die verschiedenen Gleitlinien gegeben ist (vgl. S. 30). Dieses wird bei starkem Wechsel des Reibungsbeiwertes eine bedeutend bessere Näherung an die Wirklichkeit ergeben als der Gleitkreis. Unter Umständen sind beide Berechnungen durchzuführen, um ihren Wert gegeneinander abzuwägen.

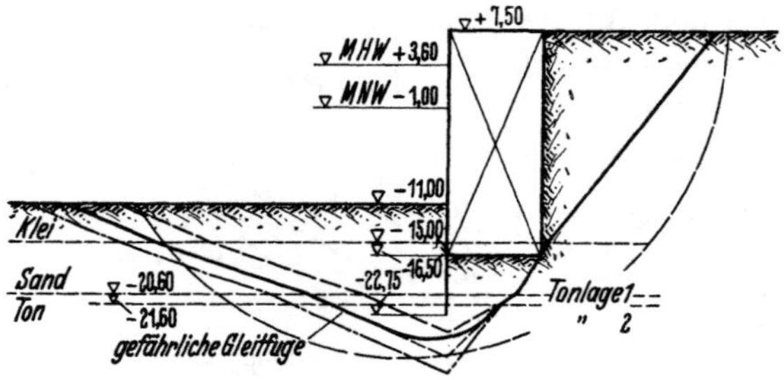

Abb. 19. Ansatz gebrochener Gleitfugen bei einem Stützbauwerk.

Auch beim Ansetzen geradlinig gebrochener Gleitflächen müssen verschiedene Flächen, die sich durch die Lage ihres Ausgangspunktes unterscheiden, untersucht werden. Die rechnerische Durchführung geschieht entweder in derselben Weise wie bei den kreisförmigen Gleitflächen, wenn sich näherungsweise ein Drehpunkt festlegen läßt. Nur fallen einige Vereinfachungen, die sich aus der Gestalt des Kreises nach dem Verfahren von Krey ergeben, weg, so daß die rechnerische Arbeit etwas größer ist. Andernfalls ist die Untersuchung nach der Erddrucktheorie durchzuführen.

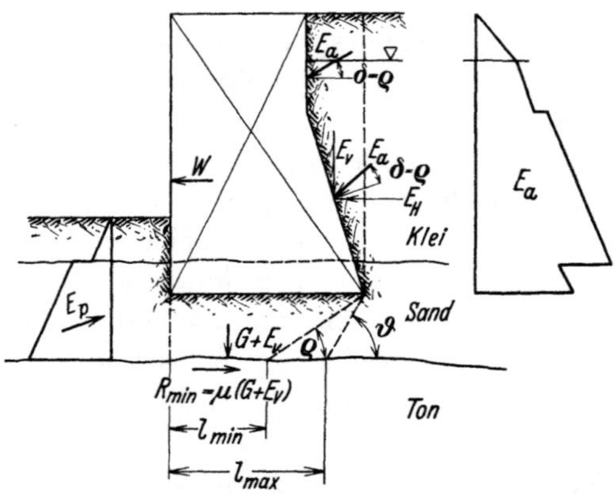

Abb. 20. Nachweis der waagerechten Unverschieblichkeit.

Bei den ebenen gebrochenen Fugen errechnet man einen zu hohen Sicherheitsgrad, wenn es sich nicht um ausgesprochen niedrige Gleitwinkel beim Übergang von der angreifenden zur widerstehenden Bruchfuge handelt. Man wird alsdann, je nach der Bodeneigenschaft, diejenige Ausrundung suchen, die den wirklichen Verhältnissen am nächsten kommt (Abb. 19). Außerdem wird durch Vergleichsrechnungen mit anderen Bruchfugenformen in solchen Fällen die Zuverlässigkeit des Berechnungsergebnisses nachzuprüfen sein.

Sind Bodenschichten geringer Wertigkeit unter dem Bauwerk vorhanden, so muß auch die Möglichkeit einer waagerechten Verschiebung auf einer Grenzfläche dieser Bodenschicht in Betracht gezogen werden. Hier kommt man mit einem Ansatz der Kräfte nach der Erddrucktheorie zuzüglich der Reibungskräfte auf dieser Grenzfläche und der Aufstellung der Gleichgewichtsbestimmungen als Untersuchungsmethode aus (vgl. Abb. 20).

δ) Gekrümmte Gleitfläche beim Grundbruch.

Von der Untersuchung der Sicherheit gegen Geländebruch ist die Untersuchung der Sicherheit gegen Grundbruch zu unterscheiden. Diese findet erst statt, wenn das Bauwerk in seinen Ausmaßen bereits festgelegt ist, und hat den Zweck, festzustellen, ob bei einem Geländesprung der durch das Bauwerk einseitig belastete Baugrund nicht nachgeben und ausrutschen kann und damit das Bauwerk zum Einsturz bringt.

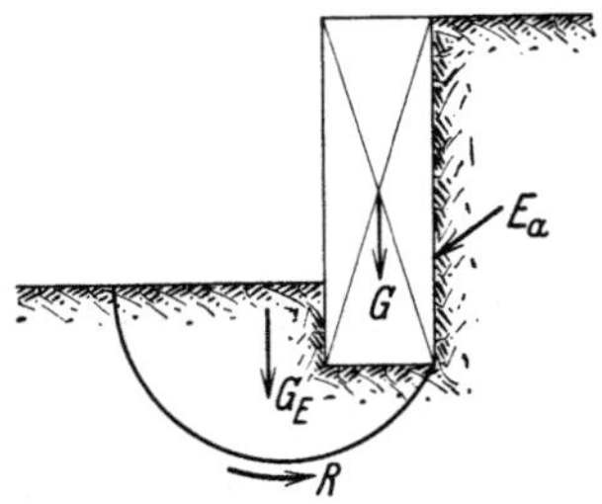

Abb. 21. Grundbruchuntersuchung mit Kreisfläche (nach Krey).

Auch beim Grundbruch wissen wir, daß die in der Natur auftretende Bruchfuge eine gekrümmte Form hat, deren Verlauf sich bislang nicht genau vorher festlegen läßt. Weder die kreis-, kreis-tangentenförmige, noch ebene gebrochene Bruchfuge mit oder ohne Ausrundung scharfer Knicke stimmt mit den wirklichen Verhältnissen überein. Wir müssen uns also wieder mit einer Annäherung begnügen.

Der Wahl der Gleitfläche sind engere Grenzen gezogen als beim Geländebruch, da gewöhnlich der Kreis vom Rande der Auflagerfläche des Bauwerks im Boden ausgeht und der Mittelpunkt des Kreises auf der Sohle vor dem Geländesprung angenommen werden kann. Es gibt allerdings auch Untersuchungsverfahren, die ähnlich wie beim Geländebruch arbeiten, indem sie eine Kreisfuge unter dem Gesamtbauwerk hindurchziehen.

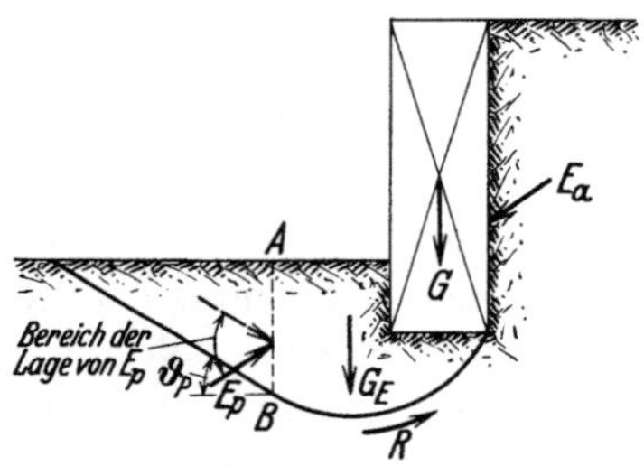

Abb. 22. Grundbruchuntersuchung mit Kreis-Tangentenfläche (nach Krey).

Beim Grundbruch entsteht unter der Druckfläche des Bauwerks eine Gleitfuge. Für die Ermittlung der Sicherheit wird angenommen, daß die Fugen in einer der beiden folgenden Grenzformen auftreten:

a) Kreisförmige Gleitfläche (Abb. 21):

Die Bodenmassen, die durch das auflastende Bauwerk überbeansprucht sind, weichen seitlich aus. Legt man für die Gleitfläche eine kreisförmige Fuge zugrunde, so entsteht der Ausschnitt einer Kreisscheibe, die sich unter der Einwirkung der Bauwerksbelastung um den Mittelpunkt drehen wird, wenn die am Umfang der Scheibe wirksam werdenden Reibungskräfte diese Drehbewegung nicht auffangen können. Es handelt sich also wiederum um die Ermittlung des Drehmomentes der auf die Scheibe wirkenden äußeren Kräfte E_a + Eigengewicht der Scheibe $G + G_E$ und um die Ermittlung des Drehmomentes der widerstehenden Reibungskräfte R am Umfang der Scheibe.

Die Durchführung der Berechnung ist die gleiche wie zur Feststellung der Gleitsicherheit des Geländesprunges. Man kann den Grundbruch auch als Geländesprung mit einseitiger Auflast auffassen.

b) Aus einem Kreis und einer Geraden zusammengesetzte Gleitfläche (Abb. 22):

Geht man davon aus, daß bei einem Grundbruch der herausgeschobene Erdkörper nur zum Teil durch eine Kreisfläche, im übrigen aber durch eine unter dem Gleitwinkel ϑ gegen die Horizontale geneigte Kreistangente begrenzt wird, dann läßt sich auf folgende Weise die Sicherheit gegen Grundbruch untersuchen:

Längs der geraden Gleitfläche ϑ_p wirkt der Erdwiderstand E_p. Rechts der Linie A—B sind die gleichen Kräfte wie vor. Lediglich die einzelnen Reibungskräfte R längs des Gleitkreises werden nicht mehr streifenweise berechnet, sondern durch ihre Resultierende ersetzt. Durch Zeichnen des Kraftecks erhält man die Größe von $E_{p\,\mathrm{erf}}$. Das vorhandene E_p läßt sich auf Grund der gegebenen geraden Gleitfläche ϑ_p ermitteln. Die Grundbruchsicherheit ist dann

$$\eta = \frac{E_{p\,\mathrm{vorh}}}{E_{p\,\mathrm{erf}}}.$$

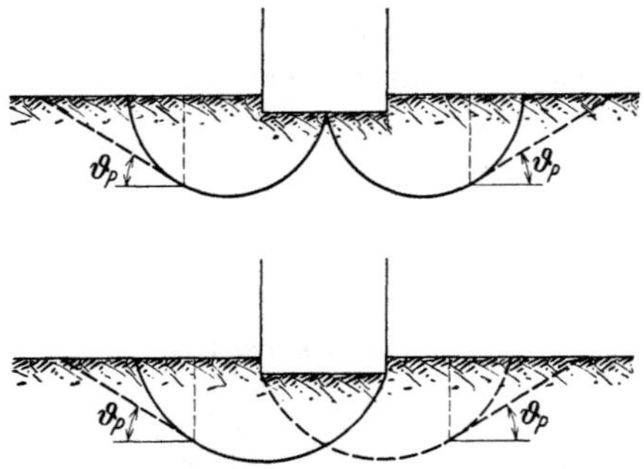

Abb. 23. Gleitflächen unter vorwiegend senkrecht belasteten Mauerkörpern (nach Krey).

Überschreitet die Bodenbeanspruchung bei Pfeiler-, Haus-, Mauergründungen und sonstigen vorwiegend senkrecht belasteten Fundamenten das durch die Grenze der elastischen Formänderung bedingte Maß, so weicht der Boden seitlich aus, und zwar entweder symmetrisch oder einseitig (Abb. 23). In beiden Fällen bestehen die gleichen Untersuchungsmöglichkeiten für die Standsicherheit wie beim Grundbruch.

ε) Gerade und geradlinig gebrochene Gleitflächen beim Grundbruch.

Auch beim Grundbruch läßt sich bei mehreren Schichten mit verschiedenen Reibungswinkeln der Gleitkreis durch ein Vieleck ersetzen. Nimmt dabei der Reibungswinkel von oben nach unten zu, so ergibt sich ein spitz zulaufendes Vieleck, das dieser Untersuchungsmethode nicht zugänglich ist. Man muß dann in gleicher Weise wie beim Geländebruch verfahren und die wahrscheinlich auftretende Abrundung durch einen einbeschriebenen Kreis ersetzen. Eine Untersuchung wird sich aber erübrigen, da sich in diesem Fall die gefährlichen Gleitfugen in den obenliegenden Schichten geringer Reibung ausbilden und nicht auf die unteren übergreifen werden. Vielfach wird gerade die Grenzschicht zwischen einer Bodenart von kleinem ϱ und einer anderen von großem ϱ den Verlauf der Gleitfläche bestimmen. Man spricht in diesem Fall nicht mehr von einer statisch bedingten, sondern von einer geologischen Gleitfläche. Derartige Flächen treten vielfach in der Natur auf. In solchen Fällen ist die horizontale Unverschieblichkeit nachzuweisen (Abb. 20).

ζ) Gekrümmte Gleitflächen für Erddruck und Erdwiderstand.

Kreisförmige Gleitflächen zur Bestimmung von Erddruck und Erdwiderstand sind bisher wenig benutzt, ergeben aber beim Erddruck größere und beim Erdwiderstand kleinere Werte, als gewöhnlich der Berechnung bei der Annahme ebener Gleitflächen zugrunde gelegt sind.

Der zur Bestimmung des Erddrucks und Erdwiderstandes erforderliche Reibungs- und Haftfestigkeitsbeiwert läßt sich durch Versuche annähernd bestimmen. Der Verlauf der Gleitfläche ist dagegen bislang noch nicht so genau erforscht, daß man ihn mit Sicherheit richtig angeben kann. Die klassische Erddrucklehre baut auf ebenen Gleitflächen auf, obwohl die Unrichtigkeit dieser Annahme schon immer bekannt war. Die neuere Erddrucklehre geht von Gleitkreisen aus.

Die Schwierigkeit bei der Zugrundelegung gekrümmter Gleitflächen liegt jedoch in der Bestimmung von Art und Verlauf der Krümmungsfläche. Hierüber liegen noch nicht genügend Erfahrungen vor. Man muß infolgedessen Annahmen treffen und danach das Kräftespiel im Boden untersuchen.

Über die tatsächliche Größe insbesondere des Erdwiderstandes wurden in Hannover mehrfach Versuche durchgeführt[1]. Das Ergebnis war, daß der Erdwiderstand sich aus der Berechnung mit ebenen Gleitflächen als zu groß, mit kreisförmigen Gleitflächen als etwas zu klein ergibt. Die Übereinstimmung mit der Theorie von Coulomb ist desto besser, je glatter die Wand ist. Da in der letzten Auflage des Buches von Krey bereits für den häufigsten Fall einer senkrechten Wand mit waagerechter Bodenbegrenzung die λ_p-Werte für kreisförmige Gleitflächen angegeben sind, sollte man beim Ansatz der Kräfte von diesen Gebrauch machen. Man wird gerade im Hinblick auf die hannoverschen Erddruckversuche hiermit der Wirklichkeit näher kommen als nach den bisherigen Verfahren. Dafür läßt sich die Sicherheit weiter herabsetzen. Die Versuche zeigen uns wiederum, daß die Ermittlung des Erddrucks und Erdwiderstandes nur auf Grund von Annäherungsverfahren erfolgt. Es muß das Ziel der weiteren Untersuchungen von Theorie und Praxis sein, unsere Berechnungsverfahren der Wirklichkeit mehr zu nähern.

η) Gerade und geradlinig gebrochene Gleitflächen beim Erddruck und Erdwiderstand.

Vorwiegend werden gerade und geradlinig gebrochene Gleitflächen für die Ermittlung von Erddruck und Erdwiderstand gebraucht.

Für den Nachweis der Bauwerksfestigkeit gibt die Zugrundelegung ebener Gleitflächen brauchbare Ergebnisse. Die Erddruckbestimmung wird einfacher und übersichtlicher, so daß sie noch weiterhin allen anderen Methoden vorzuziehen ist.

Kurz zusammengefaßt lassen sich die verschiedenen Erddrucktheorien folgendermaßen kennzeichnen:

Die rechnerische Ermittlung des Erddruckes ist zuerst von Coulomb unter der Annahme ebener Gleitflächen aufgestellt worden. Nach dieser Berechnung bestimmt man für den Erddruck den Größtwert, der im Augenblick des Beginns der Bewegung der Bodenmassen auf ein Bauwerk wirksam werden kann, und für den Erdwiderstand den Kleinstwert, der im Augenblick der Bewegung wirksam werden kann.

Die gemeinsame Grundlage der meisten nachfolgenden Einzeluntersuchungen ist die Theorie von Coulomb. Sie beruht auf der Annahme ebener Gleitflächen und der Voraussetzung, daß sich Erddruck (bzw. Erdwiderstand), Gewicht des Gleitkeiles und Gleitwiderstand in einem Punkte schneiden. Diese Voraussetzung ist jedoch nur in bestimmten Fällen wirklich erfüllt, so daß sich meistens zwischen den Formeln von Coulomb und seiner Theorie ein Widerspruch findet.

Rankine behandelt rechnerisch denjenigen Fall, in dem die Coulombsche Voraussetzung zutrifft, nämlich, daß die drei genannten Kräfte sich in einem

[1] Streck, A.: Beitrag zur Frage des passiven Erddrucks. Bauing. 1926 S. 1, 32. — Franzius, O.: Neuere Einrichtungen für Versuche über Erddruck usw. Bauing. 1928 Nr. 7 u. 8 — Erddruckversuche im natürlichen Maßstabe. Bauing. 1928 Nr. 43 u. 44.

Punkte schneiden, und weist nach, daß dies der Fall ist, wenn die Richtung des Erddruckes parallel zur Erdoberfläche verläuft.

Die eigentliche Größe des wirksamenen Erddruckes und Erdwiderstandes muß nach der Theorie von Coulomb durch Probieren gefunden werden.

Rebhann löst die Coulombsche Probierrechnung, indem er sofort durch Rechnung den größten Erddruck und kleinsten Erdwiderstand findet.

Weitere Untersuchungen stellt Poncelet auf, indem er den Rebhannschen Ansatz weiter verfolgte und den größten Erddruck und kleinsten Erdwiderstand auf zeichnerischem Wege bestimmte.

Culmann führt die zeichnerische Bestimmung des Erddruckes und Erdwiderstandes durch die E-Linie weiter und schaffte damit eine Art der Bestimmung, die für sämtliche vorkommenden Fälle, sowohl bei schwieriger Geländeneigung, schwieriger Wandneigung als auch bei verwickelten Wasserdruckverhältnissen und Auflasten aller Art usw., gültig ist und in ziemlich einfacher Weise die Lage der gefährlichen Gleitfläche und die Größe des Erddruckes angibt.

Das Verfahren von Culmann ist daher immer dann zu empfehlen, wenn die Erddrucktabellen nicht mehr ausreichen.

Erddrucktabellen auf den Annahmen von Coulomb wurden durch Krey[1] herausgegeben, der für eine große Anzahl von verschiedenen Wandneigungen und Geländeneigungen den Erddruck und Erdwiderstand nach dem Ponceletschen Verfahren bestimmte und zusammenstellte. Dadurch ist eine einheitliche Form der Berechnung des Erddruckes und Erdwiderstandes ermöglicht, die nun auch überall zur Anwendung gelangen sollte.

Nicht unerwähnt sein sollen die Tabellen von Möller[2] und Franzius[3], die eine weitere Vereinfachung der Rechnung, allerdings auf Kosten einer scharfen Trennung von Raumgewicht und Erddruckbeiwert, herbeiführen.

Übersichtliche graphische Erddrucktafeln stammen von Petersen[4] und Syffert[5], nur daß die Genauigkeit der Ablesung keine so große ist wie bei den Zahlentabellen von Krey.

Während die genannten Verfasser sämtlich auf den Voraussetzungen von Coulomb aufbauten, hat die Theorie von Coulomb durch Fellenius[6] eine Erweiterung erfahren, die den Einfluß der Kohäsion rechnerisch erfaßt. Die Kohäsion kann bei bindigen Böden erhebliche Werte annehmen und daher die Bemessung von Bauwerken sehr viel wirtschaftlicher gestalten. Voraussetzung dafür ist allerdings, daß die angesetzte Kohäsion im Boden wirklich erhalten bleibt und nicht durch die späteren äußeren Einflüsse, insbesondere durch Erschütterungen, verringert wird.

Gekrümmte Gleitflächen wurden von Krey untersucht, jedoch gelang es ihm nicht, eine praktische Nutzbarmachung zu erzielen, abgesehen von dem einen Fall des Erdwiderstandes, der neuerdings in seinen Tabellen aufgenommen ist. Ausführlicher sind die gekrümmten Gleitflächen bei Pihera[7] behandelt.

[1] Krey: Erddruck, Erdwiderstand. 4. Auflage. Berlin 1932.
[2] Möller, M.: Erddrucktabellen. 2 Lieferungen. Leipzig 1922.
[3] Franzius, O.: Der Grundbau, S. 33. Berlin 1927.
[4] Petersen, R.: Erddruck auf Stützmauern. Berlin 1924.
[5] Syffert, O.: Erddrucktafeln. Berlin 1929.
[6] Fellenius, W.: Erdstatische Berechnungen. Berlin 1927.
[7] Pihera, H.: Druckverteilung usw. Wien 1928.

Neuerdings hat Jenkin[1] für nichtbindige Böden auf Grund von Versuchen eine Erddrucktheorie aufgestellt, die sich etwas von den bisherigen Auffassungen unterscheidet. Der abrutschende Erdkeil wird hier nicht durch die Rückseite des Bauwerks und eine Gleitfläche begrenzt, sondern im allgemeinen Fall durch zwei Gleitflächen (Abb. 24). Davon kann allerdings eine im besonderen Fall durch die Rückseite des Bauwerks ersetzt werden. Für sämtliche Gleitflächen wird $\partial = \varrho$ gesetzt. Das wirkt sich dahingehend aus, daß sich für die Wandreibung bei dem besonderen Fall der einfachen Gleitfläche $\partial = \varrho$ einstellt, daß dieser Wert aber bei dem Auftreten doppelter Gleitflächen geringer wird.

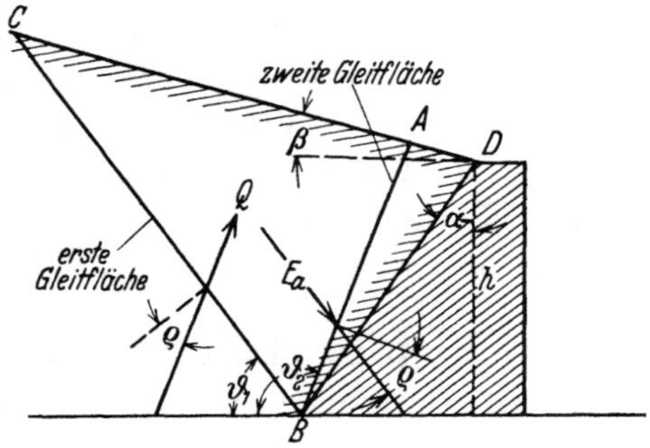

Abb. 24. Ansatz der Gleitflächen beim Erddruck nach Jenkin.

Die Neigung der Gleitflächen ist unabhängig von der Wandneigung, solange sich 2 Gleitflächen bilden. Erst wenn sich die zweite Gleitfläche nicht ausbilden kann, erscheint die Wandneigung als Einfluß.

Als Ergebnis der Untersuchungen von Jenkin kann angegeben werden, daß bei senkrechter Wand kein Unterschied gegen die bisherige Berechnungsweise besteht, da sich hier immer nur eine Gleitfläche ausbilden kann. Die Theorie hat daher für die Berechnung z. B. von Spundwandbauwerken keine Bedeutung, da diese meist senkrecht oder nahezu senkrecht gerammt werden.

Dagegen können sich bei massiven Bauwerken Unterschiede in der Berechnung ergeben, wenn schräge Begrenzungsflächen vorliegen. Es treten dann 2 Gleitflächen auf, die etwas größere Erddruckwerte als bei einfacher Gleitfläche liefern.

Jenkin hat für verschiedene Fälle Erddrucktabellen, ähnlich wie Krey, aufgestellt, aus denen sowohl die Größe des Erddruckes als auch die Lage der Gleitflächen entnommen werden kann. Eine Anwendung dieser Theorie auf den Erdwiderstand ist nicht erfolgt.

Der Theorie von Jenkin kommt insofern eine gewisse Bedeutung zu, als sie vielleicht imstande ist, die Frage nach der Größe des Wandreibungswinkels zu klären. Es ist einleuchtend, daß in allen Fällen, wo der Gleitkeil sich innerhalb eines Erdkörpers ausbildet, der Reibungswinkel $\partial = \varrho$ gesetzt werden kann.

Ob diese Annahme allerdings ohne weiteres für den besonderen Fall einer einfachen Gleitfläche zugestanden werden darf, erscheint fraglich.

Es wäre wünschenswert, wenn derartige Untersuchungen mit doppelten Gleitflächen für den Erdwiderstand durchgeführt würden, wo ja die Frage, wie hoch δ anzusetzen ist, eine erhebliche Rolle spielt und bisher sowohl δ_a als auch das Verhältnis von δ_p zu δ_a der persönlichen Willkür des Bearbeiters überlassen worden ist. Die Abhängigkeit beider ergibt sich aus der Summe $V = 0$.

Über den Einfluß des Wandreibungswinkels δ auf die Größe von Erddruck und Erdwiderstand ist man sich häufig nicht genügend klar. In vielen Fällen kann er beide beeinflussen. Die Annahmen über seine Größe, die von der Bewegung des Bauwerks und der Rauhigkeit des Baustoffes abhängt, sollte daher mit besonderer Sorgfalt vorgenommen werden (vgl. Abschn. III, 3 b).

[1] Jenkin, C. F.: Earth Pressure Tables. Department of Scientific and Industrial Research. Building Research, Special Report No. 24, London 1934.

Um den vorhererwähnten Widerspruch in der Theorie von Coulomb auszugleichen, ist mehrfach versucht worden, an Stelle der dreieckförmigen Verteilung des Erddruckes eine trapezförmige zu setzen, ohne daß jedoch diese Ansätze Eingang in die Praxis gefunden hätten.

Hinzuweisen ist noch auf die Beeinflussung der Form der Gleitflächen für den Erddruck und Erdwiderstand durch die rückseitigen Begrenzungsflächen des Bauwerks, insbesondere durch das Hineinreichen von Konstruktionsteilen in die abrutschende Erdmasse. Grundsätzlich sollte man die rechnungsmäßige ebene Gleitfläche nur dann anwenden, wenn ihre Ausbildung durch irgendwelche Konstruktionen nicht gehemmt oder verändert wird. Sonst sollte man deren Form an Hand des Bauwerksquerschnittes konstruieren und damit den Grad ihrer Beeinflussung durch das Bauwerk wenigstens annäherungsweise zu ermitteln versuchen (vgl. auch Abschn. III, 5 a ζ).

4. Die Aufstellung des wahrscheinlichen Angriffsplanes.

Die Untersuchungen über die Lage, Wertigkeit und Berechnungsmöglichkeit geben dem Ingenieur die Grundlage zur Ermittlung des wahrscheinlichsten Angriffsplanes des Gegners Erde, von dem die Art der zu wählenden Konstruktion des Bauwerks abhängen wird. Hierzu können erforderlich sein:

a) Lageplan der Bohrlöcher und des zu errichtenden Bauwerks;

b) Längs-, Quer- und Schrägschnitte durch den Untergrund mit den eingetragenen Bohrergebnissen und dem Bauwerk (Schichtenlinienpläne, Schichtenmodell mit Bauwerkseintragung);

c) Zusammenstellung der Werte aus den bodenmechanischen Untersuchungen und Wahl der der Berechnung zugrunde zu legenden Werte;

d) Feststellung der der Berechnung zugrundezulegenden Belastungsfälle:

ungünstigster Fall,
günstigster Fall,
Regelfall,

für horizontale und vertikale Beanspruchung des Bauwerks und des Untergrundes.

e) Zeichnerische Darstellung der gewählten Belastungsfälle;

f) Vornahme der chemischen Untersuchungen und Folgerungen für das Bauwerk;

g) Berechnung der angreifenden und widerstehenden Kräfte, entsprechend der Wahl des Bauwerkes:

für die Ermittlung der Geländebruchsicherheit,
der Bauwerksstandsicherheit (Gleiten-Kippen),
der Bauwerksfestigkeit,
der Bodenfestigkeit,
der Grundbruchsicherheit.

Man muß sich darüber klarwerden, daß der Ausbau der eigenen Verteidigungsstellung von der Genauigkeit der oben aufgeführten Einzelerkundungen und -ermittlungen abhängt. Die vorhergehenden Ausführungen lassen eindeutig erkennen, daß die Feststellungen unter a—f sehr weitgehend von dem Willen des verantwortlichen Ingenieurs geleitet werden können.

Anders verhält es sich mit der Berechnung der angreifenden und widerstehenden Kräfte. Wir rechnen hier nicht mit den tatsächlich auftretenden Gleitfugen, sondern bislang nur mit angenäherten Formen derselben. Auf Grund vielseitiger theoretischer Versuche in den Erdbauversuchsanstalten und Beobachtungen von Rutschungen in der Natur wissen wir, daß die Bruchfugen weder geradlinig gebrochen noch kreisförmig sind, sondern eine gekrümmte Form haben, die vielgestaltig ist und sich nach der Untergrundsbeschaffenheit, nach der Gestalt der hinteren Begrenzung und dem elastischen Verhalten des Bauwerks und der Art seiner Verankerungskonstruktion richtet. Erst wenn kein Bauwerkskonstruktionsteil die auftretende Gleitfuge beeinflußt, ist mit ihrem natürlichen Auftreten zu rechnen. Es ist daher die Aufgabe des Ingenieurs, von Fall zu Fall sich über die wahrscheinlichste Form der auftretenden Gleitfuge Klarheit zu verschaffen und mit ihr die bei der Berechnung des Geländebruches, Grundbruches, Erddruckes und Erdwiderstandes zur Anwendung gelangende vereinfachte Gleitfugenform zu vergleichen und die die Sicherheit erhöhenden oder verringernden Abweichungen wenigstens annähernd festzustellen. Man wird dabei in Zweifelsfällen genau so verfahren, wie wir es bei schwierigen Grundbauten immer getan haben, nämlich die verschiedenen Formen der Gleitfugen durchrechnen und gegeneinander abwägen. Solange wir in der theoretischen Ermittlung der Gleitfugen noch nicht zu einer völligen Erfassung der Wirklichkeit gekommen sind, bleiben die Vergleichsrechnungen bislang unsere einzigste Möglichkeit. Ich würde aber z. B. den Bruch eines Bauwerks infolge Grundbruchs noch nicht für erwiesen halten, wenn durch Grundbruchuntersuchungen nur eine Sicherheit von annähernd 1 ermittelt worden wäre, da die Annahmen, auf denen die Berechnung aufgebaut ist, zu starken Schwankungen unterworfen sind.

II. Der Gegner „Wasser“.

Für das im Boden nicht gebundene Wasser liegen die Verhältnisse zwar insofern einfach, als die physikalischen Eigenschaften des Wassers überall als gleich anzusprechen sind, ungleich verwickelter wird die statische Auswirkung, je mehr der Boden bindige Eigenschaften annimmt und wenn mehrere Grundwasserstockwerke vorhanden sind. Auf diesem Gebiet stecken wir noch in den Anfängen der Erkenntnis, und erst die planmäßige Forschung in Verbindung mit den Beobachtungen der Praxis wird uns die unbedingt notwendige Klarheit bringen. Wenn ich im folgenden klarlege, welche Auffassung ich bei der Ausführung von Bauten angewendet habe, so liegt es in der Natur der Sache, daß sie nicht die allein gültige zu sein braucht.

1. Die Erkundung seiner Lage.

Das Wasser kommt vor:

als freies Wasser, stehend oder strömend,

als Grundwasser, stehend, strömend, artesisch.

Das freie Wasser ist zu erkunden, wenn das Bauwerk mit ihm unmittelbar oder mittelbar in Berührung kommt oder wenn das Grundwasser durch das freie Wasser in irgendeiner Form beeinflußt wird. Dabei ist die Feststellung der Schwankungen des freien Wassers sowohl für die Bauausführung als auch für den Betriebszustand wichtig. Der Verlauf und die Höhe der einzelnen Wasserstände lassen sich oft bereits durch die Pegelaufzeichnungen der Behörden leicht feststellen und aus ihrer Auftragung über einen genügend langen Zeitraum die

günstigsten
mittleren und
ungünstigsten } Belastungszustände

sich ermitteln. Die Dauer der betreffenden Wasserstände kann bei der Untersuchung von deren Auswirkung auf das Grundwasser von ausschlaggebender Bedeutung sein.

Nicht ganz so einfach liegen die Verhältnisse bei dem Grundwasser. Hier sind Meßbrunnen nicht zu umgehen. Ihre Herstellung wird wesentlich verbilligt, wenn man sich bei der Aufstellung der Bohrpläne bereits darüber Klarheit verschafft, wo man Meßbrunnen anlegen will, damit die Bohrergebnisse aus den späteren Meßbrunnen von vornherein zur Verwertung herangezogen werden und dafür besondere Bohrungen erspart werden können. Hierauf habe ich bereits an früherer Stelle hingewiesen. Wenn auch die Anschaffung von selbstschreibenden Pegeln eine geldliche Mehrbelastung bedeutet, so sind sie dem zeitweisen Feststellen der Wasserstände durch Meßpfeifen u. a. m. bei weitem vorzuziehen, weil sie einmal genauer arbeiten und dann einen durchgehenden Verlauf der Wasserstände zeigen. Ist bei einem Bauwerk ein Wasserüberdruck von unten oder von der Seite her zu erwarten, dann sollte der Meßbrunnen mit dem selbstschreibenden Pegel eine Selbstverständlichkeit sein.

Die Höhenlage des Grundwassers beeinflußt die Tiefenlage des Fundaments, da das Hineinbauen in das Grundwasser mit Kosten für die Wasserentziehung oder mit einer Bauausführung im Wasser verbunden ist.

Die Schwankungen des Grundwassers sind gefährlich für Holzgründungen. Bei Bauten am veränderlichen freien Wasser ist Art und Umfang der Grundwasserbewegung wichtig für die Festlegung der Belastungsfälle und die Entwässerung. Strömendes Grundwasser beeinflußt die Wasserentziehung bei der Bauausführung und kann bei schädlichen Beimengungen auch die Baustoffe angreifen.

Wie geht die Erkundung des Wassers vor sich?

Während sie sich in nichtbindigem Boden noch einfach gestaltet, wie bereits gesagt wurde, muß sie bei bindigen Böden mit allergrößter Sorgfalt durchgeführt werden.

Die folgenden Beispiele von Stützbauwerken (Tabelle 3 und Abb. 25) sollen zeigen, welche Ermittlungen notwendig werden und wie stark sie in ihrem Umfang durch die Bodenschichtung beeinflußt werden. Sie lassen erkennen, wie weit gegebenenfalls die Untersuchungen gespannt werden müssen. Dabei beziehen sich die angeführten Beispiele auf die Grundwasserverhältnisse im Tidegebiet. Da der Wasserüberdruck von der Schnelligkeit der Schwankungen des freien Wasserspiegels abhängt, bildet sich bei durchlässiger Gewässersohle außerhalb des Tidegebietes ein wesentlicher Wasserüberdruck seltener aus. Die angedeuteten Überlegungen haben bei einem großen Bau die Handhabe gegeben, die schwierigen Grundwasserverhältnisse soweit wie möglich klarzulegen, um sicherere Unterlagen für die Berechnung der Bauwerke zu erhalten.

Wenn man die auf dem Baugelände festgestellten Wasserverhältnisse für das Bauwerk im Betriebszustand auswerten will, wird man sich überlegen müssen,

Tabelle 3. Untersuchung des Wasserstandes bei Stützbauwerken am freien Wasser, gegründet in:

	nichtbindigem Boden	bindigem Boden auf nichtbindigem Boden	gemischtem Boden 1. und 3. Schicht nichtbindig 2. „ 4. „ bindig
	Abb. 25a	Abb. 25b	Abb. 25c
1.	Feststellung des Verlaufs der freien Wasserstände (I)		
2.	Messungen des Verlaufs des Grundwassers		
α		im bindigen Boden	im oberen nichtbindigen Boden
	an der Böschung (II), hinter dem Bauwerk (III)	in der oberen Schicht (IIa), in der mittleren Schicht (IIb), in der Schicht dicht über dem nichtbindigen Boden (IIc) (ob mehrfache Messungen — an der Böschung, hinter dem Bauwerk — erforderlich sind, hängt von der Beschaffenheit des bindigen Bodens und dem Bauwerk ab)	an der Böschung (II), hinter dem Bauwerk (III)
β		im nichtbindigen Boden	im unteren nichtbindigen Boden
		unter dem freien Wasser (III), wenn der nichtbindige Boden vom bindigen Boden noch genügend oder nicht mehr überdeckt ist (je nach dem späteren Zustand), hinter dem Bauwerk (IV)	unter dem freien Wasser (IV), wenn der nichtbindige Boden noch genügend oder nicht mehr überdeckt wird, je nach dem späteren Zustand, hinter dem Bauwerk (V)
γ			im mittleren bindigen Boden
			in der oberen Schicht, in der unteren Schicht, dicht über dem nichtbindigen Boden (je nach der Stärke der Schicht, nach der Beschaffenheit des Bodens und dem Bauwerk) (VI)
3.	Vergleich der freien und Grundwasserstände und Feststellung der Verzögerung der letzteren		
		im bindigen und nichtbindigen Boden	
4.	Untersuchung der Frage, ob und wie sich bei großer oder kleiner Länge des Bauwerks		
α	die Verzögerung vergrößern wird durch: wasserdichte Abschließung wasserdurchlässige Abschließung bei einem Ausgleich durch das Bauwerk bzw. unter dem Bauwerk hindurch		
β			die Verzögerung vergrößern wird durch: wasserdichte Abschließung, wasserdurchlässige Abschließung sämtlicher Schichten
γ		eine Änderung der Wasserstände ergeben wird, wenn der bindige Boden vor dem Bauwerk später freigelegt wird bei: wasserdichter Abschließung wasserdurchlässiger Abschließung bei einem Ausgleich durch das Bauwerk bzw. unter dem Bauwerk hindurch.	

inwieweit ein Anstau des Grundwassers durch das Bauwerk späterhin eintreten kann. Ein schmales Bauwerk, wie z. B. ein Brückenwiderlager, wird in dieser Beziehung weniger Einfluß haben als ein langgestrecktes Bauwerk, und von diesen wiederum ein tiefer gegründetes mehr als ein weniger tief gegründetes.

Handelt es sich um bindigen Boden, so ist ferner zu untersuchen, ob der Abschluß z. B. durch eine Spundwand wasserundurchlässiger oder wasserdurchlässiger als der bindige Boden ist.

Auf den ersten Blick wird mancher die umfangreichen Wasserstandsbeobachtungen, besonders bei bindigen Böden, als übertrieben bezeichnen, die Wasserüberdruckflächen weiter unten werden aber zu erkennen geben, daß die Form des Wasserüberdrucks in bindigen Böden nicht so einfach abzutun ist wie z. B. beim Sandboden. Berücksichtigt man, daß der Horizontalschub aus dem Wasserüberdruck auf ein Bauwerk ebenso groß oder sogar größer als aus dem Erddruck sein kann, dann lohnt es sich schon, Zeit und Kosten für eine möglichst weitgehende Klärung der wirklichen Verhältnisse aufzuwenden. Diese Kosten sind bei der Bemessung des Bauwerkes leicht um ein Vielfaches wieder einzuholen, da die angreifenden Kräfte einwandfrei erfaßt werden können.

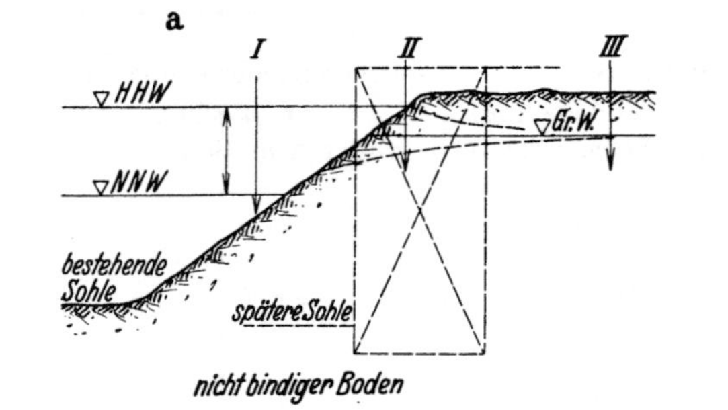

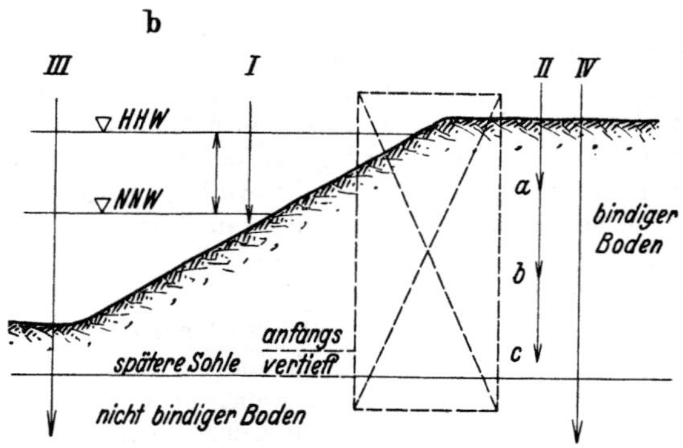

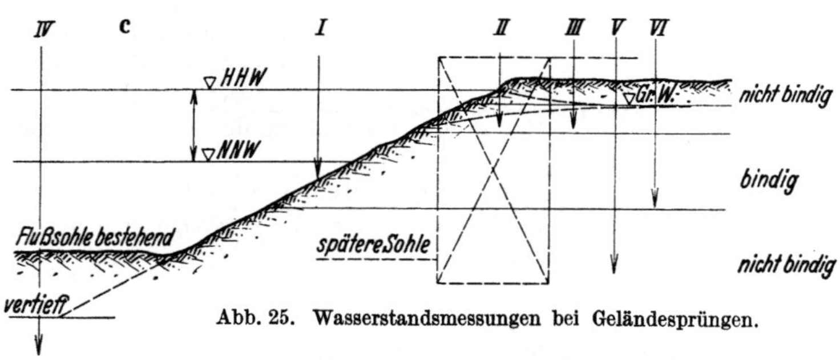

Abb. 25. Wasserstandsmessungen bei Geländesprüngen.

Oft wird noch die Frage zu klären sein, ob das Bauwerk durch eine Entwässerungsanlage dauernd von dem vorhandenen Wasserüberdruck ganz oder größtenteils entlastet werden kann. Für eine derartige Entwässerung spielen

die Größe des einzusparenden Wasserüberdruckes,
ihre Wirkung auf das Bauwerk,
ihre Kosten im Hinblick auf den Erfolg,
ihre dauernde Wirksamkeit

eine wesentliche Rolle.

Eine Entwässerung, deren einwandfreies Arbeiten nicht gewährleistet ist, ist von vornherein zu verwerfen und statt dessen das Bauwerk auf den vollen

Wasserüberdruck hin zu bemessen. Besonderes Augenmerk ist auf einwandfreie Filterung zu legen, da diese das wichtigste Glied bleibt und später im Betrieb in den allermeisten Fällen, schon wegen der Art ihrer Anlage, nicht überholt werden kann. Es ist daher auch zu untersuchen, ob das Grundwasser schlammige Bestandteile ausfällt. Durch das Versagen der Entwässerungsanlagen ist schon manches, nicht immer kleine Bauwerk zu Schaden gekommen. Nach den Erfahrungen, die ich an ausgebauten Schlackenbetondräns gemacht habe, ist die Filterkiesanlage allen anderen Ausführungen vorzuziehen.

Bei tief zu gründenden Hohlkörpern wird die Frage, ob eine künstliche dauernde Entlastung des Auftriebes unter der Sohle oder eine wegen der Belastung durch den Sohlenwasserdruck wesentlich stärkere Abmessung des Bauwerks wirtschaftlicher ist, sehr eingehend zu bearbeiten und durch Wasserstandsmessungen vor und während der Bauausführung zu prüfen sein. So hat z. B. die Hafenverwaltung in Southampton mit vollem Erfolg eine derartige Entlastungsanlage für ihr großes Trockendock verwendet.

Sieht man für die Bauausführung eine Wasserentziehung vor, so wird man die Anlage von Meßbrunnen darauf zuschneiden. Der zukünftige Absenkungstrichter ist vorauszuschätzen und die Meßbrunnen sind entsprechend zu verteilen, da sie bei späteren Schadenersatzforderungen für den Bauherrn den einzigen Nachweis der Reichweite und Tiefe der Absenkung bringen können. Sonst wird in trocknen Sommern jede Mindergiebigkeit oder das Versiegen eines Brunnens von dem Besitzer auf die Absenkanlage zurückgeführt. Je tiefer und länger abgesenkt wird, desto größer wird sich der Absenktrichter ausdehnen, wobei Durchmesser von 4000 m und mehr keine Seltenheit sind. Abgesehen von dieser Sicherung gegen Schadenersatzansprüche wird der genaue Verlauf der Absenkung für die Kontrolle der hydraulischen Rechnung immer von grundsätzlichem Wert sein, da man weitere Erfahrungswerte erhält.

Die Leistung der Pumpen für die Absenkungsbrunnen und damit der Stand des Grundwassers in den Beobachtungsbrunnen ist abhängig von:

dem Durchlässigkeitsbeiwert des Bodens,

der Vorflut des Grundwassers,

dem freien Wasserstand, wenn er mit dem Grundwasser in Verbindung steht,

den Niederschlägen.

Es wäre wünschenswert, wenn die Beeinflussung des Grundwassers durch diese Faktoren an Hand von Messungen eingehender festgestellt würde. Solche Auswertungen können u. a. die Vorausberechnung von Grundwasserabsenkungsanlagen erleichtern.

Es werden sich in Zukunft durch planmäßige Beobachtung eines Grundwasserpegelnetzes das jeweilige Einzugsgebiet des Grundwassers schärfer begrenzen und vor allem auch die Druckverhältnisse innerhalb dieses Gebietes genauer festlegen lassen.

Daß in dieser Beziehung eine Probeabsenkanlage zur Kontrolle der hydraulischen Berechnung für die Hauptanlage nutzbringend ist, sei hier nur nebenbei erwähnt. Sobald die Bauausführung sich diese Probeanlage zunutze macht, wirkt sie in keiner Weise verteuernd. Nur organischer Einbau in den Bauplan ist selbstverständliche Voraussetzung.

Die Kosten der Erkundung und ihr Verhältnis zu den Kosten des Bauwerks und seiner Bauausführung.

Was ich über die Kosten für die Erkundung der Bodenverhältnisse gesagt habe, gilt sinngemäß auch für die Wasserverhältnisse. Dient doch die Erkundung letzten Endes nur dazu, die Belastungsannahmen für die Berechnung des Bauwerkes möglichst weitgehend den tatsächlichen Verhältnissen zu nähern, um die Baustoffe voll ausnützen zu können. Wenn bei einem Schleusenbauwerk von etwa 6 Millionen RM

36000.— RM für die Wasserstandserkundungen
und 30000.— RM für die Probeabsenkungsanlage,

also je rund $^1/_2$% der Bausumme, geopfert sind, so hatte sich diese Maßnahme allein durch den Verzicht auf eine durchgehende Befestigung der Sohle und damit auf eine tiefere und länger dauernde Absenkung und einen größeren Bodenaushub im Trockenen, ganz abgesehen von dem Zeitgewinn, um mehr als das Fünffache bezahlt gemacht. Man überlegte sich auch, daß z. B. eine Verminderung des zu erwartenden Wasserüberdruckes von nur 0,50 m, die durch genauere Messungen erzielt sei, bei nur 10 m Belastungshöhe eines Bauwerks bereits eine Verringerung des Horizontalschubes um 5,0 t pro lfd. m ausmacht.

2. Die Ermittlung seiner Wertigkeit.

Bei nichtbindigen Böden wird es sich in den weitaus meisten Fällen nur um die chemische Untersuchung des Wassers handeln, die zweckmäßigerweise mit derjenigen des Bodens zusammen vorgenommen wird. Daß man sich aber bei einem Bauwerk mit größerer Ausdehnung nicht mit einer Probe an nur einer Stelle begnügen soll, zeigt das folgende Beispiel, wo in einer Entfernung von etwa 400 m aus den Meßbrunnen Proben entnommen und von zwei verschiedenen Instituten untersucht wurden.

	Institut A			Institut B	
	Meßbrunnen 1	Meßbrunnen 2		Meßbrunnen 1	Meßbrunnen 2
u. a. CaO . . .	164 mg	122 mg	u. a. CaO . . .	161 mg	80 mg
MgO . .	43 „	33 „	MgO . .	388 „	20 „
Cl	312 „	198 „	Cl	177 „	200 „
SO_4 . . .	16 „	15 „	SO_4 . . .	24 „	5 „

Wenn auch in dem vorliegenden Fall die Baustoffe „Eisenbeton“ und „Stahl“ mehr durch die chemischen Eigenschaften des Bodens im Untergrund gefährdet wurden, so zeigt doch das Ergebnis eindeutig, daß man sich nicht auf eine einzige Untersuchung verlassen soll, wenn ein Angriff auf den Baustoff möglich scheint. Bei gefährlichen Beimengungen sollte man, dem Bauwerk entsprechend, gegebenenfalls also auch eine zweite Untersuchungsstelle heranziehen.

3. Die Berechnungsmöglichkeit.

a) Der horizontale Wasserüberdruck.

Die Berechnung des horizontalen oder vertikalen Wasserdruckes im nichtbindigen Boden ist für die meisten Fälle verhältnismäßig einfach, sie ist für bindige oder gemischtbindige Böden jedoch ungleich schwieriger. Nur einwandfreie Messungen und klare Überlegungen können auch hier zu einem Kräfteansatz führen, der den tatsächlichen Verhältnissen möglichst nahe kommt. Bindiger Boden mit Sandgehalt wird sich, je nach dessen Anteil, eher dem Druck des Außenwassers angleichen als ein reiner fetter Ton. Daß das Zusammenwirken oberer und unterer Grundwasserstockwerke sehr stark von den dazwischenliegenden bindigen Bodenschichten abhängt, liegt auf der Hand.

Im folgenden wird nun an einer Anzahl vereinfachter Beispiele der Einfluß gezeigt werden, den bindiger Boden in ein oder mehreren Schichten mit ein oder mehreren Grundwasserstockwerken bei kurzen, gedrungenen oder langgestreckten und tiefer gegründeten Bauwerken auf die Beziehung des Grundwassers zu den freien Wasserständen haben kann. Dabei ist vorausgesetzt, daß der Verlauf des Grundwasserdruckspiegels in den ersten Metern hinter dem Bauwerk mit genügender Annäherung als waagerecht betrachtet werden kann.

Die in den Abb. 26 bis 31 dargestellten Wasserüberdruckbilder zeigen das Überwiegen eines von rechts (NNW, MNW) oder links (MHW, HHW) auf das Bauwerk wirkenden Wasserdruckunterschiedes. Die Druckflächen lassen sich so entstanden denken, daß zunächst rechts und links der vorhandene Wasserdruck aufgetragen und die beiden Druckflächen voneinander abgezogen werden. Die Größe des in den einzelnen Schichten beobachteten Wasserdruckes geht aus den Querschnittsskizzen mit dem eingetragenen Grundwasserspiegel der Abbildungen hervor. Ferner ist dieser Druck nochmals auf der einen Seite der Überdruckflächen angegeben, während auf der anderen Seite der konstante Außenwasserdruck eingetragen ist. Der Wasserüberdruck ist demnach die Differenz beider Werte. So bedeuten z. B. in Abb. 27b unter MNW die Zahlen +1,00 und +3,50, daß in der betreffenden Höhe ein Außenwasserstand von +1,00 und Grundwasserstand hinter dem Bauwerk von +3,50 vorhanden ist. Die Größe der Wasserüberdruckordinate beträgt $3{,}50 - 1{,}00 = 2{,}50$ m. An den Stellen, wo außer der ausgezogenen noch gestrichelte Wasserüberdrucklinien eingezeichnet sind, bestehen mehrere Möglichkeiten für den Verlauf des Wasserüberdruckes, je nach dem Durchlässigkeitsbeiwert des Bodens und der durch das Bauwerk hervorgerufenen Stauwirkung.

Eine Auswahl von Wasserstandbeobachtungen vor und hinter bestehenden Bauwerken wird alsdann einen Einblick geben, wie mannigfaltig die Grundwasserverhältnisse in uneinheitlichem Untergrund sein können, und zeigen, daß die von uns für die Berechnung von Bauwerken festgelegten Wasserüberdruckverhältnisse nicht der Grundlage entbehrt haben.

α) Wasserdruckverhältnisse im „nichtbindigen" Boden (Abb. 26).

Gegenübergestellt werden in dem folgenden Beispiel:

a) die unberührte Böschung (Abb. 26a).

Die Messung der freien Wasserstände soll ergeben haben:

eine normale Schwankung von 3 m Höhenunterschied,
eine maximale Schwankung von 5 m Höhenunterschied.

Die Messung der Grundwasserstände:

eine normale Schwankung von 2 m Höhenunterschied,
eine maximale Schwankung von 3 m Höhenunterschied.

b) Das kurze, gedrungene Bauwerk ohne tiefere Gründung (z. B. Brückenwiderlager) (Abb. 26b).

Ein derartiges Bauwerk wird kaum den Ausgleich zwischen Grundwasser und freiem Wasser behindern, da das Wasser seitlich um das Bauwerk herum oder unter dem Bauwerk hindurchfließen kann. Dabei ist aber zu berücksichtigen, ob sich unter dem Bauwerk, je nach der Durchlässigkeit der Flußsohle, ein mehr oder weniger starker Druckausgleich gemäß der gestrichelten Minimal-

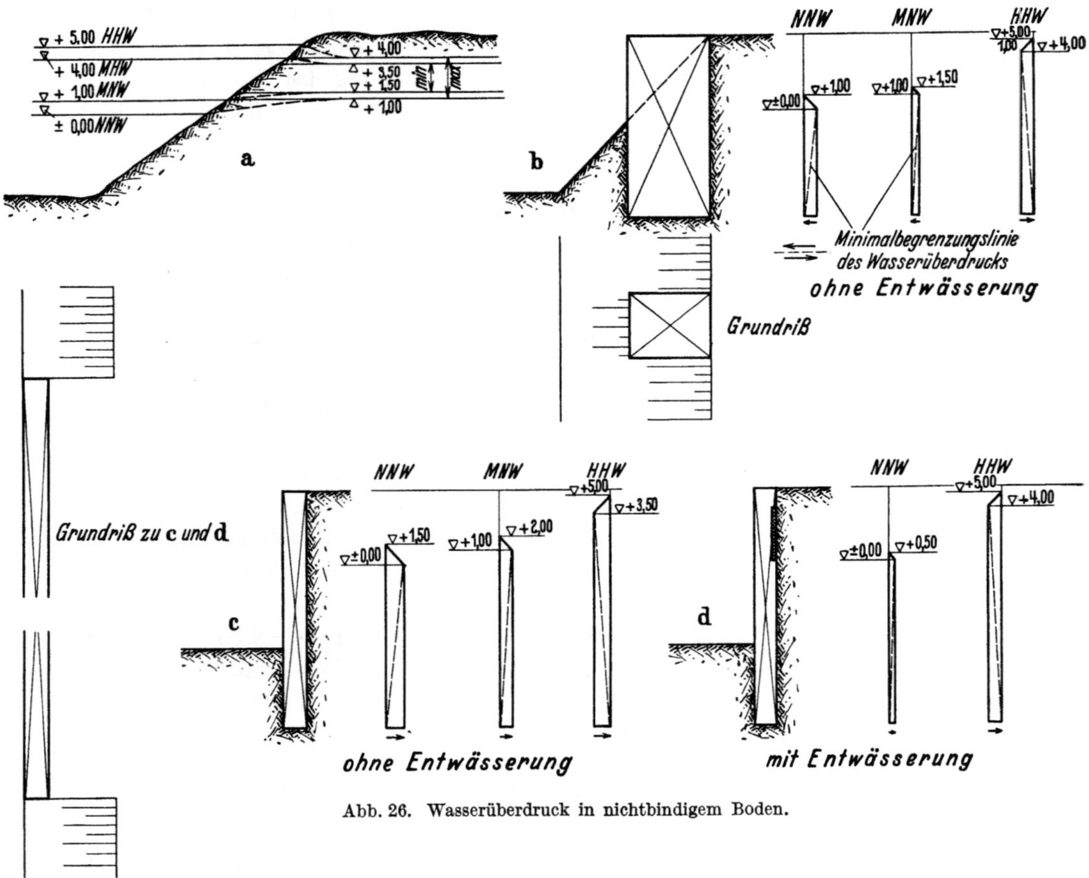

Abb. 26. Wasserüberdruck in nichtbindigem Boden.

linie einstellt. Dementsprechend werden sich die Wasserüberdruckfiguren für den ungünstigsten, den Regel-, und den günstigsten Fall sehr leicht feststellen lassen.

c) Das langgestreckte tiefgegründete Bauwerk (z. B. Uferwand) ohne und mit Entwässerungsanlage (Abb. 26c und d).

Anders gestalten sich die Verhältnisse an diesem Bauwerk, weil es infolge der tiefen Gründung und infolge seiner Länge den Druckausgleich des Grundwassers mit dem freien Wasser nach unten und nach den Seiten hin erschweren wird, wobei ersterer wieder von der Beschaffenheit der Sohle unter dem freien Wasser und beide von der Schnelligkeit des Steigens und Fallens der freien Wasserstände abhängen werden.

Es wird hierbei zu berücksichtigen sein, ob das Bauwerk z. B. 100, 500, 1000 oder mehr Meter lang ist. Je länger es ist, desto stärker wird sich im mittleren Teil das Druckgefälle zwischen Grundwasser und freiem Wasser einstellen. Das Schwanken des Grundwassers wird dann immer mehr gedämpft werden.

Eine wesentliche Verminderung des Horizontalschubes kann die Entwässerungsanlage bringen, wie die Abb. 26d zeigt. Das Pendeln des Grundwassers wird bei einer Entwässerungsanlage nur dann in dem gezeichneten Umfange eintreten, wenn keinerlei Rückschlagklappen oder Ventile angeordnet sind.

β) Wasserdruckverhältnisse in gemischten Böden (Abb. 27 und 28).

Bei der Ermittlung der Wirkung der Wasserstände auf das Bauwerk ist nicht immer der tiefste abgesunkene freie Wasserspiegel als ungünstigster Fall heranzuziehen. Derartige Wasserstände werden nach einem hohen Wasserstand nicht plötzlich, sondern erst innerhalb von Stunden oder sogar auch Tagen eintreten, so daß also auch das Grundwasser hinter dem Bauwerk sich senken wird. Dabei ist es wichtig, die vorhandene Verzögerung zwischen Grundwasserstand und freiem Wasserstand genau festzustellen und den Zeitpunkt des größten Gefälles zwischen beiden zu ermitteln.

1. Oben „bindiger“, unten „nichtbindiger“ Boden. Auch hier werden gegenübergestellt:

a) Die unberührte Böschung (Abb. 27a).

Der normale Grundwasserspiegel soll sich im nichtbindigen Boden zwischen den äußersten Grenzen von +1,00 bis +4,00, zwischen den geringsten Grenzen von +1,50 bis +3,50 bewegen, er schwankt also gedämpft mit den freien Wasserständen. Daß die Verhältnisse auch anders liegen können, werden die Beispiele aus der Praxis zeigen. Der Einfluß der Schwankungen im nichtbindigen Boden wird stärker oder schwächer sein, je nachdem, ob die Sohle mehr oder weniger durchlässig ist. Er wird nach dem Lande zu abnehmen. Es kann z. B. im vorliegenden Fall bei freigelegter durchlässiger Sohle die Schwankung im nichtbindigen Boden ebenfalls von ± 0 bis +4,0 stattfinden oder sich auf +1,0 bis +3,0 verringern. Wie schon gesagt, können nur an Ort und Stelle ausgeführte Messungen eindeutige Ergebnisse liefern.

In den bindigen Böden ist auf Grund der angenommenen Bohrergebnisse zwischen magerem, mit Sand vermischtem und fettem Boden zu unterscheiden. Je nach dem Sandgehalt wird der bindige Boden das in ihm befindliche Grundwasser schneller, langsamer oder kaum weiterleiten und in gleicher Weise auch die Übertragung des Wasserdruckes vermitteln. Diese Eigenschaften des Bodens stehen in engem Zusammenhang mit dem Durchlässigkeitsbeiwert.

In der fetten, bindigen Bodenschicht wird daher das Grundwasser den Schwankungen der freien Wasserstände und des Grundwassers im Sandboden nicht folgen können und sich ein mittlerer, gleichbleibender Grundwasserdruck einstellen. Dieser soll einem mittleren Grundwasserspiegel von Ordinate +2,50 entsprechend angenommen werden.

In der mageren bindigen Bodenschicht wird der Grundwasserstand jedoch Schwankungen erleiden, die von +3,50 bis +2,50 pendelnd gedacht werden sollen.

Es gibt außer den genannten auch bindige Böden, die so weit wasserundurchlässig sind, daß sich in ihnen kein Grundwasserstand mehr ausbildet. Alsdann ist Wasser- und Erddruck nicht mehr getrennt anzusetzen.

b) Das kurze, gedrungene Bauwerk, ohne tiefere Gründung (z. B. Brückenwiderlager) (Abb. 27 b).

Entsprechend diesen Feststellungen an einer unberührten Böschung werden sich die Wasserdruckverhältnisse an einem kurzen, gedrungenen Bauwerk leicht

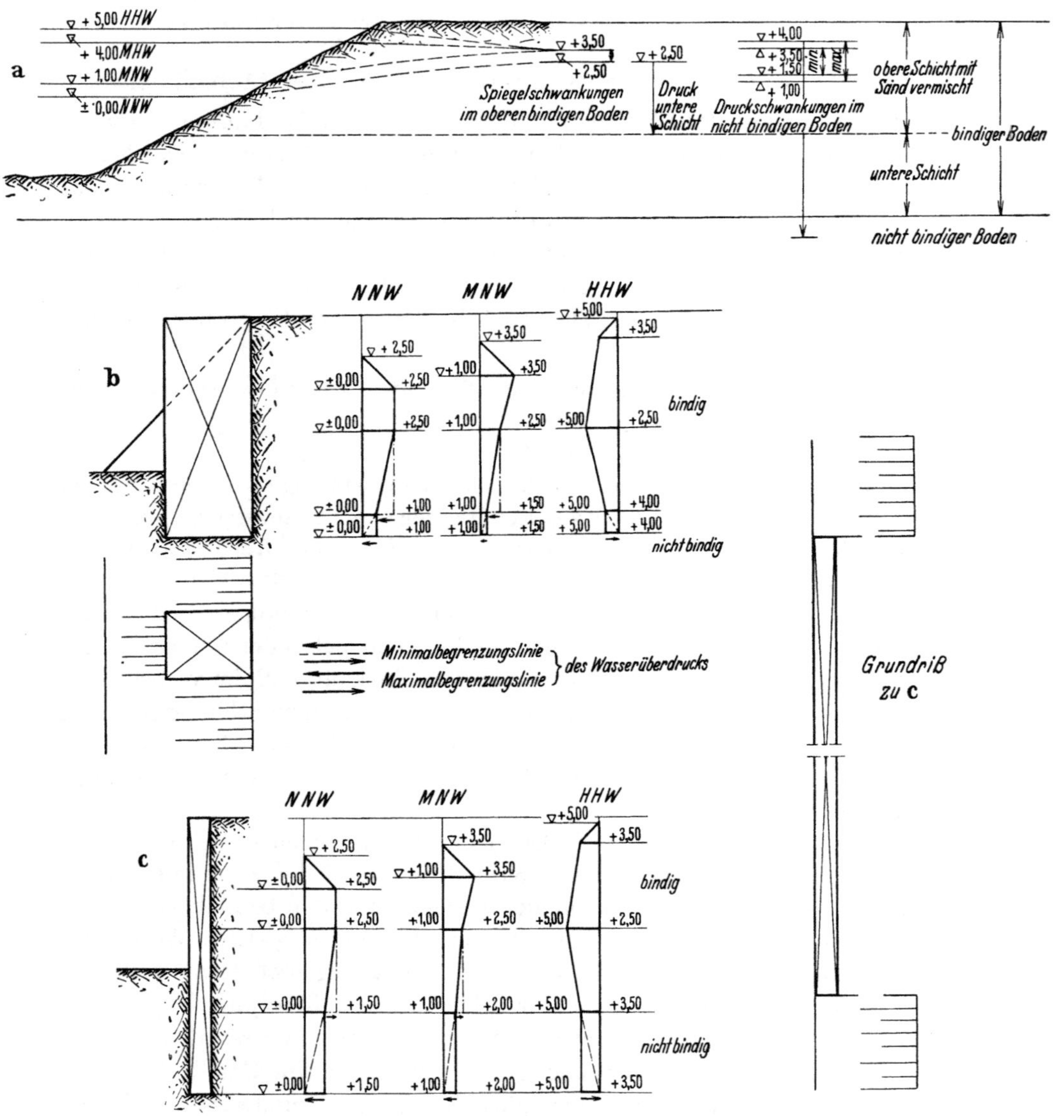

Abb. 27. Wasserüberdruck in gemischtem Boden (obere Schicht bindig, untere Schicht nichtbindig).

ermitteln lassen, wenn man von der Überlegung ausgeht, daß sich ein allmählicher Übergang der verschiedenen Druckgrößen in den einzelnen Schichten einstellen wird.

c) Das langgestreckte, tiefgegründete Bauwerk (z. B. Uferwand) ohne und mit Entwässerungsanlage (Abb. 27 c).

Das langgestreckte, tieffundierte Bauwerk wird eine größere Veränderung in den Wasserständen hervorrufen. Das Schwanken im Sandboden kann weiter gedämpft werden, so daß der Ausschlag sich z. B. nur noch von $+1{,}50$ bis $+3{,}50$ bemerkbar macht.

Auch hier wird die Größe der Schwankung bzw. der Dämpfung
von der Länge des Bauwerks,
von der Freilegung der Sohle vor dem Bauwerk,
von der Verschlammung der Sohle vor dem Bauwerk
abhängen. Entsprechend wird sich der Einfluß der Länge des Bauwerks für den Wasserstand im oberen, schwach bindigen Boden bemerkbar machen.

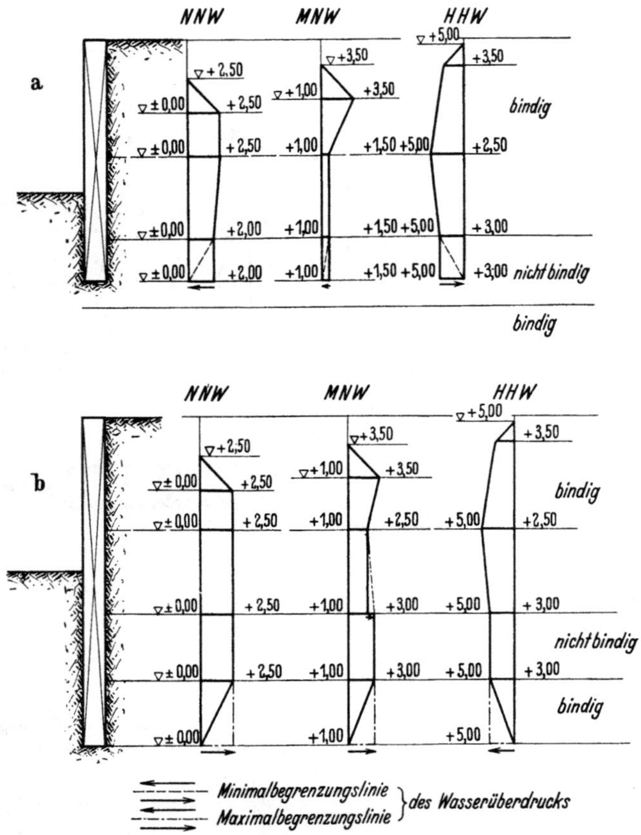

Abb. 28. Wasserüberdruck in gemischtem Boden (obere Schicht bindig, mittlere Schicht nichtbindig, untere Schicht bindig).

Danach ergeben sich die Wasserüberdruckbilder. Die Überlegungen zeigen, daß eine Entwässerungsanlage für den vorliegenden Fall zwecklos ist, da in der kritischen ersten Zeit der Wasserdruck im bindigen Boden nicht abgesenkt werden wird. Für den tiefliegenden nichtbindigen Boden kommt die Anlage bei einem max. Wasserüberdruck von 1,5 m kaum in Frage, ganz abgesehen davon, daß sie teuer werden würde.

2. Oben bindiger, in der Mitte nichtbindiger, unten bindiger Boden.

Hier sind 2 Fälle zu unterscheiden (Abb. 28):

a) Reicht ein langgestrecktes Bauwerk nur zum Teil in die Sandschicht, so wird bei einem Sinken des freien Wasserstandes der Wasserdruck in der nichtbindigen Bodenschicht hinter dem Bauwerk nicht in der gleichen Zeitfolge und in der gleichen Dämpfung wie in Abb. 27c abfallen, sondern er wird um so größer bleiben, je weitgestreckter und tiefer das Bauwerk gegründet ist, da er hierdurch eine Verzögerung erleiden wird (Abb. 28a). Hier wird sich also eine Stauung des Grundwasserausgleichstromes in der unteren nichtbindigen Bodenschicht ergeben, so daß die normale Schwankung des Grundwassers von $+4{,}00$ bis $+1{,}00$ maximal, und $+3{,}5$ bis 1,50 minimal sich z. B. etwa auf $+3{,}0$ bis $+2{,}0$ maximal verringern wird, wobei die Länge des Bauwerks wieder von Einfluß sein wird. Bei einem auf die nichtbindige Bodenschicht gegründeten Brückenwiderlager würden die gleichen Wasserdruckbilder maßgebend sein wie Abb. 27b.

b) Reicht das Bauwerk aber in die untere bindige Schicht hinein, so kann die Schwankung im nichtbindigen Boden bei sehr langen Bauwerken und dichter

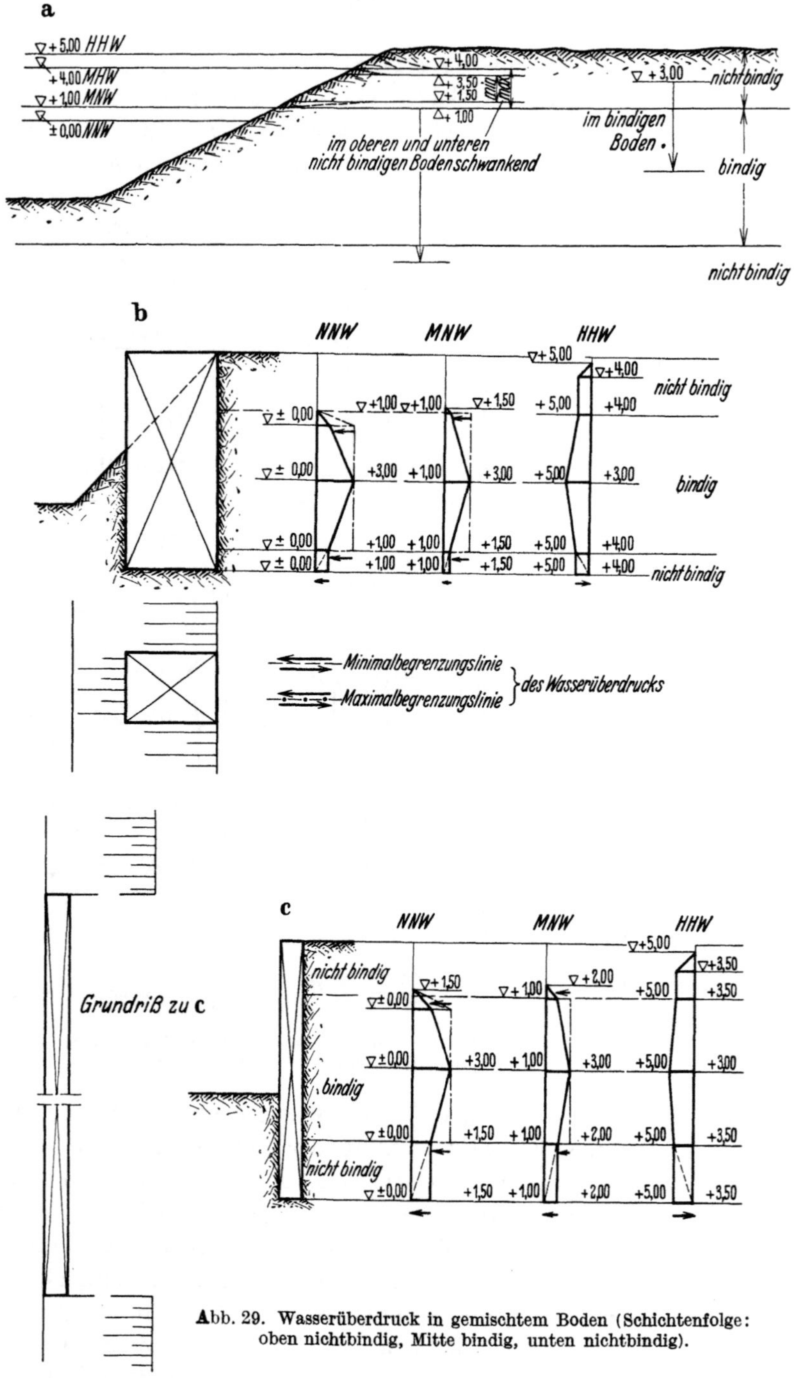

Abb. 29. Wasserüberdruck in gemischtem Boden (Schichtenfolge: oben nichtbindig, Mitte bindig, unten nichtbindig).

Wand vollends aufhören und Wasserüberdruckbilder ergeben, die über Abb. 28b noch hinausgehen. Ein kurzgedrungenes Bauwerk wird sich aber kaum von

Abb. 27b unterscheiden, da ja der Grundwasserausgleich zu beiden Seiten des Bauwerks ohne Störung erfolgen kann.

Sollte der erhöhte Wasserüberdruck für eine tiefreichende Spundwand zu hohe Kosten ergeben, so wird man sich überlegen, ob man nicht mit einem flacher gegründeten oder aufgelösten Bauwerk besser fahren wird.

3. Obere Schicht „nichtbindiger“ Boden, mittlere Schicht „bindiger“ Boden, untere Schicht „nichtbindiger“ Boden (Abb. 29), gegebenenfalls darunter eine weitere „bindige“ Bodenschicht liegend (Abb. 30). Ein Fall, der wiederum nicht theoretisch konstruiert, sondern in der Wirklichkeit vorgekommen ist und auch weiter vorkommen wird.

a) Bei einem kurzen, gedrungenen Bauwerk werden sich nur wenige Änderungen gegenüber der unberührten Böschung ergeben (Abb. 29a und b).

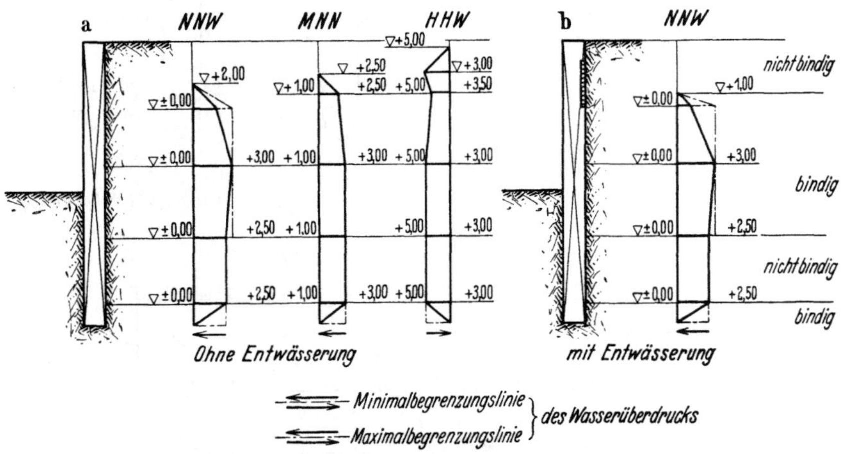

Abb. 30. Wasserüberdruck in gemischtem Boden [Schichtenfolge: 1. (oben) nichtbindig, 2. bindig, 3. nichtbindig, 4. (unten) bindig].

b) Anders ist es beim langgestreckten, tieffundierten Bauwerk (Abb. 29c). Hier wird durch den langen, wasserdichten Abschluß der Wasserstand in der oberen nichtbindigen Schicht weniger stark mit den freien Wasserständen mitschwingen, also nur z. B. von $+3{,}50$ bis $+1{,}50$. Die Druckverhältnisse in der bindigen Schicht werden vorerst kaum Veränderungen erleiden, da sie nur schwer ihr Wasser abgeben wird. In der unteren nichtbindigen Bodenschicht wird sich gegenüber Abb. 29b ein Anstau infolge der tiefer reichenden und langen Abschlußwand bemerkbar machen.

4. Anders ist es, wenn unten eine weitere bindige Bodenschicht folgt und das Bauwerk ganz oder teilweise die nichtbindige Bodenschicht durchschneidet.

Die Verbindung des Grundwassers vor und hinter dem Bauwerk mit dem freien Wasser wird unterbrochen und demzufolge auch im unteren Grundwasserstockwerk eine völlige oder teilweise Stauung des Grundwassers eintreten, die eine wesentliche Druckvermehrung zeitigen wird (vgl. Abb. 30a). Zu berücksichtigen ist dabei, ob die Gewässersohle mehr oder weniger durchlässig ist und welche Länge das Bauwerk besitzt.

Eine Entwässerung wird eine Druckentlastung im oberen Stockwerk ergeben, die sich mit der Zeit auch in gewissem Umfange auf die bindige Bodenschicht ausdehnen wird (Abb. 30b). In der Abb. ist angenommen, daß Rückschlagklappen oder Ventile angeordnet sind. Die Druckflächen und die anschließenden Berechnungen werden einwandfrei ergeben, ob sich eine Entwässerung lohnen wird oder nicht.

Wie stark die drei für den Entwurf maßgebenden Fälle — ungünstigster — Regel- — günstigster Fall — voneinander abweichen können, und wie stark der Einfluß einer Entwässerung sein kann, zeigt die Abb. 31.

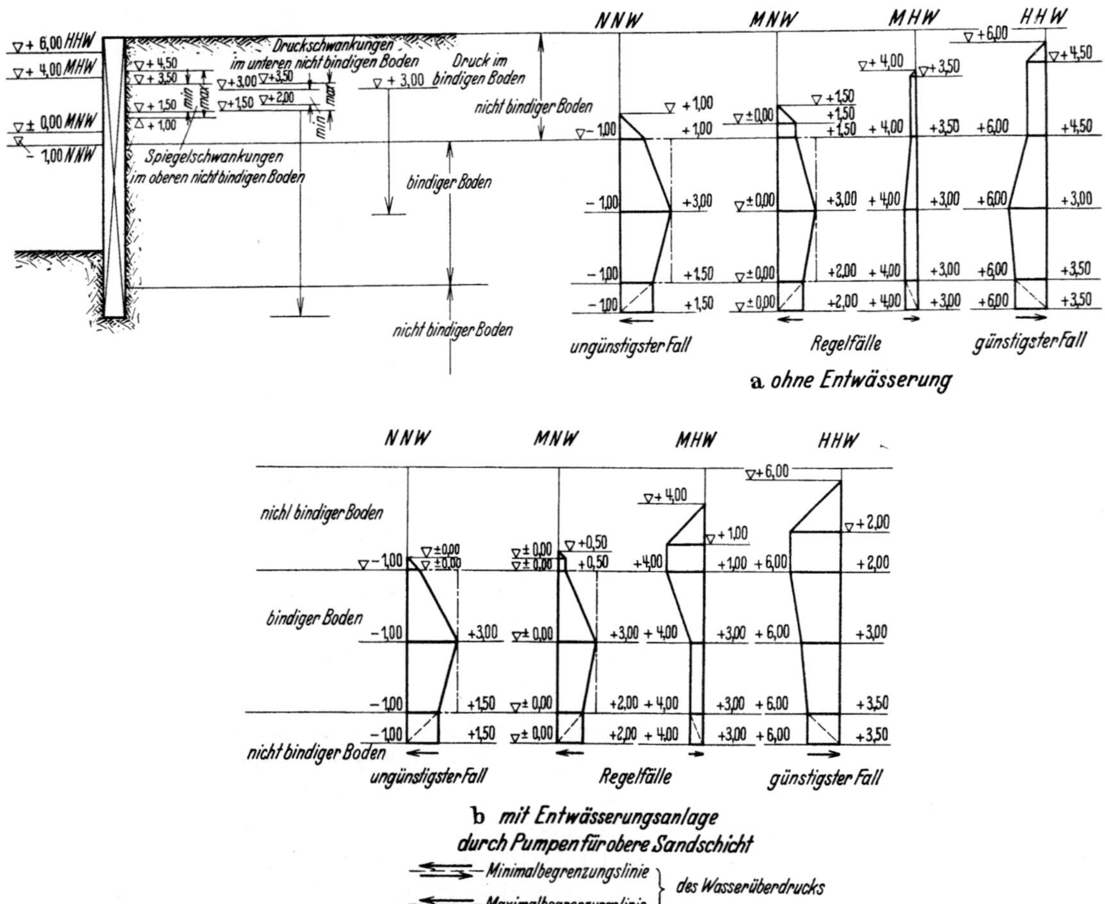

Abb. 31. Belastung durch Wasserüberdruck bei einem Geländesprung.

Die vorstehenden Überlegungen zeigen klar, wie verwickelt sich die Wasserdruckverhältnisse in gemischten Bodenschichten gestalten. Außer einer sorgfältigen Naturbeobachtung und Messung der Grund- und Außenwasserstände gehören noch eingehende Überlegungen dazu, um mit den Belastungsannahmen möglichst nahe an die tatsächlichen Verhältnisse zu kommen.

γ) Messungsergebnisse von freien und Grundwasserständen an Bauwerken.

Zur näheren Erläuterung der im vorigen Kapitel genannten Beispiele und zur Prüfung der Zulässigkeit der dort gemachten Voraussetzungen sollen wiederum die an ausgeführten Bauwerken gewonnenen Erfahrungen herangezogen werden, die zum besseren Verständnis vereinfacht sind und deren Gegensätzlichkeit stärker hervorgehoben ist. Sie werden nie „allgemeine Gültigkeit“ besitzen können, da ja bei jedem Bauwerk und den angetroffenen Untergrundsverhältnissen die Bedingungen erst zu untersuchen sind. Sie sollen aber zeigen, wie verwickelt sich der Wasserüberdruck gestaltet, wenn bindige Böden auftreten und wie er sich bei steigendem und fallendem freiem Wasser ändern kann. Hier tut sich ein weiteres Feld auf, wo die systematische Forschung in der Natur

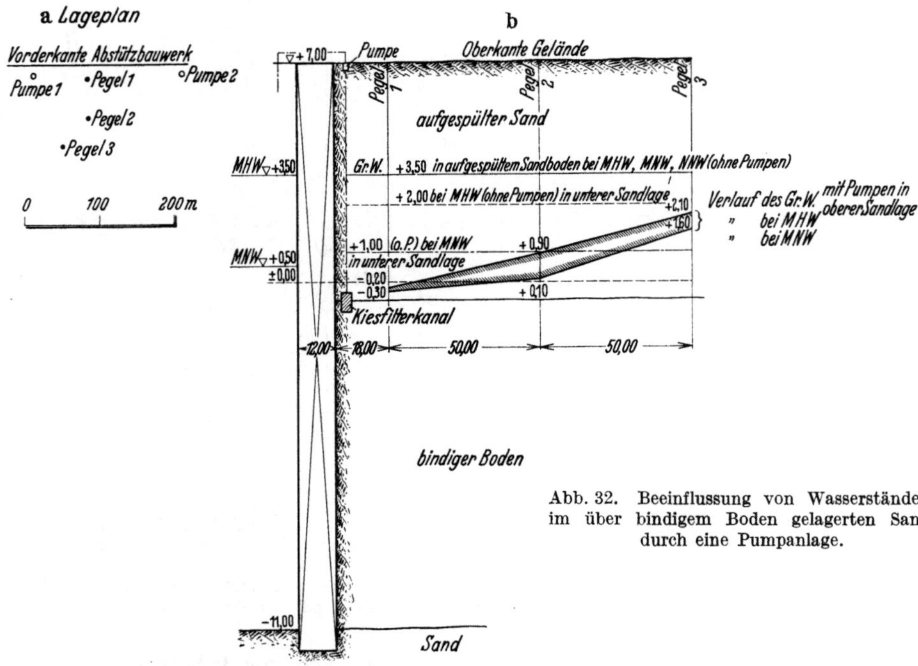

Abb. 32. Beeinflussung von Wasserständen im über bindigem Boden gelagerten Sand durch eine Pumpanlage.

selbst allein die endgültige Klärung über die wirklich vorhandenen Verhältnisse bringen kann[1].

1. In gemischten Bodenverhältnissen. Die vorgenommenen Messungen, deren Ergebnis in den Abbildungen 32 und folgende aufgetragen ist, erstreckten sich über einen Zeitraum von etwa 8 Jahren, haben also Anspruch darauf, daß sie ein klares und zutreffendes Bild über die Wasserdruckverhältnisse in den einzelnen Schichten hinter einem langgestreckten Stützbauwerk auf Pfählen mit vorn liegender Stahlspundwand geben.

Während dort eine ursprünglich eingebaute Entwässerungsanlage aus Schlackenbeton rasch verschlammte, arbeitete ein später eingebauter Entwässerungsschlitz aus Filterkies mit elektrischer, automatisch arbeitender Pumpanlage einwandfrei. Daß die Absenkung sich nur auf die obere Sandschicht erstreckt, ist verständlich, da das untere artesische Grundwasserstockwerk mit dem oberen in keiner unmittelbaren Verbindung steht. Auf den Wasserstand

[1] Eine Reihe von sehr aufschlußreichen Messungen in Bordeaux und Le Havre ist veröffentlicht im Bericht Nr. 109 vom XVI. Internationalen Schiffahrtskongreß Brüssel 1935. Verfasser: Levêque und Beau. Die Beobachtungen passen völlig in den Rahmen der hier gegebenen Darlegungen.

im bindigen Boden wird die künstliche Entwässerung allerdings im Laufe der Zeit nicht ohne Einfluß bleiben, für die Rechnung kommt dieses aber nicht in Betracht, da die Auswirkung zeitlich zu weit entfernt liegen wird.

Die Abb. 32 und 33 zeigen die Ergebnisse der Messungen an diesem Bauwerk. Abb. 32 a zeigt die Lage der Entwässerungspumpen und der Pegelstellen, Abb. 32 b die Bodenschichtung und das Ergebnis der Messungen vor und nach Einbau

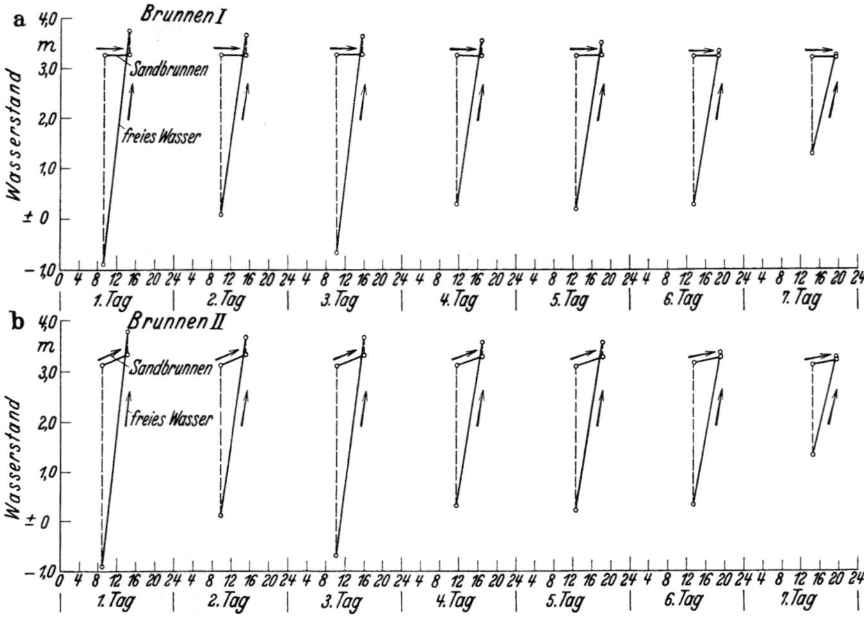

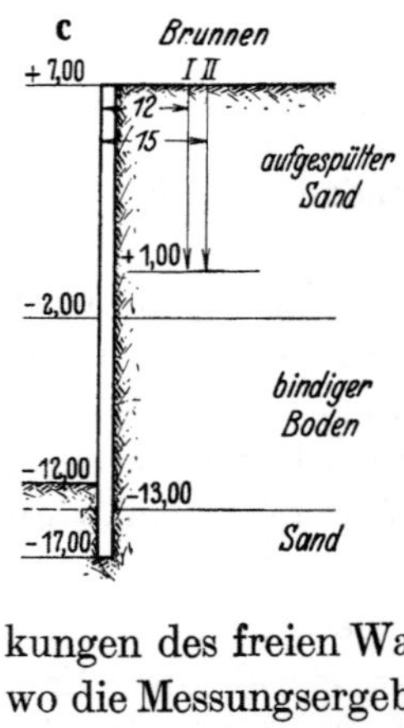

Abb. 33. Verlauf von Wasserständen in aufgespültem über bindigem Boden gelagerten Sand über und im freien Wasser.

der Entwässerungsanlagen. Die vor Inbetriebnahme der Entwässerung gemessenen Wasserstände geben folgendes Bild: Im aufgespülten Sandboden blieb das Grundwasser auf +3,50 stehen, unabhängig davon, ob sich im Fluß Hoch- oder Niedrigwasserstand befand. In der unteren Sandlage wurde der Wasserstand bei mittlerem Hochwasser zu i. M. +2,00, bei mittlerem Niedrigwasser zu i. M. +1,00 gemessen. Wie verhältnismäßig unempfindlich sich das Grundwasser in der aufgespülten Sandschicht trotz der großen Schwankungen des freien Wassers zwischen −1,00 und +4,00 verhält, zeigt die Abb. 33, wo die Messungsergebnisse zweier Brunnen am gleichen Bauwerk aufgetragen sind. Die Schwankung des Grundwassers im Brunnen II ist auf nähere Lage zur Entwässerungspumpe zurückzuführen.

Nach Einbau der Entwässerungsanlage in der oberen Sandschicht wurde für normale Wasserverhältnisse eine Absenkung hinter dem Bauwerk von mehr als 3,50 m erzielt, die nach rückwärts allmählich geringer wurde. Ihr Verlauf ist aus Abb. 32 b zu entnehmen. Für den Regelfall wurde auf diese Weise die horizontale Kraft infolge Wasserüberdrucks auf das Bauwerk in der oberen Sandschicht beseitigt.

In Abb. 34 ist das Ansteigen des Wassers hinter dem Bauwerk bei Sturmfluten eingetragen, das zum überwiegenden Teil auf das Überschlagen der Brandungswellen über das Bauwerk und Versickern im Untergrund zurückzuführen ist. Die Beobachtungen ergaben hierfür folgende Werte:

Freies Wasser	Wasserstand hinter dem Bauwerk
+6,35 m	+3,60 m
+6,35 „	+1,72 „
+6,35 „	+2,15 „
+6,35 „	+2,45 „
+5,80 „	+2,00 „
+5,80 „	+3,00 „
+5,80 „	+1,85 „

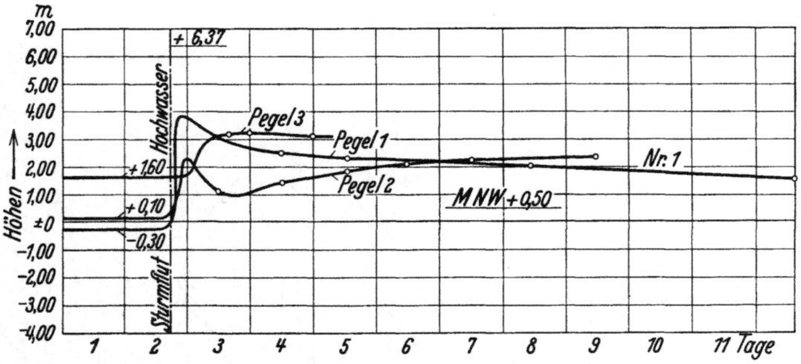

Abb. 34. Beeinflussung von Wasserständen im über bindigem Boden gelagerten Sand durch freie Wasserstände vor einem langgestreckten Stützbauwerk. Die Wasserstände sind durch Pumpen künstlich abgesenkt.

Die Pumpen schafften das Wasser aber verhältnismäßig schnell wieder heraus, so daß für den ungünstigsten Fall in der oberen Sandschicht nicht mit mehr als 1 m Wasserüberdruck gerechnet zu werden brauchte, zumal da das Niedrigwasser höher stehen blieb als gewöhnlich.

Daß in der Abb. 34 die Wasserstände der Pegelbrunnen 1 und 2 an dem auf die Sturmflut folgenden Tage ein verhältnismäßig starkes Abfallen zeigen, ist durch ihre nähere Lage zu den Pumpen 1 und 2 begründet. Das allmähliche Ansteigen des Wasserstandes des Pegels 2 an den darauffolgenden Tagen ist auf das Zurückfluten des in dem weiter rückwärts liegenden Gelände liegenden Überschlagwasser zurückzuführen. Pegel 3 zeigt daher auch einen hohen und mehr gleichbleibenden Wasserstand.

Wie sich der Überdruck des Wassers vor und hinter einem Stützbauwerk von mehr als 600 m Länge, das wasserdurch- und wasserundurchlässige Bodenschichten durchschneidet, einstellt, zeigt die Abb. 35, wo die freien HW und NW und die entsprechenden Wasserstände in der mit artesischem Wasser angefüllten unteren Sandschicht (HGW und NGW) eingetragen sind. Der Überdruck hinter der Mauer beträgt bei sehr niedrigen Wasserständen 0,80 m; es ist also ein sehr starkes Mitschwingen festzustellen. Daß der landwärts gerichtete Überdruck vor dem Bauwerk fast bis zu 3 m anwächst, kann sich für seine Bemessung auswirken und zeigt sehr deutlich, wie notwendig es ist, den Verlauf des Kräftespieles bei derartigen Schwankungen festzustellen.

Am gleichen Bauwerk wurde noch der zeitliche Verlauf der Wasserstände im bindigen Boden und in der darunterliegenden Sandschicht bei verschiedener Entfernung hinter dem Stützbauwerk festgestellt, wie er in den Abb. 36 und 37 gezeigt wird.

Abb. 36 zeigt das gedämpfte Mitschwingen des artesischen Wassers in der unteren Sandschicht. Der jeweils höchste freie Wasserstand wirkt sich um so weniger aus, je weiter der Brunnen von Vorderkante Stützbauwerk entfernt liegt, während der jeweils tiefste freie Wasserstand weiter rückwärts liegende Brunnen stärker beeinflußt als vordere. Dieses ist auf die Richtung und Stärke des Grundwasserstandes flußwärts zurückzuführen. Beide Brunnen zeigen aber übereinstimmend, daß ihre mittleren Wasserstände in der Nähe der Niedrigwasserstände des freien Wassers liegen.

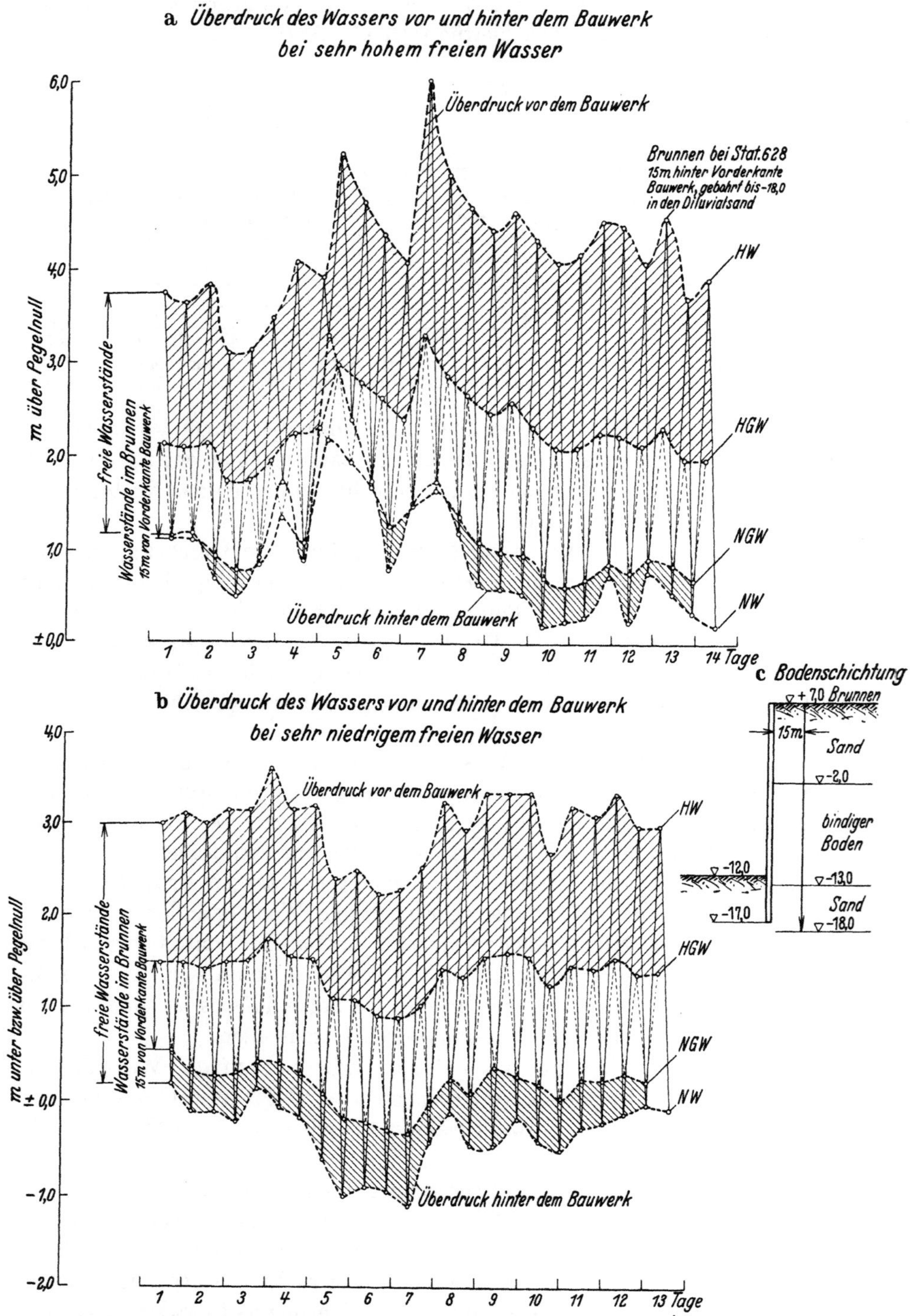

Abb. 35. Überdruck des Wassers vor und hinter einem Stützbauwerk von 1000 m Länge bei a) sehr hohen freien Wasserständen, b) sehr niedrigen freien Wasserständen, c) Bodenschichtung und Lage des Brunnens.

In Abb. 37 sind die Wasserstände zweier Beobachtungsbrunnen im bindigen Boden eingetragen. Während der Brunnen dicht hinter der Mauer nur ganz

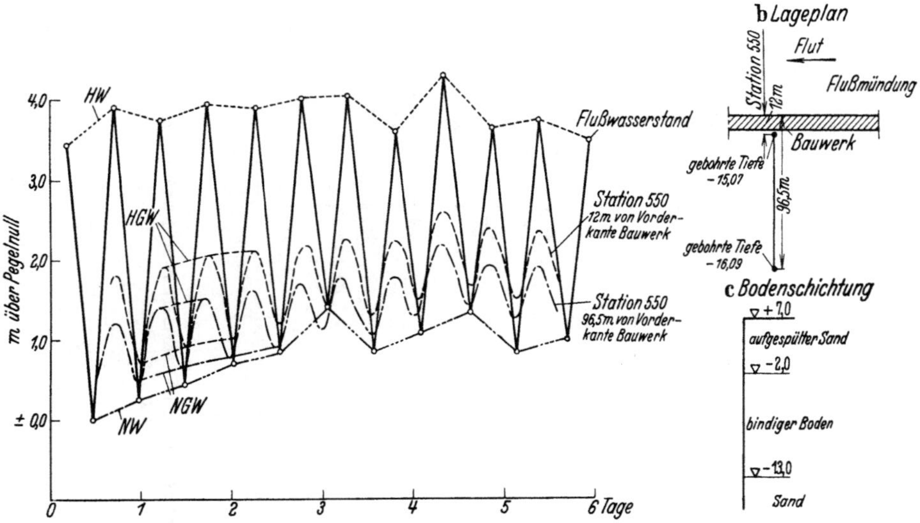

Abb. 36. Zeitlicher Verlauf von Wasserständen im unter bindigem Boden gelagerten Sand in verschiedener Entfernung vom Stützbauwerk.

geringe Schwankungen zeigte, stieg das Wasser in dem, 85 m von Vorderkante Bauwerk entfernten Brunnen innerhalb 48 Stunden von —1,90 m bis auf +4,70 m und im Verlauf von weiteren 4 Tagen auf +6,10 m. Ein Anlüften des

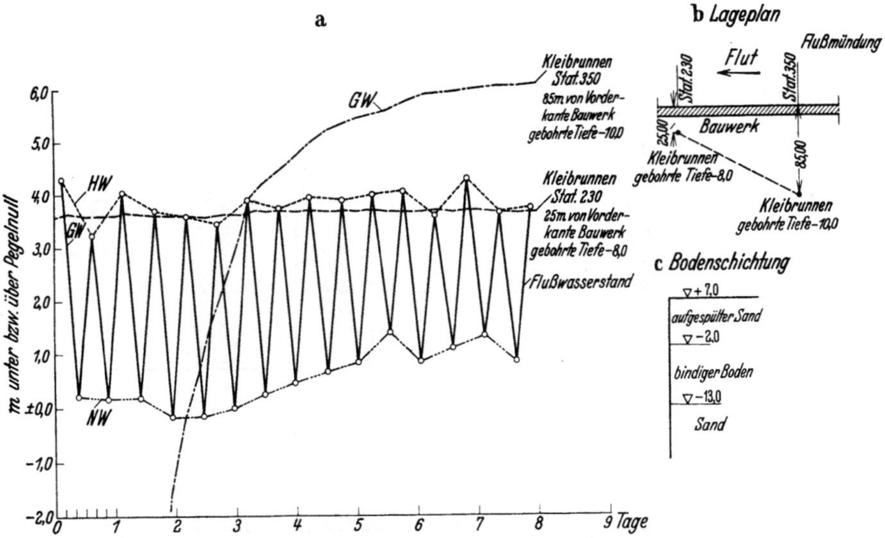

Abb. 37. Zeitlicher Verlauf von Wasserständen im bindigen Boden, im darunterliegenden Sand und im freien Wasser nach Fertigstellung eines Stützbauwerks von 1000 m Länge.

Filterrohres um 30 cm ergab keine Änderung des Wasserspiegels. Als dann eines Tages das Wasser in dem Brunnen bis —4,00 m ausgeschöpft wurde, stieg es im Verlauf einer halben Stunde bis auf +2,00 m wieder an. Ein anderer Versuch zeitigte ein gleiches Ergebnis (örtliche Stauung durch Sandauflast).

Weitere Meßbrunnen, die in dem auf S. 8 erwähnten versandeten Priel angeordnet und teils in diesen, teils in die darunterliegende artesische Sandschicht

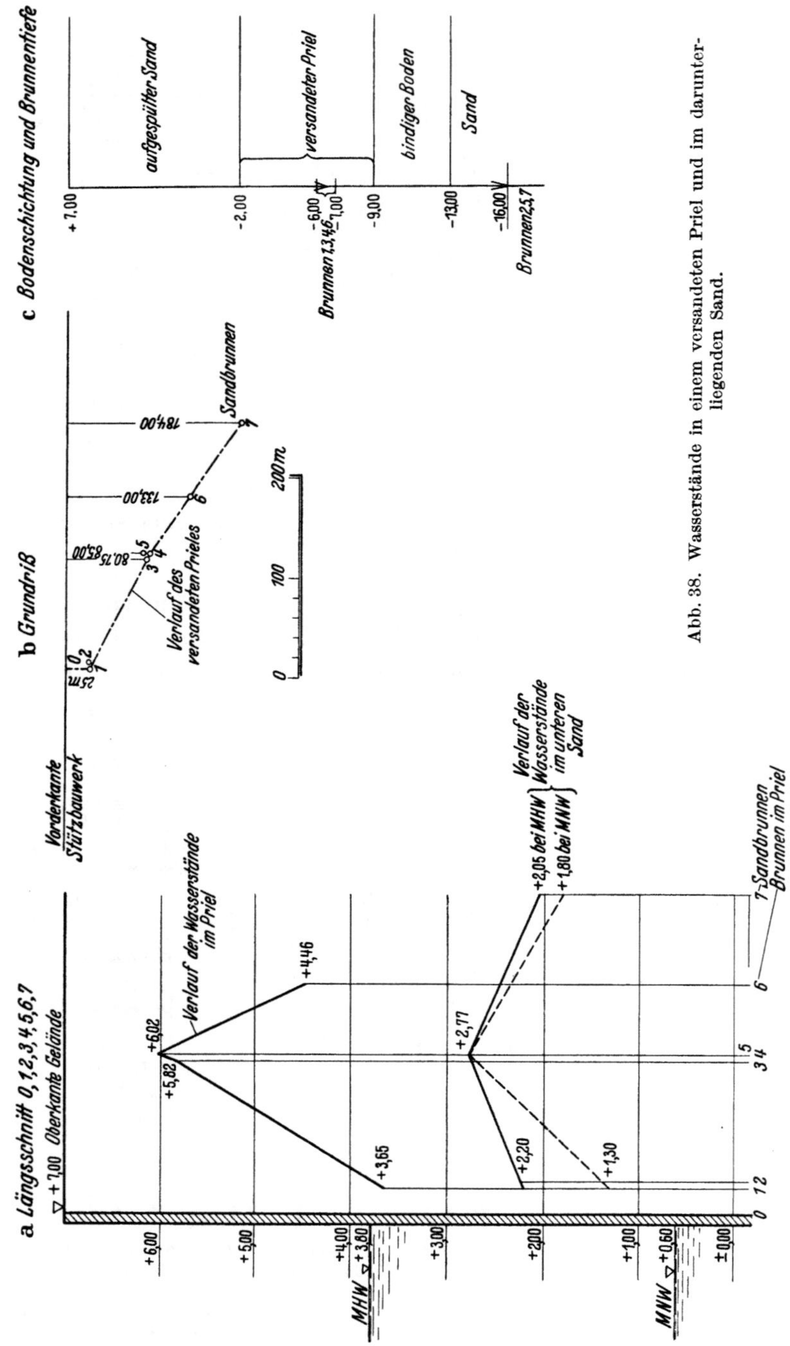

Abb. 38. Wasserstände in einem versandeten Priel und im darunterliegenden Sand.

eingebaut wurden, ergaben das in Abb. 38 dargestellte Bild, das den überhöhten Wasserdruck in Brunnen 4 und 5 deutlich in Erscheinung treten läßt.

Kann es bessere Beweise geben, wie not es tut, die Wasserverhältnisse des Untergrundes von Fall zu Fall auf das genaueste zu studieren, als die vorstehenden Abbildungen?

2. In einheitlichem, nichtbindigem Untergrund. Es handelt sich bei dem folgenden Beispiel um ein langgestrecktes Stützbauwerk von über 800 m Länge,

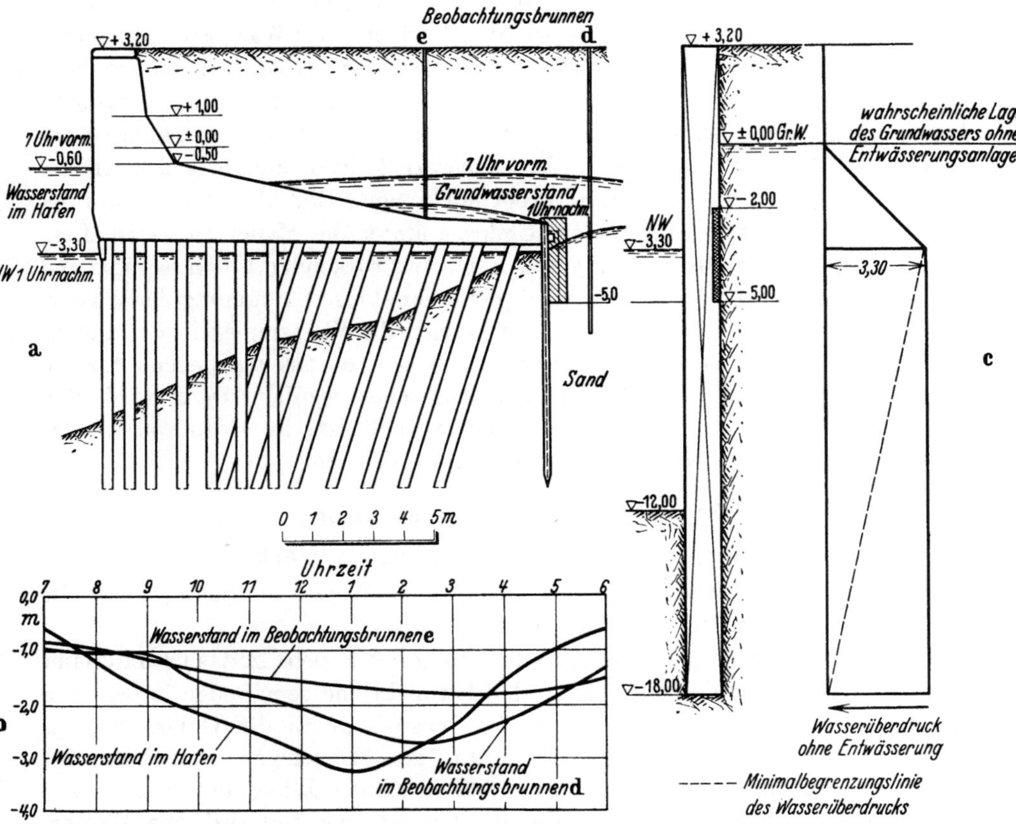

Abb. 39. Wirkungsweise einer Filterkiesanlage für ein langgestrecktes Pfahlrostbauwerk im nichtbindigen Boden.

das durch eine Filterkies-Entwässerungsanlage mit dem freien Wasser in Verbindung steht.

Die Abb. 39 zeigt, wie stark eine Entwässerungsanlage den vorhandenen Wasserüberdruck von 3 m Höhe (Abb. 39c) auf praktisch 0 m vermindern kann. Sehr deutlich ergibt die Messung, wie aus dem rückliegenden Boden das Wasser stärker abgezogen wird als über der Eisenbetonplatte, wo es verhältnismäßig weniger beeinflußt wird und dementsprechend für diesen Belastungsfall in die Rechnung eingesetzt werden muß.

δ) Schlußfolgerungen für die Berechnung.

Aus den Abb. 32—34 und 38—39 geht hervor, daß die gemessenen Wasserdruckspiegel des Grundwassers hinter dem Bauwerk nur sehr schwach ansteigen. Dabei muß berücksichtigt werden, daß die Auftragungen sehr stark überhöht sind, also die dort gezeigten Neigungen übertrieben erscheinen. Nimmt man an, daß die Gleitlinie des Erddrucks hinter dem Bauwerk im ungünstigsten Fall etwa die Neigung 1:1 annimmt, so ergibt sich bei einer freien Höhe des Bauwerks von rd. 20 m an der Erdoberfläche eine Strecke von 20 m, auf die bei dem Ansatz der Wasserüberdruckfläche im Abschnitt α und β ein waagerechter Verlauf der Wasserdruckverhältnisse hinter dem Bauwerk angenommen war. Da die Entfernung zwischen Mauer und Gleitfläche mit zunehmender Tiefe immer geringer wird, wird die Annahme eines waagerechten Verlaufes des Wasserdruckes hinter dem Bauwerk mit zunehmender Tiefe immer genauer. Trotz vorhandener Entwässerungsanlagen kann man also in vielen Fällen der Praxis mit den erwähnten Annahmen rechnen. Man darf allerdings nicht ohne weiteres die in dem vorangegangenen Abschnitt gezeigten Wasserüberdruckbilder auf beliebige andere Verhältnisse anwenden, ohne sich vorher ein genaues Bild über den Verlauf des Wasserdruckspiegels in genügendem Umkreis hinter der Mauer zu verschaffen. Es kann selbstverständlich bei Mauern mit stark wirkender Entwässerung und Bodenarten mit anderer Durchlässigkeit eine sehr starke Krümmung der Wasserdruckspiegel eintreten. In diesen Fällen können die Wasserspiegel, die in Meßbrunnen beobachtet worden sind, nicht ohne weiteres als maßgebend für die gesamte Nachbarschaft des Meßbrunnens angesehen werden. Dann wird man nicht darum herumkommen, sich die Druckverhältnisse im Grundwasser klar zu legen und danach seinen Kräfteansatz zu vollziehen.

b) Der vertikale Wasserüberdruck.

Ermittlung des Auftriebes bei Bauwerken.

Haben wir einen Körper, der nur in das freie Wasser eintaucht, so ist die Größe des Auftriebes ohne weiteres klar.

Wird jedoch der Körper nach Ausschachtung des Bodens in das Grundwasser eingebaut, so besteht die Auffassung, daß bei nichtbindigem Boden infolge von Reibungsverlusten beim Durchfließen des Wassers durch die Hohlräume des Sandes nicht der volle Auftrieb wirksam ist. Diejenigen Bauwerke, für die die Ermittlung des Auftriebes hinsichtlich Konstruktion und Kosten von wesentlicher Bedeutung ist, also alle Hohlkörper, wie unterirdische Wasserbehälter, Kläranlagen, U-Bahn-Körper, Schleusen und Dockkörper, erleiden im Betrieb Bewegungen in senkrechter Richtung, die bei stark wechselnder Belastung in erster Linie auf die Zusammenpressung des Bodens, außerdem aber auch auf Wegdrücken und Ansaugen des Grundwassers zurückzuführen sind. Befindet sich ein Bauwerk im stehenden, freien oder Grundwasser, so können folgende Größen des Auftriebes eintreten:

1. Wenn das Bauwerk sich im Zustand der Ruhe befindet, so ist die Größe des Auftriebes gleich dem Höhenunterschied zwischen Bauwerksohle und Wasserspiegel.

2. Bei einer, wenn auch nur geringen Bewegung des Bauwerks nach oben strömt das Wasser in den entstehenden Hohlraum nach. Während dieses Nachströmens ist verminderter Druck vorhanden. Die Minderung ist abzusetzen.

3. Bei einer gleichartigen Bewegung nach unten wird das Wasser durch die Hohlräume nach oben gedrückt. Außer der statischen Druckhöhe ist hier noch zusätzliche Druckhöhe zur Überwindung der Strömungsverluste erforderlich, so daß der Auftrieb größer wird.

Da in den beiden letzten Fällen die genauen Größen bislang noch nicht bestimmt werden können, ihr Betrag nur gering ist und sich nicht plötzlich auswirkt, wird man hier mit dem vollen statischen Auftrieb genügend genau rechnen, obwohl Schwankungen von Dockkörpern in den Grenzwerten von etwa 3 bis 8 mm in vollem und leerem Zustand mit oder ohne Schiff keine Seltenheit sind. Man kann dabei aber selbstverständlich die gegenwirkende Wandreibung voll in Rechnung setzen, die naturgemäß bei senkrechten Wänden sich anders verhält als bei unterschnittenen Wänden.

Bei ständig unter dem Bauwerk hindurchfließendem, freiem oder Grundwasser kann stets ein Abzug für Reibungsverluste, der auf der durchströmten Strecke zunimmt, vorgenommen werden. Seine Höhe muß von Fall zu Fall bestimmt werden.

Wie sieht das Kraftbild aus, wenn vor und hinter dem Bauwerk verschieden hohe Wasserstände vorhanden sind? Hier den niedrigeren oder den höheren Wasserstand als die für den wirksamen Auftrieb maßgebende Druckhöhe anzusehen, entspricht nicht den inzwischen an Ton und Beton gewonnenen Versuchsergebnissen.

Bei einem Strömen des Wassers von dem höheren zum niedrigen Wasserspiegel kann der Auftrieb entsprechend der Verbindungslinie vom höheren zum niedrigen Wasserspiegel angenommen werden, da ja der entstehende Druckverlust in Geschwindigkeit umgesetzt wird[1].

Befindet sich unter dem Bauwerk eine Spundwand, die in wasserundurchlässigen Boden gegründet ist, so wird der Auftrieb um den Strömungswiderstand vermindert werden müssen, also an dieser Stelle sprunghaft abnehmen.

Messungen über den Auftrieb unter Talsperren finden sich in dem angegebenen Aufsatz von Terzaghi[2]. Die Figuren nehmen in der Natur eine unregelmäßige Gestalt an. Allgemein fällt anfangs der Druck infolge der Herdmauer stärker ab. Eine ähnliche Verteilung ist auch für Stützbauwerke anzunehmen.

In allen Fällen, wo Arbeitsfugen im Bauwerk vorhanden sind, wird man in diesen den Auftrieb entsprechend der Gründungsfuge einsetzen. Wenn die Fugen nicht durch das ganze Bauwerk hindurchgehen, also an der Luftseite wasserdicht sind, ist der wasserseitige Auftrieb so weit anzusetzen, wie das Wasser durch die Fuge in das Bauwerk eindringen kann, also ungünstigstenfalls bis an die andere Bauwerksseite heran. Da keine Arbeitsfuge als absolut dicht zu bezeichnen ist, wie das Durchsickern von Wasser an fertigen Bauwerken in mehr oder weniger großem Umfange beweist, erscheint es jedoch als ausreichend, entweder als Auftrieb die Verbindungslinie zwischen dem Innen- und Außenwasserstand einzusetzen, oder, wenn an der einen Seite des Bauwerks Luft vorhanden ist, dort den Auftrieb gleich Null werden zu lassen. Die fehlende Druckhöhe wird, wie oben erläutert, zur Erzeugung der Durchsickerungsgeschwindigkeit gebraucht. Daß einige Arbeitsfugen an der luftseitigen Außenfläche sich als trocken, also als scheinbar dicht erweisen, rührt von der Verdunstung des Sickerwassers her. Es liegt keine Veranlassung vor, eine undurchlässige

---

[1] Vgl. hierzu Terzaghi: Beanspruchung von Gewichtsstaumauern durch das strömende Sickerwasser. Bautechn. 1934 S. 379.

[2] Ferner in Kelen: Gewichtsstaumauern und massive Wehre, S. 255. Berlin 1933.

Arbeitsfuge der Berechnung zugrunde zu legen, zumal da die Dichtigkeit sehr stark von der Bauausführung abhängig ist.

Genau so verhält es sich mit dem Auftrieb im Betonkörper selbst. Weder der eine Grenzfall, daß der Auftrieb einheitlich gleich dem einseitigen höchsten Wasserdruck ist, noch daß er gleich Null ist, weil der Beton als dicht anzusprechen ist, entspricht den Versuchsergebnissen, die Terzaghi[1] festgestellt hat, und den von mir an fertigen Bauwerken gemachten Beobachtungen, wo während des Abbruchs die Feuchtigkeit mit zunehmender Wassertiefe und in der Nähe der Außenseiten zunahm. Gewiß habe ich auch Beobachtungen günstigerer Art festgestellt, doch ist man zu sehr von der Art der Bauausführung abhängig, um sicher damit rechnen zu können. Wir sind bislang jedenfalls nicht in der Lage, einen Beton von gleicher Dichtigkeit wie z. B. den Baustoff Stahl herzustellen. Der wahrscheinliche Auftrieb wird also die gleiche Form aufweisen, wie bei den Arbeitsfugen gekennzeichnet. Anders verhält es sich bei Baustoffen, wie Stahl, die völlig wasserdicht sind. Innerhalb derer ist mit einem Auftrieb nicht zu rechnen.

Bauwerke, die durch bindigen Boden auf nichtbindigen Boden gegründet sind, werden unter der Sohle, im nichtbindigen Boden, einen Auftrieb erleiden, der sich unzweideutig gleich der Druckhöhe des Wassers im nichtbindigen Boden einstellen wird. In den Arbeitsfugen, die in bindigem Boden liegen, wird bei wechselnden Wasserständen an der Rückseite ein Auftrieb wirksam sein, der gleich der Druckhöhe des Wassers im nichtbindigen Boden ist, vermindert um den Druckverlust im bindigen Boden; an der Vorderseite ist er gleich dem freien Wasserstand. Aus den Wasserstandsbeobachtungen (vgl. Seite 56) ist die Höhe des Wasserspiegels im bindigen und nichtbindigen Boden leicht festzustellen und für die einzelnen Höhen der Auftrieb zu ermitteln.

Erreicht die Sohle des Bauwerks den nichtbindigen Boden nicht, dann ist für die Sohle des Bauwerks genau so zu verfahren wie vorher für die Arbeitsfugen, vorausgesetzt natürlich, daß z. B. die Spundwände nicht die bindige Bodenschicht bis zur nichtbindigen Schicht durchstoßen haben. In diesem Fall wird sich das Wasser nicht nur in den Schlössern oder in Nut und Feder seinen Weg aus der Sandschicht suchen und damit den vollen Auftrieb der nichtbindigen Schicht an der Sohle zeitigen, sondern es wird auch im Holz (Spundwand oder Pfähle) fließen, wie ich es bei einem abgebrochenen Bauwerk festgestellt habe. Hölzerne Pfähle und Spundbohlen hatten etwa 12 Jahre im Klei mit der Spitze im Sandboden gestanden, in dem ein artesischer Wasserdruck von rd. 15—20 m Höhe vorhanden war. Als die Pfähle und Spundbohlen in etwa 6 m Tiefe unter dem Wasserspiegel abgeschnitten wurden, drang das Wasser nicht nur aus Nut und Feder in kleinen Fontänen, sondern auch aus dem Holz selbst heraus.

Auf Grund der vorstehenden Überlegungen kann der Auftrieb für das Gesamtbauwerk in den Arbeitsfugen und im Beton ermittelt werden, auch wenn es sich um bindigen Boden und verschieden hohe Wasserstände vor und hinter dem Bauwerk handelt.

---

[1] Terzaghi: a. a. O. Interessant ist, daß die wirksame Flächenporosität des Betons nahezu 1 ist. Man muß also annehmen, daß auch im Betonkörper der Auftrieb auf die volle Schnittfläche wirkt.

Auch hier liegt es zum überwiegenden Teil in der Hand des verantwortlichen Ingenieurs, soweit wie möglich die natürlichen Verhältnisse mit seinen Maßnahmen und Überlegungen zu erfassen. Schwierig bleibt die Feststellung der Wasserdruckverhältnisse und damit des Auftriebes in ungleichen Bodenverhältnissen mit verschiedenen Grundwasserstockwerken. Die Beispiele geben aber Handhaben genug, die wahrscheinliche Angriffsmöglichkeit des Wassers aufzudecken. Beobachtungen in der Natur bei Bauausführungen und im Betrieb der Bauwerke in Verbindung mit Versuchen in den Versuchsanstalten werden für die Zukunft weitere Aufklärung bringen können. Den Bauauftraggebern aber fällt es zu, gerade bei schwierigen Verhältnissen Wasserstandsbeobachtungen nicht mit der Fertigstellung des Bauwerks einzustellen, sondern sie während des Betriebes fortzuführen, um umfangreichere Unterlagen dafür zu bekommen, inwieweit die Beziehungen zwischen freiem Wasser und Grundwasser durch Bauwerke beeinflußt werden.

4. Die Aufstellung des wahrscheinlichen Angriffsplanes.

Die Untersuchungen über die Lage, Wertigkeit und Berechnungsmöglichkeit ergeben die Grundlage für die Aufstellung des wahrscheinlichen Angriffsplanes des Gegners Wasser, von der die Art der zu wählenden Konstruktion des Bauwerks abhängen wird.

Zur Ermittlung dieses Angriffsplanes sind erforderlich:

a) Lageplan mit Angabe der Wasserbeobachtungsbrunnen bei dem zu errichtenden Bauwerk.

b) Ergebnisse der Messungen in den Beobachtungsbrunnen.

c) Längs-, Quer- und Schrägschnitte durch den Untergrund mit Eintragung des Bauwerks und des Verlaufs der freien und Druckwasserspiegel auf eine genügende Entfernung senkrecht zur Bauwerksachse.

d) Feststellung des in den einzelnen Bodenschichten vorhandenen Wasserüberdruckes und seines wahrscheinlichen Verlaufes.

e) Feststellung der der Berechnung zugrunde zu legenden Belastungsfälle:
ungünstigster Fall,
günstigster Fall,
Regelfall
für horizontale und vertikale Beanspruchung des Bauwerks und des Untergrundes.

Auf ihre klare Trennung von den Belastungsfällen des Gegners „Erde" ist Sorge zu tragen.

f) Zeichnerische Darstellung der gewählten Belastungsfälle.

g) Vornahme der chemischen Untersuchungen und Folgerungen für das Bauwerk.

h) Bei Wahl einer Entwässerungsanlage Feststellung ihrer Wirkungsmöglichkeit im Betriebszustand des Bauwerks auf Zeit und für die Dauer.

III. Die Festlegung der eigenen Verteidigungsstellung.

Wenn der Ingenieur nach den Regeln der Technik und unter enger Verbundenheit mit der Natur die Angriffsabsichten seiner Gegner Erde und Wasser erkannt und ihre Wertigkeit bestimmt hat, gilt es, daraufhin die eigene Verteidigungsstellung so auszubauen, daß die Bauwerke den einmaligen und dauernden Angriffen widerstehen, ohne zu stark angelegt zu sein. Hier die richtige Grenze zu finden, liegt in der Hand des Bearbeiters und wird ihm besser gelingen, wenn er nicht engstirnig von einer Seite, sondern von allen Seiten umfassend ans Werk geht. Letzten Endes sollen alle Verteidigungsbauwerke, wie Böschungen, Dämme, Spundwand-, Pfahlrost-, massiv gegründete Bauwerke, ob sie nun ein- oder mehrseitige Geländesprünge aufzufangen haben, den Gleichgewichtszustand erhalten.

Es liegt also auf der Hand, daß auch bei dem Ausbau der Verteidigungsstellung der Ingenieur sich weitgehendst in die Natur versenken muß. Die Erfahrungen beim Bau und vor allem auch beim Betrieb und der Unterhaltung der Bauwerke geben ihm die beste Unterstützung. Die letzteren sind aber bislang am wenigsten ausgenutzt, sei es, weil der Bauherr die anscheinend unnötigen Geldausgaben scheut, sei es, weil für den Ingenieur das fertige Bauwerk an Reiz verloren hat. Erst wenn Bauten den Angriffen zum Opfer fallen, wird der Ingenieur wieder aufmerksam, ohne aber dafür zu sorgen, daß die nur mit größter Sorgfalt erkennbaren Fehlerquellen auch weitgehendst der Allgemeinheit nutzbar gemacht werden. Es würde eine dankbare Aufgabe sein, hier einmal neue Wege zu gehen und, losgelöst von dem menschlichen Ich, nicht nach den Unterlassungssünden des Ingenieurs zu suchen, sondern allein der Sache zu dienen und die Fehlerquellen zu Bruch gegangener Bauwerke aufzudecken. Ein Ingenieur, dem ein Bauunfall in die Schuhe geschoben wird, braucht in meinen Augen noch lange kein schlechter Ingenieur zu sein, denn wie viele gibt es, an deren Bauwerken viel schwerere Fehler nachzuweisen sind, die aber das unerhörte Glück haben, daß die Gutmütigkeit des Materials ihre minderen Fähigkeiten verdeckt, oder die ihre innere Unsicherheit auf Kosten anderer verdeckt und Bauwerke errichtet haben, die von Materialvergeudung strotzen.

In der Verbindung zwischen Theorie und Praxis, zwischen Geist und Natur liegt der unendliche Reiz des Grund- und Wasserbaues. Verfolgen wir unsere theoretischen Überlegungen einmal in diesem Sinne, so sehen wir, daß sich die Theorie der Materie erst völlig bemächtigen kann, wenn die Erfahrungen vorliegen. Aus dieser Erkenntnis heraus sollten wir versuchen, die Erfahrungen in der Natur für die Zukunft weitgehendst zu pflegen, auszubauen und auszuwerten.

In den folgenden Kapiteln sind die verschiedenen Bauwerke unserer Verteidigungsstellung behandelt und auf Grund von Erfahrungen, soweit wie es für mich möglich war, kritisch betrachtet worden. An Hand von Beispielen und theoretischen Überlegungen sind die bisherigen Ergebnisse herausgestellt und diejenigen Gebiete aufgedeckt, wo wir weiterarbeiten müssen. Ich habe es mir versagt, aus der vorhandenen Literatur die Theorie noch einmal wiederzugeben, weil sie den Überblick und den Zusammenhang gestört hätte. Ich darf sie daher als bekannt voraussetzen oder dem Leser anheimstellen, sie in den angegebenen Quellen nachzulesen.

1. Anlage und Bewertung von Vermessungspunkten für die Bauausführung.

Genau so wie Boden- und Wasseruntersuchungen nach einem festen Plan durchzuführen sind, hat man auch je nach der Art des Grundbauwerkes vor Baubeginn eine Vermessungsgrundlinie zu schaffen und sich über ihre zweckmäßige Lage und die Verteilung der Vermessungspunkte im Gelände und an anderen Bauwerken klarzuwerden. Handelt es sich um größere Bauvorhaben, so sollte ein Vermessungsingenieur mit den grundlegenden vermessungstechnischen Vorarbeiten betraut werden. Liegt ein ordnungsgemäß angelegtes Vermessungsnetz vor, dann kann die weitere Arbeit dem Bauingenieur überlassen bleiben, wobei aber eine vermessungstechnische Kontrolle von Zeit zu Zeit eintreten sollte.

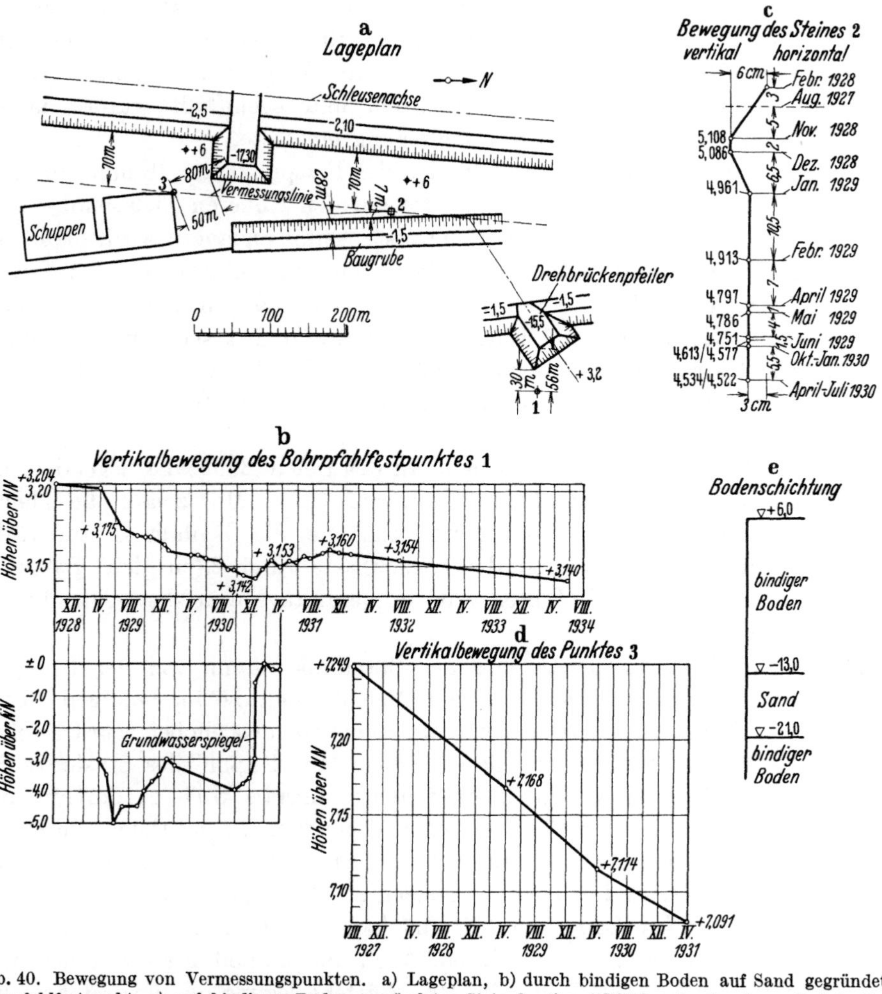

Abb. 40. Bewegung von Vermessungspunkten. a) Lageplan, b) durch bindigen Boden auf Sand gegründeter Bohrpfahlfestpunkt, c) auf bindigem Boden gegründeter Stein 2, d) auf Pfählen im Sand gegründete Bauwerksecke 3, e) Bodenschichtung (Bohrloch 1).

Besteht der Untergrund aus bindigem Boden oder sind bindige Bodenschichten vorhanden und wird mit Grundwasserentziehung gearbeitet, dann ist Wert darauf zu legen, daß Standlinie und Vermessungsfestpunkte von der Baugrube weit genug entfernt sind, weil sonst weder ihre horizontale noch vertikale Lage mit Sicherheit eingehalten werden kann. Wie stark hier Änderungen eintreten können, zeigen die nachstehenden Beispiele (Abb. 40).

Für die weit auseinanderliegenden Einzelbauwerke einer verkehrswasserbaulichen Großanlage mußten vor Beginn des Baues die vermessungstechnischen

Vorarbeiten geleistet werden. Zur Kontrolle der Höhenlage wurden einzelne Festpunkte an bestehenden, auf tragfähigem Baugrund gegründeten Bauwerken und besondere Bohrpfahlfestpunkte im Gelände gewählt. Sie wurden auf rund 2 km entfernt liegende Festpunkte eingemessen und etwa alle 1—3 Monate je nach Bedarf von einem Landmesser nachgeprüft.

Der Festpunkt 1, der durch eine rund 18 m starke bindige Bodenschicht auf diluvialem Sand von rund 10 m Mächtigkeit, unter dem diluvialer Ton von mehr als 20 m Stärke ansteht, gegründet wurde (Abb. 40b), zeigte im Verlauf der ersten $2^1/_4$ Baujahre eine Abwärtsbewegung von 62 mm, die ganz augenfällig durch die Grundwasserentziehungsanlage hervorgerufen und beeinflußt wurde, da mit ihrer Einstellung die Wiederaufwärtsbewegung einsetzte.

Nach Verlauf von 10 Monaten hob sich der Festpunkt um 18 mm, um dann langsam in den folgenden 3 Jahren wieder auf den früheren Tiefstpunkt abzusinken. Inwieweit die Abwärtsbewegung noch weiter andauern wird, bleibt den weiteren Messungen vorbehalten. Die eingetretene erste Abwärts- und Aufwärtsbewegung des Festpunktes ist auf das Schrumpfen und Schwellen des bindigen Bodens infolge Entziehens und Einströmens des Grundwassers zurückzuführen. Der letzte Teil der Aufwärtsbewegung und der anschließenden Abwärtsbewegung wird im Jahre 1931 durch die gleichzeitige Aufhöhung des Geländes um 1—2 m beeinflußt.

Der Punkt 3 an der Kante des nahe an der tiefen Baugrube liegenden, auf Holzpfählen im Sand gegründeten Schuppens (Abb. 40c) zeigte die gleiche Senkung, die sich über fast 4 Jahre erstreckte und die ebenfalls auf die Tätigkeit der Grundwasseranlage und die benachbarte rund 23 m tiefe Baugrube zurückzuführen ist. In $3^3/_4$ Jahren war die gesamte Abwärtsbewegung bereits auf 158 mm gestiegen.

Der Festpunkt 2 zur Festlegung der Standlinie stand, wie der Lageplan (Abb. 40a) zeigt, in der Nähe der 7,5 m tiefen Baugrube im bindigen Boden (Abb. 40c). Als zuerst die 70 m entfernte Baugrube ausgehoben wurde, folgte der Festpunkt um 3 cm nach dieser Seite. Mit Beginn des Aushubs der rund 150 m entfernt liegenden, 23 m tiefen Baugrube wich er dorthin aus, nach dem Aushub der nur 7 m entfernt liegenden, 7,5 m tiefen Baugrube drehte er über Süden nach Osten zurück. Er vollzog insgesamt eine Bewegung von etwa $^1/_2$ m. Ein anderer Festpunkt, der rund 20 m von der Oberkante der 23 m tiefen Baugrube entfernt lag, machte nach dieser Seite hin sogar eine Bewegung von 17,5 cm durch. Auch die rund 50 m entfernt liegende 7,5 m tiefe Baugrube beeinflußte die Rückwärtsbewegung des Festpunktes bis zu 7,5 cm.

An diesen gemessenen Bewegungen zeigt sich wiederum überaus deutlich die Gefährlichkeit des bindigen Bodens, der wie ein weicher Grießbrei auf die geringste Störung seiner Lagerung durch Bodenentnahme, Geländeaufhöhungen und Auflasten, Zusatz oder Entziehung von Grundwasser eingeht.

Wie dieselbe Abbildung erkennen läßt, muß man auch bei der Anlage von sog. Rohrfestpunkten, selbst wenn sie auf tiefliegendem diluvialem Sand gegründet sind, vorsichtig sein, weil sie erhebliche Bewegungen durchmachen können, wenn sich unter und über dieser Sandschicht bindiger Boden befindet. Nachmessungen von Bauwerken und Nivellements können zu Abweichungen führen, wenn derartige Festpunkte nicht laufend kontrolliert und die Ursachen ihrer Bewegung festgestellt werden.

2. Die Böschung.

a) Einschnitte — Hangrutschungen.

Bei den Einschnitten und Dämmen sind es in erster Linie die Wasseraustritte (Sickerlinien), Böschungsrutschungen und Versackungen, die uns Sorge bereiten. Sie würden sich sämtlich ausschalten lassen, wenn wir in der Wahl des Untergrundes und des Schüttbodens frei wären. Das ist aber nicht der Fall, da die Lage des zu errichtenden Bauwerkes oft aus anderen Gründen feststeht und die Kosten für in jeder Beziehung einwandfreien Schüttboden in den meisten Fällen zu hoch würden. Wir werden daher mit unseren Verteidigungsbauwerken oft vor gegebene Tatsachen gestellt und müssen uns mit ihnen abfinden. Hinsichtlich der Beeinflussung der Sickerlinien und der Dichtigkeit von Dämmen haben wir die Möglichkeit, guten und schlechteren Boden im Bauwerk zweckmäßig wechseln zu lassen und unter Umständen das Bauwerk selbst abzuändern. Böschungsrutschungen und Versackungen lassen sich im voraus in den meisten Fällen vermeiden, wenn man die vorhandenen Böden, über deren Zuverlässigkeit Unklarheit herrscht, in den Erdbauversuchsanstalten untersuchen läßt und die Form des Bauwerks darauf abstellt. Bringen Damm- und Hangrutschungen oder Versackungen nur vorübergehende Nachteile, so sollte man sie bei der Errichtung des Bauwerkes auch dementsprechend bewerten und ihre Beseitigung im Betrieb in Kauf nehmen, wie es z. B. bei den Setzungen der Deichkörper und ihres Untergrundes an der deutschen Nordseeküste bereits jahrzehntelang ohne Gefahr der Fall ist.

Die Bildung einer Böschung im gewachsenen Boden kann als stückweises Abrutschen bis zur „natürlichen Böschungslinie“ aufgefaßt werden:

Ein senkrechter Bodenschnitt erzeugt z. B. eine Gleitfläche $\vartheta_1 = 60°$, der Bodenschnitt rutscht also bis zu dieser Neigung ab. Es entsteht dann ein Geländesprung, der durch 60° begrenzt ist und seinerseits zur Bildung einer neuen Gleitfläche von $\vartheta_2 = 45°$ Veranlassung gibt. Die Begrenzung von 45° gibt eine Gleitfläche von $\vartheta_3 = 37°$ usw., bis schließlich der Gleitwinkel ϑ_n gleich dem Böschungswinkel ϱ wird.

Der „natürliche Böschungswinkel“ bei Einschnitten kann aber im allgemeinen nicht gleich dem Reibungswinkel des Bodens gesetzt werden, da in den meisten Fällen außer der Reibung noch Kohäsion (Haftfestigkeit) im Boden vorhanden ist. Man wird daher stets bei geschüttetem und gewachsenem Boden verschiedene Böschungswinkel erhalten, die, abgesehen von der Kohäsion, auch auf die Veränderung der Lagerfestigkeit zurückzuführen sind.

Allgemein wurde im Abschnitt I gezeigt, daß man die gesamte Scherfestigkeit des Bodens zusammensetzen kann aus dem Normaldruck · Reibung + Kohäsion: $\tau_0 = \sigma \cdot \operatorname{tg}\varrho + k$. Die Scherfestigkeit τ_0 wird im allgemeinen unter der natürlichen Auflast σ bemessen. Sonst ist der Begriff der Scherfestigkeit nicht eindeutig bestimmt, sondern es muß hinzugefügt werden, für welchen Druck sie gelten soll.

Die Entstehung einer Böschung auf dem oben geschilderten Wege gilt nur für nichtbindigen Boden. Bei bindigem Boden können erheblich steilere Neigungen auftreten, die wegen der Kohäsion von der Höhe des Geländesprunges abhängen. Beim Vorhandensein von Kohäsion und deren plötzlicher Auslösung können auch flachere Böschungen nicht vor der Bildung von Rutschflächen schützen, sofern sie noch steiler als der Reibungswinkel sind.

Abb. 41. Senkrecht anstehender bindiger Boden.

Als Beispiel hierfür seien einige Zahlenwerte gegeben:

Beim Bau der Ernst-August-Schleuse[1] entstanden Rutschungen bei einem Böschungswinkel zwischen 16 und 26° und bei einer Geländesprunghöhe von 8,4 m. Ebenfalls bei 8 m Höhe entstanden Rutschungen bei Rosengarten bei einem Böschungswinkel von 34°[2]. In Bremerhaven wurden an der Nordschleuse Rutschungen beobachtet bei einem Böschungswinkel von $18^1/_2$° und einer Baugrubentiefe von 8 bis 21 m.

Je geringer die Geländesprunghöhe ist, desto größeren Einfluß übt die Kohäsion aus. Es ist daher gerade für kleinere und mittlere Einschnitte wertvoll, einmal einen ungefähren Überblick über die Größenordnung zu erhalten, innerhalb derer sich bei verschiedenen Bodenarten die Kohäsion bewegen kann. Es wurden beobachtet[3] bei Sand nach Störung des natürlich gewachsenen Zustandes etwa 0,01 kg/cm², bei sandigem Ton 0,15 kg/cm², bei schwerem Ton 0,2 bis 0,5 kg/cm². Die Berechnung der Größe der Kohäsion kann aus der senkrechten Höhe gerade noch freistehender Erdwände erfolgen[4], sobald der Reibungswert bekannt ist. So bleibt beispielsweise bei $\varrho = 20°$ und $k = 0{,}15$ kg/cm² der Boden 4,75 m senkrecht stehen. Bei 6 m würde sich dagegen eine Böschung von rund 70° einstellen, während sich ohne Kohäsion eine Böschung von 20° bilden müßte.

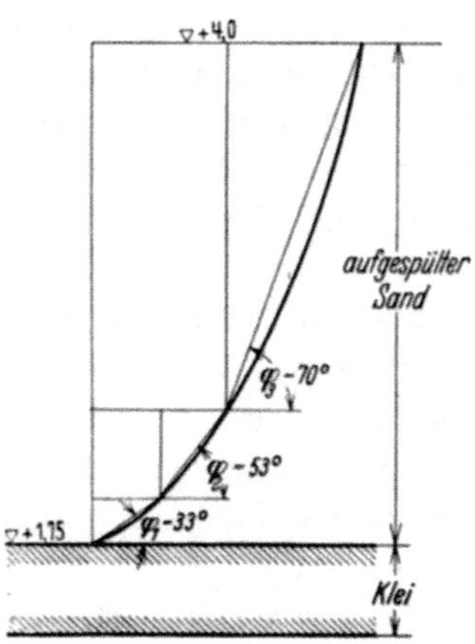

Abb. 42. Querschnitt einer Rutschung im Sandboden.

Bei dem Bodenaushub für die Dockverlängerung in Bremerhaven blieb der Kleiboden in einer Höhe von 6 m senkrecht stehen. Der innere Reibungswinkel betrug für diese anstehenden Bodenschichten $\varrho = 25°$, das Raumgewicht $\gamma = 1{,}6$ (Abb. 41). Die rechnerische Kohäsion ergibt sich daraus zu 0,15 kg/cm².

Beobachtungen über Böschungen, die sich in der Natur gebildet haben, sind in den Abb. 42, 43 dargestellt. Zunächst ergab sich bei aufgespültem Sand-

[1] Bautechn. 1932 S. 136. [2] Bautechn. 1927 S. 223 u. 251.
Bautechn. 1925 S. 120. [4] Nach Fellenius: Erdstatische Berechnungen, S. 41.

boden, der 12 Jahre abgelagert war, die dargestellte Neigung. Unter dem aufgespülten Boden befand sich eine etwa 40 cm starke Kleischicht. Um den Rutschwinkel festzustellen, wurde auf der Oberkante des Geländes die Grasnarbe entfernt und der Fuß der Böschung allmählich abgegraben, bis die Rutschung eintrat. Darauf wurde der abgerutschte Boden sorgfältig entfernt und die Rutschfläche mit ihrer Neigung gemessen. Der Versuch wurde zweimal wiederholt. Es ergaben sich annähernd korbbogenförmige Gleitflächen. Der Böschungswinkel schwankte zwischen 33 und 70° mit einem Mittel bis 61°. Nach Verlauf von 8 Tagen (Abb. 44) hatte sich die Böschung verflacht zu einer mittleren Neigung von 52°. Führt man die Veränderung auf eine Verminderung der Haftfestigkeit des Bodens zurück, die infolge atmosphärischer Einflüsse eingetreten ist, so ergibt sich bei Annahme ebener Gleitflächen $k_e = 0{,}029$ kg/cm², bei kreisförmiger Gleitfläche $k_k = 0{,}008$ kg/cm². Diese Werte stimmen gut mit denen sonst bei Sand gefundenen überein. Man muß dabei aber berücksichtigen, daß sie nur die Abnahme der Kohäsion darstellen. Es ist aber nicht anzunehmen, daß beim aufgespülten Sand an der Oberfläche auf die Dauer eine wesentliche Kohäsion erhalten bleibt.

Abb. 43. Bild einer Rutschung im Sandboden.

Zur Feststellung der Kohäsion ohne Kenntnis der Reibung empfiehlt sich die Abgrabung nach obigem Muster bis zu einer Höhe h_1, Messung der Böschung gleich nach der Abgrabung und in einem Abstand von etwa 8 Tagen oder länger, Vertiefung der Abgrabung bis zur Höhe h_2, Messung der Böschung gleich und nach 8 Tagen, wie vor. Aus diesen Werten läßt sich sowohl der vorhandene Absolutbetrag der Kohäsion wie auch derjenige Teilbetrag ermitteln, der durch die Berührung des Bodens mit der Außenluft vernichtet wird. Man erhält also bei genügend langer Beobachtungszeit eine Größe, die man bei dem betreffenden Boden für die Kohäsion einsetzen kann. Man muß allerdings die Böschung bei kürzeren Zeitabschnitten einer Witterung aussetzen, die reichlich Feuchtigkeit enthält.

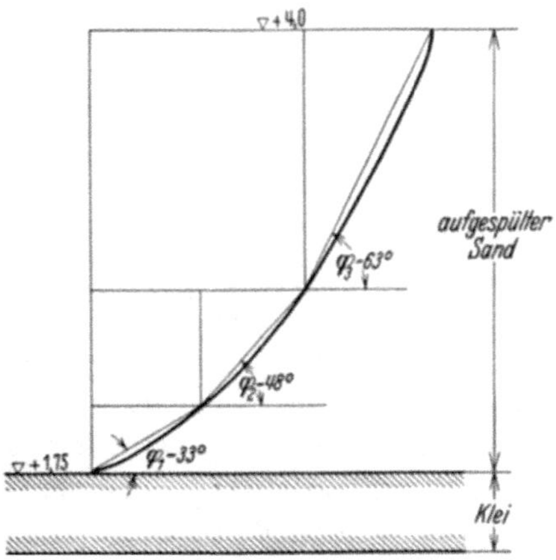

Abb. 44. Querschnitt der Rutschung (Abb. 42) nach 8 Tagen.

Der Vorgang, der sich bei Rutschungen vollzieht, kann auf die Bildung von 2 Arten von Gleitflächen zurückgeführt werden, entweder auf natürliche Gleitflächen, die durch die Schichtung des Bodens entstanden sind, also geologisch bedingt sind, oder Minimalgleitflächen, die bei weniger geschichtetem Boden die geringste Sicherheit in bezug auf das Gleichgewicht aufweisen.

Als rutschgefährlich sind solche Böden zu betrachten, die eine geringe Reibung bei zeitweise beträchtlicher Kohäsion haben, also alle Tone und Letten, die die Bildung von geometrischen Gleitflächen zulassen, und außerdem Böden, die durch ihre Schichtung die Bildung von geologischen Gleitflächen erleichtern.

Als Ursachen für die Entstehung von Rutschungen kommt vor allem die Wirkung von Wasser und Luft in Betracht. Der „natürliche Böschungswinkel" wird durch den Wassergehalt des Bodens insbesondere bei bindigem Boden verändert, da der Kapillardruck, der diejenige Kraft darstellt, welche die Kohäsion

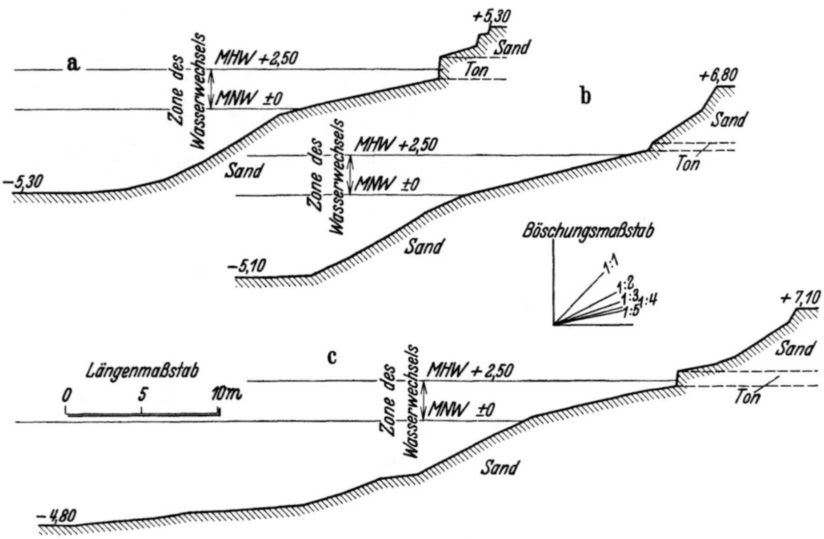

Abb. 45. Verlauf einer Sandböschung unter, über Wasser und im Wasserwechsel.

zum größten Teil erzeugt, durch Veränderung der Wasserverhältnisse herabgesetzt werden kann. Die Böschung kann sich allein hierdurch schon in erheblichen Grenzen ändern.

Bei nichtbindigen Bodenarten wirkt das Wasser dadurch auf den gewachsenen Boden, daß es das Gewicht des Bodens γ und bis zu einem gewissen Grade auch den Reibungswinkel ϱ verändern kann.

Das geht aus Abb. 45 hervor, in der 3 natürliche Böschungen aufgetragen wurden, um das Verhalten des Bodens im Wasserwechsel und unter Wasser beurteilen zu können. Die Abbildungen zeigen mit Deutlichkeit die Abnahme des natürlichen Böschungswinkels innerhalb des Wasserwechsels (i. W.W.) infolge dynamischer Wirkungen, z. B. Sog, im Gegensatz zu den Strecken unter Wasser (u. W.) und über Wasser (ü. W.).

Prof. Abb.	tg ϱ i. W.W.	tg ϱ u. W.	ϱ i. W.W.	ϱ u. W.	Neigung u. W.	i. W.W.
45a	0,202	0,539	$11^1/_2°$	$28^1/_2°$	1 : 1,85	1 : 5
45b	0,228	0,500	13°	$26^1/_2°$	1 : 2	1 : 4,3
45c	0,205	0,494	$11^1/_2°$	$26^1/_2°$	1 : 2	1 : 5

Für die Zwecke der Praxis tritt die Frage auf, wieweit man bei Einfluß des Wassers mit einer Kohäsion im Boden rechnen kann. Bei Berücksichtigung des Oberflächenwassers, um das es sich in den meisten Fällen handeln wird, kommt es darauf an, wie weit dieses Oberflächenwasser in den Boden eindringen kann und dessen Gefüge verändert. Bindiger Boden wird nur bis zu einer bestimmten Tiefe von freiem Wasser angegriffen, der darunterliegende Boden bleibt unverändert, vorausgesetzt, daß sein Gefüge einheitlich dicht ist. Ehemalige Baugruben, in denen der Boden bis zu 10 m ausgehoben war, hatten rund 12 Jahre (rund 7,5 m hoch) unter Wasser gestanden. Als die Baugruben dann leergepumpt waren, zeigte es sich, daß der Klei an diesen Stellen etwa 0,5 bis 0,75 m tief vom Wasser angegriffen war, darunter lag der Boden in natürlicher Beschaffenheit (Abb. 46). Es handelte sich hier um mittelweichen, sandigen Klei mit $\varrho = 24$ bis $26°$ und $\gamma = 1{,}5$ bis $1{,}7$. Die Schlämmanalyse ergab i. M.

Abb. 46. Trockengelegte Baugrube im bindigen Boden.

einen Sandgehalt von 3 bis 4% bei 1,0 bis 0,2 mm Korndurchmesser, feinhaltige Teile 0,1 bis 0,05 mm $\cong$ 20%, 0,05 bis 0,01 mm $\cong$ 32%, $<$0,01 mm $\cong$ 44%. Durchlässigkeitsziffer $k = 0{,}02$ bis $0{,}038$.

Wie wenig der Zustand von manchen bindigen Böden durch Wasserzusatz auch unter Druck wirksam verändert werden kann, zeigt ein in Schweden beobachtetes Beispiel[1], wo fester Ton, der seit vorgeschichtlicher Zeit 8 m unter dem Wasserspiegel eines Sees liegt, seine Dichtigkeit vollkommen bewahrt hat.

Man kann daher damit rechnen, daß von einer gewissen Tiefe ab die Kohäsion wenigstens bei dauernd feuchtgehaltenem Boden weitgehend erhalten bleiben wird. Sonst kann das Wasser z. B. durch Trockenrisse infolge starken Schrumpfens tiefer in den Boden eindringen.

Während in der anhaltend trockenen Jahreszeit sich an der Oberfläche einer Baugrube Trockenrisse von 20 bis 30 cm Tiefe beim Klei (Abb. 47a) zeigten, weichte der Boden infolge lang anhaltender Regengüsse und der aufgetretenen Trockenrisse etwa 20 bis 30 cm auf (Abb. 47b). Das Eindringen von Oberflächenwasser kann Rutschflächen schaffen, da in den Rissen der volle Wasserdruck wirkt.

[1] Bautechn. 1928 S. 312.

An den Böschungen der gleichen Baugrube zeigte sich an den Stellen, wo das Wasser im rückwärtigen Gelände nicht sofort durch Gräben und Dränagen einwandfrei abgeführt wurde, die Neigung des Bodens zu Rutschungen (Abb. 48).

Ob das Oberflächenwasser von Regengüssen herrührt oder als ständiger Spiegel über dem Boden ansteht, ist deswegen für die Bildung von Rutschungen von Bedeutung, weil im letzteren Fall die Bildung von Trockenrissen nicht vor sich gehen kann.

Die zusätzliche Anfeuchtung durch Regen (das Eindringen von Regen in Trockenrisse) beeinflußt die Lage einer Böschung infolge des schnellen und wiederholten Wechsels von Trocken zu Naß besonders ungünstig. Der Wassergehalt wird rasch erhöht, und die festen Bestandteile des Bodens werden aus-

Abb. 47. Bindiger Boden a) in trockenem, b) in nassem Zustand.

einandergetrieben. Es ist eine häufig beobachtete Tatsache, daß Rutschungen meist in der feuchten Jahreszeit eintreten, und zwar nach Regengüssen, auch dann, wenn der Einschnitt oder Damm bereits seit langer Zeit hergestellt ist und bisher keine Bewegungen gezeigt hat.

Abgesehen von der Veränderung der Bodenkonstanten kann sich das Wasser auch bei Freilegung von witterungsempfindlichen Bodenarten und Verwitterung derselben an der Oberfläche auswirken, und schließlich können durch das Eindringen von Wasser innerhalb der geologischen Schichtung Rutschflächen ausgelöst werden (z. B. verstärkter Auftrieb, Auslösen der Kohäsion).

Für das Grundwasser gilt, daß, je höher die beobachtete Stelle des bindigen Bodens über dem Grundwasserstand liegt, desto günstiger der Scherwiderstand ist. Die Gefahr des Rutschens nimmt also mit der Nähe des Grundwassers zu. Günstig wirkt wegen der Herabsetzung des Wassergehaltes und der Erhöhung des Scherwiderstandes bei gleichbleibendem Druck die Verdunstung des Porenwassers, jedenfalls soweit die Schwindgrenze des Bodens nicht erreicht wird.

Der bindige Boden reagiert durch Schwellen oder Einschrumpfen auf die Wasserzuführung oder Wasserentziehung. Gerade Veränderungen in der Wasserzuführung und Wasserentziehung treten aber bei den Bauarbeiten ziemlich häufig auf. Erwähnt sei die Wasserentziehung bei der Grundwasserabsenkung, deren Größe bei bindigem Boden aber nicht überschätzt werden darf. Ebenso langsam wie z. B. der Kleiboden Wasser aufnimmt, gibt er das Wasser ab. Der Einfluß einer Grundwasserabsenkung auf die Standsicherheit von Böschungen ist durchweg günstig, soweit nicht zu starke Strömungen entstehen, die Umsetzungen im Boden hervorrufen. In geringerem Maße gilt das auch für die anderen Arten der Wasserhaltung.

Abb. 48. Rutschung an einer bindigen Böschung nach dem Auspumpen.

Besonders gefährlich gestalten sich die Verhältnisse, wenn das im Boden befindliche Wasser friert und dadurch eine Sprengwirkung an der Oberfläche auslöst, die die weitere Verwitterung des Bodens begünstigt.

Die Entstehung von Rutschungen wird durch Erschütterungen des bindigen Bodens erleichtert. Bei nichtbindigem Boden tritt durch das Einrütteln eine Verfestigung des Bodens ein. Die Ursachen für Erschütterungen des Bodens beim Bau sind in erster Linie Rammen und Förderbahnen.

Bei der auf S. 72 erwähnten Rutschung an der Nordschleuse ist genau so wie an den gemessenen Steinen der übrigen Böschungen (vgl. Abschnitt III, 1) ein senkrechtes und waagerechtes Wandern mit Rißbildungen eingetreten, die besonders durch die Erschütterungen des Wagenverkehrs beim Räumen des Schuppens und der Rammung am Fuß der Böschung begünstigt wurden. Auf der an dieser Stelle vorhandenen Moorschicht von 0,5 bis 2 m Mächtigkeit mit ihrer geringen Schubfestigkeit sind rund 20000 m³ Boden abgerutscht.

Die späterhin auf Grund der Messungen festgestellten Gleitflächen bestätigen das Bild einer Rutschung des darüberliegenden Bodens auf der Moorschicht. Kennzeichnend ist die fast ungestörte Oberfläche der Böschung, das Auftreten der starken Scherrisse an den beiden Seiten des Rutschkörpers, das Vorwölben am Kopf desselben und das Drehen des abrutschenden Bodens um eine Achse in Höhe des Feldbahngleises, das annähernd liegengeblieben ist (vgl. Abb. 49).

Abb. 49 a.

Abb. 49 b.

Die Standsicherheit von Böschungen kann jedoch auch durch ruhende Auflast ungünstig beeinflußt werden. Bindiger Boden gibt unter dem Druck von Auflast Wasser ab. Dadurch tritt eine Veränderung der Bodenkonstanten ein, und das ausfließende Wasser kann zur Bildung von Rutschflächen Anlaß geben

Abb. 49 c.

(Schmierung des Bodens durch Wasser). In der Baupraxis können die geschilderten Zustände z. B. bei einer Lagerung von Baustoffen und Aushubmassen oberhalb von Böschungen eintreten.

Überblickt man die geschilderten Ursachen für die Entstehung von Rutschungen bei Einschnitten im bindigen Boden, so sind mit Sand durchsetzte Tone, an die das Wasser leicht herantreten kann, besonders gefährdet. Bei Entlastung infolge Herstellung des Einschnittes zieht der Ton dann aus seiner Umgebung Wasser an. Vorherige Spalten- und Rißbildungen sind zur Aufnahme von Wasser und zur Bildung einer Rutschung nicht unbedingt nötig,

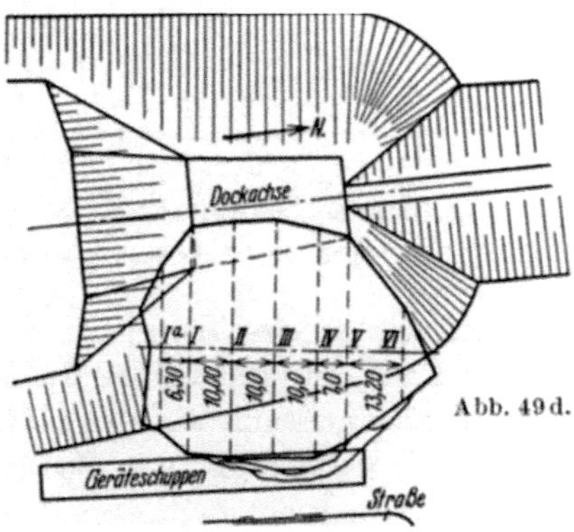

Abb. 49 d.

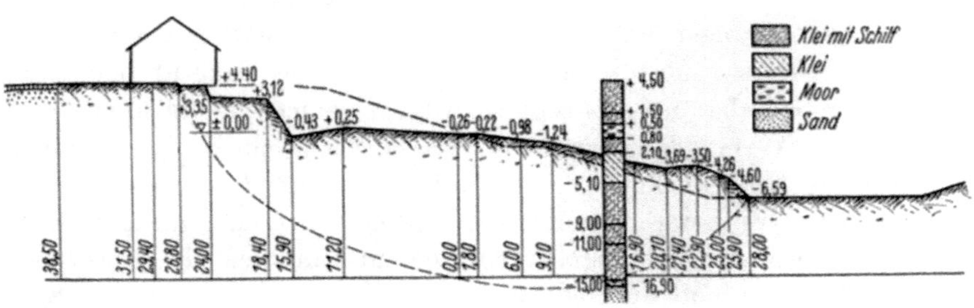

Abb. 49 e.

Abb. 49 a—e. Rutschung von rund 20000 m³ bindigen Bodens a) Gesamtansicht, b) Kopf der Rutschung mit dem vorgewölbten Boden, c) obere Rutschflächen, d) Lageplan der Rutschung, e) Querschnitt der Rutschung mit eingezeichneter wahrscheinlicher Gleitfuge.

sondern es genügt durchaus das Entstehen von Gleitflächen infolge anderweitigen Nachlassens der Scherkräfte und Erhöhung des Wasserdruckes.

Die Maßnahmen zur Verhinderung von Rutschungen in Einschnitten in bindigem Boden sind folgende[1]:

1. Abflachen der Böschungen, Herstellung von Bermen und breiten Vorländern.

2. Abdeckung der Böschungen mit einer wasserabweisenden bzw. wasserabführenden Schicht (Sand, Rasen oder künstliche Baustoffe) zur Fernhaltung des Oberflächenwassers und zum Schutz der Tone gegen die Witterung.

3. Abführung des Wassers durch Randgräben oberhalb der Böschungen und am Böschungsfuß, Tiefenentwässerungen bei Eisenbahnanlagen, Dränung der

Abb. 50. Bodenaushub an 4—5 m hoher bindiger Böschung unter 60°.

Böschungen, Sickerschlitze, die eine Austrocknung des Bodens und eine Belüftung durch die stützenden Füllkörper bezwecken.

4. Vorübergehend künstliche Befestigung ganzer Böschungsflächen bei schalenartigem Ablösen des Bodens durch Faschinenverbau oder Ersatz von durch Rutschung entstandenen Mulden durch Faschinen. (Sie bezwecken gleichzeitig eine Entwässerung und Abstützung der Böschung.)

Bei Anwendung dieser Gegenmaßnahmen ist die Bedeutung des Einschnittes im Auge zu behalten. Man wird z. B. bei geböschten Baugrubeneinschnitten unter Umständen lieber eine Rutschung in Kauf nehmen, als allzu große Geldmittel für deren Verhinderung ansetzen. Da es sich ja nur um vorübergehende Geländesprünge handelt, kann die Sicherheit bedeutend geringer genommen werden als bei ständigen Einschnitten. Allerdings darf man nicht außer acht lassen, daß infolge der wechselnden Kräfte und Einflüsse die Belastung von Baugrubenböschungen oft eine besonders hohe ist.

So ist beim Bodenaushub von Kleiboden des öfteren an einer 4 bis 5 m hohen Böschung unter 60° gearbeitet worden, ohne daß der Boden nachgegeben hätte,

[1] Vgl. Bautechn. 1935 S. 81.

obwohl durch das Arbeiten des Greifers und der an- und abfahrenden Züge erhebliche Erschütterungen auftraten. Infolge des raschen Baufortschrittes haben sich diese nie auswirken können (Abb. 50).

Bei ständigen Einschnitten wird man bedeutend weitgehendere Vorsichtsmaßnahmen treffen, aber auch hier muß man es zuweilen auf Rutschung ankommen lassen, um nicht von vornherein ein zu großes Kapital aufwenden zu müssen. Die Beispiele des Panama-Kanals und des Welland-Kanals zeigen, daß man sich bei der Voraussage der Wahrscheinlichkeit von Rutschungen erheblich täuschen kann.

b) Aufträge — Dammrutschungen.

α) Dämme ohne Wasserdruck.

Eisenbahn- und Straßendämme sind selten der Gefahr ausgesetzt, Wasserdruck zu erhalten. In den weitaus meisten Fällen werden sie aus nichtbindigen Boden hergestellt. Bei der Betrachtung von Auftragsböschungen sind folgende Vorgänge zu unterscheiden:

Setzungen des Auftragskörpers,
Setzungen des Untergrundes unter dem Auftragskörper,
Rutschungen des Auftragskörpers,
Rutschungen des Untergrundes.

Die Setzungen von geschütteten Dammkörpern sind erfahrungsmäßig ziemlich genau bekannt. Sie lassen sich neuerdings auch theoretisch annähernd bestimmen.

Praktische Maßnahmen zur Verminderung von nachträglichen Dammsetzungen in nichtbindigem Boden sind alle diejenigen Einflüsse, die im vorigen Abschnitt als Ursache für die Rutschungen in bindigem Boden angegeben worden sind: Künstliches Durchfeuchten des Bodens beim oder nach dem Einbringen, Einrütteln, und von geringerer Wirkung Walzen und Einstampfen. Das Sackmaß je Einheit steigt bei Erschütterungen mit dem Porengehalt des Bodens, so daß sich die meisten Maßnahmen darauf erstrecken, diesen Porengehalt zu vermindern. Ferner wird man sich durch Überhöhung des Dammes gegen das Sacken und durch Bodenverdichtung u. a. m. gegen die Wirkungen des Einsinkens im Untergrund schützen.

Rutschungen von Dämmen können bei Verwendung von bindigem Boden durch dieselben Ursachen hervorgerufen werden, welche bereits bei den Einschnitten erwähnt worden sind, nur daß die Kohäsion eine geringere Rolle spielt, da durch den Schüttvorgang der Boden stark durchlüftet wird.

Die Böschung von aufgeschüttetem Boden ist bekanntlich flacher als bei Einschnitten, das Porenvolumen größer und das Raumgewicht kleiner als bei gewachsenem Boden. Daraus läßt sich leicht die Änderung ableiten, die gegenüber der Wirkung der erwähnten Einflüsse auf Einschnitte vorhanden ist.

Als Ursachen der Zerstörung des eigentlichen Dammkörpers kommen zunächst Erschütterungen in Frage. Ferner können Schäden im Dammquerschnitt bei vorwiegend bindigem Boden durch Veränderungen des Schüttbodens und durch Hohlräume, die von grabenden Tieren hervorgerufen werden, auftreten. Man versucht, Rutschungen im Dammkörper durch geeignete Behandlung bei der Herstellung auszuschalten. Die Maßnahmen kommen ebenfalls, wie bei den

Sackungen gezeigt wurde, auf eine Verdichtung durch Rammen (Erschütterungen) und bei nichtbindigen Böden auf ein sorgfältiges Einschlämmen heraus. Dabei muß der günstigste Wassergehalt für die dichteste Schüttung in jedem Falle festgestellt werden. Bei Dämmen mit bindigem Boden wird man gegebenenfalls mehrere Sand- und Kiesschichten einschalten, um die Wasserabgabe zu erleichtern. Grundsätzlich sind Wassersäcke zu vermeiden.

Von der Standfestigkeit des eigentlichen Dammkörpers ist die Standsicherheit des durch den Damm belasteten Untergrundes zu unterscheiden. Im Damm und im Untergrund können sich gekrümmte Gleitflächen bilden. Der Boden ist dann nicht imstande, die einseitige Auflast, die er durch die Schüttung erhalten hat, ohne größere bleibende Formänderung zu ertragen. Die mit der

Abb. 51. Seitlich ausgewichener Boden bei einer Dammschüttung.

Bildung solcher Gleitflächen verbundene Rutschung des Dammkörpers ist daher eine Folge der Überlastung des Untergrundes. Rutschungen sowohl im Dammkörper selbst als auch im Untergrund können oft durch Herabsetzen der Böschungsneigungen verhindert werden. Findet die Bildung einer Gleitfläche lediglich im Untergrund allein statt, so tritt ein Versacken des Dammkörpers ein.

Um Veränderungen der Auftragsböschungen durch Unzuverlässigkeit des Untergrundes zu vermindern, müssen die Schichten des Untergrundes insbesondere im Hinblick auf ihre Zusammendrückbarkeit und die Ausquetschgefahr unter Schüttungen betrachtet werden. Größere Zusammendrückungen sind z. B. zu erwarten bei weichem Ton, nassem Lehm, Moor und Schlamm (vgl. Abb. 51). Die Zusammendrückung ist nachteiliger, wenn sie sich im Verhältnis zur Bauzeit langsam vollzieht, da sie dann ständige Nacharbeit verlangt. Nötigenfalls sind Dämme auf nachgiebigem Grund rechtzeitig zu schütten. Die Verdichtung des Untergrundes kann durch Grundwasserabsenkung beschleunigt werden. Zu beachten ist immer die Lage des Grundwassers und, was hier allerdings selten vorkommt, die Möglichkeit der Bildung geologischer Gleitflächen im Untergrund[1].

[1] Bautechn. 1934 S. 470 u. 557.

Als Ursachen für Dammrutschungen wurden bisher festgestellt:

Zunahme des Gewichtes und Abnahme der Kohäsion durch Eindringen von Wasser in die Dammschüttung und in die Erdschichten, geringe vorhandene Reibung, und sehr häufig: plötzlicher Wechsel des inneren Wasserdrucks, Nachgeben des Untergrundes durch Herausquellen.

Gegenmaßnahmen für letzteres sind die Beseitigung der oberen Schichten des durchgeweichten Untergrundes und Einbau von Faschinenmatten, wenn sie dauernd im Grundwasser liegen können. Letztere führen eine bessere Druckverteilung auf den Untergrund herbei, trotzdem sollte man mit der Verwendung von Faschinenmatten vorsichtig sein.

Wie erheblich bindiger Untergrund unter Abgabe von Wasser zusammengedrückt werden kann, zeigt die Abb. 52. Hier ist auf eine i.M. 10 bis 12 m

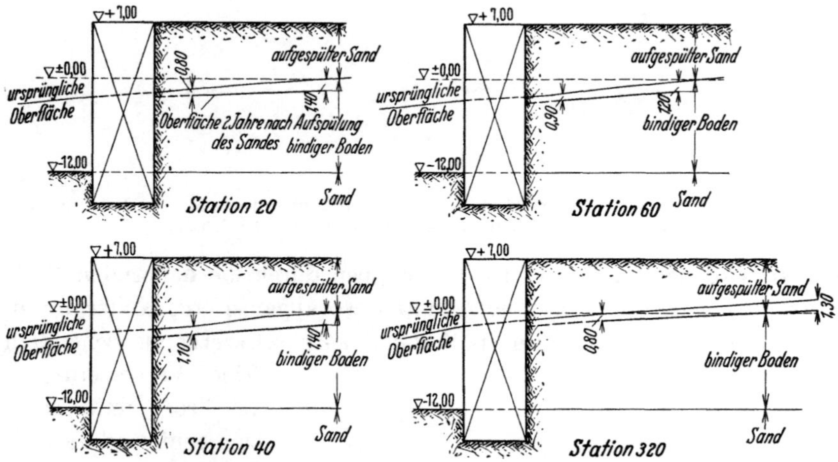

Abb. 52. Setzung einer bindigen Bodenschicht unter einer Sandauflast von 8—10 m Höhe im Verlauf von 2 Jahren.

starke bindige Bodenschicht (Klei mit $\varrho = 20$ bis $26°$ und $\gamma = 1{,}5$ bis 1,7, Wassergehalt 34 bis 60%) eine 8 bis 10 m starke Sandschicht aufgebracht worden, die im Verlauf von etwa 2 Jahren die untere bindige Bodenschicht um 0,90 bis 1,40 m zusammendrückte.

Ähnliche Beobachtungen wurden bei Schuppenbauten gemacht, wo der Schuppenboden ohne besondere Gründung unter Zwischenschaltung einer geringen Sandüberdeckung auf den Kleiboden aufgelegt wurde. Hier ergaben sich im Laufe der Zeit folgende Sackungen (vgl. Abb. 53): nach den ersten 5 Jahren 0,50 m, nach weiteren 20 Jahren weitere 0,55 m.

Zu den Dammschüttungen gehören ferner ihrem Verhalten nach die unregelmäßigen Schüttungen auf den Kippen. Sie enthalten trockenen oder feuchten Boden. Bei bindigem Boden, der zudem noch in feuchtem Zustande aufgebracht wird, ist die Anlage von Kippen erschwert. Der Boden gibt sein Wasser langsam ab, bietet infolge seines flüssigen Zustandes und seiner oberen Durchknetung eine schlechte Bettung für die Kippgleise und infolge seiner schwachen Böschungen eine ungünstige Möglichkeit, den Boden auszukippen. Auf das Fließen des Bodens ist kein fester Verlaß, so daß seine Verteilung durch Erdpflüge vorgenommen werden muß. Der voraussichtliche Feuchtigkeitsgehalt, in dem ein

Boden auf die Kippe gebracht wird, ist daher vorher für die verschiedenen Witterungsverhältnisse festzustellen. Wird aus dem Wasser gebaggert, so hängt der Zustand des Baggergutes nicht nur von der Beschaffenheit des Bodens, sondern auch von der Art der Lösegeräte ab[1].

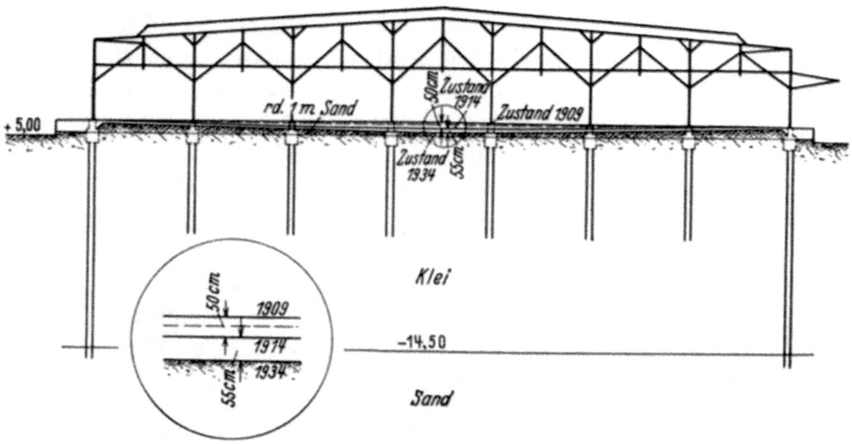

Abb. 53. Setzung einer bindigen Bodenschicht unter einer Sandauflast von rund 1 m Höhe und unter der Belastung des Schuppenbodens im Verlauf von 25 Jahren.

Ferner wird der bindige Boden auf Kippen durch die dauernden Verkehrserschütterungen in einem Zustand gehalten, wo allgemein die Kohäsion zu Null wird, so daß Boden mit geringer Reibung sehr schwierig zu behandeln ist. Eine Verbesserung kann bei Frost eintreten, wenn eine genügend dicke Decke auf den Boden friert, die durch die Verkehrserschütterungen nicht zerstört wird.

Abb. 54. Rutschung an einer Kleikippe von 6 m Höhe.

Diese Erfahrung wurde auch mit sehr umfangreichen Kippen von alluvialem Tonboden gemacht, wo bei feuchter Witterung die Kippen nur schwer zu halten waren und des öfteren Rutschungen eintraten (Abb. 54). Im Winter bei starkem Frost, nachdem etwa die oberen 20 cm gefroren waren, wickelte sich der Verkehr auf den Kippen fast immer reibungslos ab.

Nichtbindigem Boden bereitet dem leistungsfähigen Betrieb von Kippen keine besonderen Schwierigkeiten.

Bei der Anlage von Spülfeldern spielt lediglich die Zähigkeit, mit der der Boden das Wasser festhält, eine Rolle. Reibung und Kohäsion werden durch

[1] Über Aufnahmefähigkeit von Kippen s. Bautechn. 1935 S. 62.

den starken Wasserzusatz sehr gering. Sandboden ist für den Spülbetrieb geeigneter als bindiger Boden, der nur langsam das Wasser abgibt. Auf ein sorgfältiges Ableiten des Spülwassers ist zu achten, da sonst die Spüldeiche unnötig gefährdet werden.

β) Dämme mit zeitweisem Wasserdruck (Deiche).

Aus Rutschungen von Eisenbahn- und Straßendämmen ist zu ersehen, daß die Hauptursache das Eindringen von Wasser in den Dammkörper oder den Untergrund ist. Hierbei kann es sich im allgemeinen nur um Oberflächenwasser und Steigen des Grundwassers handeln. In stärkerem Maße sind den Gefahren der Rutschung solche Dämme ausgesetzt, die einen ständigen Wasserdruck auszuhalten haben oder zeitweise dem Wasser Widerstand zu leisten haben.

Bei Deichen tritt eine wechselnde Belastung durch Wasserdruck auf, die nicht nur aus statischen Gründen, sondern wegen der Rückwirkungen auf die mechanische Festigkeit des Erdkörpers besondere Vorkehrungen erfordert.

So sind z. B. bei Deichen, die aus bindigem Boden auf bindige Schichten geschüttet bzw. mit einem Sandkern eingespült wurden, Rutschungen erheblichen Ausmaßes eingetreten, obwohl der Fuß durch breite Faschinenmatten gesichert war. Hier war die Ursache der noch verhältnismäßig junge Kleiboden des Untergrundes mit sehr hohem Wassergehalt.

Obwohl an und für sich bindiger Boden für Deichschüttungen bei sorgfältigem Einbau wegen seiner Wasserundurchlässigkeit besonders geeignet ist, sind in neuerer Zeit auch häufig Seedeiche mit eingespültem Sandkern mit Erfolg angewandt worden.

Das Sackmaß von aufgeschüttetem bindigem Boden wurde für Klei mit 7 bis 12% festgestellt, während die Sackung eines Kleideiches in sich selbst und infolge Zusammendrückung des bindigen Untergrundes innerhalb eines Zeitraumes wie folgt festgestellt wurde (vgl. Abb. 55):

a

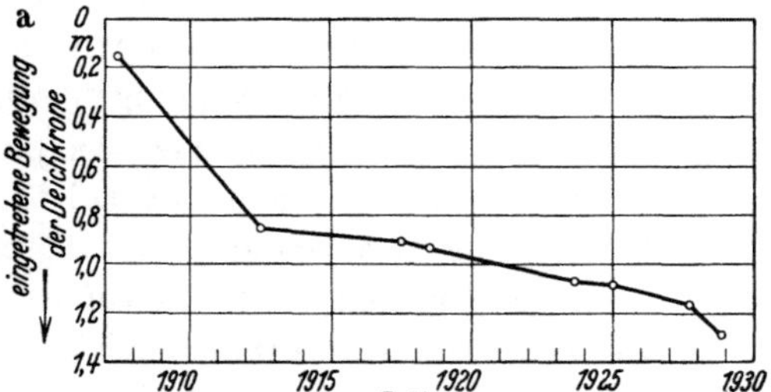

b

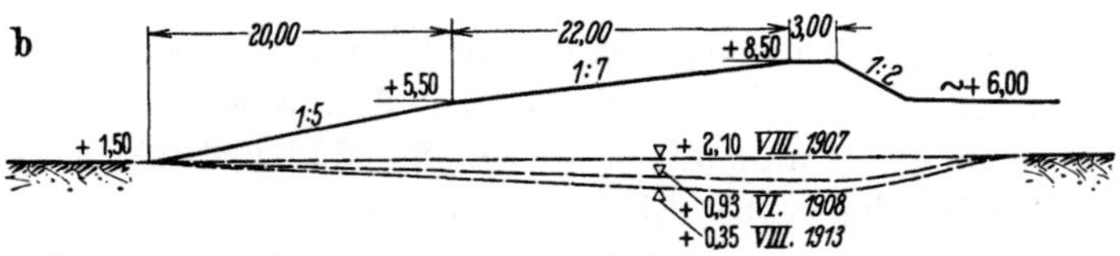

Abb. 55. Setzung eines Kleideiches. a) an der Deichkrone, b) an der Grundplatte gemessen.

Die Deichkrone eines Seedeiches wurde auf +8,50 m geschüttet und machte im Verlauf von 21 Jahren eine Bewegung von insgesamt 1,31 m durch. Eine auf der Sohle desselben Seedeiches fast an der gleichen Stelle eingebaute Grundplatte versackte im Verlauf von 1907 bis 1913 um 1,75 m. Sie wurde vor der Deichschüttung im August 1907 eingebaut und nach Fertigstellung und Inbetriebnahme des Deiches im Juni 1908 wiederum gemessen. Die dabei festgestellte Setzung von 1,17 m ist auf die Zusammendrückung des Untergrundes allein zurückzuführen. Während in den folgenden Jahren bis August 1913 die Grundplatte eine Bewegung von 0,58 m durchmachte (Abb. 55b), ergab die

Deichkronenmessung (Abb. 55a) von Juni 1908 bis Juni 1913 (also nur 2 Monate weniger, die bei dem langen Zeitraum kaum ins Gewicht fallen) ein Maß von 0,71 m. Demnach ist in dieser Zeit der Deichkörper selbst um das Maß von 0,13 m zusammengesackt. Dieses Maß ist sehr gering.

Auch heute noch müssen diese Deiche sämtlich von Zeit zu Zeit wieder erhöht werden, da die Setzungserscheinungen infolge des durchschnittlich 15 bis 20 m starken bindigen Untergrundes nicht aufhören.

Auf eine restlose Wasserdichtigkeit braucht bei Seedeichen und vielen Flußdeichen keine Rücksicht genommen zu werden, da die Benetzung durch Wasser nur eine zeitweilige ist und das durchdringende Wasser durch hinter dem Deich gelegene Gräben abgeführt werden kann. Es ist nur die Forderung zu stellen, daß die Sickerlinie innerhalb des Dammkörpers verläuft, damit nicht das offen austretende Wasser Bodenteilchen aus dem Deichkörper auswäscht und davonspült.

Der Verlauf der Sickerlinie hängt vom Baustoff des Dammes ab. Die Berechnung der Sickerlinie beruht noch auf vielen vereinfachenden Annahmen, so daß sie nur einen ersten Anhalt bieten kann. Demgegenüber sind die Beobachtungen in der Natur und die versuchsmäßig festgestellten Sickerlinien von Interesse. Es sei hier erwähnt, daß folgende Neigung der Sickerlinie allein versuchsmäßig festgestellt wurde:

bindiger Boden	1 : 6,5	bis	1 : 7,7
nichtbindiger Boden . . .	1 : 8,5	„	1 : 10,6

Jedoch haben in der Natur die Sickerlinien nicht etwa eine gleichmäßige Gestalt, sondern verlaufen auch bei gleichartigem Gelände schon häufig in gebrochener Gestalt[1]. Die berechneten Neigungen schließen sich an den Wasserspiegel des Vorfluters an, der höher liegende Wasserspiegel fällt gleich zu Beginn der Schüttung ziemlich steil auf die schwach geneigte Sickerlinie, die sich an den Wasserspiegel des Verfluters anschließt, ab. Dieser Abfall wird nach den Beobachtungen schon von feinem Sand hervorgerufen, so daß also hier bereits eine gewisse Dichtung des Dammes vorhanden ist.

Bei der Berechnung der Rutschgefahr von Dämmen mit Sickerlinien ist der Wasserdruck entsprechend zu berücksichtigen[2].

Eine besondere Ausführung zeitweilig unter Wasser stehender Dämme stellen die filtrierenden Steindämme in Rußland dar, die aus einem undurchlässigen und einem durchlässigen Dammteil bestehen. Sie sind Ersatz für Hochwasserüberfälle und für Durchlässe bei Eisenbahndämmen[3].

γ) Dämme mit dauerndem Wasserdruck.

Sie werden ständig, entweder durch einheitliche Herstellung aus schwer wasserdurchlässigen, oder durch Einbau von elastischen Baustoffen (Ton), oder festen Dichtungsstoffen (Spundwände, Eisenbetonkerne) gedichtet. Bei der Herstellung aus wasserdichten Stoffen soll der Baustoff nur so viel bindigen Boden enthalten, wie zur Dichtung unbedingt notwendig ist. Zu großer Gehalt an bindigem Boden führt leicht zu Schwindrissen oder Rutschungen, wenn nicht für eine einwand-

---

[1] Bericht 3 vom 15. Internationalen Schiffahrtskongreß.
[2] Krey: S. 222. [3] Bauing. 1934 S. 513.

freie Abführung des Oberflächenwassers Sorge getragen wird. Vielfach werden daher an Stelle einheitlicher Dammkörper solche mit besonderen Dichtungsteilen gebaut. Der Damm zerfällt dann in einen Dichtungs- und Stützkörper.

Die Berechnung der Standsicherheit der Böschungen erfolgt nach dem Gleitkreisverfahren. Die Schüttung des eigentlichen Dammkörpers erfolgt aus Sand- und Kiesboden, wobei die gröberen Schichten an dem luftseitigen Dammfuß verteilt werden. Zur Vermeidung ungleichmäßiger Setzungen der Dammteile ist ein sorgfältiges Einbringen, Stampfen, Walzen usw. erforderlich. Ferner muß auch die Wirkung der verschiedenen Elastizität der verwendeten Bau- und Bodenstoffe berücksichtigt werden.

Die Dichtung geschieht bei Staudämmen entweder außen durch die Schürzendichtung oder als Kerndichtung (Ton, Eisenbeton oder Spundwand). Die Dichtung gegen Unterläufigkeit wird durch Einbringung des entsprechenden Dichtungsteils in den Untergrund gewährleistet.

Die Kanaldämme unterscheiden sich kaum von den Staudämmen. Die Ausführung beider ist sehr ähnlich, nur beschränkt sich der Wasserdruck hier auf eine Höhe von etwa 3,50 bis 5,00 m, während bei Staudämmen die Höhe sehr groß ist. Als Dichtung kommt im allgemeinen nur die Schürze in Betracht, da sie eine Fortführung unter dem Kanalprofil ermöglicht. Liegt die Sohle im gewachsenen Boden, so unterscheiden sich die beiden seitlichen Kanaldämme nicht von Staudämmen, sie können auch durch Spundwände oder Betonkern gedichtet werden. Ist der gewachsene Boden nicht bindig, so ist eine Dichtungsschicht aufzutragen. Bei höheren Dämmen entsteht ein einheitlicher Erdkörper, der nur im oberen Teil Wasserdruck auszuhalten hat.

Bei der Schüttung von Dämmen aus wasserdurchlässigem Baustoff soll nach der Regel verfahren werden, daß die Drucklinie des Sickerwassers sich desto mehr senkt, je undurchlässiger die nach dem Abfluß zu gelegenen Baustoffe sind. Ein Schnitt der Sickerlinie mit der Böschung ist nur bei geeignetem Material zulässig, das nicht fortgerissen wird.

Zwischen Schiffahrtskanaldämmen und Kraftwasserkanaldämmen besteht insofern ein Unterschied, als die Schiffahrtskanaldämme wegen des stehenden Wassers sich nicht selbst dichten, während bei Kraftwasserkanaldämmen durch das Fließen des Wassers genügend dichtende Sickerstoffe herbeigeführt werden können, um später eine Selbstdichtung zu erzielen. Eine nachträgliche Dichtung der Schiffahrtskanaldämme kann vorgenommen werden durch künstliche Verschlammung, Spundwände, Eisenbetonplatten und Verbreiterung des Dammes. Der Bodendruck und die Lage der Sickerlinien werden je nach der Durchführung der Dichtung verschieden ausfallen.

Beim Verlauf des Wasserspiegels im Damm bestehen wesentliche Unterschiede zwischen einer Außendichtung (Ottmachau, Turawa, Sersno) und Innendichtung (Sorpe, Söse). Durch eine Tonschale wird ein starkes Abfallen des Grundwasserspiegels gegenüber dem Außenwasserspiegel (Sprung in der Sickerlinie) erzielt.

Die Abführung der Sickerwassermengen erfolgt durch den luftseitigen Graben, durch Sickerschlitze oder durch Querdränung.

Dammbrüche größeren Ausmaßes sind hauptsächlich in Amerika eingetreten und im Bericht 4 des 15. Internationalen Schiffahrtskongresses beschrieben. Als Ursache sind u. a. zu nennen:

Rutschungen, Auskolkung, Bodenentnahme in der Nähe des Dammfußes und Senkungen des Dammkörpers.

Wegen der näheren Einzelheiten sei auf die erwähnte Quelle verwiesen.

3. Das einfache Spundwandbauwerk.

a) Die statische Behandlung.

Jede statische Untersuchung sollte, wenn irgend möglich, rechnerisch in Tabellenform durchgeführt werden. Nachteile der zeichnerischen Ermittlung sind: Ungenauigkeit durch Unsicherheiten beim Handhaben des Zeichengerätes, Unmöglichkeit der Prüfung ohne völlige Wiederholung der Untersuchung. Wenn bei der Spundwand für den eingespannten Fall das zeichnerische Verfahren zur Anwendung gelangt, so liegt das daran, daß wir ein gleichwertiges rechnerisches Verfahren noch nicht besitzen. Wohl können wir aber das zeichnerische Ergebnis rechnerisch überprüfen.

Folgende Größen sind zu ermitteln:

Rammtiefe,
größtes Biegungsmoment,
Auflagerkraft,
Durchbiegung.

Welche Faktoren werden bei der bisherigen Form der statischen Berechnung von Spundwänden nicht erfaßt?

1. Abhängigkeit des Erddruckes und Erdwiderstandes von der Ausbildung der tatsächlichen Gleitflächen. Bei der Ermittlung der Spundwandgrößen bedient man sich der klassischen Erddrucktheorie. Zu wenig beachtet hat man bislang, daß u. a. für ihre vorbehaltlose Anwendung auch die ungestörte Ausbildung der der Berechnung zugrunde gelegten Gleitflächen notwendig ist.

Nur bei der unverankerten oder nach der freien Seite hin abgestützten Spundwand kann sich die Gleitfläche ungestört ausbilden, und damit kann auch nur hier mit dem normalen Erddruck gerechnet werden.

Bei der einfach verankerten Spundwand mit Ankerwand oder Ankerplatte wird die normale Gleitfläche durch die Ankerlage gestört sein. Wir wissen, daß der über den Ankern liegende Boden mehr oder weniger infolge seiner Verspannung auf ihnen ruht, wenn die Ankerabstände nicht zu weit sind.

Tritt also eine Verspannung des Bodens über den Ankern ein, so wird auch die Gleitfläche dadurch beeinflußt und ist im Grenzfall in Höhe der Ankergurtung neu ansetzen. Demzufolge wird der Erddruck eine Entlastung erfahren.

Tritt an Stelle der Anker und Ankerwandplatte der Anker und Ankerbock, dann rückt diese Konstruktion in den Gleitkeil hinein und wird, je nach ihrem Abstand von der Wand aus- oder einschließlich des Ankers, die Gleitfuge beeinflussen. Hinsichtlich des Ankers gilt das oben Gesagte, wenn derselbe weit genug in die Gleitfläche hineinragt. Die Ankerböcke werden, je nach dem Abstand voneinander und der Bodenart, die Ausbildung der Gleitfläche entsprechend der Aufnahmefähigkeit der Pfähle beeinflussen, da sie in vertikaler Richtung entweder eine Bodenverspannung hervorrufen oder aber dem abrutschenden Boden durch die Seitenreibung Widerstand leisten. Auch hier liegen einwandfreie Beobachtungen in der Natur noch nicht vor. So viel Einblick geben aber auch eingestürzte Pfahlbauwerke bereits, daß eine Beeinflussung der Gleitfläche festgestellt werden kann. Wir müssen uns immer wieder darüber klar werden, daß die Erddruckgröße auf der augenblicklichen Ausbildung der Gleitfuge beruht, und daß also alle Konstruktionsteile, die in sie hineingebaut werden, ihre sofortige maximale Auswirkung mildern.

Schließt sich nun die Verankerungskonstruktion dicht an die Spundwand (z. B. Zugpfahl an der Spundwandgurtung) an, so wird die Gleitfugenausbildung in nur geringem Maße gestört. Hier wird nur im unteren Teil, entsprechend den vorhergehenden Ausführungen, durch den Zugpfahl eine Verminderung des Erddruckes erfolgen.

Dabei darf man nun allerdings nicht vergessen, daß die die Gleitflächenausbildung mildernden Konstruktionsteile eine zusätzliche Belastung erfahren, die selbstverständlich ermittelt und für sie ausgewertet werden muß.

Die Überlegungen zeigen, daß wir bei der Ermittlung von Erddruck und Erdwiderstand noch immer von zu allgemein gehaltenen Voraussetzungen ausgehen, anstatt jedes Bauwerk für sich zu betrachten.

2. Abhängigkeit des Erddruckes und Erdwiderstandes von der Bewegung der Wand (elastische Theorie). Da die Bewegung der Wand erst nach Kenntnis der Belastungsflächen ermittelt werden kann, dreht man sich beim Ansatz der Kräfte im Kreise. Es sind also in der Regel mehrere Berechnungsgänge nötig.

Dieser Fehler, der in den bisherigen Berechnungsmethoden steckt, ist von Rifaat[1] und Baumann[2] beseitigt worden. Der Erdwiderstand am Punkte X wird als Funktion der Höhenlage t_x und der Durchbiegung f_x angesehen. Da der Verlauf der Durchbiegungen nicht geradlinig ist, verläuft der Erdwiderstand ebenfalls nicht mehr geradlinig. Die Berechnungsmethode ist ohne Probieren nur zum Nachrechnen von Spundwänden verwendbar. Die Rammtiefe und das Profil müssen vorher bekannt sein bzw. geschätzt werden.

Die Untersuchungen von Rifaat beschäftigen sich mit den eingespannten, unverankerten und durch eine Einzellast beanspruchten Spundwänden in Sandboden. Die Abhängigkeit zwischen Erdwiderstand e_p und Durchbiegung f der Wand wird durch die Beziehung $e_p = w(t) f$ ausgedrückt, wo t die Tiefe unter Geländeoberkante bedeutet. Die von t abhängige Widerstandsziffer w entspricht der Bettungsziffer C mit dem Unterschied, daß C nur für eine senkrechte Beanspruchung des Bodens, während w für beliebig gerichtete, meist allerdings für waagerechte Kräfte, gilt. w wächst bei kleinen Rammtiefen näherungsweise geradlinig mit t, sonst nähert es sich asymptotisch einem Größtwert. Die Elastizität der Wand wird bei den Berechnungen von Rifaat durch Ansatz der Biegelinie berücksichtigt. Die mathematische Auflösung ist teilweise sehr verwickelt und dient mehr der theoretischen Forschung als der praktischen Entwurfsberechnung. Als Folgerung ergibt sich, daß für die Berechnung der Standsicherheit einer Wand der bisherige Ansatz der Kräfte nach der Erddrucktheorie eine gute Näherung abgibt, da beim Ausweichen der Wand Erddruck- und Erdwiderstand in der gerechneten Größe auftreten. Im gewöhnlichen Zustand ist jedoch der vorhandene Erddruck und Erdwiderstand größer bzw. kleiner als

---

[1] Rifaat, J.: Die Spundwand als Erddruckproblem. Mitt. Inst. Baustatik an der Eidgen. Techn. Hochschule in Zürich, Zürich u. Leipzig Jahrg. 1935.

[2] Baumann: Analysis of sheetpile bulkheads. Proceedings New York Bd. 60 (1934) Nr. 3.

die Grenzwerte des Erddrucks oder Erdwiderstandes, so daß der Festigkeitsberechnung der Wand nach der bisherigen Methode verminderte zulässige Spannungen zugrunde gelegt werden müßten. Der Erddruck kann bis zu dem sich bei $\varrho = 0°$ ergebenden Druck anwachsen. Diese Feststellungen stimmen nicht mit den Beobachtungen der Praxis überein, wonach gerade die zulässigen Spannungen vielfach erhöht werden, um keine überbemessenen Bauwerke zu erhalten.

Baumann untersucht die eingespannte verankerte Spundwand. Die Beziehungen zwischen e_p und f werden etwas komplizierter angesetzt als bei Rifaat: $f = \frac{1}{w_1(t)} e_p + \frac{1}{w_2(t)} e_p^2$ statt $f = \frac{1}{w(t)} e_p$. Außerdem ist die Abhängigkeit $w(t)$ eine andere.

Die Beziehung zwischen Erdwiderstand und Tiefe läßt sich für verschiedene Durchbiegungen graphisch durch eine Schar von Kurven darstellen, vorausgesetzt, daß die Konstanten für die Elastizität des Bodens bekannt sind. Bei der Berechnung geht man so vor, daß man die Durchbiegung des oberen Teiles der Wand nach dem Ersatzbalkenverfahren von Blum ermittelt und außerdem die Größe der Durchbiegung am unteren Auflagerpunkt des Ersatzbalkens annimmt. Der darunterliegende Teil der Wand wird dann in Streifen eingeteilt. Man entnimmt den Erdwiderstand für die angenommene Durchbiegung der erwähnten Kurvenschar, überträgt die entsprechende Kraft E_a—E_p für den ersten Streifen in das Krafteck und daraus in das Seileck (Momentenlinie). Hieraus ermittelt man sich die Durchbiegung bis zur Mitte des nächsten Streifens und beginnt wieder mit der Eintragung des dazugehörigen E_p. Ist die anfängliche Durchbiegung richtig gewählt, so muß sich die Momentenlinie am Fuß der Wand gerade schließen (frei aufgelagerter Balken).

Diese Rechnungsmethode mutet äußerst umständlich an. Aber mehr noch als das dürfte ihrer Anwendung der Umstand entgegenstehen, daß 4 Konstanten für die Abhängigkeit des Erdwiderstandes von der Durchbiegung zu bestimmen sind. Solange über die Größe, die Veränderlichkeit und den Einfluß dieser Konstanten bei den verschiedenen Boden- und Spundwandarten noch keine näheren systematischen Untersuchungen vorliegen, haben derartige Spundwanduntersuchungen nur theoretisches Interesse. Dabei darf aber nicht übersehen werden, daß die wirkliche Verteilung des Erddruckes und Erdwiderstandes besser als bisher erforscht werden muß. Genau wie bei der Verteilung des Bodengegendruckes unter massiven Bauwerken stellt sich hier von vornherein ein Zwiespalt zwischen Theorie und Wirklichkeit heraus, der darin liegt, daß die Wirkung einer Durchbiegung u. a. auch von der Lagerungsdichte des Bodens beeinflußt wird. Diese Lagerungsdichte unmittelbar an der Wand ist aber durch den Rammvorgang je nach dem Querschnitt der Bohle verändert, wenigstens in den ersten Zentimetern. Sie nimmt mit dem Profil bzw. der Wellentiefe der Spundwand dadurch zu, daß sich der Boden in den Spundbohlen verspannt und beim Rammen mitzieht. Die Lagerungsdichte kann meiner Ansicht nach sogar bis zu 1,00 m Entfernung von der Wand verändert werden. Daß der Boden z. B. beim Rammen einer wellenförmigen Stahlspundwand eine Verdichtung erfährt, zeigt die Abb. 56, aus der zu erkennen ist, wie der Boden in den Wellen derartig fest eingepreßt war, daß er beim Ziehen haften blieb.

Da nun die Durchbiegungen ebenfalls nur die Größenordnung weniger Zentimeter haben, erscheint eine wirkliche Erfassung des Erdwiderstandes auf rechnerischem Wege wenig erfolgversprechend. Es lohnt sich vielleicht eher, die Mühe darauf zu verwenden, die Größe des „tatsächlichen Erddruckes“ auf Spundwände und andere Stützbauwerke versuchsmäßig und durch Messungen in der Natur festzustellen. Sehr förderlich können Durchbiegungsmessungen gerammter Wände, die zweckmäßig auch im Erdboden abgetastet werden müßten, sein. In dem erwähnten Aufsatz von Baumann wird von solchen Versuchen in Amerika berichtet, die zu folgenden interessanten Ergebnissen gekommen sind:

Abb. 56. In die Wandungen einer Spundwand infolge des Rammvorganges eingepreßter Boden.

1. Die Reibungswinkel ϱ und δ nehmen mit der Tiefe ab, und zwar wird $\varrho = 90°$ an der Oberfläche und nähert sich dem Wert $0°$ mit zunehmender Tiefe (vgl. auch Abb. 42—44).

2. Die Verteilung von E_p ist nicht linear, angenähert eher trapez- wie dreieckförmig. Der größere Widerstand an der Oberfläche hebt den Momentennullpunkt und schafft eine günstigere Momentenverteilung als nach der gewöhnlichen Theorie zu erwarten ist.

Durch die Messungen der Verformung gerammter Spundwände besteht also die Möglichkeit, Aufschluß über die Größe von W, E_p und δ zu erhalten. Dabei muß aber beachtet werden, daß die Anfangsverformung, die durch Lagerung, Transport und Rammen entsteht, in Abzug gebracht wird. Das wird im allgemeinen leicht möglich sein, wenn die Spundwände nach dem Rammen hinterfüllt werden. Bei in den Erdboden gerammten Wänden, die später freigeschachtet werden, ist der Zustand der Wand vor der Belastung durch Erddruck schwierig festzustellen.

3. Abhängigkeit des größten Biegungsmomentes, der Auflagerkräfte und der Durchbiegung von den Voraussetzungen über die Bewegungsmöglichkeiten der Wand. Bei dem Ansatz der Erddruckkräfte und der Gleitflächen kann von verschiedenen Bewegungsmöglichkeiten der Wand ausgegangen werden. Bisher wurden der Berechnung der Wand stets nur solche Bewegungen zugrunde gelegt, die im Katastrophenfall auftreten können. Dabei wurde eine elastische Verformung der Wand selbst nicht berücksichtigt, da von der Voraussetzung ausgegangen wurde, daß diese Verformungen klein sind im Vergleich zu den Verschiebungen der Wand infolge ihres Einsturzes. Bezeichnet man die Oberkante der Wand mit 0, den Angriffspunkt des Ankers mit A und die untere Kante der Wand mit U, so lassen sich folgende Bewegungsmöglichkeiten unterscheiden:

Unter der erwähnten Voraussetzung einer starr bleibenden Wand kann das Bauwerk einmal bei U nachgeben. Dabei wird vorausgesetzt, daß die Einsturzbewegung so vor sich geht, daß auch der Ankerpunkt A eine Bewegung nach vorne vollzieht, die Wand sich also um einen Punkt, der entweder in O oder höher gelegen ist, dreht. Dieser Fall ist dem Ansatz der Erddruck- und Erdwiderstandkräfte für die Berechnung der Wand zugrunde gelegt und ergibt für alle Fälle die ungünstigste Rammtiefe, nicht immer aber das ungünstigste Biegungsmoment. Die Möglichkeit, daß die Wand oben nachgibt, sich also um den Punkt U oder einen tiefergelegenen Punkt dreht, bringt für die Berechnung der Wand keine ungünstigeren Beanspruchungen und wird daher nicht besonders behandelt.

Während man bisher vielfach bei den Erddruckberechnungen annahm, daß der im Katastrophenfall auftretende Erddruck größer ist als der im Ruhezustand wirkende, zeigt sich bei näherem Zusehen, daß dieses nicht der Fall ist. Für einige Bauwerksteile kann die Zwischenbeanspruchung der Wand, deren Größe zwar nicht genau bekannt ist, aber doch aus der Biegelinie der Wand annähernd ermittelt werden kann, den ungünstigeren Belastungsfall darstellen. Man geht

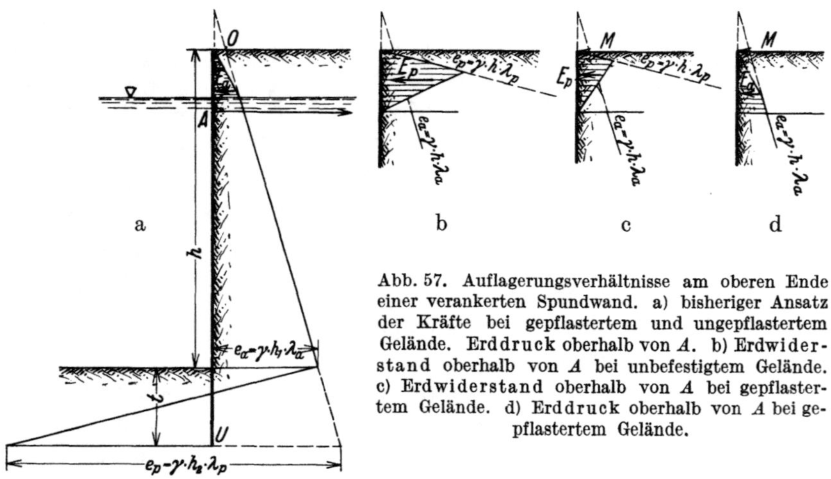

Abb. 57. Auflagerungsverhältnisse am oberen Ende einer verankerten Spundwand. a) bisheriger Ansatz der Kräfte bei gepflastertem und ungepflastertem Gelände. Erddruck oberhalb von A. b) Erdwiderstand oberhalb von A bei unbefestigtem Gelände. c) Erdwiderstand oberhalb von A bei gepflastertem Gelände. d) Erddruck oberhalb von A bei gepflastertem Gelände.

also bei der Berechnung dieses Falles von der elastischen Wand aus und setzt an den Stellen, wo die Wand gegen die Erde drückt, eine Erdwiderstandsfläche von angemessener Größe, an den anderen Stellen eine Erddruckfläche an (Abb. 57). Das tatsächliche Eintreten der gezeichneten Kräfteverteilung zeigen auch die Versuche, die in Hannover angestellt wurden[1].

Es ergibt sich auf Grund der dargestellten Verteilung der Kräfte ein Moment bei A, das man entweder als verstärktes Kragmoment oder als teilweises Einspannungsmoment ansehen kann. Voraussetzung für dieses Kräftebild ist, daß der Ankerpunkt A fest bleibt. Da dies in Wirklichkeit nicht der Fall ist, trifft die dargestellte Verteilung zwischen Erddruck und Erdwiderstand in vollem Maße allerdings meist nicht zu. Dieses Belastungsbild gibt jedoch die ungünstigsten Beanspruchungen des Ankers, denn die Auflagerkraft bei A wird nach den weiter unten angegebenen Berechnungsergebnissen etwa doppelt so groß wie bei der bisherigen Berechnungsweise. In Wirklichkeit wird die Verankerung infolge der erhöhten Beanspruchung aus der oberen Einspannung nachgeben und damit die Ankerkraft und das obere Einspannungsmoment so weit herab-

[1] Streck, A.: Verankerte Spundwände. Mitt. Hannov. Hochschulgemeinsch. Heft 16 S. 151. Berlin 1935; s. a. M. Moeller: Erddrucktabellen. 2. Lief. S. 82. Leipzig 1922.

setzen, bis ein Gleichgewichtszustand erreicht ist. Es empfiehlt sich also gegenüber der bisherigen Berechnungsmethode, die Ankerkraft unter Berücksichtigung der Biegelinie der Spundwand, also für eine teilweise obere Einspannung, zu berechnen und nicht den Zustand einer starren Wand als maßgebend anzusehen. Ebenfalls muß das größte Biegungsmoment nach diesem Verfahren nachgeprüft werden.

Da sowohl die Ankerplatte oder Ankerwand unter der Belastung des Ankers als auch der Anker selbst unter der Belastung nachgibt, so wird die Belastung einer Spundwand, die durch den Erddruck hervorgerufen wird, bei genügender Rammtiefe eher ein Nachgeben des Ankers bei A als ein Nachgeben der Spundwand bei U hervorrufen. Vergleiche ich hiermit die an einem zu Bruch gegangenen Bauwerk gemachten Beobachtungen, so konnte ich den in Abb. 58 gekennzeichneten Zustand feststellen, der klar zum Ausdruck bringt, daß einmal der Bruch der Spundwand, die aus Tannenholz von 28 cm Stärke bestand, in Höhe des Maximalmomentes bei M und etwa in Höhe des Auflagerpunktes bei U erfolgt ist. Ein Nachgeben der Spundwand in Richtung der Bohlenachse ist am oberen Auflager O eindeutig festzustellen gewesen. Eine solche tiefgerammte Spundwand wird daher eher zu Bruch kommen, als eine auch nur geringe Verschiebung des Spundwandfußes erleiden.

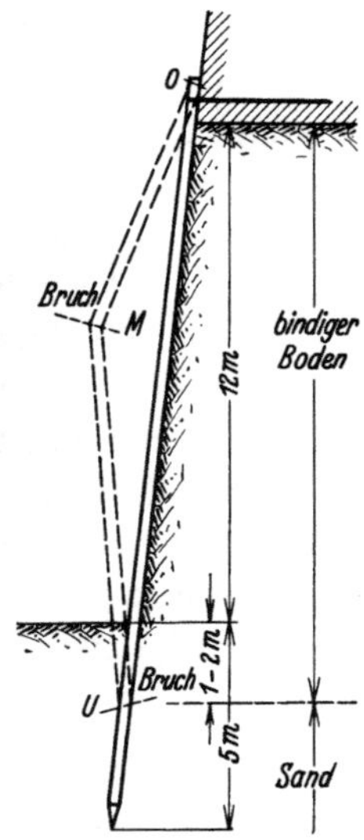

Abb. 58. Bruchstellen einer Holzspundwand vor einem hölzernen Pfahlrost.

Um die Auswirkung der oberen Einspannung bei frei aufgelagert und eingespannt angenommenen Spundwandfuß an einem Beispiel zu zeigen, habe ich gemäß der Abb. 57 einen Geländesprung von $h = 10$ m, mit $\varrho = 35°$, $\delta = +\varrho/-\varrho/2$, $\gamma = 1{,}8/1{,}0$ t/cbm und einen Angriff des Ankers $b = 2{,}50$ m unter Geländeoberkante durchrechnen lassen. Die Ergebnisse sind in der folgenden Tabelle zusammengetragen.

	Art der Auflagerung	Ergebnis				
		Rammtiefe t	Ankerzugkraft A	Max. Feldmoment M_f	Max. Einspannmoment M_e	Erf. Widerstandsmoment W
		m	t	tm	tm	cm³
1	Freie Auflagerung oben und unten . .	1,50	6,7	14,6	—	1220
2	Einspannung oben, freie Auflagerung unten	1,45	13,0	11,0	12,0	1000
3	Freie Auflagerung oben, Einspannung unten	3,50	6,0	10,1	9,6	840
4	Einspannung oben und unten	3,40	12,0	7,0	12,0	1000

Man sieht, wie das Feldmoment durch die obere Einspannung von 14,6 auf 11 tm herabgeht, während das Einspannmoment eine Größe von 12 tm annimmt und eine Ankerkraft erzeugt, die in dem vorliegenden Fall um rund 100% größer ist als bei der bislang üblichen Annahme der freien Auflagerung bei A. Sie gibt neben anderen Ursachen, auf die ich beim Abschnitt „Verankerung" noch zurückkommen werde, die Erklärung für den in letzter Zeit häufiger auftretenden Bruch der Rundeisenanker.

α) Zeichnerisch-rechnerisch.

Bei der gebräuchlichen zeichnerischen Ermittlung der Rammtiefe, Momente, Auflagerkräfte und Durchbiegungen ergeben sich die zu errechnenden Größen aus der Momenten- und Biegelinie der Spundwand nebst den dazugehörigen Kraftecken. Die zeichnerische Durchführung erfolgt nach dem von Blum[1] entworfenen Verfahren und darf als bekannt vorausgesetzt werden. Es ist auf die weiter unten behandelten Fälle der frei aufgelagerten und eingespannten Wand in gleicher Weise anwendbar. Nur bei mehrfacher Verankerung greift man ausschließlich zum rechnerischen Verfahren. Allgemein wird das zeichnerische Verfahren infolge der bei der Konstruktion der Biegelinie zu berücksichtigenden Auflagerbedingungen bei mehr als einfach statisch unbestimmten Systemen leicht umständlich. Durch den Vergleich der Durchbiegungen (Biegelinie) für die angenommenen Rammtiefen werden zu viele Probeberechnungen erforderlich.

Gegenüber den statischen Berechnungen im Hoch- und Brückenbau bestehen beim Spundwandsystem folgende beiden Unterschiede:

Erstens ist die Rammtiefe, also damit die Lage eines Auflagers, unbekannt.

Zweitens besteht die Belastung aus sehr unregelmäßigen Flächenlasten, die zudem noch von der Bewegung (Durchbiegung) der Wand abhängig sind (Erddruck — Erdwiderstand) (vgl. S. 89).

Das rechnerische Verfahren wird durch die beiden erwähnten Umstände sehr erschwert. Bei der frei aufgelagerten Spundwand ist es mit Hilfe einer Momentengleichung um den Auflagerpunkt A bzw. durch Ansetzen der Clapeyron-Gleichungen bei mehrfacher Verankerung möglich, schnell Rammtiefe und Moment zu bestimmen. Dagegen ist es noch nicht möglich, die Spundwand als eingespannten Balken rechnerisch genau zu untersuchen. Selbst dann, wenn die Belastungsfläche geradlinig verläuft, ein Fall für den Blum noch Gleichungen aufgestellt hat, lassen sich diese schon nicht mehr rechnerisch, sondern nur noch zeichnerisch lösen. Mit Hilfe des Ersatzbalkenverfahrens ist es allerdings möglich, die Rammtiefe rechnerisch anstatt durch zeichnerische Versuche zu bestimmen, wenn auch unter weiteren vereinfachenden Annahmen, die aber in Anbetracht der Unsicherheiten bei der Berechnung des Erddruckes für Überschlagsrechnungen hingenommen werden können.

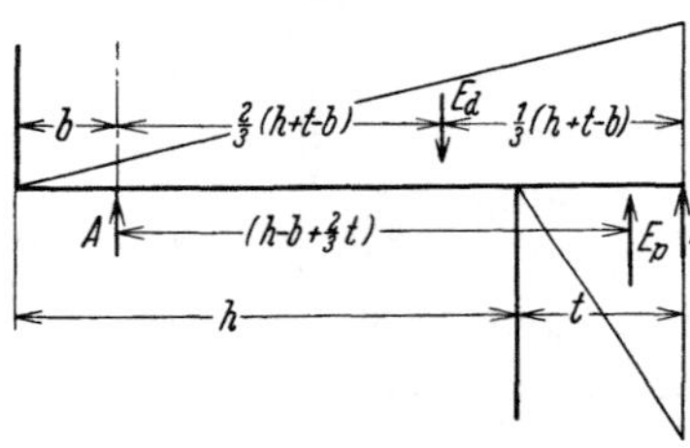

Abb. 59. Berechnung der Rammtiefe bei frei aufgelagerter Spundwand. Lies: $^2/_3(h+t)-b$ und $^1/_3(h+t)-b$.

Einen weiteren Schritt ging Lütkens[2], indem er die Belastungsflächen zu Dreiecken vereinfachte und dafür Tafeln und einfache Bestimmungsgleichungen zur Berechnung der Momente und der Ankerzugkräfte aufstellte. Auch die von Lütkens eingeführten Vereinfachungen beeinflussen das Ergebnis nur unwesentlich, wenn nicht allzu starke Sprünge in den Belastungsflächen vorhanden sind. In diesem Fall darf aber das wirkliche Vorhandensein solcher scharfer Übergänge bezweifelt werden, so daß ihr Ausgleich der Natur wohl näherkommen dürfte als die streng angewandte Erddrucktheorie. Allerdings liegt bei derartigen Vereinfachungen immer dann eine Gefahr vor, wenn sie nicht für jeden

[1] Blum, H.: Einspannungsverhältnisse bei Bohlwerken. Berlin 1931.
[2] Bauing. 1930 S. 39ff u. Hoesch-Katalog 1934.

Bauwerksfall erneut den wirklichen Verhältnissen entsprechend vorgenommen werden. Ferner sollte man nicht allein Vereinfachungen der Belastungsflächen vornehmen, sondern in erster Linie die zugehörigen Gleitflächen vergleichen.

Eine ältere rechnerische Untersuchung von Bohlwerken gibt Engels[1] (Abb. 60). Bei dem Ansatz der Erddruckkräfte ist abweichend von der Erddrucktheorie trotz der angenommenen Änderung des Reibungswinkels φ kein Sprung in der Belastungsfläche angegeben. Die Methode zur Bestimmung der Rammtiefe von Engels ist die gleiche, die heute für den frei aufgelagerten Fall angewendet wird. Man erhält in beiden Fällen eine kubische Gleichung für die Rammtiefe t. Der Unterschied gegen die Berechnung von Blum liegt darin, daß beim Ansatz des Erdwiderstandes nicht die aus der Erddrucktheorie gebräuchlichen Werte, also $e_p = \gamma \lambda_p t$ eingeführt werden, sondern Versuchswerte. Nach diesen Versuchswerten setzt man $e_p = e_n = \gamma h$, wenn h die Höhe der Ordinate ab Geländeoberkante und t diejenige ab Sohle ist. Bei dem von Engels gegebenen Beispiel wird statt der Erdauflast für die Tiefe $H = \sum h$ nur die Wasserauflast eingeführt. Die gesamte Erdauflast tritt zwar in der Zeichnung, aber nicht in der Rechnung in Erscheinung, so daß in der Tiefe t die Höhe der auf γ_4 umgerechneten Auflast für $e_n = e_p$ und e_a zu $t + \frac{\gamma}{\gamma_4} \cdot h_3$ wird statt: $t + \frac{\gamma_3}{\gamma_4} h_3 + \frac{\gamma_2}{\gamma_4} h_2 + \frac{\gamma_1}{\gamma_4} \cdot h_1$ oder: $t + h_3 - \frac{\gamma}{\gamma_4} h_3 + \frac{\gamma_2}{\gamma_4} h_2 + \frac{\gamma_1}{\gamma_4} h_1$ für e_a und t für e_p.

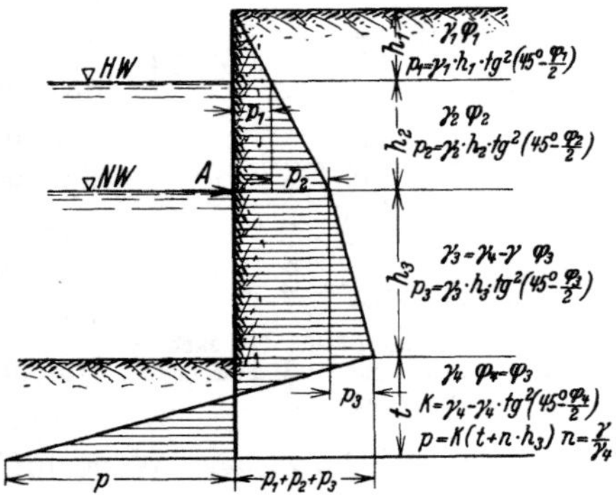

Abb. 60. Ansatz der Kräfte bei Engels.

Die Annahme $e_p = e_n$ beruht darauf, daß Engels ein Nachgeben des Wandfußes immer dann feststellte, wenn der an dieser Stelle wirklich vorhandene Erdwiderstand $p = e_p - e_a$ zuzüglich dem von der anderen Seite wirkenden Erddrucke e_a, also der für diese Tiefe rechnerisch ermittelte Erdwiderstand e_p, gleich dem hydrostatischen Druck unter Geländeoberkante e_n war. Das führt zu dem Ergebnis, daß das zulässige λ_p nicht wie sonst nur von der Tiefe t, sondern u. a. auch von der Ordinate h abhängig ist, oder, was auf dasselbe hinauskommt, daß bei gleicher Auflast mit zunehmender Höhe h des Geländesprunges der Erdwiderstand im Boden ansteigt. Die erforderliche Rammtiefe nimmt also mit wachsender Höhe H nicht in dem gleichen Maße zu wie bei der Berechnung nach Blum. Die Versuche gelten für Sand. Der Gedanke einer derartigen Berechnung ist neuerdings von Rifaat[2] weiter verfolgt worden. Das Ergebnis der Engelschen Versuche wurde bestätigt. Solange keine ausführlicheren Unterlagen vorhanden sind, empfiehlt sich aber vorerst noch die Berechnung nach der Erddrucktheorie (Krey, Blum). Es bleibt auch hiernach unbenommen, durch eine entsprechende Verteilung des Erddruckes und Erdwiderstandes[3] die Verschiebung des Spundwandfußes gleich Null zu

---

[1] Engels, H.: Handbuch des Wasserbaues. 3. Aufl. Bd. 2 S. 1564. Leipzig 1923. — Vgl. auch M. Foerster: Taschenbuch für Bauingenieure. 5. Aufl. Bd. 2 S. 526. Berlin 1928.

[2] A. a. O. [3] Vgl. Blum: A. a. O. Abb. 21.

setzen. Im allgemeinen wird man aber sowohl bei der frei aufgelagerten als auch bei der eingespannten Wand ruhig eine gedachte Verschiebung des Fußes zulassen und damit die rechnerisch angenommenen Erdwiderstandsflächen voll zur Auswirkung kommen lassen.

Eine andere Art der Berechnung von Spundwänden, die auf der Erfahrung beruht, daß der Ansatz des Erddruckes für elastische Wände in der gleichen Höhe wie für starre Mauern zu unnötig großen Abmessungen führt, wird durch die vorläufigen Bestimmungen betreffend die Berechnung und Ausführung der Wasserbauten in Eisenbeton, veröffentlicht von dem Verband der **dänischen** Ingenieure[1], gegeben. Die rechnerische Rammtiefe wird dort für den frei aufgelagerten Fall nach dem üblichen Verfahren berechnet. Die tatsächliche Rammtiefe wird $\sqrt{2}$mal so groß genommen. Dabei wird für den Erdwiderstand der Reibungswinkel zwischen Wand und Erde $= -{}^3/_4\, \varrho$ und für den Erddruck $= 0$ gesetzt. Bei einer unterbrochenen Wand gilt die gleiche Auflagerfläche wie bei einer durchgehenden Wand, wenn der Abstand der Pfähle oder Einzelbohlen gleich oder kleiner als $4b$ ist und sofern die Rammtiefe $t \geqq 4b$ ist (vgl. Abb. 61). Diese Werte stimmen mit den Angaben von Krey[2] überein, der für den Einzelpfahl schon bei einer Rammtiefe von 2 bis $3b$ einen Erdwiderstand vom 3 bis 4fachen Wert annimmt. Die Rammtiefe wird mit doppelter Sicherheit für E_p bestimmt. Bei Einzelpfählen muß die Rammtiefe um die Länge $\frac{b}{4\,\mathrm{tg}\,\varrho}$ vermehrt werden.

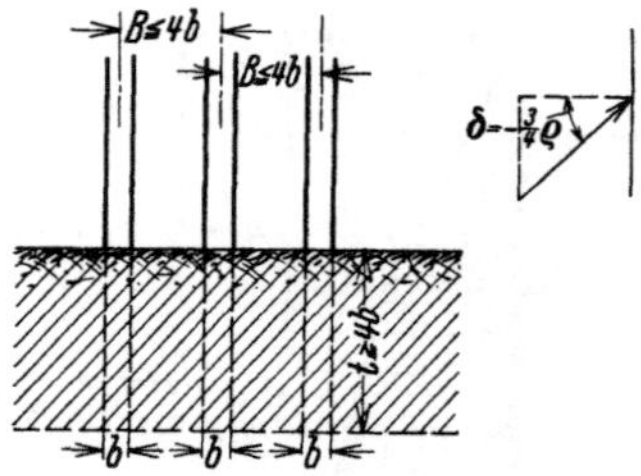

Abb. 61. Auflagerfläche bei fachweiser Rammung nach den dänischen Bestimmungen.

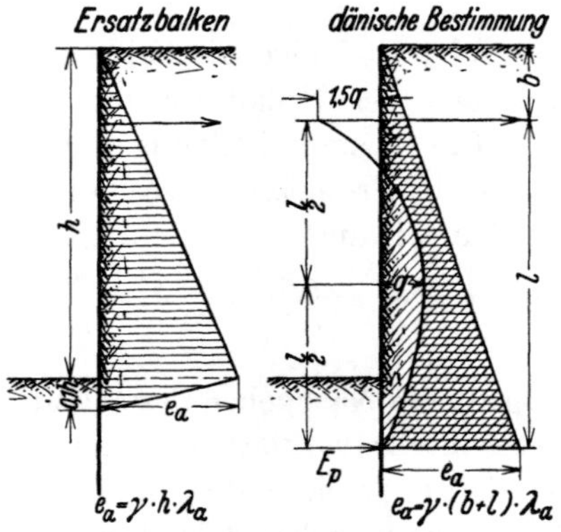

Abb. 62. Kräfteansatz zur Berechnung von Spundwänden nach dem Ersatzbalkenverfahren und nach den dänischen Bestimmungen.

Die Ermittlung des Feldmomentes geschieht in **Dänemark** bislang nach folgendem Ansatz der angreifenden Kräfte:

Bestimmung des Biegungsmomentes M infolge der schräg schraffierten Erddruckfläche (vgl. Abb. 62) (Balken auf 2 Stützen).

Bestimmung der Belastung $p_m = \frac{8M}{l^2}$,

$$q = K \frac{10\,\frac{h}{l} + 4}{10\,\frac{h}{l} + 5} \cdot p_m,$$

h = ideelle Höhe der Auflast und Erdschicht über dem Anker für das Raumgewicht unterhalb des Ankers,

K = Koeffizient

[1] S. a. Z. ständ. Verb. intern. Schiffahrtskongr. Nr. 7. Januar 1929.

[2] Krey: Erddruck, Erdwiderstand. 4. Aufl. S. 213. Berlin 1932.

für Eisenbeton: 0,7 bis 0,85 oder:

$$K = \frac{1}{1 + \frac{0,01}{\sin\varrho}\sqrt{\frac{(1+n)\,E\cdot a}{l\sigma}}},$$

n = Verhältnis des Ankermomentes zum Feldmoment,
E = Elastizitätsmodul,
a = größte Wanddicke,
σ = zulässige Biegungsbeanspruchung,
$M_f = M - \frac{17}{192}\,ql^2$ = vorhandenes Feldmoment.

Die vorstehende Formel für den Ansatz des Erddruckes wurde auf empirischem Wege gefunden. Man ging dabei von dem Gedanken aus[1], daß nach den Beobachtungen und Erfahrungen an alten Bauwerken die zulässigen Spannungen bis über die Bruchgrenze erhöht werden mußten, wenn man mit dem Ansatz nach der gebräuchlichen Erddrucktheorie arbeitete. In der neuen Belastungsfläche findet eine Verminderung des Erddruckes zwischen den Auflagern und eine Erhöhung am oberen Auflager statt. Die Verteilung ist der Durchbiegung der Wand angepaßt. Die Berechnungsformel für q wurde so aufgebaut, daß die Abweichungen von der bisherigen Erddruckfläche mit zunehmender Durchbiegung der Wand und zunehmendem Reibungswinkel des Bodens wachsen. Durch die bessere Anpassung der Erddruckbelastung an die wirklichen Verhältnisse war es möglich, die zulässigen Spannungen in den gewöhnlichen Grenzen zu halten. Man setzt dort für Holz: 150 bis 170 kg/cm², Eisenbeton $^1/_4\, W_{b\,28}$ und 1500 kg/cm², Stahl (für Spundwände): 1200 bis 1500 kg/cm².

In den dänischen Bestimmungen ist zum erstenmal für die Praxis der Versuch unternommen worden, die Berechnung des Erddruckes von Spundwänden den wirklichen Verhältnissen mehr anzupassen. Leider ist dies bisher das einzige Beispiel geblieben. Selbst wenn die Ermittlung der Momente und Auflagerkräfte durch die ungleichmäßigere Form der Erddruckfläche etwas erschwert wird (vgl. demgegenüber die Fläche beim Ersatzbalkenverfahren mit gewöhnlichem Ansatz des Erddruckes), so ist eine derartige Behandlung aus grundsätzlichen Erwägungen heraus nur zu begrüßen.

Ebenfalls von der Voraussetzung ausgehend, daß die übliche Berechnung der Spundwände unter Beibehaltung der gewöhnlichen zulässigen Spannungen zu schwere Konstruktionen ergibt, findet sich in den Vereinigten Staaten u. a. folgende Berechnungsweise (Abb. 63):

Bei senkrechter Wand und waagerechter Erdoberfläche werden Erddruck und Erdwiderstand nach den Näherungsformeln:

$$e_a = \gamma h\,\mathrm{tg}^2\left(45^\circ - \frac{\varrho}{2}\right),$$

$$e_p = \gamma h\,\mathrm{tg}^2\left(45^\circ + \frac{\varrho}{2}\right),$$

$$\vartheta_a = 45 + \frac{\varrho}{2},$$

$$\vartheta_p = 45 - \frac{\varrho}{2}$$

[1] Vgl. G. Schønweller: Calcul des murs de quai. Welt-Ing.-Kongreß Tokio 1929, Bericht Nr. 416.

berechnet. Der Wasserdruck wird mit 50 bis 75 % seines Wertes eingesetzt, jedoch nur dort, wo wirklich freies Wasser vorhanden ist. Der Grundwasserstand wird also (bei dem vorliegenden Beispiel trotz eines Wasserstandswechsels in der Schleuse von 2,70 m) nicht besonders berücksichtigt (lediglich durch eine Erhöhung des Bodengewichtes γ bei Sand, vom Wasserstand MHW ab gerechnet). Vom Wasserstand NNW ab wird der Wasserdruck von außen vom Erddruck abgezogen, so daß die Zunahme des Erddruckes auf den Unterwasserteil der Wand sehr gering, praktisch oft Null ist. In dem vorliegenden Berechnungsbeispiel wurde die Wand einer Schleuse gegen die Mitte der rund 1 m starken Betonsohle abgestützt. Wegen der Bauausführung wurde die Wand so tief gerammt, daß der Erdwiderstand das Dreifache des unteren Auflagerdruckes aufnehmen konnte. Die Bestimmung der Momente geschieht durch Zeichnen der Momentenlinie. Die Bestimmung der Schwerpunkte wird dadurch erleichtert, daß die Belastungsflächen nicht in

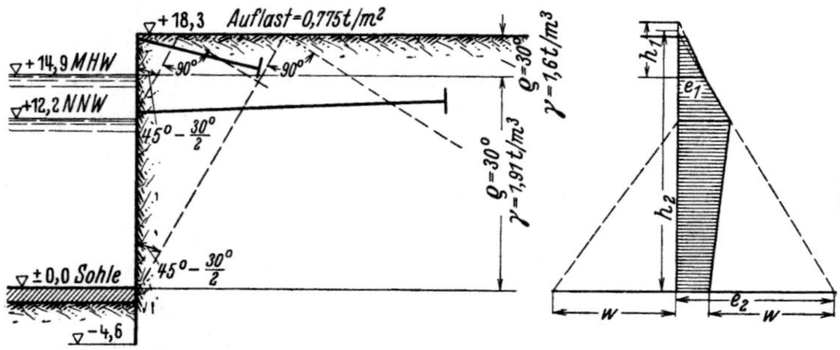

Abb. 63. Eine amerikanische Spundwandberechnungsweise:

$$h_1 = 3{,}4 + \frac{0{,}775}{1{,}6} = 3{,}88 \text{ m}, \qquad e_1 = 1{,}6 \cdot 3{,}88 \operatorname{tg}^2\left(45^\circ - \frac{30^\circ}{2}\right) = 2{,}06 \text{ t/m}^2,$$

$$h_2 = 14{,}9 + 3{,}88 \cdot \frac{1{,}60}{1{,}91} = 18{,}15 \text{ m}, \qquad e_2 = 1{,}91 \cdot 18{,}15 \operatorname{tg}^2\left(45^\circ - \frac{30^\circ}{2}\right) = 11{,}55 \text{ t/m}^2,$$

$$w = 12{,}2 \cdot 0{,}75 = 9{,}15 \text{ t/m}^2.$$

waagerechte Streifen, sondern diese wieder in Dreiecke aufgeteilt werden. Um die Durchbiegungen der Oberkante der Wand geringer zu halten, wird dort noch ein zweiter Anker angebracht, in der Berechnung aber nicht berücksichtigt. Bei der Bemessung der Ankerplatte wird eine dreifache Sicherheit des Erdwiderstandes angenommen. Für die Entfernung der oberen Ankerplatte gilt die Höhe der unteren Gurtung als fester Punkt, so daß die Länge der oberen Anker gering wird.

Um das volle Widerstandsmoment der Wand einsetzen zu können, müssen die im Schloß auftretenden Querkräfte entweder durch Reibung (am unteren Auflager) oder durch Schweißung (am oberen Auflager) aufgenommen werden. Daher wird jedes zweite Schloß der U-förmigen Bohlen in Höhe der Hauptanker geschweißt. Die Berechnung der Aufnahme der Querkraft am unteren Auflager läßt sich bei bekannter Rammtiefe aus dem Reibungskoeffizienten der Bohle mit dem Boden leicht bestimmen. Sie reicht fast immer aus. Für die Berechnung der Querkraft am oberen Ende wird gesetzt:

$$Q \doteq \frac{M \cdot S}{J},$$

wo: M = größtes Biegungsmoment,

S = statisches Moment der Einzelbohle, bezogen auf deren neutrale Achse parallel zur Wandachse,

J = Trägheitsmoment des Querschnittes, bezogen auf die neutrale Achse der Wand.

Diese Querkraft wird auf die Strecke zwischen Maximalmoment und Gurtung verteilt angenommen und muß entweder durch die Schloßreibung oder durch Schweißung aufgenommen werden.

Zur weiteren Verminderung des Erddruckes auf die Wand ist die Konstruktion einer Entlastungsplatte aus Holz, die auf hölzernen Pfählen ruht, gebräuchlich. Die Pfähle haben lediglich die senkrechte Last der darüberliegenden Erdschicht aufzunehmen. Die Platte vermindert durch ihre Schattenwirkung den Erddruck auf den darunterliegenden Teil der Spundwand (vgl. auch S. 205). Es entstehen also ähnliche Entlastungsverhältnisse wie bei der vorderen Spundwand eines Pfahlrostbauwerkes. Die Länge der Platte ergibt sich aus dem Gleitwinkel des Bodens. Der Abstand der Pfähle beträgt etwa 1,20 m.

Diese amerikanische Berechnung ergibt wegen des Ansatzes der Kräfte niedrige Beanspruchungen und wird den wirklichen Verhältnissen aber nicht ganz gerecht, da die Trennung von Erd- und Wasserdruck nicht folgerichtig durchgeführt wird. Um zu schwere Konstruktionen zu vermeiden, wird dann immer noch der Ausweg besser sein, die auf ein Spundwandbauwerk wirkenden Kräfte in vollem Umfange anzusetzen und dafür höhere Spannungen zuzulassen. Dagegen kann allerdings von der anderen Seite eingewendet werden, daß die mehr rechteckig- wie dreieckförmige Verteilung des Erddruckes den Beobachtungen über den tatsächlich vorhandenen Erddruck näher kommt. Es erhebt sich hierneben die Frage, ob es überhaupt berechtigt ist, den Grenzfall des Erddruckes der Beanspruchung einer Wand zugrunde zu legen, oder ob nicht die Verteilung des wirklichen Erddruckes, von der zur Zeit wenig mehr bekannt ist, als daß sie bestimmt anders verläuft als unsere jetzigen Ansätze, erst die zweckmäßige konstruktive Gestaltung des Bauwerkes (z. B. Höhenlage von Absteifungen) ermöglicht. Ich verweise hierbei auf meine eingangs dieses Kapitels gemachten Ausführungen (vgl. S. 88).

Einer bei der französischen Verwaltung gebräuchlichen Art der Berechnung werden folgende Annahmen zugrunde gelegt: kein Wasserüberdruck, da es sich um einen Dockhafen handelt, Wandreibungswinkel beim Erddruck $\delta = \varrho$, beim Erdwiderstand $\delta = -\frac{\varrho}{3}$ bis $-\frac{\varrho}{4}$, freie Auflagerung mit etwa zweifacher Sicherheit.

Um die Verschiedenheit der Annahmen bei der Berechnung von Spundwänden zu betrachten, sei noch kurz auf eine schwedische Berechnung einer Spundwand eingegangen (Abb. 64). Diese ist deshalb lehrreich, weil die Kohäsion berücksichtigt wird. Die Berechnung selbst ist nach dem Verfahren von Blum durchgeführt und bietet keine Besonderheiten, wohl aber der Ansatz der Kräfte. Der Wandreibungswinkel δ wird für aufgeschüttete und bindige Böden gleich Null angenommen. Im Sand beträgt er auf der hinterfüllten Seite der Wand für den Erddruck und für den Erdwiderstand $+{}^3/_4\varrho$. Der Erdwiderstand wird also kleiner als gewöhnlich eingesetzt, so daß die für die Ersatzkraft C benötigte Auflagerfläche vergrößert wird. Auf der Wasserseite der Wand wird $\delta = 0$ gesetzt, beim Erdwiderstand aber ein Ausgleich dadurch geschaffen, daß er mit 2 multipliziert wird. Ein Wasserüberdruck wird bei den geringen Spiegelschwankungen der Ostsee nicht berücksichtigt. Vom NW ab wird mit Wasserdruck in der Form gerechnet, daß im aufgefüllten Boden, dessen erste 2,75 m hinter der Wand aus Schlacke bestehen, der Auftrieb abgezogen wird. Im bindigen Boden wird kein Auftrieb berücksichtigt, dafür aber der Wasserdruck von außen abgezogen, also dasselbe Verfahren wie beim amerikanischen Beispiel angewendet, nur daß es sich dort um sandigen Boden ($\varrho = 30°$) handelte. Eine Trennung von Erd- und Wasserdruck wird also sehr häufig nicht vorgenommen. Man erhält auf diesem Wege selbst bei den geringen Reibungswinkeln der bindigen Böden verhältnismäßig kleine Erddrucklastflächen. Unterhalb der Hafensohle findet ein

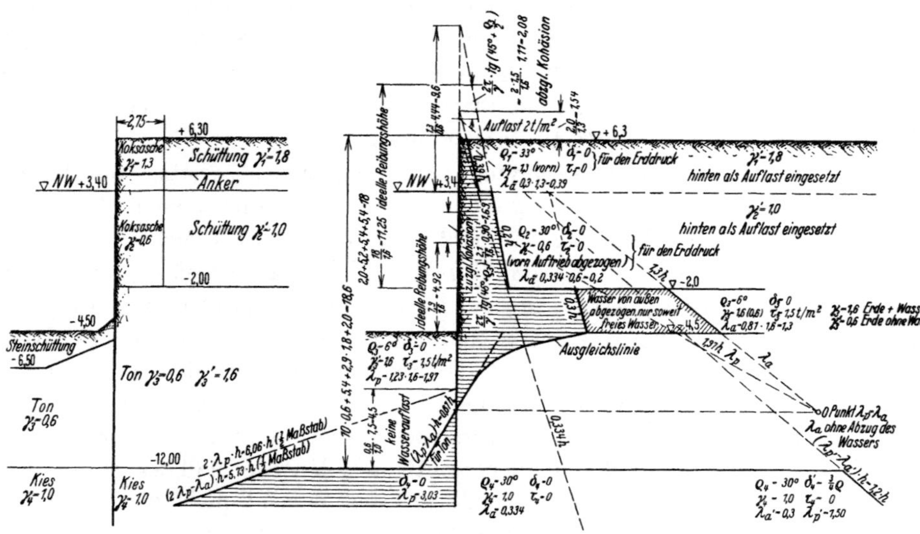

Abb. 64. Schwedische Spundwandberechnung.

Abzug des freien Wasserdruckes naturgemäß nicht mehr statt. Dafür wird bei der Berechnung des Erdwiderstandes unter der Hafensohle die darüberliegende NW-Säule als Auflast angesehen, insoweit es sich um bindigen Boden handelt. Beim Sand findet wieder ein Abzug des Auftriebes vom Raumgewicht statt. Also kurz:

nichtbindiger Boden: Abzug des Auftriebes, keine Wasserauflast, Erd- und Wasserdruck getrennt;

bindiger Boden: kein Abzug des Auftriebes, Wasserauflast, entgegengesetzter Wasserdruck wird abgezogen, Erd- und Wasserdruck nicht getrennt.

Die Kohäsion wird durch Änderung der ideellen Höhe H berücksichtigt[1]. Während bei reiner Reibung die ideelle Höhe beispielsweise der Schicht 3 ist:

$$H_3 = \frac{p}{\gamma_3} + h_1 \frac{\gamma_1}{\gamma_3} + h_2 \frac{\gamma_2}{\gamma_3} + h_3,$$

wird beim Vorhandensein der Kohäsion τ unter der Voraussetzung waagerechten Geländes, senkrechter Wand und einer Wandreibung gleich 0, diese ideelle Höhe für den Erddruck um den Betrag $\frac{2\tau}{\gamma_3} \operatorname{tg}\left(45° + \frac{\varrho_3}{2}\right)$ verkürzt und beim Erdwiderstand um den Betrag $\frac{2\tau}{\gamma_3} \operatorname{tg}\left(45° - \frac{\varrho_3}{2}\right)$ verlängert. Die günstige Wirkung der Kohäsion äußert sich also in einer Änderung der ideellen Höhen der Erddruck-

[1] Über den Ansatz der Erddruck- und Erdwiderstandsflächen bei Vorhandensein von Kohäsion s. Bror Fellenius: Om Beräkning av Jordtryck mot Spånter vid Kohesionära Jordarter. Tekn. T. Heft 39 S. 104. Stockholm 1935.

und Erdwiderstandflächen. Die Neigung der Begrenzungslinien bleibt die gleiche $\lambda_a \gamma$ bzw. $\lambda_p \gamma$.

An der Berechnung fällt ferner auf, daß obwohl die Hinterfüllung mit Koksasche nur 2,75 m in der Tiefe beträgt, die Gleitfläche für den Erddruck also in die dahinterliegende Schüttung eingreift, doch der Erddruck für das geringe Gewicht der Koksasche berechnet wird, während als Auflast für den darunterliegenden Boden das Gewicht des schwereren Hinterfüllungsmaterials eingesetzt wird. Durch das verringerte Raumgewicht entsteht eine günstige Beanspruchung der Wand, deren Berechtigung nicht ganz einzusehen ist.

Eine andere Berechnungsart wird in Hamburg angewendet[1]: Für die Ermittlung der Spundwandbelastung durch den Erddruck wird diejenige Tiefe angenommen, bei der der Erdwiderstand dem unteren Auflagerdruck der Erddruckfläche das Gleichgewicht hält. (Bei Spundwänden hinter hohem Pfahlrost wird für den unteren Auflagerdruck der errechnete Erdwiderstand mit 2,5 vervielfacht.) Die Annahme des Gleichsetzens von Auflagerkraft und Erdwiderstand ist etwas günstiger als die Berechnung der Rammtiefe aus dem Moment um den Ankerpunkt (vgl. Abb. 59). Denn im ersteren Fall erhält man bei dreieckiger Lastverteilung die Momentengleichung um A:

1. $E_p(h + t - b) = E_a[{}^2/_3(h + t) - b]$, da $E_p = B$ sein soll,

im zweiten Fall dagegen:

2. $E_p(h + {}^2/_3 t - b) = E_a[{}^2/_3(h + t) - b]$,

der Hebelarm von Ep ist also im letzteren Fall um ${}^1/_3 t$ kleiner, Ep und die Rammtiefe müssen also größer werden. Während die Rammtiefe nach dem geschilderten Verfahren etwas geringer als bei dem frei aufgelagerten Fall wird, werden die Momente für einen Einspannungsgrad ermittelt, der unabhängig von der Rammtiefe festgesetzt wird. Die Kombinationen oben voll eingespannt oder frei aufgelagert, mit unten voll eingespannt oder frei aufgelagert werden je nach den örtlichen Verhältnissen festgesetzt, ohne die Rammtiefe zu beeinflussen. Die Momente können, da die Spundwandlänge und die Belastung bekannt sind, rechnerisch bestimmt werden. Für die als Näherung meist ausreichende Annahme einer trapezförmigen Belastungsfläche lassen sich für alle Arten der Auflagerung an beiden Enden verhältnismäßig einfache Formeln aufstellen. Dies ist ein Vorteil gegenüber dem Blumschen Verfahren, das für den Fall der doppelten Einspannung einer Spundwand zu umständlichem Probieren führt.

Allerdings ist der Gedanke der Hamburger Ansätze so lange nicht folgerichtig, als man gemäß Blum von der Voraussetzung ausgeht, daß Rammtiefe und unterer Einspannungsgrad in Abhängigkeit voneinander stehen. Es soll daher zunächst einmal an Hand einiger in der Praxis vorgenommener Versuche an Spundwänden untersucht werden, welche Bewandtnis es mit der Einspannung einer eisernen Spundwand hat.

β) Frei aufgelagert — eingespannt.

Die Untersuchung der eingespannten Spundwand nach dem zeichnerischen Verfahren von Blum zeigt besonders anschaulich, daß der Begriff der Einspannung eines elastischen Baukörpers in einem ebenfalls elastischen Tragkörper (Untergrund) durch den Verlauf der elastischen Linie überhaupt erst geklärt

[1] Gemäß M. Möller: Erddrucktabellen. 2. Lief. S. 78. Leipzig 1922.

wird. Der Einspannungspunkt ist im gewöhnlichen Fall der Berührungspunkt der durch den Ankerangriffspunkt an die elastische Linie gezogenen Tangente. Weiter oben ist aber bereits an einer amerikanischen Berechnungsmethode gezeigt worden, daß die angreifenden Kräfte, die nach Blum der Ermittlung der elastischen Linie zugrunde liegen, nicht unabhängig vom Verlauf derselben sind, sondern gerade erst durch die Stärke der Durchbiegungen bedingt sind. Es ergibt sich daraus die Frage, ob man mit dem Kräfteansatz gemäß der Coulombschen Erddrucktheorie für die Einspannung zu günstige oder zu ungünstige Werte erhält.

Die wirklich vorhandenen Einspannungsverhältnisse, d. h. also der Verlauf der elastischen Linie, läßt sich bei fertigen Bauwerken schon im freistehenden Teil schlecht feststellen, da die Durchbiegungen einer Spundwand etwa von der gleichen Größenordnung sind wie die Ungenauigkeiten, die die Achse einer Spundbohle durch den Walzvorgang, Transport und das Rammen erleiden kann. Ziemlich aussichtslos erscheint es erst, den Verlauf der Durchbiegungen der Wand dort kennenzulernen, wo er am wichtigsten ist, nämlich im eingespannten Teil, da hier nicht nur die Größe der Durchbiegungen gering, sondern auch die Möglichkeiten, dieselben zu messen, recht umständlich und mit großen Fehlerquellen behaftet sind. Man muß daher die in der Natur vorhandenen Verhältnisse übertreiben, um gebrauchsfähige Ergebnisse zu erhalten.

Am einfachsten ist dies bei der unverankerten und durch eine Einzelkraft belasteten Bohle durchzuführen, da durch beliebig große Verstärkung der angreifenden Kraft die Durchbiegungen in den Bereich der Meßgenauigkeit gebracht werden können.

Tabelle 4. Ergebnisse von Versuchen zur Abbiegung von Spundbohlen und Pfählen in bindigem Boden $\varrho = 25°$ und $\gamma = 1{,}6$ (Abb. 65).

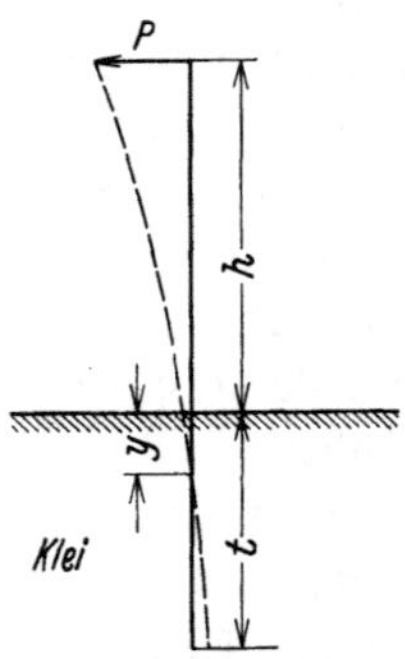

Abb. 65. Abbiegeversuche mit Spundbohlen und Pfählen.

Profil	Höchste Zugkraft P_{max} kg	Freie Höhe h m	Rammtiefe t m	Lage des Drehpunktes y [1] m
Holzpfähle				
⌀ 36	1200	8,85	6,80	0,45
⌀ 36	1400	8,85	6,90	0,45
Einzelbohlen				
Larssen III	1000	7,80	6,50	1,19
Larssen V	2400	8,45	6,30	1,70
Doppelbohlen				
Larssen III	2500	7,95	6,40	1,20
Larssen V	3900	8,45	6,30	1,51

Die Tabelle 4 gibt kein einwandfreies Bild über die Abhängigkeit des Drehpunktes von dem Widerstandsmoment, da die einzelnen Werte bei verschiedenen Belastungen P_{max} (Bruchlasten) gemessen wurden. Man erhält einen deutlicheren Eindruck über das Verhalten der Pfähle und Bohlen aus der Abb. 67 und aus folgenden Zahlen für y, die die Zwischenablesungen für die Einzellasten P von

[1] y bedeutet die gemessene Tiefe des Drehpunktes der Wand, wobei zu bemerken ist, daß der wirkliche Drehpunkt infolge Ungenauigkeit der Messung tiefer liegt.

1250 und 2500 kg darstellen, obwohl auch hier die Biegungsmomente infolge der verschiedenen freien Höhe und der unbestimmten Lage des Drehpunktes voneinander abweichen.

Belastung P:	1250 kg			2500 kg		
Lage des Drehpunktes y	gemessen	rechnungsmäßig[1] a	rechnungsmäßig[1] b	gemessen	rechnungsmäßig a	rechnungsmäßig b
Larssen V einzeln . . .	0,12	3,44	4,38	1,70	3,44	4,38
Larssen III doppel . . .	0,08	3,51	4,47	1,20	3,51	4,47
Larssen V doppel . . .	0,00	3,44	4,38	0,23	3,44	4,38

In die Abb. 66 ist die Lage des Pfahles oder der Bohle, von denen jeweils die Abbiegung am Kopf und in Geländehöhe gemessen waren, unter der Annahme eingetragen, daß es sich um vollkommen starre Gebilde handelt. Man erhält

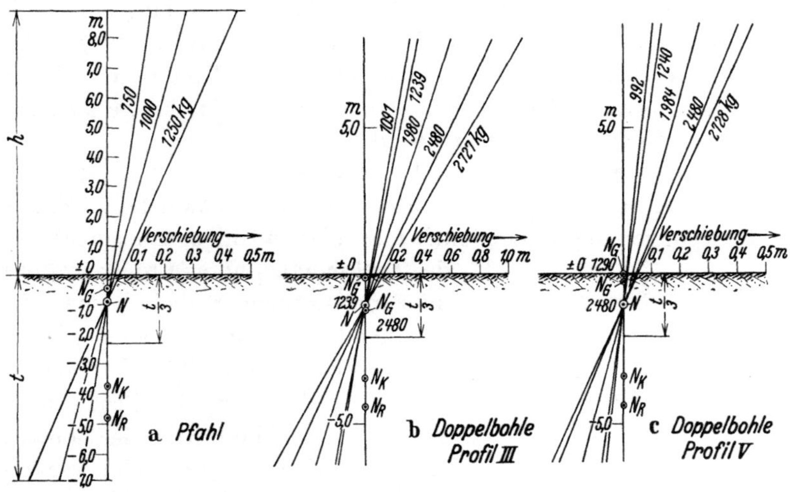

Abb. 66. Abbiegung eingespannter Pfähle und Bohlen. N_K = Drehpunkt nach Krey (starre Wand, w konstant). N_R = Drehpunkt nach Rifaat (starre Wand, w = at). N = Drehpunkt der starren Wand gemäß den gemessenen Abbiegungen an der Erdoberkante und der Bohlenoberkante. $N_{G\,2480}$ = Drehpunkt der Wand unmittelbar gemessen bei einer Belastung von 2480 kg.

durch Verbindung der beiden gemessenen Abbiegungspunkte in dem Schnittpunkt mit der ursprünglichen Achse der Bohle den höchstmöglichen Drehpunkt N der Wand. Die Abbildung zeigt, daß dieser Punkt fast ganz unabhängig von der Größe der angreifenden Belastung und dem Trägheitsmoment der Bohle ist und jedenfalls tiefer liegt als die bei den Versuchen gemessenen Drehpunkte N_G. Die letzteren dürften wegen der schwierigen Feststellung des wirklichen Drehpunktes mit starken Meßfehlern behaftet sein. In die Abbildung sind ferner

[1] Nach Krey: Erddruck, S. 209 (s. a. Rifaat: a. a. O.), für starre Wand und konstante Widerstandsziffern. Der Abbiegungspunkt entspricht dem Punkt D. Dessen Tiefe y läßt sich aus den Formeln 130 und 131 ermitteln zu:

(a) $$y = \frac{(h + {}^2/_3 t)}{2h + t}\, t .$$

Nach Rifaat (a. a. O.) erhält man unter Annahme einer mit der Tiefe linear anwachsenden Widerstandsziffer und steifer Wand:

(b) $$y = \frac{(2h + {}^2/_3 t)}{3h + 2t}\, t .$$

als N_K der nach Krey berechnete Drehpunkt, der nach Rifaat einer steifen Wand und konstanten Widerstandsziffer w entspricht, und als N_R der nach Rifaat unter der Annahme einer steifen Wand und linear mit der Tiefe wachsenden Widerstandsziffer berechnete Drehpunkt eingezeichnet. Beide Punkte liegen in Wirklichkeit erheblich tiefer, da die Wand sich elastisch durchbiegt. In erster Annäherung würde man die Biegelinie durch eine Kurve durch die drei Punkte N_K bzw. N_R, Schnitt mit Geländeoberkante, Kopf erhalten. Jedoch ist es besser, von vornherein zu berücksichtigen, daß der wirkliche Drehpunkt N_W mit fallendem Trägheitsmoment steigt (die starre Wand hat also den tiefsten Drehpunkt) und ihn zwischen den Grenzen N_R bzw. N_K und dem Schnittpunkt N anzusetzen. Das wird bei der Larssenbohle V tiefer zu geschehen haben als bei der Larssenbohle III. Eine verhältnismäßig gute Annäherung gibt die Annahme, daß der Drehpunkt in der Tiefe $t/3$ unter der Erdoberkante liegt. Die Lage des Drehpunktes spielt bei der Berechnung der Ankerlänge (s. S. 110) eine Rolle. Bei nachgebendem Anker haben wir das Kräftebild einer unverankerten Wand vor uns. Denkt man sich die Erddruckfläche durch ihre Resultierende ersetzt, so erhält man den Zustand der Abbiegeversuche, deren Ergebnisse als Anhalt für den Ansatz der Gleitfläche benutzt werden können.

Als Ergebnis ist festzuhalten, daß die Lage des Drehpunktes von dem Widerstandsmoment des Spundwandprofiles abhängig ist, und zwar läßt sich aus allgemeinen Überlegungen die Abhängigkeit folgendermaßen kennzeichnen[1]: die Tiefe des Drehpunktes unter Erdoberkante nimmt mit zunehmendem Trägheitsmoment J, Elastizitätsmodul E und abnehmender Widerstandsziffer w (Elastizität) des Bodens zu.

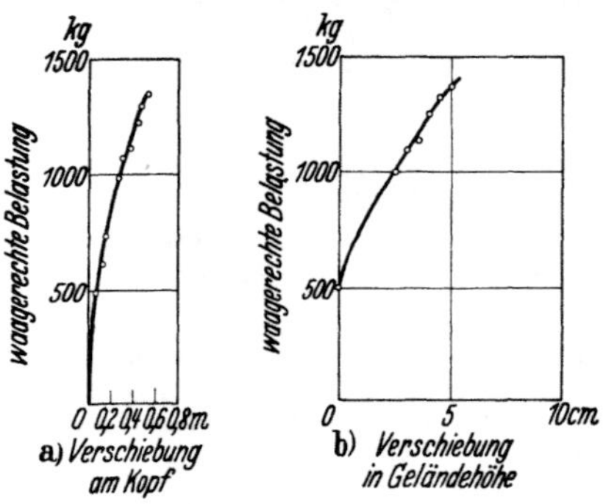

Abb. 67. Belastung und Verschiebung bei einem Holzpfahl ⌀ 36.

Die Abhängigkeit der Größe der Abbiegungen am Kopf und an der Geländeoberkante von der Größe der angreifenden waagerechten Zugkraft geht aus den Abbildungen 67 bis 69 hervor. Die Größe des Widerstandsmoments der Bohlen äußert sich darin, daß die Abbiegungen der Larssen-Doppelbohle III etwa doppelt so groß sind als diejenigen der Doppelbohle V. Die Kurven haben Ähnlichkeit mit den von Rifaat[2] versuchsmäßig in reinem Sand gefundenen. Die Hysteresisschleifen kommen in den Abbildungen nicht so deutlich zum Ausdruck, da die Entlastung nicht bis auf 0 herunter vorgenommen worden ist. Der wahrscheinliche Verlauf der Schleifen ist durch Strichelung angedeutet. Die Kurven zeigen einen gleichartigen Verlauf, wie er beim Spannungs-Dehnungsdiagramm und

[1] Aus der von Rifaat a. a. O. S. 27 angegebenen Gleichung für e_p läßt sich für unendliche Rammtiefe die Lage des Drehpunktes bei elastischer Wand und konstanter Widerstandsziffer so berechnen: $y = \sqrt{\frac{4EJ}{wB}} \operatorname{arc\,tg}\left(\frac{1}{h}\sqrt{\frac{4EJ}{wB}} + 1\right)$, wo B = Breite der Wand. Der erste Drehpunkt y_1 entspricht dem Punkt y der Versuche. Die Rammtiefe ist praktisch unendlich, wenn $t = y_2 = y_1 + \pi\sqrt{\frac{wB}{4EJ}}$, also gleich dem zweiten Drehpunkt ist.

[2] A. a. O. S. 57ff.

beim Last-Senkungsdiagramm auftritt. Auch hier kann von einer Proportionalitätsgrenze gesprochen werden. Die „Bruchgrenze“ oder „Grenzbelastung“

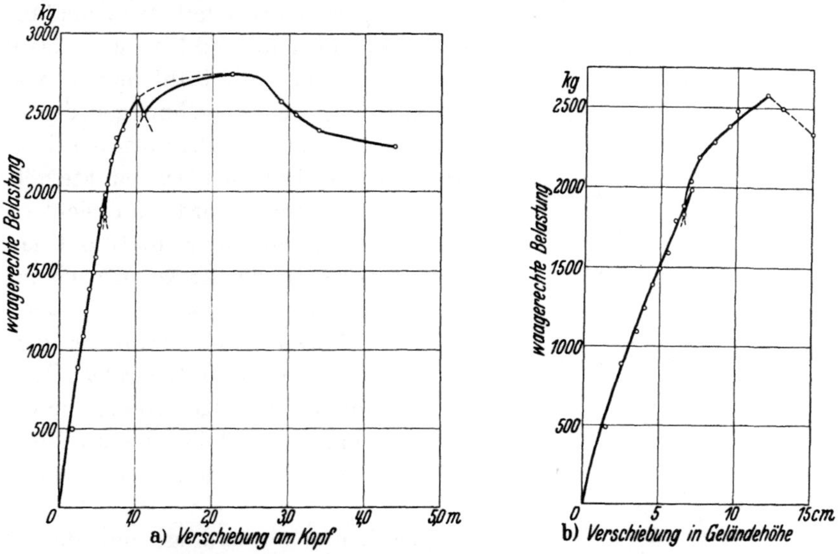

Abb. 68. Belastung und Verschiebung bei einer Doppelbohle Larssen III.

ist bei den Versuchen durch das Abbrechen des Pfahles bzw. Umknicken der Bohlen erreicht worden. Daß es sich bei den Spundbohlen um ein Knickproblem

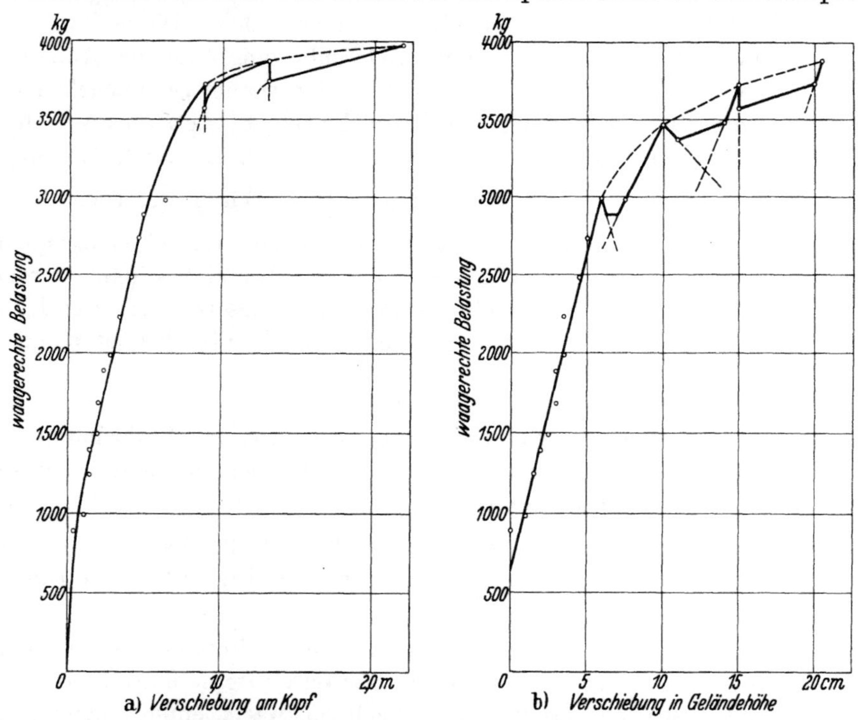

Abb. 69. Belastung und Verschiebung bei einer Doppelbohle Larssen V.

handelt, ging deutlich aus dem Zustand der Bohlen an der Geländeoberkante hervor, wo die Flanschen seitlich herausgedrückt waren. Infolge Überlastung des Bodens in der oberen Zone konnte bei den großen Rammtiefen keine Bohle am Fuß ausweichen.

Vergleicht man das aus den Versuchen gewonnene y mit den Annahmen der gewöhnlichen Spundwandberechnung, so erkennt man, daß bei dieser das Widerstandsmoment im Gegensatz zu den Versuchen ohne Einfluß auf die Lage von y ist.

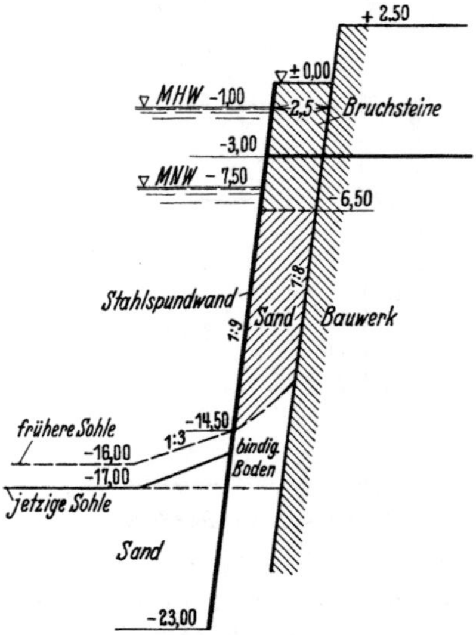

Abb. 70. Durchbiegungsmessungen an einer Spundwand.

Gegenüber den Berechnungen der Spundwände fällt ferner auf, daß infolge der Elastizität der Wand die wirklichen Drehpunkte höher liegen als angenommen wird. Man sieht daraus, daß die Berechnung der Spundwand nach der ungünstigen Seite, die der Anker nach der günstigen Seite hin abweicht.

Welche Folgerungen daraus gezogen werden können, wird S. 107 dargelegt. Es seien zur Abrundung des Bildes vorerst einige Versuchsergebnisse mitgeteilt, die an oben verankerter Spundwand gemessen worden sind (Abb. 70).

Hier konnten allerdings nur die Durchbiegungen oberhalb der Sohle aufgenommen werden. Die gemessenen Durchbiegungen wurden dazu benutzt, um die Spannungen in der Spundwand zu errechnen. Dieses kann entweder mit Hilfe der gemessenen maximalen Durchbiegung unter der Annahme, daß die Wand an ihren Enden frei aufgelagert bzw. eingespannt ist, geschehen oder durch Bestimmung des Krümmungsradius der Biegelinie. Letzteres Verfahren ist unabhängig von der wirklichen Auflagerung der Wand. Da der Krümmungshalbmesser $\varrho = \frac{EJ}{M}$ und $M = \sigma \cdot W$, wird $\sigma = \frac{EJ}{\varrho W}$. Durch Vergleich des so errechneten σ mit dem σ eines frei aufgelagerten ganz oder teilweise eingespannten Balkens kann die Art der Auflagerung der Spundwand bestimmt werden, wenn die Belastungen der Wirklichkeit entsprechend eingesetzt sind. Den Halbmesser ϱ bestimmt man am besten aus der Sehne s und dem Stich h der Wand zu $\varrho = \frac{s^2}{8h}$, so daß $\sigma = \frac{8EJh}{s^2 W}$.

Bei dem angezogenen Beispiel handelt es sich um eine Stahlspundwand (Abb. 70), die 3 m vom Gelände durch einen Stahlanker gehalten und unten 6 m in den festgelagerten Sand gerammt ist.

Aus der Krümmung der Spundwand ermittelte sich die Spannung vor der Tieferbaggerung zu $\sigma = 1550$ kg/cm², nach der Tieferbaggerung um 1 m zu $\sigma = 2000$ kg/cm².

Berücksichtigt man, daß mit der fortschreitenden Auffüllung des Zwischenraumes zwischen Stahlspundwand und altem Bauwerk unterhalb des Ankers der Kopf der Spundwand noch eine Bewegung nach rückwärts, entsprechend einer freien oberen Auflagerung, durchmacht, daß aber eine derartige Bewegung bei Tieferlegung der Sohle wegen der oberen Bruchsteinhinterfüllung nicht mehr erfolgen konnte, so hat man für die Nachrechnung im Boden volle und am

Kopf teilweise Einspannung anzunehmen. Die durchgeführten Berechnungen ergaben für obere teilweise Einspannung nach Tieferbaggerung um 1 m eine Beanspruchung, die der aus der Krümmung der Spundwand ermittelten annähernd gleichkommt.

Die Größe der gemessenen Durchbiegungen betrug rund 8 bis 9 cm und konnte mit einer ziemlich einfachen Meßeinrichtung (mit Rundeisen beschwerter Draht) festgestellt werden. Eine so große Genauigkeit wird aber nur bei ziemlich großen freien Höhen zu erreichen sein, wo die Durchbiegungen schon beträchtliche Werte annehmen. Immerhin zeigen die Beispiele, daß die Untersuchung bestehender Bauwerke von großem Wert sein kann, insbesondere deswegen, weil die Aufschlüsse den Ergebnissen der Versuchsanstalten gegenüber den Vorteil größerer Annäherung an die wirklichen Verhältnisse haben.

Aus den auf S. 103 angeführten Ergebnissen geht hervor, daß die Annahmen, die der Berechnung der Spundwand als eingespannter Balken zugrunde liegen, ungünstiger als in Wirklichkeit sind, weil der Drehpunkt sich höher als theoretisch ermittelt befindet. Es ist hieraus zu folgern, daß auch bei freier Auflagerung die Annahmen der Berechnung ungünstiger als in Wirklichkeit sind.

Stets frei aufgelagert wird man eine doppelt und mehrfach verankerte Wand rechnen (Abb. 71g und h). Schon bei der doppelt verankerten Wand ist die Größe der Rammtiefe zur beliebigen Wahl gestellt, da die Wand bei entsprechender Ausbildung theoretisch von den beiden Ankern allein gehalten werden kann. Die Vergrößerung der Rammtiefe bringt also nur eine Entlastung der Anker mit sich, das Feldmoment wird verkleinert und das Stützmoment am unteren Anker von einer gewissen Rammtiefe ab vermindert. Die doppelte Verankerung ermöglicht es also, auch bei Verhältnissen, die der Rammung der Wand ungünstig sind, einen standsicheren Abschluß des Geländesprunges zu erzielen und die Spundwand nur so tief zu rammen, wie es Bauausführung und Betrieb verlangen. Als besonderer Fall der doppelt verankerten Wand ist die Auflagerung des unteren Endes auf einer festen Schwelle zu betrachten, wie sie bei Schleusen häufiger vorkommt. Die Rammtiefe ist hier lediglich hydraulisch oder bauausführungstechnisch bedingt. Die Berechnung der doppelt verankerten Wand geschieht als Balken auf 3 Stützen nach Clapeyron oder bei geringer Rammtiefe als Balken auf 2 Stützen.

Mehr als doppelte Verankerungen werden selten ausgeführt. Sie können nach den gleichen Überlegungen wie vorher berechnet werden. Die Rammtiefe ist wiederum zur freien Wahl gestellt. Die angegebenen Berechnungsarten gelten nur für solche Lagen der Anker, wo sie Zug erhalten oder anderenfalls als Drucksteifen konstruiert sind.

Die Berechnung der unverankerten Spundwand (Abb. 71a) muß stets eingespannt erfolgen. Als Spundwand zur Abstützung eines Geländesprunges findet diese Konstruktion weniger Anwendung als als Dalben- und Verankerungswand. Die Berechnung nach dem Blumschen Verfahren ist hierfür klar entwickelt.

Bei der beiderseits eingespannten Wand gilt dasselbe wie bei der doppelt frei aufgelagerten Wand. Die Rammtiefe kann theoretisch beliebig gewählt werden, wenn oben volle Einspannung vorhanden ist. Auf die am oberen Teil der Spundwand herrschenden Auflagerverhältnisse habe ich bereits im vorigen Abschnitt (s. S. 92) hingewiesen.

γ) Die Verankerung.

Für die Verankerung einer Spundwand bestehen verschiedene konstruktive Möglichkeiten, die sich nach der Lage des Ankers unterscheiden (Abb. 71). Die Gesamtkonstruktion besteht aus der Rückhaltvorrichtung, die entweder eine Ankerplatte, eine Ankerwand, ein Ankerpfahl mit oder ohne Ankerplatte, eine Pfahlbockkonstruktion oder eine Verankerungsrostplatte auf Pfählen sein kann, und der Verbindung zwischen dieser und der Spundwand durch Anker, deren Kraft durch die Gurtung gleichmäßig auf die Spundwand verteilt wird. Eine besondere Konstruktion erübrigt sich hierfür, wenn die Anker jede Einzelbohle bzw. jede Doppelbohle erfassen. Die Ankergurtung kann entweder vor oder hinter der Spundwand angeordnet werden. Durch eine Verankerungskonstruktion, die unmittelbar an die Spundwand anschließt, werden zusätzliche Beanspruchungen, die sich sonst aus dem dazwischengeschalteten, mehr oder weniger langen Anker mit dem auf ihm ruhenden Boden ergeben, vermieden.

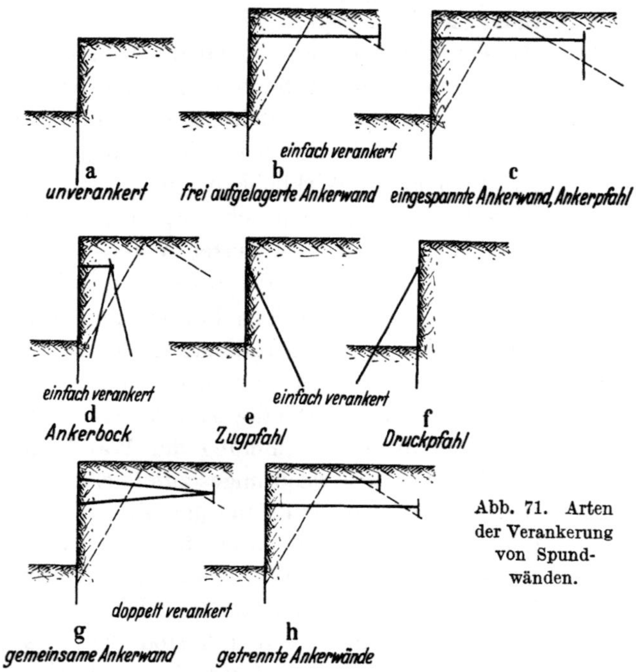

Abb. 71. Arten der Verankerung von Spundwänden.

Die gebräuchlichste Art der Verankerung ist die Ankerwand oder Ankerplatte. Die Frage, ob die eine oder die andere zu nehmen ist, richtet sich nach der Tiefenlage, dem Abstand der Anker und der Größe der Ankerkräfte. Bei geringen Kräften und verhältnismäßig großem Erdwiderstand wird man mit einer Ankerplatte auskommen, ohne deren Höhe über das übliche Maß hinauswachsen zu lassen. Der Vorteil der Ankerplatte liegt in einem größeren Erdwiderstand je lfd.m Platte, da bei genügendem Abstand der Platten der Erdwiderstand auch nach den Seiten hin auf keilförmigen Gleitflächen auftritt. Die Berechnung der Ankerplatte geschieht meist als frei aufgelagerter Balken mit Schwerpunktslagerung, wobei man zur Aufnahme der Zugkraft Breite und Höhe vergrößern kann.

Über die bei Ankerwand und -platte wirklich auftretenden Widerstandskräfte sind in der Hannoverschen Grundbau-Versuchsanstalt[1] seit mehreren Jahren systematische Versuche angestellt worden, die infolge des Auftretens ausgedehnter Gleitkörper eine völlig andere Größe des Erdwiderstandes bei Ankerplatten

[1] Buchholz, W.: Erdwiderstand auf Ankerplatten. Jb. hafenbautechn. Ges. Bd. 12 (1930/31). — Petermann, H.: Bewegung und Kraft bei Ankerplatten. Bauing. 1933 Heft 43/44. — Buchholz, W., u. H. Petermann: Berechnungsverfahren für Ankerplatten und -wände. Bauing. 1935 Heft 19/20.

und Ankerwänden ergaben, als wir sie in unseren Berechnungen bislang anzusetzen gewohnt waren. Vergleicht man diese Versuchsergebnisse mit dem natürlichen Verhalten des Bodens in der Natur, so kann man auch bei fast allen Rutschungen die nach den Seiten hin schräg verlaufenden Scherrisse des Bodens, die die Begrenzung der Gleitkörper bilden, verfolgen. Die Zugkräfte, die von einer Ankerplatte aufgenommen werden können, sind im Sandboden danach erheblich größer, und ich sehe keine Bedenken, daß man in Zukunft im Sandboden die Berechnung der Größe der Ankerplatte nach den vorgeschlagenen Verfahren durchführt. Für die Entfernung der einzelnen Ankerplatten voneinander gibt es ein kritisches Maß, über das hinaus der Widerstand nicht mehr wächst.

Man wird zunächst versuchen, mit einer Ankerlage auszukommen, da diese die wirtschaftlichste Konstruktion ist. Mehrere Ankerlagen sind manchmal nicht zu entbehren, wenn die Durchbiegung der Wand, das Moment oder die Rammtiefe zu groß wird. Es empfiehlt sich jedoch, eher schwerere Spundwandprofile mit einfacher Verankerung als leichte Profile mit doppelter oder mehrfacher Verankerung zu benutzen, da das schwerere Profil immer das rammtechnisch günstigere ist. Außerdem ist bei mehrfacher Verankerung für die einzelnen Anker eine gleich hohe Ankerspannung nur schwer zu erreichen.

Die Länge des Ankers ist durch seine Höhenlage und die freie Höhe der Spundwand bedingt. Soll der Erdwiderstand gegen die Ankerwand oder Platte voll zur Auswirkung kommen, so muß der Gleitkeil sich ungestört ausbilden können. Daraus ergibt sich eine Verlängerung des Ankers mit seiner zunehmenden Tiefe. Ist es aus räumlichen oder anderen Gründen nicht möglich, den Anker in der durch die Gleitflächen vorgeschriebenen Länge auszubilden, dann muß mit vermindertem Erdwiderstand gerechnet werden. Man denkt sich hierbei den Erdkörper auf den Gleitflächen abrutschend und bestimmt am besten mit der Culmannschen E-Linie den Erdwiderstand des abgeschnittenen Erdkeils. Innerhalb des wirksamen Gleitkeiles des Erddruckes ist die Lage einer Ankerwand nicht möglich.

Bei der bisherigen Berechnung der Ankerlänge wurde von den gleichen Bewegungsmöglichkeiten der Wand ausgegangen, wie sie beim Ansatz des Erddruckes üblich sind (Punkt U der Abb. 58 S. 93 gibt nach, Punkt A gibt etwas nach, Drehung um O).

Der Ansatz der Gleitflächen, die die Entfernung der Ankerwand bestimmen, erfolgt meist am Fuß der Spundwand. Man geht von dem Gedanken aus, daß die Spundwand unten ausweicht, obwohl durch Bestimmung der Rammtiefe der Fuß der Spundwand als gesichert gelten kann. Da aber auch eine festbleibende Verankerung nicht imstande ist, die als ausweichend angenommene Wand wieder zurückzuziehen, ist es folgerichtiger, den Fuß der Wand als feststehend anzunehmen und von der Bewegung auszugehen, die bei einer ungenügenden Verankerung vor sich gehen würde. In diesem Fall würde sich die Wand um einen Punkt, der etwa gleich dem erwähnten Punkt y der S. 102 geschilderten Abbiegeversuche ist, drehen (Drehung um U bzw. U'). Dadurch erhält man einen höheren Ausgangspunkt der Gleitflächen, also eine wirtschaftlichere Ankerlänge. Als Ausgangspunkt kann man etwa den Punkt annehmen, an dem die Belastungsfläche des Erddrucks und des Erdwiderstandes ihren Nullwert hat

(Abb. 72)[1]. Bei der bisher üblichen Bestimmung der Ankerlänge ergab sich der offenbar unsinnige Zustand, daß die Ankerlänge mit dem Tieferrammen der Wand wuchs, also bei einer eingespannten Spundwand größer sein mußte als bei einer frei aufgelagerten. Zu berücksichtigen ist allerdings, daß durch die horizontale Belastung des Gleitkeils infolge der Ankerplatte die ungünstigste Gleitfläche verändert und dadurch ein zusätzlicher Erddruck auf die Spundwand ausgeübt werden kann, je näher die Ankerplatte an die Wand heranrückt.

Die Höhe einer Ankerwand ist auf den Ankerzug hin zu bemessen. Im allgemeinen wird man versuchen, zunächst die wirtschaftliche freie Auflagerung der Ankerwand (Abb. 71b) zu erhalten. Ist aber der Ankerzug sehr groß und liegt der Anker nahe der Erdoberfläche, so wird es sich nicht immer erreichen lassen, die voneinander abhängigen Bedingungen: Angriff des Ankers im Schwerpunkt des Erdwiderstandes und Erdwiderstandsfläche = Ankerzug, gleichzeitig zu erfüllen. Der Anker muß dann außerhalb des Schwerpunktes angreifen (Abb. 71c), die Ankerspundwand erhält ein Biegungsmoment und ist eingespannt. Die Berechnung für die frei aufgelagerte Wand geschieht durch Probieren[2], die für die eingespannte Wand ohne Probieren nach dem zeichnerischen Verfahren von Blum.

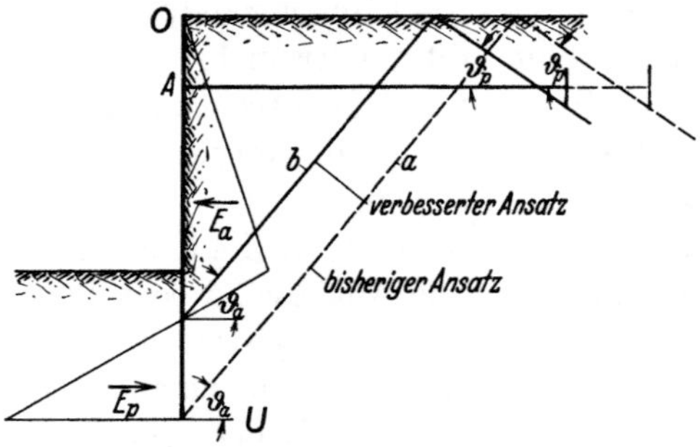

Abb. 72. Ermittlung der Lage der Ankerspundwand und der Ankerlänge.

Ähnlich liegen die Verhältnisse, wenn die Verankerungskonstruktion aus einzelnen Pfählen an Stelle der Ankerwand besteht (Abb. 71c). Man hat eine Beanspruchung wie bei Masten. Auch bei Dalben treten die gleichen Verhältnisse auf. Der Verankerungspfahl ist in der angegebenen Form wenig günstig, da der Erdwiderstand, welchen der Pfahl infolge seines kleinen Durchmessers erzeugt, nur imstande ist, kleinere Ankerzüge aufzunehmen. Es ist bei solchen Beanspruchungen gut, von der reinen Erddrucktheorie abzuweichen und das elastische Verhalten des Bodens in Betracht zu ziehen. Bei Rammträgern und Ankerpfählen entsteht infolge des keilförmigen Herausscherens des Gleitkörpers trotz der geringen Breite ein verhältnismäßig hoher Erdwiderstand. Es ergeben sich aber gerade infolge dieser großen Widerstandskraft wegen der geringen Auflagerfläche des Pfahles hohe Bodenbeanspruchungen. Das bedeutet, wenn man den Boden als elastischen Körper betrachtet, eine Zusammendrückung des Bodens, die, z. B. bei einer Absteifung durch Rammträger, an der Spitze beginnend, sich nach oben fortsetzt und dadurch eine Bewegung des Trägers zur Folge hat, obwohl der Erdwiderstand zunächst nicht überschritten ist. Durch das

[1] Vgl. auch A. C. Dean: Piles and Pile Driving, London 1935 S. 192, wo dieser Punkt in $^1/_3$ der Rammtiefe angenommen wird.

[2] Am besten graphisch nach Abb. 73. Die Ankerwand wird von der Erdoberfläche ausgehend nach unten unbegrenzt gedacht. An das aus dem Erdwiderstand gewonnene Seileck werden Tangenten gelegt; zwei zusammengehörige Tangenten schneiden sich jeweils in Höhe des Ankerangriffspunktes. Dasjenige Tangentenpaar, welches im Krafteck eine Auflagerkraft in Größe der Ankerkraft für den lfd. m Wand herausschneidet, bestimmt den oberen und unteren Endpunkt der Ankerwand.

Vorschieben des Fußes wird allerdings der rechnungsmäßige Erdwiderstand sofort vermindert, so daß die anfangs elastischen Verschiebungen schließlich zu einem Ausweichen infolge mangelnden Erdwiderstandes führen können. Je nach der Größe der Formänderung des Untergrundes, die man noch zulassen will, empfiehlt es sich, bei der Belastung des Bodens infolge des Erdwiderstandes über eine bestimmte Grenze (p_{zul}) nicht hinauszugehen. Das p_{vorh} ist unabhängig von der Erddruckuntersuchung zu bestimmen. Außer bei Ankerpfählen spielt eine derartige Beanspruchung insbesondere bei Rammträgern, wie sie zur Aussteifung z. B. von U-Bahn-Baugruben benutzt werden, eine Rolle.

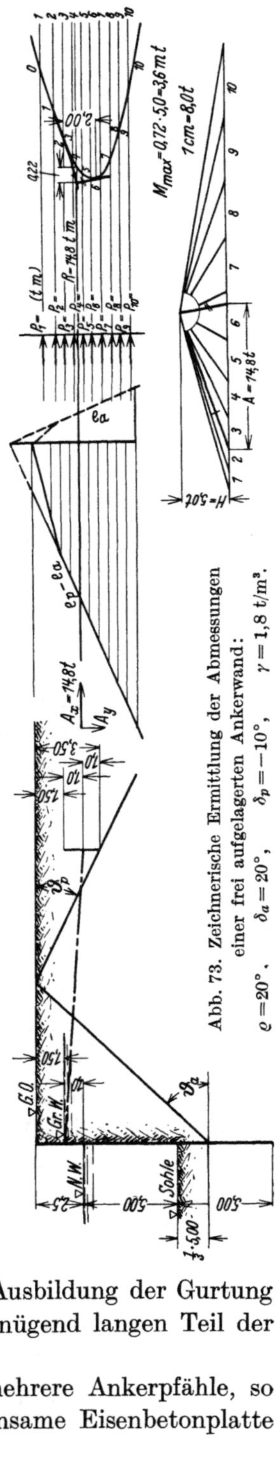

Abb. 73. Zeichnerische Ermittlung der Abmessungen einer frei aufgelagerten Ankerwand: $\varrho = 20°$, $\delta_a = 20°$, $\delta_p = -10°$, $\gamma = 1{,}8$ t/m³.

Man verwendet deshalb besser den Einzelpfahl in Verbindung mit einer Platte, die den Erdwiderstand vergrößert oder den Ankerbock aus 2 Pfählen (Abbildung 71d), und geht damit, statisch gesprochen, vom Vollwand- zum Fachwerksystem über. Die Pfähle werden also auf Druck und Zug an Stelle von Biegung, die Erde auf Reibung, also in Richtung der Komponente des Erdwiderstandes parallel zum Pfahl an Stelle des Erdwiderstandes senkrecht zum Pfahl, beansprucht. Die Konstruktion von Ankerböcken ist besonders dann am Platze, wenn es nicht möglich ist, die Verankerung in dem Bereich des vollen Erdwiderstandes zu legen. Die auf Zug und Druck beanspruchten Pfähle können beliebig nahe an die Spundwand herangerückt werden. Nur muß gegebenenfalls bei der Berechnung der Tragfähigkeit der Pfähle die Beanspruchung durch die Auflast des auf einer Gleitlinie abrutschenden Bodens eingesetzt werden.

Wird die Ankerlänge Null, so vereinigt man den vorderen Pfahl mit der Spundwand und schließt den Schrägpfahl an diese an (Bockwirkung), oder verzichtet auf den vorderen Pfahl und setzt den Schrägpfahl entweder als Zugpfahl nach hinten (Abb. 71e) oder, wenn keine glatte Außenfläche gefordert wird, als Druckpfahl nach vorne (Abb. 71f). Die Komponente der Ankerkraft, die in einen Schrägpfahl übergeht, ist ziemlich erheblich: bei einer Pfahlneigung $n:1$ beläuft sie sich auf $\sqrt{1+n^2}$, wird also bei einer Neigung $3:1$ rund 3,16 mal so groß wie der Ankerzug. Im Fall eines einzelnen Schrägpfahles übernimmt die Spundwand die Aufgabe des senkrechten Bockpfahles. Durch geeignete Ausbildung der Gurtung muß für eine Übertragung dieser Kräfte auf einen genügend langen Teil der Wand gesorgt werden.

Benötigt man für die Aufnahme der Ankerkraft mehrere Ankerpfähle, so geht man zweckmäßigerweise zu der durch eine gemeinsame Eisenbetonplatte verbundenen Pfahlrostkonstruktion über, die den unleugbaren Vorteil klarerer statischer Verhältnisse besitzt.

Bislang stellt man sich auf den Standpunkt, daß eine Spundwand, die nach rückwärts verankert ist, für die statische Berechnung an der Gurtung als frei aufgelagert betrachtet werden kann. Ich habe in dem vorherigen Kapitel (S. 92) die Ergebnisse einer Vergleichsrechnung zusammengestellt, aus denen zu ersehen ist, welche Gefahrenquelle allein in dieser Annahme für unsere Spundwandbauwerke liegt. Überlegt man ferner, daß noch weitere erhebliche Zusatzbeanspruchungen eintreten können, und zwar infolge der Durchbiegung und Belastung der Anker durch die Erdauflast, dann kann man sich vorstellen, mit welchen Schäden man für die Zukunft noch wird rechnen müssen, wenn man beim Entwurf nicht die nötige Vorsicht walten läßt. Die gesamten, auf eine Spundwandverankerung wirkenden Kräfte sind folgende:

Beanspruchung durch die Ankerzugkraft, ermittelt z. B. aus der Annahme der freien Auflagerung der Spundwand;

Zusatzbeanspruchung infolge Wachsens der Ankerzugkraft durch die vorhandene obere Einspannung der Spundwand;

Zusatzbeanspruchung des Ankers infolge auf ihm ruhender Erdlast und Nachgebens des Untergrundes unter dem Anker;

Zusatzbeanspruchung der innen liegenden Ankergurtung infolge der auf der Ankergurtung ruhenden Erdlast, des unter der Ankergurtung sich setzenden, durch die Durchbiegung der Spundwand gegebenenfalls nachsackenden Bodens und durch die infolge der Durchbiegung der Spundwand eintretende Herabziehung des Ankers;

Zusatzbeanspruchung durch Vorspannung.

Es kommt noch hinzu, daß der Punkt A (Abb. 72) bei freiliegenden Ankern niemals als fester Punkt zu betrachten ist, sondern eine Bewegung nach vorne (Inspannunggehen der Wand) und infolge der Durchbiegung der Wand nach unten vollzieht.

Betrachtet man allein die Zusatzbeanspruchung des Ankers infolge vorhandener oberer Einspannung der Spundwand, so ergibt das angeführte Beispiel eine Erhöhung der Ankerzugkraft um 100%, die bereits einen Bruch des Ankers zur Folge haben kann. Berechnet man die zusätzliche Beanspruchung infolge des auflastenden Bodens bzw. aus der Durchbiegung des Ankers, so kann auch hierdurch eine Überlastung der Verankerung hervorgerufen werden.

Vergleichsrechnungen für einen 12 m langen Anker, 2,5 m unter Oberkante Gelände, ergaben bei einer Durchbiegung von 5 cm unter der Annahme, daß die Endpunkte des Ankers sich nicht verschieben, bereits eine zusätzliche Beanspruchung von etwa 800 kg/cm^2, während die Beanspruchung durch die auf ihm ruhende Erdbelastung so groß wurde, daß die Elastizitätsgrenze überschritten wurde. Wenn man sich auch klar darüber ist, daß letzterer Fall kaum eintreten wird, da ja der weitaus größte Teil der Auflast von dem darunterliegenden Boden übernommen wird, so zeigt doch die Rechnung, daß in der eintretenden Durchbiegung des Ankers eine Gefahrenquelle liegt.

Zieht man das Ergebnis aus diesen Überlegungen und Vergleichsrechnungen[1],

[1] Leider liegen unmittelbare Messungen der Ankerkräfte kaum vor, so daß eine klare Entscheidung über die wirklich auftretenden Ankerkräfte nicht möglich ist. Die einzigen mir

so sollte man für die Zukunft nur dann zu frei auf dem Boden liegenden Ankern mit einer Ankerplatte oder -wand greifen, wenn die dadurch auftretenden Beanspruchungen wenigstens näherungsweise erfaßt werden können. Dieser Fall wird aber erst eintreten, wenn einwandfreie Nachmessungen an vorhandenen Bauwerken vorliegen.

δ) Geländesprung.

Die vorher besprochene Untersuchung eines Geländesprunges (Geländebruches) mit Hilfe des Gleitkreises wird durch das Rammen einer Spundwand wie folgt geändert:

Für Gleitkreise, die die Spundwand schneiden, tritt als zusätzliche Kraft entweder die Scherkraft auf, die erforderlich ist, um die Spundwand abzuscheren, oder die Zugkraft, um dieselbe herauszuziehen. Die Berechnung der letzteren ist genau nicht durchzuführen, da die Wand erst nach entsprechend starker Durchbiegung herausgezogen wird. Hier treten dann teilweise Reibungskräfte zwischen Wand und Erde, teilweise Erddruck- und -widerstandskräfte auf, die sich nicht feststellen lassen. Wenn daher bei Geländesprüngen die Gefahr besteht, daß eine Spundwand herausgezogen werden kann, muß sie entweder daraufhin bemessen werden, oder man wählt ein Pfahlrost- oder Massivbauwerk.

ε) Gang der Berechnung.

Faßt man die bisherigen Ausführungen nochmals zusammen und wertet sie für das Spundwandbauwerk aus, so ergibt sich folgender Gang für die Berechnung:

1. Festlegung der Belastungsfälle und Belastungsgrenzen für Bauausführung und Betrieb.
2. Untersuchung des Geländesprunges (Geländebruches) ohne Rücksicht auf die späteren Abmessungen des Bauwerkes.
3. Wahl des Bauwerkes je nach dem Ergebnis der Geländebruchuntersuchung.
4. Ermittlung der angreifenden Kräfte, die auf die Art der Verankerungskonstruktion und Bewegung der Wand Rücksicht zu nehmen hat, und der Auflagerbedingungen.
5. Berechnung der Rammtiefe, der Momente, der Auflagerkräfte und der Durchbiegung nach einem der gegebenen Verfahren für sämtliche Belastungsfälle.
6. Bemessung der Spundwandkonstruktion.
7. Kontrolle der Rechnung, ob die gewählten Bedingungen für die Konstruktion auch zutreffen.

b) Das Ergebnis der Versuchsrechnungen.

α) Zweck und Umfang der Versuchsrechnungen.

Ein vorhergehendes Kapitel (S. 94) hat gezeigt, wie in verschiedenen Ländern und von verschiedenen Verfassern der Erddruck und Erdwiderstand beim Nach-

---

bekannten Messungen an bestehenden Bauwerken stammen von Baudelaire in Tancarville und sind im Bericht 109 des XVI. Internat. Schiffahrtskongresses veröffentlicht (S. 17). Die Messungen ergaben etwas geringere Spannungen als nach den Berechnungen zu erwarten waren (288 kg/cm² gegenüber 378 kg/cm²). Es wäre zu wünschen, daß ähnliche Versuche nunmehr auch von anderer Seite angestellt würden, da infolge verschiedentlichen Reißens das Mißtrauen gegen Stahlanker immer mehr anwächst.

weis der Standsicherheit und Festigkeit der Begrenzungsbauwerke von Geländesprüngen eingesetzt wird. In Deutschland hat sich das Verfahren von Blum für die zeichnerische Ermittlung der Rammtiefen von frei aufgelagerten und eingespannten Bohlwerken eingebürgert. Da ich grundsätzlich Anhänger der analytischen Ermittlung bin, empfehle ich, wo die Möglichkeit dazu gegeben ist, nämlich bei freier Auflagerung, die Untersuchung auf rechnerischem Wege mit Hilfe der Gleichgewichtsbedingungen und bei eingespannter Wand die rechnerische Nachprüfung vorzunehmen. Für die eigentliche Berechnung bei eingespannter Auflagerung muß es zunächst bei dem Blumschen zeichnerischen Verfahren bleiben, wenn nicht das Ersatzbalkenverfahren als Näherung ausreicht.

Um einmal die Auswirkung der Fehlerquellen in den Belastungsannahmen und der Lage und Art der Auflagerung festzustellen, habe ich Versuchsrechnungen durchführen lassen, die sich auf die Untersuchung folgender Fälle erstrecken:

Abhängigkeit:

a) der rechnungsmäßigen Rammtiefe,
b) des Maximalmoments,
c) der oberen Auflagerkräfte

von:

verschiedener Ankerlage,
verschiedener Auflagerung im Boden,
verschiedener Wertigkeit des Bodens (Raumgewicht, Reibungsbeiwert, Wandreibung),
verschiedenen Wasserstandsverhältnissen.

Feststellung der gegenseitigen Abhängigkeit von:
Rammtiefe,
Maximalmoment,
oberen Auflagerkräften,
Raumgewicht,
Bodenreibung und
Wandreibung.

Diese Untersuchungen sollen vor Augen führen, wie stark die Ergebnisse der Standsicherheitsuntersuchung voneinander abweichen, wenn nicht die nötige Sorgfalt auf die genaue Ermittlung der Bodenwertigkeit gelegt wird.

Da man wegen der ungleichmäßigen Zusammensetzung des Bodens mit Schwankungen von ϱ und γ rechnen muß, wird man weder den oberen noch den unteren Wert, der für ϱ und γ festgestellt wurde, benutzen, sondern für die Berechnung einen den Verhältnissen am nächsten kommenden Mittelwert zugrunde legen. Man kann aus den Kurven der Abb. 75a und 83a bis c entnehmen, daß freie Auflagerung für den ungünstigsten Wert von ϱ annähernd einer eingespannten Auflagerung für einen um 7,5 bis 10° günstigeren Wert entspricht.

Die Vergleichsrechnungen wurden zur Vereinfachung der Rechnung für die Annahme der freien Auflagerung am Anker durchgeführt, obwohl, wie früher näher begründet, hier mit einer teilweisen Einspannung zu rechnen ist.

β) Die Versuchsrechnungen.

Für die 3 Belastungsfälle:
Boden trocken,
Boden naß,
Boden mit 1 m Wasserüberdruck (WÜ)
wurden 4 Geländesprunghöhen $h = 5{,}0$, $7{,}5$, $10{,}0$ und $15{,}0$ m untersucht.

Es betrugen:
der Reibungswinkel des Bodens: $\varrho = 20^\circ$, 30°, 35°, 40°,
der Wandreibungswinkel: $\delta_{aI} = 0^\circ \quad \delta_{aII} = +\varrho$
$\delta_{pI} = 0^\circ \quad \delta_{pII} = -\varrho/2$,
das Raumgewicht des Bodens über und unter Wasser:

$$\gamma_{\ddot{u}} = 1{,}70\ \mathrm{t/m^3},\quad 1{,}80\ \mathrm{t/m^3},\quad 1{,}90\ \mathrm{t/m^3},$$
$$\gamma_u = 0{,}90\ \mathrm{t/m^3},\quad 1{,}00\ \mathrm{t/m^3},\quad 1{,}10\ \mathrm{t/m^3},$$

die Ankerlage unter Oberkante Gelände: $b = 1{,}50$ m, $2{,}50$ m,
der Außenwasserstand unter Oberkante Gelände:

1,5 m (o. WÜ) und 2,5 m (m. WÜ),

der Grundwasserstand unter Oberkante Gelände: 1,5 m bzw. wurde überhaupt kein Wasserstand angesetzt (trocken).

Die Rammtiefen t,
die Maximalmomente M,
die Ankerkräfte A
sind für den im Boden frei aufgelagerten und eingespannten Fall bestimmt worden.

1. Unterschiede der rechnungsmäßigen Rammtiefe bei[1]:

verschiedener Ankerlage. Ohne besonders durch Kurven dargestellt zu sein, gilt folgende Beziehung:

Die Rammtiefe wird kleiner, je tiefer der obere Auflagerpunkt gelegt wird.

Da mit wachsender Tiefe der Ankerlage die Rammtiefe und die Feldmomente wesentlich abnehmen und nur die Ankerkraft wächst, wie aus einem Vergleich der Abb. 81a und b zu sehen ist, ist es aus statischen Gründen möglich, durch Verlegung des Ankers Ersparnisse zu erzielen. Da jedoch bei der Bauausführung die Erdarbeiten und Wasserhaltungsarbeiten mit wachsender Tiefe der Ankerlage wesentlich zunehmen und ihre Mehrkosten das Mehrfache der Ersparnisse an der Spundwand erfordern können, wird mit dieser Maßnahme nur in den Fällen ein wirklicher Vorteil zu erzielen sein, wo aus Gründen der Bauausführung ohnehin eine entsprechend tiefe Ausschachtung notwendig wird. Für gewöhnlich wird man den Anker so tief legen, daß er ohne Wasserhaltung eingebaut werden kann.

verschiedener Auflagerung im Boden: Die Rammtiefen sind beim eingespannten Fall bedeutend größer als beim frei aufgelagerten (vgl. auch unter 4). Das geht unmittelbar aus Abb. 75a und b hervor, wo die Linie für den ein-

[1] Der Vollständigkeit halber und um die gesamten Abhängigkeiten einmal geschlossen zusammenzufassen und entsprechende Folgerungen zu ziehen, sind auch diejenigen Fälle durchgerechnet und kurvenmäßig aufgetragen worden, deren Ergebnis zum Teil als bekannt gelten kann.

gespannten Fall höher, d. h. bei größeren t-Werten, liegt als die Linie für den frei aufgelagerten Fall. Abb. 83a bis c zeigen dasselbe, nur kehrt sich die Lage der Linien zueinander hier um, da die Ordinate hier durch h/t dargestellt wird, t also im Nenner steht.

Der Gewinn an Rammtiefe beim frei aufgelagerten Fall wird nicht immer die Kosten aufwiegen, die gegenüber der eingespannten Wand durch das schwerere Profil und die schwerere Verankerung entstehen. Bei der Wahl der Auflagerung wird die Bauausführung zu berücksichtigen sein. Bei schwierigen Bodenverhältnissen und schwächeren Profilen wird man z. B. die kürzere Rammtiefe der freien Auflagerung wählen, um die Spundwand in einwandfreiem Zustand in den Untergrund einbringen zu können.

Wir werden nach S. 107 auch bei der theoretischen Annahme der freien Auflagerung der Spundwände im Untergrund immer mit einer teilweisen Einspannung rechnen können, deren Größe man aber nur selten wird vorher feststellen können und die man daher als zusätzliche Sicherheit betrachten oder durch Erhöhung der zulässigen Spannungen berücksichtigen wird.

Eine wirtschaftliche Bemessung der Spundwand kann auch nach folgenden Gesichtspunkten erreicht werden: Man bemißt zunächst für den unten eingespannten Fall. Meistens wird dann wegen der Sprünge zwischen den einzelnen Spundwandprofilen die zulässige Spannung nicht voll erreicht werden. Man kann daher, um die volle zulässige Spannung auszunutzen, das Moment, das auf die Spundwand wirkt, dadurch vergrößern, daß man von der vollen zu einer teilweisen unteren Einspannung übergeht, bis die zulässige Spannung vorhanden ist. Dadurch verkürzt sich die Rammtiefe der Spundwände, und es tritt eine Ersparnis an Material ein. Man wird also in den meisten Fällen rechnungsmäßig zu einer teilweisen Einspannung der Spundwände als wirtschaftlichster Auflagerung gelangen.

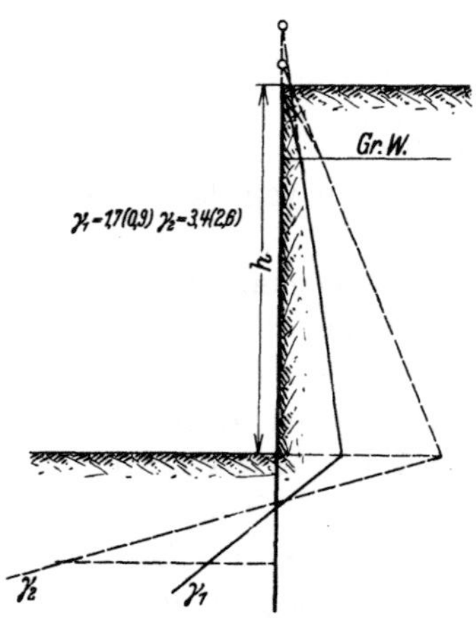

Abb. 74. Erddruckbelastungsflächen bei verschiedenem Raumgewicht des Bodens.

verschiedener Wertigkeit des Bodens (Raumgewicht, innere Reibung, Wandreibung): Für den Belastungsfall: Boden trocken, hat eine Änderung von γ keinen Einfluß auf die Rammtiefe, wenn einheitlicher Boden vorhanden ist. Dasselbe gilt für den Belastungsfall ohne Wasserüberdruck, wenn das Verhältnis $\gamma_ü/\gamma_u$ [1] bei der Änderung des Raumgewichtes konstant bleibt. Der Nullpunkt der resultierenden Belastungsfläche liegt dann an derselben Stelle, und es ändern sich alle Ordinaten der Belastungsfläche in einem bestimmten Verhältnis (Abb. 74).

Durch eine einfache Überlegung läßt sich feststellen: Ändert sich $\gamma_ü/\gamma_u$, so steigt der Nullpunkt mit kleiner werdendem Verhältnis $\gamma_ü/\gamma_u$. Damit wandert auch der Wendepunkt der Momentenlinie, woraus folgt, daß die Rammtiefe veränderlich ist.

Je größer ϱ und δ sind, d. h. je besser der Boden und je rauher die Wand ist, desto geringer wird die Rammtiefe. Die Abb. 75a bis c und 76a, b zeigen

[1] $ü$ = über dem Grundwasserspiegel, u = unter dem Grundwasserspiegel.

die Abnahme von t mit wachsendem ϱ, die in Hyperbelform vor sich geht. Das gleiche ist aus der anders aufgetragenen Abb. 77 zu ersehen, wo ϱ als Parameter und h als Abszisse erscheint. Für ein gleiches h wird die Rammtiefe t mit

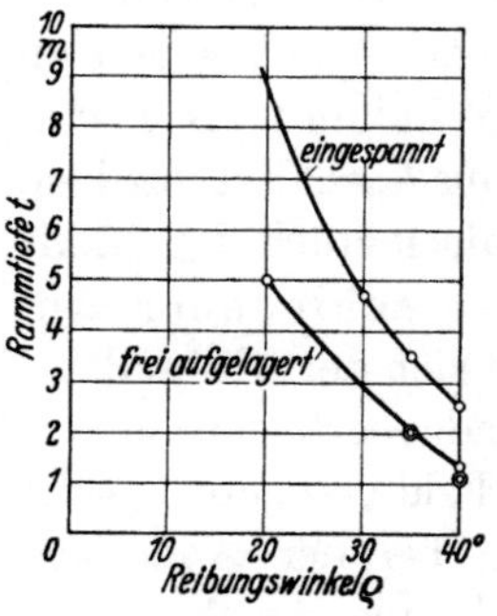

Abb. 75 a.

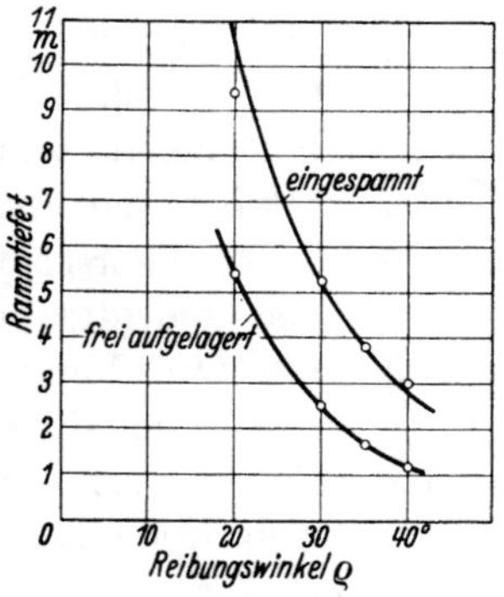

Abb. 75 b.

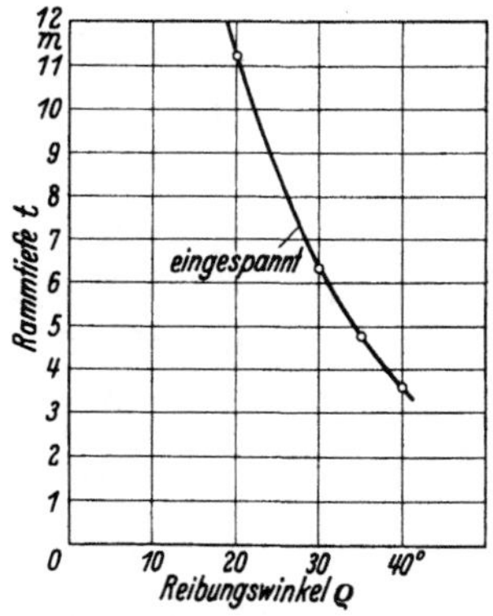

Abb. 75 c.

Abb. 75a—c. Abhängigkeit t von ϱ bei einer Höhe $h = 10$ m, für frei aufgelagerte und eingespannte Wand, Ankerlage $b = 1{,}50$ m, $\delta = +\varrho/-\varrho/2$, $\gamma = 1{,}7/0{,}9$ t/m³. a) Für trockenen Boden, b) für nassen Boden ohne Wasserüberdruck. c) für nassen Boden mit Wasserüberdruck.

wachsendem ϱ ebenfalls kleiner. Auch aus Abb. 83a bis c läßt sich die Verminderung der Rammtiefe, die im Nenner der Ordinate erscheint, mit wachsendem ϱ, das in der Funktion $f(\varrho, \delta)$ steckt, der Deutlichkeit halber aber nochmals gesondert aufgetragen ist, ablesen. Das gleiche gilt von Abb. 84, wo allerdings zwischen den Linienbündeln für $\delta = 0$ und $\delta = \varrho$ unterschieden werden muß.

Wie sehr sich die Wandreibung δ bemerkbar macht, läßt sich aus den Abbildungen 76a und 76b, wenn man sie übereinandergelegt denkt, und aus dem Vergleich der beiden Linienbündel in Abb. 84 ersehen. Für gleiches h und ϱ erhält man hier bei $\delta = 0$ die größte Rammtiefe t. Auf den Einfluß eines anwachsenden ϱ und δ wird später noch näher eingegangen werden.

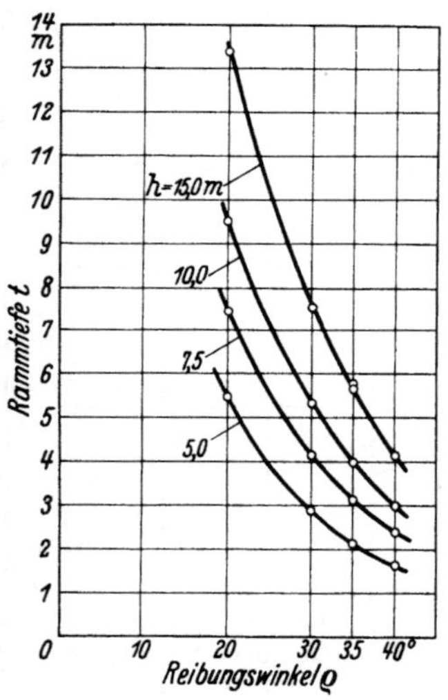

Abb. 76 a.

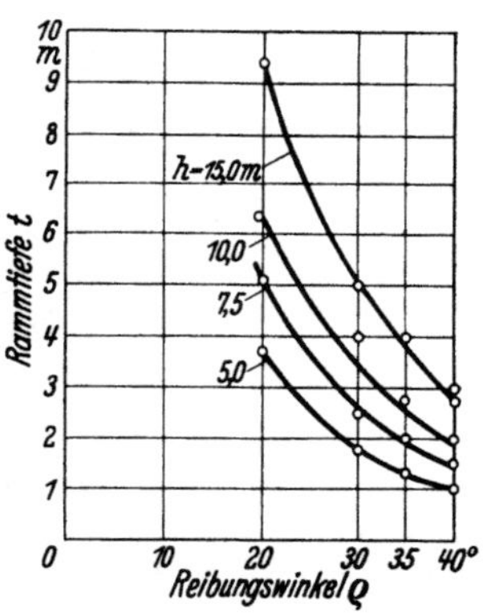

Abb. 76 b.

Abb. 76a und b. Abhängigkeit t von ϱ bei verschiedenen Höhen h und frei aufgelagerter Wand. Ankerlage $b = 1{,}50$ m, nasser Boden mit Wasserüberdruck, $\gamma = 1{,}7/0{,}9$ t/m^3.
a) $\delta = 0$, b) $\delta = +\varrho/-\varrho/2$.

verschiedenen Wasserstandsverhältnissen: Die Rammtiefen vergrößern sich bei nassem Boden und bei Wasserüberdruck, wie durch Übereinanderlegen der Abb. 75a bis c sofort ersichtlich wird. In den Abb. 83a bis c sind die drei verschiedenen Wasserstandsverhältnisse nochmals dargestellt.

Wenn man sich an die Ausführungen unter dem Kapitel „Wasser“ erinnert, so kann man sich vorstellen, welchen erheblichen Einfluß die Größe des Wasserüberdruckes auf die Rammtiefe hat. Es ist daher unbedingt erforderlich, auch die Wasserstandsverhältnisse eingehend an Ort und Stelle vor und nach Errichtung des Bauwerkes festzustellen und dementsprechend in die Berechnung einzusetzen. Die vielfach übliche Gewohnheit, den vorhandenen Wasserüberdruck zu vernachlässigen oder nicht genau zu bestimmen, sollte in Zukunft als grundsätzlich fehlerhaft ausgeschaltet bleiben.

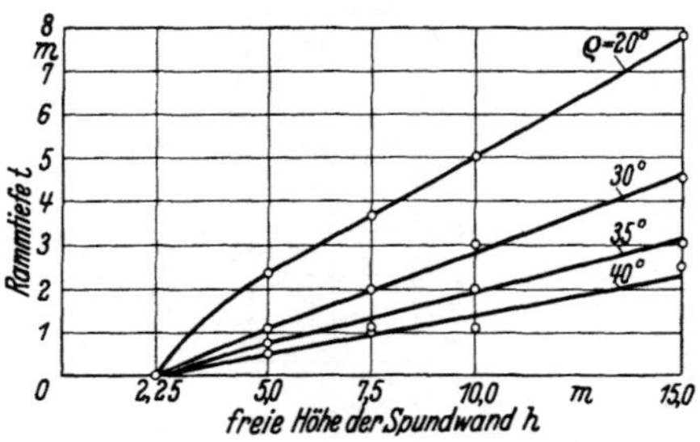

Abb. 77. Abhängigkeit t von h für verschiedene ϱ-Werte bei frei aufgelagerter Wand, trockenem Boden, $b = 1{,}50$ m, $\delta = +\varrho / -\varrho/2$.

2. Unterschiede hinsichtlich des Maximalmomentes bei: verschiedener Ankerlage. Vergrößert sich der Abstand des Ankers von der Geländeoberfläche, so verringern sich die Feldmomente (siehe Abb. 79a und b, wo bei der Ankerlage von 2,5 gegenüber der Ankerlage von 1,5 m die Verminderung der Momente aus dem Verlauf der zusammengehörigen Kurven zu ersehen ist), während das Kragmoment und die Durchbiegung am Kopf der Spundwand zunimmt. Vielfach wird eigens zur Verhinderung dieser oft sehr lästigen Bewegung der Wand eine zweite Verankerung am Kopf angebracht, die schräg nach hinten führt. Sie wird oft zu Unrecht bei der statischen Berechnung nicht berücksichtigt. Für die Länge dieses Ankers wird als Ausgangspunkt der Anschlußpunkt des Hauptankers genommen (vgl. Abbildung 63), da dieser Hilfsanker nur so lange zu halten braucht wie der Hauptanker. Im Augenblick, wo der Hauptanker nachgibt, hat auch der Hilfsanker seinen Zweck verloren. Man sieht daraus, daß es bei der Bemessung der Ankerlängen sehr darauf ankommt, deren Aufgabe in bezug auf die Standsicherheit des Bauwerkes klar abzugrenzen. Die Anordnung eines oberen Ankers wird sich nur rechtfertigen lassen, wenn die Durchbiegung des freien Endes der Spundwand so wesentlich ist, daß dadurch entweder das lichte Raumprofil zu stark eingeengt wird oder sich sonstige Nachteile ergeben.

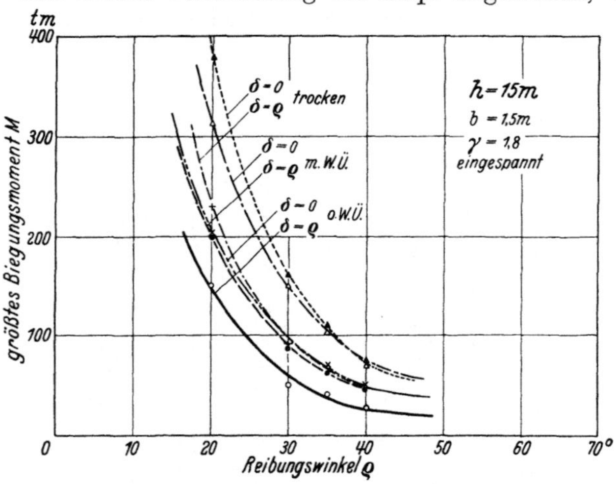

Abb. 78. Abhängigkeit M von ϱ bei $h = 15$ m für verschiedene Belastungsfälle (trocken, mit Wasserüberdruck, ohne Wasserüberdruck), $b = 1{,}5$ m, $\gamma = 1{,}8/1{,}0$ und eingespannte Wand.

Die Höhe der Ankerlage, das Widerstandsmoment der Spundwand, die Rammtiefe und der Umfang der Bauausführung (Bodenaushub und -hinterfüllung) sind voneinander abhängig. Das wirtschaftliche Optimum muß jeweils neu ermittelt werden.

Je tiefer der Anker liegt, desto größer wird die Gefahr der Durchbiegung des Ankers infolge der Auflast und der zusätzlichen Nebenspannungen an den Auflagerpunkten der Spund- und Ankerwand. Gewiß ist diese Gefahr bei Auflagerung der Anker auf den gewachsenen Boden geringer, jedoch ist zu berücksichtigen, daß an der Spundwand wegen der Anbringung der Ankergurtung tiefere Ausschachtungen nötig sein werden, so daß unter der Gurtung bzw. unter Teilen des Ankers Sackungen des Bodens eintreten können, die zu Nebenspannungen führen. Auch die Gurtung ist bei tiefer Ankerlage vor den Folgen aus den Sackungen des Bodens zu schützen oder entsprechend zu entwerfen.

verschiedener Auflagerung im Boden. Die Maximalmomente beim frei aufgelagerten Fall sind größer als beim eingespannten Fall. Der Größenunter-

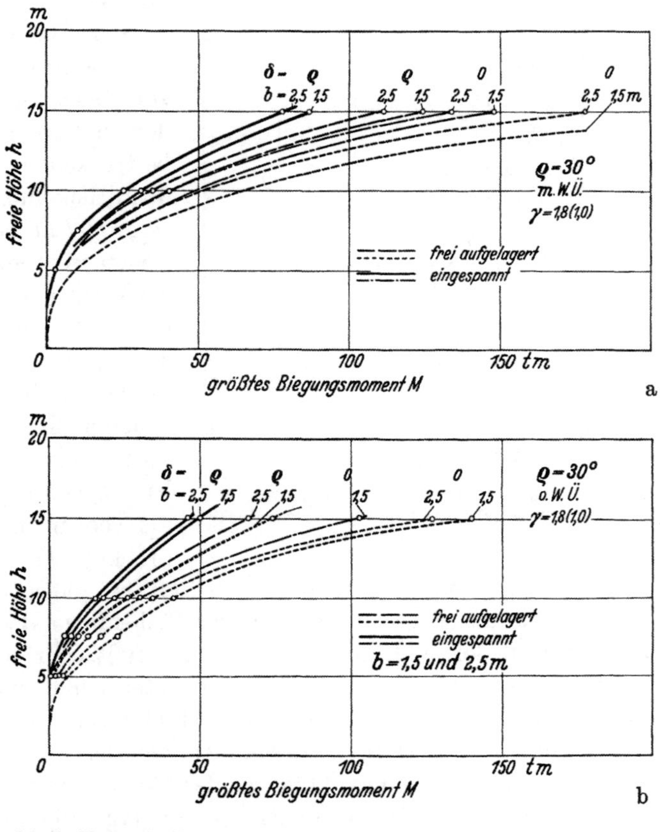

Abb. 79. Abhängigkeit M von h für verschiedene Wandreibung und Ankerlage bei $\varrho = 30°$, $\gamma = 1{,}8/1{,}0$. a) Mit Wasserüberdruck, b) ohne Wasserüberdruck.

schied geht aus der Rechtsverschiebung der gleichwertigen Kurven in Abb. 79a und b als bedeutend hervor. Wegen der übrigen Folgerungen verweise ich auf die Ausführungen auf S. 116.

verschiedener Wertigkeit des Bodens (Raumgewicht, innere Reibung, Wandreibung). Die Momente ändern sich bei trockenem Boden im Verhältnis γ_1/γ, worin γ ein beliebiges, der Berechnung zugrunde gelegtes Raumgewicht ist, nehmen also linear mit wachsendem Raumgewicht zu.

Je größer ϱ und δ werden, desto geringer werden die Momente. Aus Abb. 78 geht die Abnahme des größten Biegungsmomentes mit wachsendem ϱ ebenfalls nach einem hyperbolischen Gesetz hervor. Hierbei ist auch deutlich der Einfluß verschiedener Werte von γ (z. B. trocken 1,8, naß ohne Wasserüberdruck [o. WÜ] 1,0) erkennbar.

Den Einfluß der Wandreibung δ ersieht man ferner aus Abb. 79a und b, wo die Linienzüge für die verschiedene Wandreibung unmittelbar nebeneinander aufgetragen sind und eine deutliche Verschiebung für $\delta = \varrho$ nach links, d. h. zu geringeren Momenten aufweisen. Die gleichen Unterschiede treten in Abb. 78 und 80 für den Einfluß auf das Moment bei konstantem ϱ hervor.

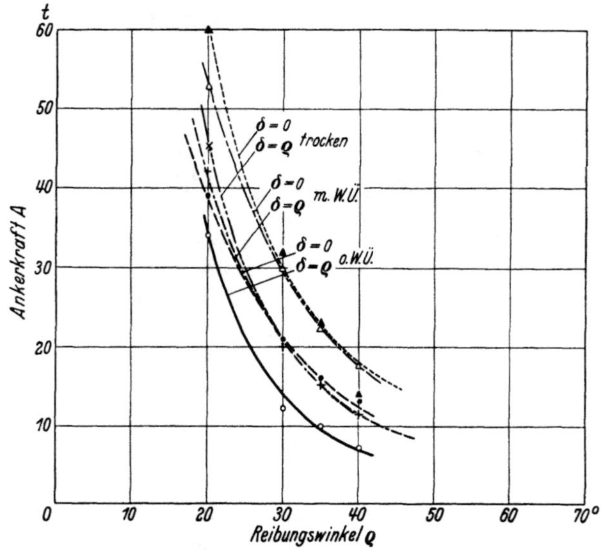

Abb. 80. Abhängigkeit A von ϱ bei $h = 15$ m für verschiedene Belastungsfälle (trocken, ohne Wasserüberdruck, mit Wasserüberdruck), $b = 1{,}5$ m, $\gamma = 1{,}8/1{,}0$ und eingespannte Wand.

Bezüglich der weiteren Folgerungen verweise ich auf Abschnitt 4 (S. 121).

verschiedenen Wasserstandsverhältnissen: Bei nassem Boden werden die Momente kleiner als bei trockenem. Tritt Wasserüberdruck hinzu, so können sie größer als bei trockenem Boden werden. Das ergibt ein Vergleich der Abb. 79a und b, da die entsprechenden Linien bei Abb. 79a weiter nach rechts (bei höheren Momenten) liegen als in Abb. 79b. Unmittelbar gegenübergestellt sind die verschiedenen Wasserdruckverhältnisse in Abb. 78 für die Momente und in Abb. 80 für die Ankerkraft bei gleichen Bodenverhältnissen ϱ. Die Stärke der Belastung fällt in der Reihenfolge Boden trocken, 1 m Wasserüberdruck, Boden naß, aber ohne einseitigen Wasserüberdruck.

Auch hier verweise ich auf meine Ausführungen unter 1 und unter 3 und 4.

3. Unterschiede hinsichtlich der oberen Auflagerkräfte bei: verschiedener Ankerlage: Bei wachsender Entfernung des Ankers von der Geländeoberfläche nimmt die Ankerkraft zu, wie aus einem Vergleich der Abb. 81a und b hervorgeht, die für zwei verschiedene Ankerlagen gezeichnet sind (vgl. die weiteren Ausführungen unter 4).

verschiedener Auflagerung im Boden: Die Ankerkräfte sind beim frei aufgelagerten Fall größer als beim eingespannten Fall. In Abb. 81a und b sowie in Abb. 82 befinden sich die Kurven für den frei aufgelagerten Fall merklich über denen für den eingespannten Fall, so daß bei der Einspannung eine Entlastung des Ankers zu verzeichnen ist, deren Anteil bei gleicher Ankerlage bei allen freien Höhen ungefähr der gleiche bleibt, aber mit tieferer Ankerlage an Bedeutung verliert (vgl. die weiteren Ausführungen unter 4).

verschiedener Wertigkeit des Bodens: Die oberen Auflagerkräfte wachsen mit zunehmendem Raumgewicht. Je größer ϱ und δ werden, desto geringer werden die Auflagerkräfte. Aus Abb. 80 geht hervor, welchen Einfluß ϱ auf die Größe der Ankerkraft zahlenmäßig haben kann. Die Abhängigkeit zeigt

Hyperbelform. Die Wirkung von δ ist aus einem Vergleich der verschiedenen Kurven für $\delta = 0$ und $\delta = \varrho$ zu ersehen und stellt sich ebenfalls als beträchtlich heraus (vgl. die weiteren Ausführungen unter 4).

verschiedenen Wasserstandsverhältnissen: Bei nassem Boden werden die oberen Auflagerkräfte geringer als bei trockenem Boden. Tritt noch Wasserüberdruck hinzu, so können sie größer werden. In Abb. 80 liegen die 3 Belastungsfälle deutlich auseinander. Die Werte bei trockenem Boden und Wasserüberdruck nähern sich hier wie bei allen Kurven, die die 3 Belastungsfälle umfassen, mehr als bei nassem Boden, der bedeutend günstigere Werte gibt. Die Unterschiede sind deswegen zufällig, weil sie von der Höhe abhängen, in der der Wasserüberdruck jeweils am ungünstigsten wirksam ist (vgl. die weiteren Ausführungen unter 4).

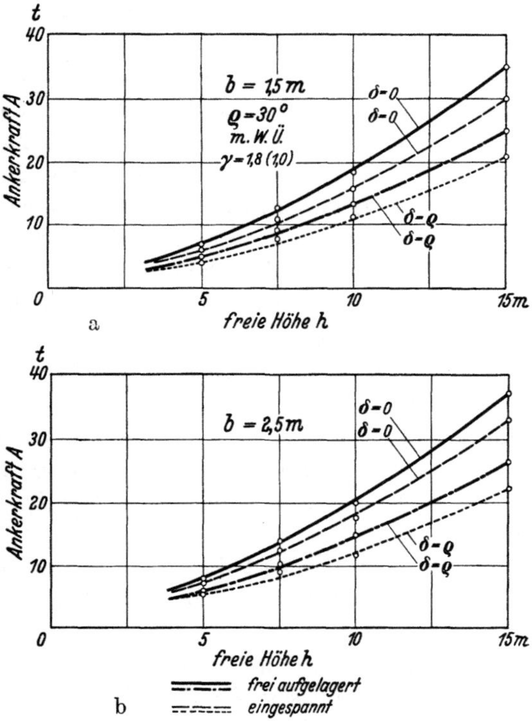

Abb. 81. Abhängigkeit A von h für verschiedene Wandreibung $\delta = 0/0$ und $+\varrho/-\varrho/2$, $\varrho = 30°$, $\gamma = 1{,}8/1{,}0$ eingespannte und frei aufgelagerte Wand. a) Bei einer Ankerlage $b = 1{,}50$ m, b) bei einer Ankerlage $b = 2{,}50$ m.

4. Abhängigkeiten. Rammtiefe t von ϱ: Die Abhängigkeit der Rammtiefe t von ϱ zeigt hyperbelähnliche Kurven (Abb. 75a bis c für verschiedene Wasserstandsverhältnisse, die an der grundsätzlichen Form dieser Abhängigkeit nichts ändern). Die ϱ-Achse wird bei $\varrho = 90°$ geschnitten, d. h. die Rammtiefe wird bei $\varrho = 90° = 0$. Für $\varrho = 0°$ ist die Rammtiefe unendlich. Die Kurven zeigen, daß mit wachsendem ϱ die Rammtiefe t stark abfällt. Eine Veränderung des Reibungswinkels ϱ um rund $2^1/_2°$, also z. B. von 35° auf 32,5°, wirkt sich bei einer freien Höhe von 10 m in einer Erhöhung der Rammtiefe um 40 cm aus. Der Abfall ist bei Einspannung stärker als bei freier Auflagerung der Spundwand. Das gleiche zeigen auch die auf andere Ordinaten umgezeichneten Abb. 83a bis c und 84. Hier ist nur t durch h/t und ϱ durch die Funktion $\frac{\lambda_a}{\lambda_p - \lambda_a} = f(\varrho, \delta)$ ersetzt. Da die Werte ϱ angegeben sind, läßt sich die Art der Abhängigkeit für

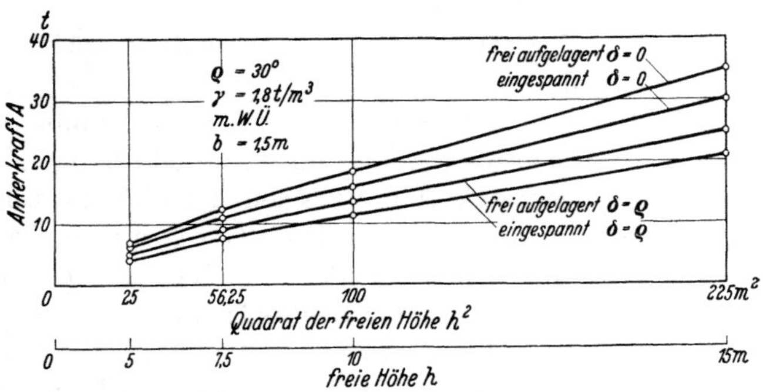

Abb. 82. Abhängigkeit A von h für $\varrho = 30°$ in verschiedenen Auflagerungsfällen bei Wasserüberdruck, $\gamma = 1{,}8/1{,}0$, $b = 1{,}5$ m.

ein bestimmtes h sofort ersehen. Der hyperbelartige Verlauf ist hier infolge Anwendung eines logarithmischen Maßstabes nicht ohne weiteres zu erkennen.

Der Verlauf der Kurvenscharen bei verschieden freier Höhe der Spundwand ist der gleiche (Abb. 76a, b; in anderer Form ist die Abhängigkeit auch in Abb. 77 dargestellt), wobei naturgemäß bei wachsender freier Höhe der Einfluß von ϱ immer größer wird. Daraus ergibt sich, daß, je größer der zu sichernde Geländesprung ist, desto größer die Verpflichtung ist, ϱ einwandfrei zu ermitteln.

Rammtiefe t von Geländesprunghöhe h: Zwischen Rammtiefe und Höhe des Geländesprunges besteht in großer Annäherung ein lineares Verhältnis, wie dieses unmittelbar aus Abb. 77 hervorgeht. Durch den Nullpunkt gehen jedoch die Kurven nicht hindurch. Die Rammtiefe t ist gleich Null, wenn die Resultierende aus den Erddrücken und dem Wasserüberdruck mit der Lage und Richtung des Ankers zusammenfällt, die Spundwand also einen um den Ankerpunkt drehenden Waagebalken darstellt. Die annähernd lineare Abhängigkeit zwischen h und t geht auch aus dem engen Beieinanderliegen der Kurven für frei aufgelagerte und eingespannte Wand in Abb. 83a bis c und 84 hervor. Die absolute Größe von h spielt insbesondere bei der eingespannten Wand keine große Rolle mehr, d. h. das Verhältnis h/t ist bei allen Werten h nahezu das gleiche.

In anderer Form ist die Abhängigkeit von h und t aus Abb. 76a, b zu ersehen, die inhaltlich gleichbedeutend mit Abb. 77 ist.

Maximalmoment von Geländesprunghöhe h: Zwischen der Geländesprunghöhe h und dem Moment bestehen kubische Beziehungen. Die h-M-Linie ist etwa eine kubische Parabel (Abb. 79a, b). Der Verlauf der Kurvenscharen ergibt, daß die freien Höhen, die noch wirtschaftlich abgestützt werden können, begrenzt sind, da bei größeren Geländesprüngen eine unverhältnismäßig starke Zunahme der Momente eintritt, ganz gleich, ob eine frei aufgelagerte oder eingespannte Wand gewählt wird.

Abhängigkeit der oberen Auflagerkräfte von h und h^2. Die Abhängigkeit des oberen Ankerzuges von h ergibt schwach gekrümmte Kurven (Abb. 81a, b). Das Verhältnis A zu h^2 ist gleichfalls nicht ganz linear (Abb. 82). Die Kurvenschar dieser Abbildung zeigt jedoch, daß mit genügender Genauigkeit mit einem linearen Verlauf zwischen A und h^2 zu rechnen ist.

Abhängigkeit der einzelnen Größen vom Raumgewicht. Die Rammtiefe ist bei einheitlichem Boden vom Raumgewicht unabhängig. Momente und Ankerzüge ändern sich für den Belastungsfall: trockener Boden proportional. Diese Proportionalität darf ausgedehnt werden auf den Belastungsfall: Wasser ohne Überdruck, wenn der Wasserspiegel dicht unter Geländeoberkante liegt, aber nicht mehr auf den Belastungsfall: Wasserüberdruck. Hier nimmt die Rammtiefe mit zunehmendem γ ab. Wechselndes γ hat meist nur eine Parallelverschiebung der Kurven zur Folge.

Abhängigkeit der einzelnen Größen von der inneren Reibung und der Wandreibung. Je größer Wand- und Bodenreibung werden, desto günstiger wird die Belastung. A, M und t werden in allen Fällen geringer. Das geht aus den schon im einzelnen besprochenen Abbildungen 75a bis c, 76a bis b, 77 (Einfluß von ϱ); 79a bis b, 81a bis b, 82 (Einfluß von δ); 78, 80, 83a bis c, 84 (Einfluß von δ und ϱ) hervor.

Allein das Schwanken des Wandreibungswinkels von $\delta = 0$ zu $\delta = \varrho$ ergibt bei $\varrho = 30°$, 1 m Wasserüberdruck und 10 m freier Höhe einen Zuwachs des Maximalmomentes bei freier Auflagerung von 35 tm auf 50 tm, bei Einspannung von 25 tm auf 41 tm (Abb. 79a). Andererseits zeigt der Unterschied zwischen freier Auflagerung und Einspannung bei der gleichen freien Höhe und $\delta = 0$ nur einen Unterschied von 25 tm zu 35 tm, bei $\delta = \varrho$ von 41 tm zu 50 tm. Die gesamten Kurven für die verschiedenen δ-Werte zeigen also offensichtlich, daß die Feststellung der wirklichen Größe des Wandreibungswinkels zum mindesten ebenso wichtig ist wie die Festlegung des Auflagerungsverhältnisses der Spundwand im Boden.

Die Kurven (Abb. 78) ergeben, daß z. B. das Maximalmoment für $h = 15$ m und $\varrho = 20° = \delta$ von 200 tm auf 312 tm bei $\delta = 0$ heraufschnellt, und beweisen wieder, einen wie hohen Einfluß die Feststellung des Wandreibungswinkels hat, demgegenüber der Bodenreibungswinkel sogar zurücktritt. Man sollte daher in Zukunft auf die Feststellung der Größe des Wandreibungswinkels und die Möglichkeit seines Auftretens mehr Gewicht legen, als es bisher der Fall war, und die Untersuchungsmethoden hierzu zu verbessern trachten.

Da die Größe des Wandreibungswinkels δ beim Erdwiderstand die Momentenlinie stärker beeinflußt als beim Erddruck, kann auch der Einspannungspunkt der Wand durch Veränderung des Winkels δ in weiten Grenzen schwanken. Die vorher erwähnten Abbiegeversuche mit Spundbohlen würden infolgedessen mit der Berechnung desto besser übereinstimmen, je größer der Winkel δ gewählt wird. Es ist daher durchaus berechtigt, die Ermittlung des Erddruckes und Erdwiderstandes auch bei bindiger Bodenart mit einem Reibungswinkel zwischen Wand und Erde durchzuführen, der beim Fehlen genauer Angaben schätzungsweise beim Erddruck $= \varrho$ und beim Erdwiderstand $= -\varrho/2$ eingesetzt werden kann. Jedoch ist hierbei immer festzustellen, ob die Wand eine Bewegung durchmachen kann und ob die Summe aller V gleich 0 ist. Daß die Rauhigkeit der Wand allein nicht für die Größe von δ maßgebend ist, zeigt die Abb. 56. Hier ist der bindige Boden in die Wellen der Spundwand durch die Rammung derartig fest eingespannt, daß er durch Herausziehen der Bohlen nicht von der Wand gelöst werden konnte. Die Reibungsziffer für glatte Wände, die sich leicht ermitteln läßt, kommt also zum mindesten für wellenförmige Spundwände als zu ungünstig nicht in Frage. Es ist daher die konstruktive Gestalt weitgehend zu berücksichtigen.

Wieweit dies ebenfalls bei eisernen Spundwänden mit glatter Außenfläche (Peiner-Wand) der Fall ist, müßte erst auf dem Versuchswege festgestellt werden. Theoretisch müßte der Wandreibungswinkel δ hier geringer eingesetzt werden.

Die Größe der Reibungskraft hängt nicht nur vom Reibungsbeiwert, sondern auch vom Normaldruck ab. Beim Rammen der Wände kann stets mit einer Erhöhung der Bodenspannung senkrecht zur Wand gerechnet werden, die sich allerdings zahlenmäßig kaum erfassen läßt, im übrigen im Laufe der Zeit auch wieder nachläßt.

Je ungünstiger der Reibungswinkel des Bodens wird, desto stärker werden t, M und A dadurch beeinflußt. So ergibt sich beispielsweise bei bindigem Boden mit WÜ für $\varrho = 20°$ und $\delta = \varrho$ bei $h = 15$ m freier Höhe ein Moment von 200 tm, während es für 17,5° bereits auf 220 tm heraufschnellt und für 22,5°

auf 180 tm hinuntergeht (Abb. 78). Man sieht hieraus wieder, wie unbedingt notwendig es ist, den Untergrund hinsichtlich seiner Reibungs- und Haftfestig-

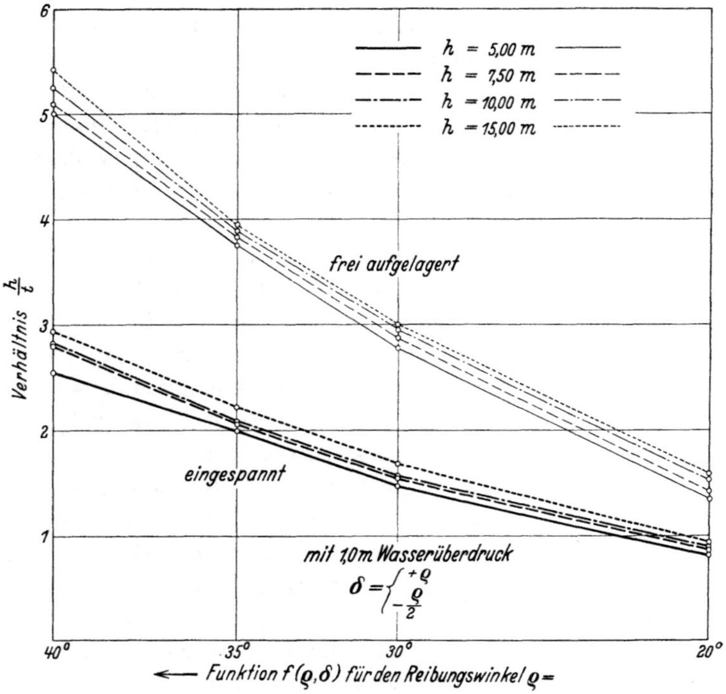

Abb. 83 a.

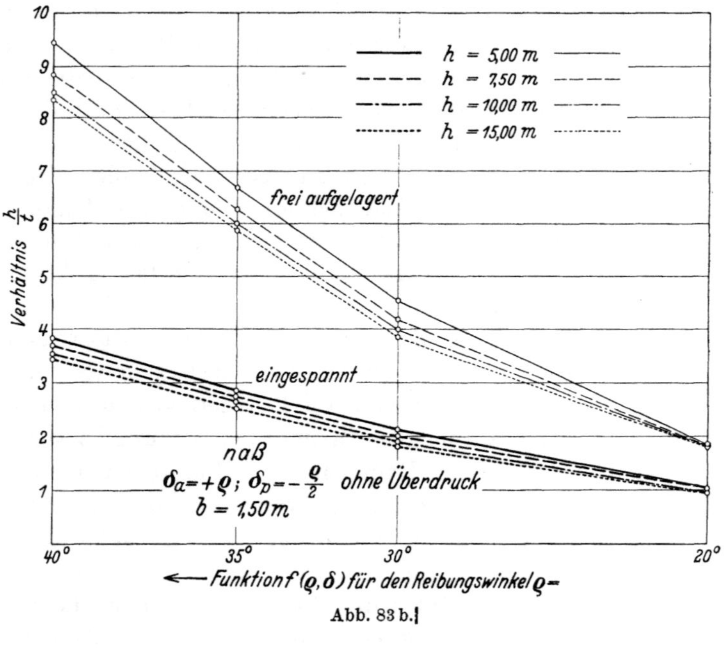

Abb. 83 b.

keit möglichst genau zu kennzeichnen. Ob beide oder nur die erstere allein heranzuziehen ist, muß von Fall zu Fall festgestellt werden.

Abhängigkeit des Verhältnisses h/t von $f(\varrho, \delta) = \frac{\lambda_a}{\lambda_p - \lambda_a}$. Das Verhältnis h/t wurde als Funktion von $f(\delta, \varrho) = \frac{\lambda_a}{\lambda_p - \lambda_a}$ aufgetragen, und zwar im log. Maßstab für $f(\varrho, \delta)$ und linear für h/t (Abb. 83a bis c, 84).

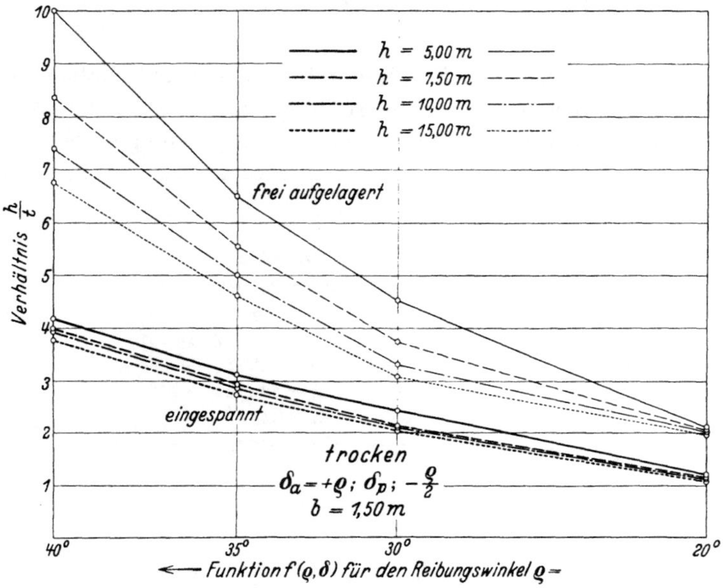

Abb. 83 c.

Abb. 83 a—c. Abhängigkeit h/t von $f(\varrho\delta)$ für verschiedene Höhen, für verschiedene Belastungsfälle, für verschiedene Auflagerungsfälle mit der Ankerlage $b = 1{,}50$, $\gamma = 1{,}8/1{,}0$. a) Mit Wasserüberdruck, b) ohne Wasserüberdruck, c) trocken.

Die Abbildungen zeigen ein gleichmäßiges Ansteigen von h/t mit wachsendem ϱ. Bei der frei aufgelagerten Wand zeigt sich eine stärkere Zunahme als bei der eingespannten Wand.

Die Funktion $f = \frac{\lambda_a}{\lambda_p - \lambda_a}$ wurde für die Abbildungen 83 und 84 aus dem Grunde gewählt, weil in den von Blum aufgestellten Berechnungsformeln dieser Ausdruck regelmäßig auftritt, so daß die Vermutung nahelag, daß sich vielleicht eine unmittelbare Abhängigkeit zwischen dem Verhältnis $h : t$ und dieser Funktion nachweisen ließe.

Das Ergebnis gibt für die eingespannte Wand dieser Annahme recht, da dort für die verschiedenen Werte von h die Kurven nur wenig auseinanderfallen. Bei der frei aufgelagerten Wand trifft dieses nicht in gleichem Maße zu. Immerhin unterscheiden sich deutlich 2 Linienbündel für die frei aufgelagerte und eingespannte Wand, die man sich durch ihre Schwerlinie ersetzt denken kann, ohne einen allzu großen Fehler zu begehen. Wie zu erwarten, ist die Rammtiefe bei der eingespannten Wand i. M. ungefähr doppelt so groß wie bei der frei aufgelagerten Wand. Wenn man einen Geländesprung von $h = 10$ m freier Höhe mit WÜ von 1 m und 2 verschiedenen Wandreibungswinkeln betrachtet, so ergeben sich bei $\varrho = 20°$ für die frei aufgelagerte und die eingespannte Wand folgende Rammtiefen:

Wandreibung		Rammtiefe in m			
δ_a	δ_p	frei aufgelagert	Abbildung	eingespannt	Abbildung
0	0	9,5	76a	15,5	—
ϱ	$-\varrho/2$	6,5	76b 83a ($h/t = 1{,}54$)	11,8	75c 83a ($h/t = 0{,}9$)

Ziehe ich die Erfahrungen der Praxis und die Versuche mit Stahlspundwänden, die ich früher angeführt habe, zur Beurteilung dieser Zahlen heran, so müßte bereits eine Rammtiefe von 6,5 m eine teilweise Einspannung ergeben. Es öffnet

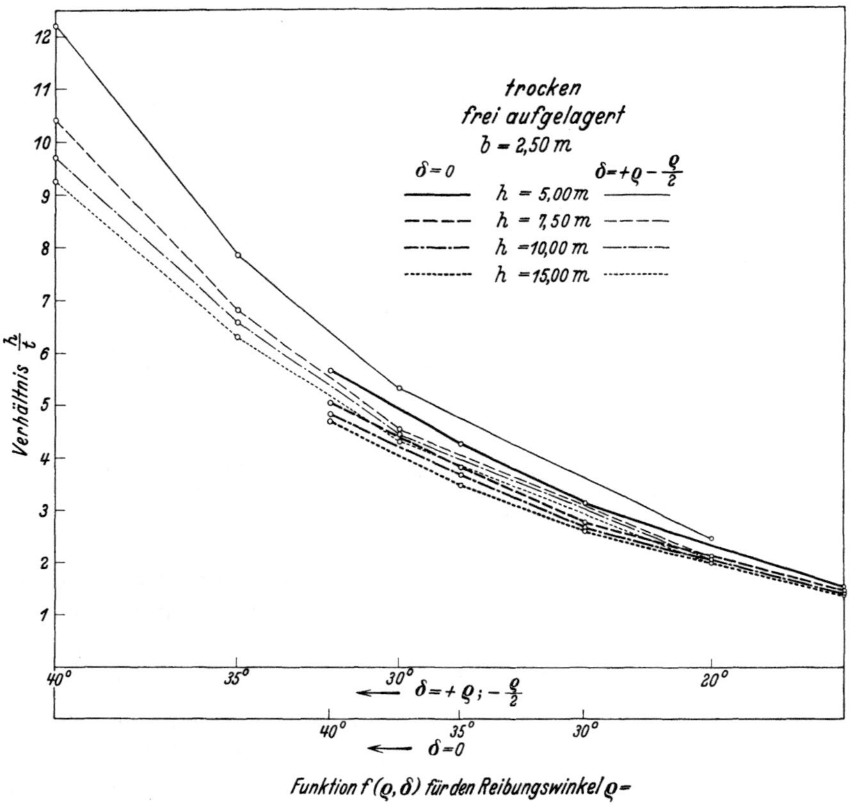

Abb. 84. Abhängigkeit h/t von $f(\varrho\,\delta)$ bei gleichen Ankerlagen $b = 2{,}50$ m, $\gamma = 1{,}8/1{,}0$ und frei aufgelagerter Wand.

sich hier ein weites Feld für Untersuchungen, die Klarheit durch Versuche im großen bzw. durch Messungen an bestehenden Bauwerken bringen sollen.

Die Zusammentragung der Kurven (Abb. 84) für $\delta = 0$ und $\delta = \varrho$ zeigt, daß die Annahme, daß die Funktion h/t lediglich von der Funktion $f(\delta, \varrho)$ abhängt, nicht zutreffend ist, da bei Verbindung der beiden Kurven Sprünge entstehen würden, die auf eine Unstimmigkeit hindeuten. Die Voraussetzungen, die der Berechnung der Spundwände nach Blum zugrunde liegen, ergeben so verwickelte Folgerungen, daß es kaum möglich sein dürfte, die Ergebnisse durch eine einfachere Berechnungsformel für Rammtiefe und Moment beim eingespannten Fall auszudrücken.

γ) Zusammenfassung.

Betrachtet man die aufgeführten Ergebnisse der Rechnung und ihre Auftragung in Kurven, so zeigen sie uns deutlich, wie weit wir trotz vermehrter Bauerfahrungen, trotz der Fortschritte in der statischen und konstruktiven Behandlung und trotz der Fortschritte der Versuchsanstalten von einer restlosen Erfassung unserer Gegner „Erde" und „Wasser" entfernt sind, und wie wir niemals zu einem Gesamturteil über die Größe der angreifenden Kräfte kommen werden, wenn die Probleme nur von einer Seite aus angefaßt werden. Ausschlaggebend für die Beurteilung wird, wie bisher, auch für die Zukunft die praktische Erfahrung bleiben. Sie kann zwar durch Theorie und Versuchsergebnisse befruchtet, aber nie beherrschend geleitet werden.

c) Die konstruktive Behandlung.

Hinsichtlich der konstruktiven Gestaltung von Spundbauwerken haben wir für Spundwandprofile in Holz, Eisenbeton und Stahl einfache Verhältnisse vorliegen, da hier Formen vorhanden sind, die sich in der Praxis bewährt haben. Ihre Verwendungsmöglichkeit wird immer nur von Fall zu Fall zu entscheiden sein und sich nicht nur nach den statischen Verhältnissen, sondern auch nach der Beschaffenheit des Untergrundes und der Bauausführung zu richten haben.

Die nach dem Kriege immer weiter um sich greifende Verwendung der Spundwände in Deutschland brachte es mit sich, daß von den verschiedensten Seiten aus theoretische und praktische Erwägungen angestellt wurden, um sich ein klares Bild über den Wert der statischen und konstruktiven Eigenschaften der verschiedenen Spundwandbaustoffe und Systeme zu verschaffen. Besonders auf dem Gebiet der Stahlspundwände ist in den Jahren nach dem Kriege versucht worden, auf alten Systemen aufbauend, zu neuen Querschnittsaufteilungen und Schloßformen zu kommen.

Da die Betrachtungen zum großen Teil nur von einem begrenzten Gesichtswinkel aus angestellt wurden, erscheint es mir im allgemeinen Interesse zu liegen, dieses Thema einmal von allen Seiten aus zu behandeln.

Die nachfolgenden Ausführungen werden wegen der Ähnlichkeit zwischen den Bauelementen Spundbohle und Pfahl bezüglich des Baustoffes auch in vieler Hinsicht für Pfähle gelten, teilweise lassen sich beide überhaupt nicht trennen, so daß ich mich später bei der Behandlung der Pfahlrostbauwerke in diesem Punkt kürzer fassen kann.

Es liegt im Wesen des Grund- und Wasserbaues mit seinen für den Ingenieur niemals genau zu erfassenden Kräften begründet, daß die verschiedenen Bohlensysteme und ihre verschiedenen Baustoffe — Holz, Eisenbeton, Stahl — sich nicht von der konstruktiven, statischen, versuchstechnischen oder baumaschinentechnischen Seite allein bewerten lassen, sondern daß nur die umfassende, auf Entwurf und Bauausführung von Spundwandbauwerken aufgebaute Erfahrung die Grundlage für ihre Beurteilung schaffen kann. Daher wird sich ein wirklicher Ingenieur weder durch Werbung noch durch Bücher und Aufsätze von der Erkenntnis abbringen lassen, daß man Bauwerksglieder oder Bauhilfsmittel, für die eine in jahrelanger praktischer Anwendung erhärtete Erfahrung vorliegt, nicht durch einseitiges Hervorheben ihrer Nachteile allgemein ablehnen oder durch geschicktes Tarnen ihrer Nachteile und Hervorheben ihrer Vorteile bevorzugen kann, sondern daß die Entscheidung für Baustoff- und Bauart immer nur von Fall zu Fall gefällt werden kann. Der Nachweis einer jahrelangen Verwendung in der Praxis läßt sich nicht durch papierene Gebilde aus der Welt schaffen. Sowohl die verschiedenen Spundbohlensysteme als auch die verschiedenen Baustoffe — Holz, Eisenbeton, Stahl — werden ihre Existenzberechtigung behalten, da die Entscheidung über ihre Verwendung wesentlich abhängt von:

der Preislage der Spundbohlen frei Baustelle,
den Untergrundsverhältnissen und den Wasserständen,
der Art und dem Verwendungszweck des Bauwerks,
der Gründungstiefe,
der Aufgabe der Spundwand im Bauwerk und während der Bauausführung,
der Beanspruchung der Bohlen beim Einbringen in den Untergrund und im fertigen Bauwerk,
dem statischen und konstruktiven Erfassen der angreifenden Kräfte,
der Preislage der Bauausführung.

Die Spundwände dienen:

in bautechnischer Hinsicht:

a) als selbständiges Bauwerk oder Bauwerksglied zur vorübergehenden oder dauernden Sicherung von Geländesprüngen;

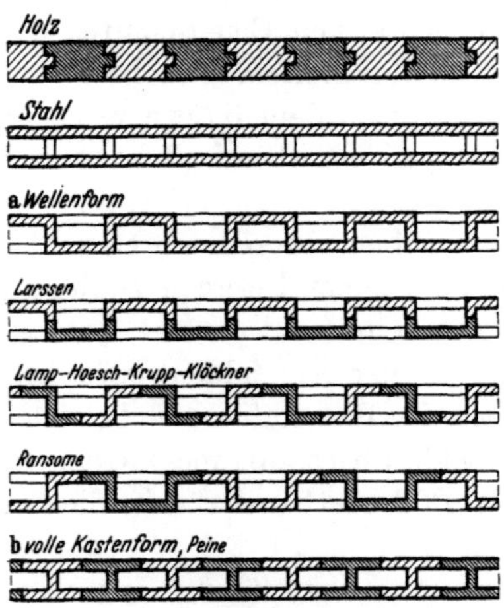

Abb. 85. Querschnittsformen der Spundbohlen — Holz — Eisenbeton — Stahl.

b) als vorübergehende oder dauernde Sicherungsmaßnahme gegen Unterspülen und Umläufigkeit von Bauwerken oder gegen Eindringen von Wasser in Baugruben;

in statischer Hinsicht:

zur Aufnahme von in erster Linie waagerecht, aber auch senkrecht zum Bauwerk wirkenden Belastungen und zu deren sicheren Übertragung auf den Untergrund.

Je nach dem Zweck eines Geländesprunges ist nur eine gute Führung der Bohlen oder außerdem eine weitgehende Dichtigkeit der gerammten Wand erforderlich. Immer kommt es außerdem auf das möglichst leichte Einbringen der Bohlen in den Untergrund, das die Erhaltung des Zusammenhanges der einzelnen Bohlen gewährleistet, an, damit einmal die statische Wirksamkeit, andererseits aber auch, wenn gefordert, die Dichtigkeit der Wand erhalten bleibt.

Nacheinander haben sich die Baustoffe Holz, Eisenbeton, Stahl für die Herstellung von Spundbohlen als geeignet erwiesen. Die zunehmende Verbesserung und Anpassung der Baustoffe Eisenbeton und Stahl sowie die höheren Anforderungen an die Bauwerke führten dazu, Spundbohlen immer größerer Länge und immer größeren Widerstandsmomentes herzustellen und sie auch in größere Tiefen des Untergrundes einzubringen, ohne daß die Bohlen in ihrem Gefüge und in ihrem Zusammenhang dadurch stärker gefährdet wurden. Es liegt auf der Hand, daß sich mit den wachsenden Anforderungen an die Spundwände auch die Eignung der Baustoffe verschieden gestalten mußte.

Während wir für den Baustoff Holz infolge seines künstlich nicht zu ändernden Wachstums auf einfache Querschnittsformen angewiesen sind und auch die Verbindungskonstruktionen der einzelnen Bohlen untereinander mit nur geringen Abweichungen die gleichen geblieben sind (Abb. 85), konnte der Ingenieur mit den Baustoffen Eisenbeton und Stahl verschiedenartige Querschnitte gestalten. Die Querschnitts- und Verbindungsformen des Eisenbetons lehnten sich an die des Holzes an, nur daß sich hinsichtlich der Eisenbewehrung und der Zusammensetzung des Betons Änderungswünsche des Ingenieurs für konstruktive und rammtechnische Belange ausführen ließen.

Beim Stahl ging man zur aufgelösten Querschnittsform über und hatte damit für die Verbindungskonstruktion der einzelnen Bohlen besondere Aufgaben zu erfüllen (Abb. 86).

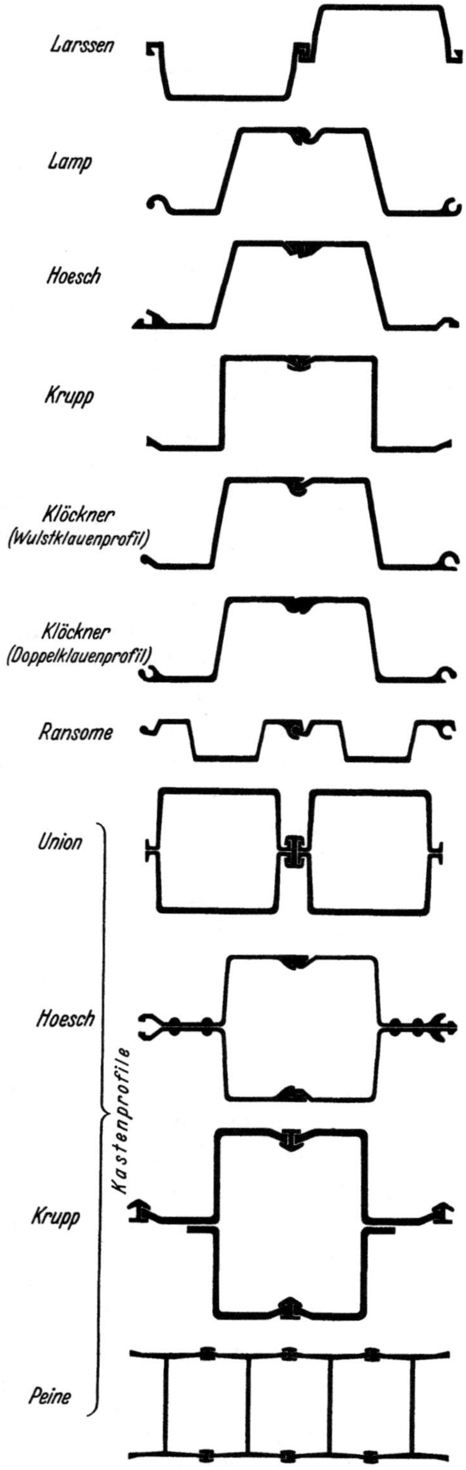

Abb. 86. Querschnitte von Stahlspundbohlen.

α) Querschnittsformen der Bohlen aus Holz, Eisenbeton und Stahl und die verschiedenen Schloßformen.

Die technische Eignung der Spundwände für die verschiedenen Zwecke wird bestimmt durch:

die Eigenschaften des Baustoffes,

die Ausbildung des Spundwandquerschnittes, ihrer Einzelglieder und deren Verbindungsformen,

die Herstellung der Einzelglieder,

das Verhalten der Spundwände und ihrer Einzelglieder beim Einbringen in den Untergrund,

das Verhalten im Betriebszustand.

Bei großem Querschnitt und großer Länge der Spundbohlen kann ihr Gewicht für Transport und Einbringen zu groß werden. Demzufolge stellen

Längen von 18 bis 20 m im allgemeinen bereits die Grenzen für Eisenbetonbohlen dar und werden nur in seltenen Fällen überschritten. Eine fast gleiche Begrenzung ihrer Länge weisen auch die hölzernen Bohlen infolge ihres Wachstums auf, während die Stahlbohlen trotz ihres wesentlich höheren spezifischen Gewichtes infolge Auflösung des rechteckigen Querschnittes größere Längen zulassen. Stahlspundbohlen wiegen weniger als gleichwertige Holzspundbohlen. Infolge ihrer sonstigen günstigen physikalischen Eigenschaften kann ihre Länge ohne Nachteile auf 27 bis 30 m und sogar darüber hinaus gesteigert werden.

Große Unterschiede zeigen die Grenzen für die Elastizität und Zerreißfestigkeit. Wenn auch die den verschiedenen Baustoffen angepaßten Bearbeitungswerkzeuge erhebliche Fortschritte gemacht haben, so bleibt doch das Holz der am einfachsten und am leichtesten zu bearbeitende Baustoff. Beim Eisenbeton muß man wegen der Zusammensetzung zweier verschiedener Baustoffe auf nachträgliches Bearbeiten der Spundbohlen, abgesehen vom Kopf, verzichten und wird ihre Konstruktion dementsprechend gestalten. Andererseits wird der Baustoff Holz wegen seiner geringen Festigkeit am wenigsten, und der Baustoff Stahl wegen seiner überragenden Festigkeit, abgesehen von Sonderfällen[1], am meisten Widerstand und Sicherheit gegen mechanische Angriffe bieten. Dagegen geben diese Eigenschaften allein keinen Schutz gegen chemische Angriffe.

Je dichter der Baustoff ist und je mehr die Baustoffe dem Untergrund angepaßt werden, desto weniger ist die Gefahr eines Angriffes vorhanden. Trotz vieler Nachteile ist und bleibt das Holz der durch chemisch angreifende Böden und Wässer am wenigsten gefährdete Baustoff, sobald er unter Wasser gehalten wird. Das hindert aber nicht, daß andere Vorzüge der Baustoffe „Beton" und „Stahl" diese trotz chemischer Empfindlichkeit oft geeigneter sein lassen als Holz, insbesondere weil es über Wasser und besonders an der Wassergrenze der am meisten der Zerstörung ausgesetzte Baustoff ist. Entwürfe in Holz müssen auf diesen Nachteil Rücksicht nehmen, durch den erhöhte Kosten für zusätzliche Bauglieder aufzuwenden sind, ohne daß dadurch die Güte des Gesamtbauwerkes gefördert wird. In dieser Beziehung ist der Eisenbeton für den Überwasserteil weitaus günstiger zu bewerten, während seine Verwendung unter Wasser und im Boden durch angriffsfähige Stoffe beeinträchtigt wird.

Ist ein Untergrund oder das Grund- oder freie Wasser für einen Baustoff gefährlich, so verlasse man sich nicht lediglich auf Anstrichmittel, solange nicht die Sicherheit besteht, daß das Konstruktionsglied beim Einbringen in den Untergrund den unbeschädigten Anstrichüberzug behält. Hierzu bildet das Einrammen ein ungeeignetes Mittel, wie herausgezogene Eisenbetonpfähle und Spundbohlen gezeigt haben.

Das Anstreichen von Bauwerksteilen, die später im aggressiven Untergrund oder Grundwasser verbleiben, hat nur dann Zweck, wenn sie allseitig umhüllt werden. Wird ein Bauwerk nicht ganz sorgfältig hinterfüllt, dann wird der

---

[1] Einen Sonderfall bildet der Angriff durch Sandschliff im bewegten Wasser mit Geschiebeführung. Hier ist die Konstruktion der Einzelglieder möglichst darauf abzustellen, daß hydraulische Wirbel durch sie vermieden werden, da sie in erster Linie den Hauptangriff in sich bergen. Beim Stahl, der empfindlicher gegen Sandschliff ist, sucht man sich durch entsprechend flach ausgebildete Konstruktionsglieder zu helfen. Hier bleiben die weiteren Erfahrungen abzuwarten.

Schutzanstrich Beschädigungen erleiden. Ich habe das selbst feststellen müssen und daraufhin auf einen weiteren Anstrich verzichtet.

Ich halte auch heute noch die innere Verbesserung des Baustoffes für wirksamer und nicht für teurer, als wenn man sich auf die äußere Hülle allein verläßt. Gewiß gibt es Mittel, auch die äußere Hülle einwandfrei herzustellen und betriebssicher zu gestalten. Das haben z. B. die Schutzhüllen um die U-Bahn-Körper in Berlin bewiesen. Aber es dürfte auch bekannt sein, was sie an Kosten erfordern! Erst wenn der Boden oder das Wasser sich als den Baustoff stark angreifend herausstellen oder durch Schäden an Nachbarbauwerken eindeutig nachgewiesen ist, daß durch Verbesserung des Baustoffes allein kein hinreichender Schutz gewährt wird, sollte man auf einen Schutzanstrich zurückgreifen, dann aber auch das Bauwerk ganz umhüllen und für unbeschädigte Anbringung und Erhaltung des Schutzes Sorge tragen.

Die örtlich etwa 2000 m auseinanderliegenden, mit Eiseneinlagen versehenen Betonfundamente zweier Hochbauten wiesen den gleichen hohen Grad der Zerstörung auf, so daß sie durch neue Eisenbetonfundamente ersetzt werden mußten. Der Untergrund, wie auch das Grundwasser, wiesen dieselben Eigenschaften auf wie bei einer angrenzenden Baustelle für ein größeres Tiefbauwerk. Obwohl ein besonderer Schutz für den Beton von den Chemikern empfohlen wurde, verzichtete ich darauf, weil:

1. ich feststellte, daß die Zerstörungen nur an diesen beiden Bauten und nicht an den Fundamenten der vielen angrenzenden Bauwerke aufgetreten waren;
2. an den beiden Fundamenten mangelhafter Beton die Hauptursache für die Zerstörung gewesen war;
3. an dem einen Fundament örtliche Abwässer das Grundwasser mit schädlichen Stoffen verunreinigt hatten;
4. eine gänzliche Umhüllung der Bauwerke mindestens 450000.— RM Mehrkosten = 3% der Bausumme verursacht hätte;
5. ich mich auf die Herstellung eines einwandfreien dichten Betons für die neuen Bauten verlassen konnte.

Wie viele Betonbauwerke der älteren Zeit habe ich gesehen, die durch Boden und Wasser ganz oder teilweise zerstört waren. Und wieviel bleiben davon übrig, deren Betonzusammensetzung einwandfrei gewesen war? Wenige, trotz aller Beteuerungen. Es muß doch die Einwirkung des Untergrundes und des Wassers mit normalerweise verhältnismäßig geringfügigen schädlichen Bestandteilen auf den Beton auf ein Mindestmaß zu begrenzen sein, wenn er sorgfältig zusammengesetzt, gemischt und eingebracht wird. Welch erhebliche Fortschritte sind in der Güte der Baustoffe „Beton“ und „Stahl“ allein in den letzten 15 Jahren gemacht worden!

Wegen der dünnwandigen Konstruktion der Einzelglieder ist die Korrosion der ärgste Feind des Stahles. Kupferzusatz und Sonderstähle haben aber das im Laboratorium erfolgreiche, in der Natur im Laufe der weiteren Jahrzehnte noch zu bestätigende Ergebnis der erheblichen Einschränkung der Korrosionsgefahr gebracht.

Noch ein Wort zur Erhaltung des Stahles: Wie oft sehe ich immer noch auf den Baustellen angestrichene Bohlen liegen. Ich denke dabei an den Zustand herausgezogener Bohlen, die den Wert einer derartigen Maßnahme vor Augen führen. Auch der Anstrich der über Wasser liegenden Wand ist zwecklos, wenn nicht grundsätzlich vor Erneuerung jedes Anstriches der Rost restlos beseitigt werden kann, und wenn man nicht die Sicherheit hat, daß der im Boden liegende Teil ebenfalls nicht rostet. Ich habe seinerzeit bei einem Stahlspundwandbauwerk nach der erstmaligen Erneuerung des Anstrichs den Vergleich aufgestellt:

Was kostet die Beseitigung des Rostes?

Was kostet die Herstellung des äußeren Anstrichs?

Wie sieht das Bauwerk auf der Rückseite aus?

Wie stark wird durch die Beseitigung des Rostes das Bauwerk im Laufe der Zeit angegriffen?

Ich habe daraufhin ohne Zögern 7000 RM für Unterhaltung des Bauwerkes aus dem Haushalt gestrichen. Eine Verschlechterung des Zustandes der Wand habe ich in den verflossenen 5 Jahren dadurch nicht feststellen können. Wendet man schon einmal das Geld für eine verbesserte Zusammensetzung des Baustoffes an, dann sollte man auch die dementsprechende Folgerung ziehen und dem Baustoff eine äußere Widerstandsfähigkeit zutrauen. Das Aussehen allein sollte keinen Ingenieur zu derartigen Ausgaben veranlassen.

Zerreißfestigkeit und Elastizitätsgrenze geben den Maßstab für die Beanspruchungsfähigkeit des Baustoffes. Da die Elastizitätsgrenze des Sonderstahles mehr als das 20fache der des Holzes beträgt, könnte man auf eine wesentliche Kostenersparnis schließen, wenn nicht die Gefahr der zu großen Durchbiegung eine ausschlaggebende Rolle spielte. Spundwände aus hochwertigen Baustoffen und damit verringertem Querschnitt sind daher wegen ihrer erhöhten Beanspruchung grundsätzlich auch auf das Maß ihrer Durchbiegung zu berechnen.

Jede Spundwand, gleich welchen Baustoffes, welchen Profiles, welchen Systemes, besteht aus einzelnen Bohlen, die mit Verbindungskonstruktionen ausgestattet sind, um während des Bauvorganges den erforderlichen Zusammenhang zwischen den Bohlen zu gewährleisten und um eine möglichst dichte Wand zu erzielen. Während man bei hölzernen und Eisenbeton-Spundbohlen die Bezeichnung Nut und Feder beibehalten hat, ging man bei den Stahlbohlen zu der Bezeichnung Schloß über. Der Unterschied beider liegt darin, daß bei Nut und Feder nur eine zwangsläufige Führung nach einer Richtung, beim Schloß aber eine solche nach zwei Richtungen hin vorhanden ist. Abgesehen von der Profilform liegt in der Art der Ausbildung und der Lage des Schlosses der wesentliche Unterschied zwischen den einzelnen Stahl-Spundwandsystemen. Allen neueren Schloßformen gemeinsam ist das Streben nach möglichst weitgehender haken- und klauenartiger Ausbildung, um auf diese Weise neben einer guten Führung, ohne Zwängungen beim Rammen, auch gleichzeitig einen möglichst festen Zusammenhalt der einzelnen Bohlen nach jeder Richtung hin zu gewährleisten und ein Verkanten und Verdrehen zu erschweren.

Wie beim Holz und Eisenbeton die Nut und Feder, so ist auch bei den Stahlbohlen das Schloß der schwächste Teil der Bohlen. Genau so wie bei den ersteren in den meisten Fällen zuerst die Brüstung aufbricht (Abb. 87), läßt sich ein entsprechender Vorgang auch bei den Stahlbohlen feststellen, wobei das Wulstklauenschloß mehr dazu neigt als das doppelklauen- und hakenförmige Schloß. Während bei der vollwandigen Holz- und Eisenbetonspundwand die Verbindung (Nut und Feder) sich etwa im mittleren Drittel des Querschnittes befindet, liegen die Schlösser bei der aufgelösten Stahlspundwand je nach der Art des Systems entweder in der neutralen Achse oder in einer oder beiden Außenzonen. Der wechselnden Aufgabe der Spundwand entsprechend zergliedert sich die Aufgabe des Spundwandschlosses in Führung, Stützung, Verklammerung, Dichtung und Gewährung eines Spielraumes.

Da bei dem Rammen „zweier“ Einzelbohlen die Gefahr ihres Ausgleitens aus Nut und Feder oder Ausreißens aus dem Schloß vorhanden ist, nach dem Zusammenziehen der Einzelbohlen vor dem Rammen zu sog. Doppelbohlen aber vermieden wird, ging man auch wegen Ersparnis der Rammzeit bei der Verwendung von hölzernen Bohlen seit langem dazu über, die Bohlen zu Doppelbohlen zusammenzuziehen und durch Nägel oder Klammern zu befestigen. Auf diese Weise wurden das Ausgleiten aus Nut und Feder, Verkanten, Verdrehen und das Mitziehen der Einzelbohlen während des Rammens bei den vorher zusammengezogenen Bohlen erschwert. Frei gelegte hölzerne Spundwände zeigen immer wieder, daß vorher durch Nägel oder Bauklammern fest zusammengefügte Doppelbohlen nur selten auseinander gerissen sind. Von diesem Gesichtspunkte ließ man sich auch bei den Stahlspundwänden leiten. Man zieht auch hier vorher die Einzelbohlen zu Doppelbohlen zusammen, sofern man nicht Doppelbohlen von vornherein in einem Stück herstellte (z. B. Ransome). Zweifelsohne ist die in einem Stück gewalzte Doppelbohle das Ideal. Ihre Herstellung ist nur dadurch begrenzt, daß sie in größeren Profilen, also mit höheren Widerstandsmomenten, bislang nicht gewalzt werden kann. Gegenüber der einfachen Nut und Feder bei Holzbohlen liegt in den Stahlspundwandschlössern ein großer Vorteil, weil der Stahl in der Lage ist, weitaus größere Beanspruchungen aufzunehmen als das Holz. Trotzdem sprangen bei der einfachen Klauenform, wie sie bei der Lamp- und Rote-Erde-Spundwand verwendet wurde, die Bohlen häufig aus dem Schloß. Diesen Nachteil überwand die Doppelhaken- und Doppelklauenform mit Erfolg.

Bevor ich auf die Stahlbohlen und den Baustoff Stahl näher eingehe, erscheint es mir in diesem Zusammenhange notwendig, den Baustoff Holz auf Zug- und Biegungsbeanspruchung hin zu betrachten, da die hier festgestellten Werte derartig schwanken und solche Abweichungen gegenüber Tabellenwerten aufweisen, daß mit Recht bei der Verwendung von Holz für Spundbohlen und Pfähle Vorsicht am Platze ist. Das bedeutet aber nicht ein grundsätzliches Ablehnen dieses billigen und in vieler Hinsicht vorzüglichen Baustoffes, sondern Vorsicht in bezug auf die Zuverlässigkeit der Berechnung und bei der Wahl der zuzulassenden Grenzspannung.

β) Der Baustoff Holz.

Verschiedene festgestellte Zerstörungen von Rundholz und Spundbohlen während des Einbringens in den Untergrund durch Freifallrammen und Dampfhämmer (Abb. 87 und 88) und im Betriebszustand der Bauwerke gaben Veranlassung, die Güte des trockenen und nassen Holzes bei verschiedenen Querschnitten und verschiedenen Holzarten näher zu prüfen. Anläßlich verschiedener Grund- und Wasserbauten wurden daher von Fall zu Fall eingehende Untersuchungen Hand in Hand mit einer Versuchsanstalt vorgenommen.

Untersuchung I aus dem Jahre 1924. Zur Feststellung der Güte von Spundbohlen aus Holz wurden Kanthölzer verschiedenen Ursprungs auf ihre Biegungsfestigkeit untersucht.

Zustand des Holzes: Wasserlagerung rd. 5 Jahre und stammtrocken.

Versuch: Biegung von 10 m langen Hölzern, Entfernung zwischen den Auflagern = 8,00 m.

Abb. 87.
Zerstörungen an einer hölzernen Spundwand durch Rammung.

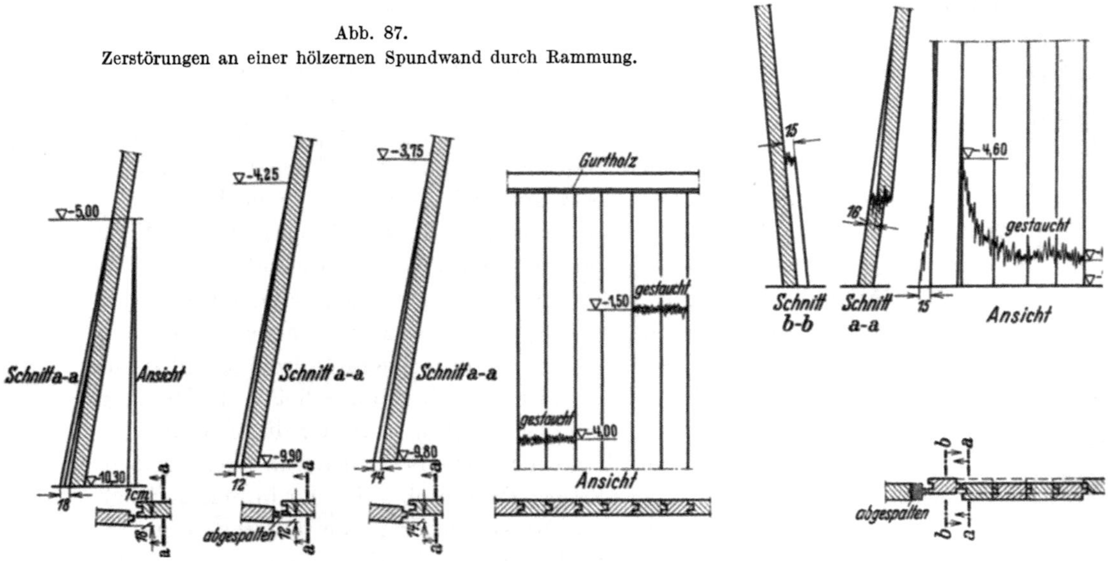

Abb. 88. Gestauchte hölzerne Spundwand.

Anzahl der Probekörper: 2 bis 4 Stück.

Querschnitt: 22/22 cm.

Herkunft	Zustand des Holzes	Biegungsfestigkeit kg/cm²	
Pitchpine	naß	570	—
Karpathentanne (-fichte)	trocken	—	273
Schwarzwaldtanne .	,,	—	317
Harztanne	,,	—	339
Tanne aus der Lüneburger Heide . .	,,	—	304

Ergebnis: 1. Das jahrelang im Wasser gelegene Pitchpineholz besitzt noch eine rd. 80 bis 100% höhere Biegungsfestigkeit als die mitteleuropäischen Hölzer.

2. Die Biegungsfestigkeiten liegen um 35 bis 75% höher als die aus der Untersuchung III mit nur kurzer freier Länge zwischen den Auflagern erhaltenen Werte (Einfluß der Schubbeanspruchung).

Untersuchung II aus dem Jahre 1927. Holz aus teilweise zerstörtem Pfahlrost, der rd. 4 Jahre unter Wasser gestanden hat und aus Pfählen, die trocken gelagert waren.

Herkunft: Karpathen.

Holzart: Tanne.

Versuch: Feststellung der Biegungsfestigkeit durch 1 m lange Probekörper, die ohne Auswahl aus den Stämmen entnommen wurden. Entfernung zwischen den Auflagern: 0,80 m.

Anzahl der Probekörper für jeden Versuch: 3 Stück.

Querschnitt	Biegungsfestigkeit in kg/cm²	
	trocken	naß
Rundholz 25 cm	—	180
20/20 cm	—	155
16/16 „	190	160
12/12 „	235	190
10/10 „	275	240
8/8 „	315	280

Zerreißfestigkeit: Querschnitt 8/8 cm in nassem Zustand

Versuchsreihe I	47 kg/cm²
„ II	178 „
„ III	206 „
„ IV	215 „
„ V	262 „
„ VI	531 „

Ergebnis: 1. Das nasse Holz hat i. M. 15% niedrigere Biegungsfestigkeit als das trockene Holz.

2. Die Biegungsfestigkeit des Rundholzes liegt rd. 15 bis 20% höher als bei annähernd gleich starkem Kantholz, was darauf zurückzuführen ist, daß beim Kantholz ein Teil der Fasern durchschnitten wird.

3. Die Biegungsfestigkeit nimmt mit kleinerem Querschnitt zu.

4. Die Zerreißfestigkeit der 8/8 cm² Hölzer liegt i. M. bei rd. 215 kg/cm², also rd. 25% unter der Biegungsfestigkeit. Zugversuche an Pfählen ergaben für nasses Rundholz (4 Jahre Lagerung im Wasser) eine Zerreißfestigkeit von 275 bis 320 kg/cm². Sie liegt also annähernd in der gleichen Höhe wie die Biegungsfestigkeit von stammtrockenem Rundholz.

Untersuchung III aus dem Jahre 1928. Um einen Überblick über die Güte der verschiedenen Hölzer für Rammungen zu erhalten, wurden ihre Biegungsfestigkeiten festgestellt.

Zustand des Holzes: stammtrocken.

Versuch: 1 m lange Körper, die aus den Stämmen entnommen wurden.

Entfernung zwischen den Auflagern: 0,90 m.

Anzahl der Probekörper: 3 Stück.

Biegungsfestigkeiten in kg/cm².

Herkunft	Querschnitt in cm				
	Rundholz 20—25	20/20	16/16	12/12	8/8
Karpathentanne (-fichte)	272	202	254	279	405
Harzer Tanne	270	174	255	276	379
Schwarzwaldtanne	313	181	219	280	407
Märkische Kiefer	281	255	298	329	437
Polnische „	297	209	249	335	419
Masurische „	310	260	244	341	504

Ergebnis: 1. Die Biegungsfestigkeit des Rundholzes liegt i. M. bei allen Holzarten um 15 bis 35% höher als bei annähernd gleich starkem Kantholz. Das Ergebnis des Versuches II aus dem Jahre 1927 wird also bestätigt. Auch Professor Suenson, Kopenhagen, stellte 1928 ebenfalls durch Versuche fest, daß das Rundholz um 26% biegungsfester als vierkantiges Holz ist.

2. Die Biegungsfestigkeit nimmt mit kleinerem Querschnitt zu. Die Untersuchungsreihe aus dem Jahre 1927 wird also ebenfalls bestätigt.

3. Das harzreichere Kiefernholz weist eine im Durchschnitt um 5 bis 20% höhere Festigkeit auf als besonders das harzarme Karpathentannenholz (Einfluß des Spätholzes).

Folgerungen: 1. Laut Hütte-Taschenbuch I[1] beträgt die Festigkeit von Fichtenholz: bei einem Feuchtigkeitsgehalt von durchschnittlich 15%

Biegung: 420 kg/cm²,
Zug: 750 kg/cm².

Sämtliche Versuchsreihen ergaben aber, daß nur für Kantholz 8/8 cm² diese Biegungsfestigkeiten, wenn auch unter großer Streuung, erreicht werden, während die für Pfähle und Spundbohlen verwendeten Querschnitte 20 bis 25% geringere Festigkeiten aufweisen.

Die Zerreißfestigkeit von Kantholz 8/8 cm² lag mindestens um 30%, höchstens um 75%, diejenige für nasses Rundholz rd. um 60% unter der in der Hütte angegebenen Größe. Man wird sich also bei Holz darüber eingehende Klarheit verschaffen müssen, ob die Belastungsannahmen nahe der Wirklichkeit liegen und ob zusätzliche Spannungen nicht zu erwarten sind.

2. Die rechnungsmäßig zuzulassende Festigkeit ist von Fall zu Fall zu bestimmen und hängt für den Grund- und Wasserbau nicht von den amtlich zugelassenen Werten ab, sondern richtet sich nach:

der Verwendung des Holzes über oder unter Wasser,
dem Zustand des Holzes,
der Art der Beanspruchung,
dem Querschnitt des Holzes,
der freien Länge und Auflagerung,
der Herkunft des Holzes.

Tannenholz ist nicht gleich Tannenholz zu setzen, sondern es ist

der Abstand der Jahresringe voneinander (Einfluß von Frühholz, Spätholz),
der Harzgehalt,
die Anzahl und Lage der Äste,
der Querschnitt und die übrige Beschaffenheit des Holzes

zu beurteilen[2]. Würde hierauf auch bei dem Arbeitsvermögen, das bei der Rammung von Spundbohlen und Pfählen zuzulassen ist, Rücksicht genommen, so würden die dem Ingenieur leider zum überwiegenden Teil verborgen bleibenden Rammzerstörungen zum Vorteil des Bauwerkes erheblich verringert werden.

Es ist ferner zu berücksichtigen, daß Naturfehler, wie:

tiefgehende Luftrisse,
Weiß-, Rot-, Buntstreifigkeit,
Pilzbefall,
Insektenbefall,

das Holz noch erheblich weiter schwächen können. Wer große Rundholzlieferungen abgenommen hat, weiß, daß auch die sorgfältigste Aufsicht nicht vor Fehlern schützt.

---

[1] Hütte I, 26. Aufl. S. 696. Berlin 1931.

[2] Vgl. auch O. Graf: Warum brauchen wir Güteklassen für deutsches Holz? Bautechn. 1935 S. 187.

Auf die einzelnen Spundbohlenquerschnitte aus Holz einzugehen, erübrigt sich, da sie hinreichend bekannt sind.

γ) Der Baustoff Eisenbeton.

Der Baustoff Eisenbeton für Spundbohlen und Pfähle ist gleichfalls in der Literatur genügend behandelt, so daß ich hierauf wie auf die verschiedenen Querschnittsformen nicht näher einzugehen brauche.

Auseinandersetzen soll man sich aber mit auftretenden Rissen und Zerstörungen von Eisenbetonpfählen und -spundbohlen, die trotz des einheitlicheren Gefüges als bei Holz nicht auszuschalten gewesen sind. Sie abzuleugnen würde genau so falsch sein, wie deswegen den Baustoff Eisenbeton für Spundbohlen und Pfähle abzulehnen.

Worauf können die Beschädigungen zurückgeführt werden?

1. Mangelhafte Bewehrung.
2. Mangelhafter Beton.
3. Ungenügende Erhärtungszeit und unvorsichtige Handhabung, Drängen des Bauherrn auf Baubeginn, Zeitgewinn und Ersparnis an Kosten.

Zu frühzeitiges Aufnehmen der Spundbohlen und Pfähle zwecks Umlagerung oder „unter die Ramme bringen“ kann trotz Aufhängung in den Drittelpunkten Risse erzeugen, weil man von der beim Arbeitsvorgang aufgewendeten Sorgfalt abhängig bleibt. Es liegt allein an den bauausführenden Ingenieuren, diese Fehlerquellen auszuschalten und die Gefahren durch schärfste Obacht zu vermeiden, daß Umstapelung und Transport unter weitgehendster Schonung des Baustoffes erfolgt. Da auftretende Risse sehr fein sind und sich bei ursprünglicher Lage der Bohlen wieder schließen, ist die Kontrolle nicht einfach zu handhaben.

4. Rammung und Einspülung:

a) Pfahl- bzw. Spundbohlenstärken und -längen, Beschaffenheit des Untergrundes, Art der Ramme, Bärgewicht, Fallhöhe und Schlagzahl stehen in einem bestimmten Verhältnis zueinander, das für jeden Fall neu festzulegen ist.

Es war mir wichtig, zu sehen, daß diese Beobachtung auch an anderen Stellen gemacht worden ist[1]. In Belgien wurde folgendes festgestellt:

Art der Zerstörung: Risse an den Stellen, wo Bügel im Beton liegen.

Ursachen: α) zu hohe Fallhöhe bei Freifallrammen,

β) die Verwendung von schnellschlagenden Dampfhämmern. Selbst bei geringen Längen (5,50 m) traten bereits Schwingungen des Pfahles auf, die schnell zur Zerstörung des Betons an den Bügeln führten, wo infolge des Schwindens eine Vorspannung im Baustoff vorhanden war. Insbesondere befanden sich unter den transversalen Schwingungen solche, die in Resonanz mit den Stößen des Hammers waren. Die Schwingungen entstehen auch bei zentrischem Stoß, der allerdings meist nicht vorhanden ist.

Folgerungen: α) Benutzung schwerer Rammbären bei geringer Fallhöhe (Bärgewicht etwa gleich Pfahlgewicht). Schnell schlagende Dampfhammer sind ungeeignet, da aus den erwähnten Gründen ein Teil der Arbeit zur Zerstörung des Betongefüges verwendet wird.

---

[1] Campus, M. F.: Ann. Trav. publ. Belg. 1935 Heft 1. — Glanville, Grime, Davies: Engineering 1935 Heft 3645.

β) Anordnung der Bügel in nicht zu weitem Abstand.

γ) Zweckmäßige Ausbildung der Bohlen- oder Pfahlspitze[1].

Hierzu ist noch zu bemerken, daß 1. die Bildung der Risse nicht auf den Beton zurückzuführen war; 2. der Erfolg, den man mit schweren Rammbären erzielte, gezeigt hat, daß die Zerstörung nicht auf die Art des Untergrundes zurückzuführen war; 3. das Eindringen des Pfahles in den Untergrund je Schlag durch die Risse und Zerstörungen nicht beeinflußt wurde. (Beispiel: Zerstörung eines Pfahles bei einem Eindringen von 204 mm/min bei 200 Schlag/min.)

b) Eine exzentrische Beanspruchung des Pfahles oder der Bohle während der Rammung ist nicht ganz auszuschalten. Sie auf ein Minimum zu beschränken, ist wichtigste Aufgabe der Rammannschaft. Eine Exzentrizität infolge Abgehens des Pfahles im Untergrund kann überhaupt nicht oder nur zu Beginn der Rammarbeit in den oberen Zonen festgestellt werden. Daß diese, unabhängig von ihren Ursachen, die gefährlichste Beanspruchung beim Einbringen in den Baugrund darstellt, brauche ich nicht weiter zu erläutern. Hier sollte man lieber den Pfahl seinen Weg gehen lassen, als ihn während des Rammvorganges durch Rödelung noch in eine andere Richtung zwingen zu wollen.

c) Das Spülverfahren hat seine Nachteile, wenn es nicht vorsichtig gehandhabt wird. Das Herausziehen von allerdings schrägen hölzernen Pfählen, die unter gleichzeitiger Spülung 5 m tief in den Sand eingerammt worden waren, nachdem eine 8 bis 10 m tiefe bindige Bodenschicht durchgerammt war, ergab, daß diese Pfähle parallel zur Mauerflucht in der Mitte bis zu 50 cm Durchbiegungen aufwiesen, die nur auf die Spülung zurückgeführt werden konnten. Gewiß gibt der Baustoff Holz leichter nach der Seite des geringeren Widerstandes hin nach als Eisenbeton, aber es liegt auf der Hand, daß im Beton bereits erheblich geringere Abweichungen beim Einbringen zu Rissen führen müssen.

d) Auf den einwandfreien Zustand des Futterholzes ist dauernd zu achten.

δ) Der Baustoff Stahl.

Bei Spundwandbauten ist ausdrücklich festzustellen, daß die zeichnerische und wirkliche Lage einer Spundwand erhebliche Abweichungen voneinander aufweisen können. Vor diesen Abweichungen haben uns weder die hölzernen noch die Eisenbetonspundbohlen geschützt, noch schützen uns davor die bisher verwandten Stahlbohlen. Diese Abweichungen von der theoretischen Lage erfolgen durch Verformungen der Einzel- und der Doppelbohlen wie auch der ganzen Wand, und durch Zerstörung der Einzelglieder oder der Verbindungskonstruktionen.

Es ist notwendig, sich über die Art der Verformungen, deren Ursache und die tatsächliche Lage der Wand beim Einbringen und im Betriebszustand Klarheit zu verschaffen.

I. Das Verhalten der Stahlspundwände im Untergrund beim Einbringen.

Die Arten der Verformungen können sein:

a) Drehen der Stahlbohlen um das Schloß (nach innen oder außen),

b) seitliches Ablenken der Stahlbohlen,

[1] Zu dieser muß m. A. nach noch eine zweckmäßige Ausbildung des Pfahlkopfes treten.

c) Aufbiegen der Flansche und Stege der Stahlbohlen,

d) Verdrehen des Stahlbohlenquerschnittes (Torsion),

e) Zerstörung des Zusammenhanges der Stahlspundwand nach Auftreten einer oder mehrerer der unter a) bis d) aufgeführten Verformungen.

Die Ursachen der Verformungen können sein:

a) Arbeitsvorgang:

1. Exzentrizität der Rammschläge,
2. zu großes Bärgewicht, zu große Fallhöhe, zu große oder zu kleine Rammgeschwindigkeit,
3. unvollständige Bohlenführung (oberhalb des Planums nur durch Rammgurtung, im Untergrund nur durch das Schloß der bereits gerammten Bohle, d. h. die zu rammende Bohle pendelt im Untergrund um die Schloßführung, und zwar um so stärker, als sie in den Untergrund tiefer eindringt und auf Widerstände stößt).

b) Untergrund:

1. ungleiche Beschaffenheit einer Bodenart,
2. Aufeinanderfolge verschiedener Bodenarten,
3. geneigte Schichtung,
4. Hindernisse (Kiesnester, Steinnester, Findlinge, Holz).

c) Beschaffenheit der Stahlbohle:

1. Ungenügende Anpassung der Stahlbohlen an den Untergrund (in bezug auf Profilstärke, Bohlenlänge, Stahlart),
2. Form des Bohlenquerschnittes,
3. Spielraum in den Schlössern,
4. Einfluß des Walzvorganges (nachträgliches Richten der Bohlen),
5. Schloßausbildung.

Die genaue Einhaltung der in der Zeichnung vorgeschriebenen Lage einer Spundwand ist nur möglich, wenn die Spundwand mit oberem und unterem Gurt ohne Rammung in den Untergrund hineingestellt wird, was praktisch nur für kurze Ankerwände durchführbar ist. Die angegebenen Verformungen führen sonst zu Abweichungen von der theoretischen Lage:

a) unter Aufrechterhaltung,

b) unter Zerstörung des Zusammenhanges der Wand

1. durch Aufreißen der Schlösser,
2. durch Zerreißen des schwächsten Teiles des Bohlenquerschnittes.

II. Das Verhalten der Stahlspundwände im Untergrund im Betriebszustand:

Die Arten der Verformungen können sein:

a) bleibende Durchbiegung und

b) Verformungen, wie sie unter I aufgeführt sind.

Die Ursachen der Verformungen

sind entweder auf die äußere Belastung der Spundwand oder auf unzureichende Bemessung der Spundwand bzw. ihrer Auflager zurückzuführen.

Die Lage der Spundwand im Betriebszustand ergibt sich immer aus ihrer Lage beim Einbringen in den Untergrund. Abweichungen von ihr stellen sich je nach der Auswirkung des Überganges vom Bau- in den Betriebszustand ein.

Wir wissen, daß bei allen Stahlbohlenarten genau so wie bei Holz- und Eisenbetonbohlen grundsätzlich Verformungen sowohl beim Einbringen als auch im

Betriebszustand auftreten können, wobei die Verformungen bei den Stahlbohlen infolge des dünnen Wandquerschnittes am größten sind. Keine Spundwandart schützt vor Zerstörungen des Zusammenhanges der Wand beim Einbringen in den Untergrund, wenn ungünstige Verhältnisse zusammentreffen.

Je größer und ungleichmäßiger die Widerstände sind, die der Untergrund dem Einrammen von Spundbohlen entgegensetzt, desto größer sind auch die Kräfte, die die einzelnen Spundwandglieder während des Rammvorganges aus ihrer Soll-Lage herauszwängen wollen. Man kann schon rein äußerlich erkennen, ob eine Stahlspundwand in schwierigen Untergrund gerammt worden ist oder nicht. Man vergleiche dazu eine Spundwand, die im freien Wasser und bindigen Boden gerammt ist, mit einer Spundwand, die im festgelagerten Boden mit Geröllschichten oder Findlingseinsprengungen gerammt ist. Während die leicht gerammte Wand nicht nur in ihrem oberen Teil eine normale Lage der Bohlen und eine genaue Rammflucht erkennen läßt, verläuft die schwierig gerammte Wand wellenförmig unter mehr oder weniger starken Verkantungen und Verdrehungen der Bohlen. Es ist daher selbstverständlich, daß die Auswirkung der Kräfte im Untergrund beim Rammvorgang auf die Einzelkonstruktionsglieder mit ihren Schlössern um so ungünstiger wird, je weniger das gewählte Widerstandsmoment der Spundwand das richtige Verhältnis zum Untergrund aufweist.

Abb. 89. Ausbuchtungen im unteren Viertel einer Stahlspundwand bei einer Baugrubeneinfassung.

Da nun die Spundbohlen beim Einrammen in den Untergrund immer nur dicht über dem Boden durch seitlich angebrachte Zangen geführt werden können, liegt es auf der Hand, daß man niemals aus einer anscheinend einwandfreien Lage der Einzelkonstruktionsglieder und einer geraden Rammflucht an der Oberkante der fertig gerammten Spundwand auf einen gleichen Zustand im unteren Teil der im Boden stehenden Spundwand schließen kann. Fertig gerammte und freigelegte Spundwände, die zur Herstellung von Baugruben dienten, ließen zum Teil Abweichungen aus der theoretischen Lage von je 50 cm nach beiden Seiten erkennen, obwohl die Spundwand zuerst durch 10 m starken bindigen Boden gerammt wurde und damit bereits eine gute Führung hatte und erst dann 10 m in Sandboden eindrang. Derartige Unregelmäßigkeiten können bei allen Systemen auftreten (Abb. 89).

Wird eine Spundbohle, Einzel- oder Doppelbohle, während des Rammvorganges an ihrer einen Längsseite durch ein Schloß und an ihren beiden Schmalseiten durch zwei Zangen geführt, von denen die letzteren beim Einrammen der Spundbohle als Führung immer weniger wirksam werden, so müssen sich die

Widerstände im Untergrund jeweils auf die schwächsten Stellen des Konstruktionsteiles bzw. die Stellen, die am leichtesten nachgeben (Schlösser, Stege), auswirken.

Der Kraftangriff, der beim Rammvorgang durch Widerstände im Untergrunde ausgelöst wird, muß theoretisch diejenigen Schlösser, welche in der neutralen Achse liegen, weniger stark beanspruchen als diejenigen, welche in der Außenzone liegen und später am fertigen Bauwerk noch weitere Zusatzkräfte erhalten.

Die Tatsache, daß eine Einzelbohle oft dem Untergrunde einen zu geringen Widerstand entgegensetzte, wie schon auf S. 133 erwähnt, gab die Veranlassung, die Einzelbohlen zu Doppelbohlen zusammenzuziehen und durch Pressen oder Schweißen zu einem einheitlichen Ganzen zu verbinden.

Es erscheint notwendig, sich Klarheit zu verschaffen, wie sich die einzelnen Stahlbohlenarten den Beanspruchungen und Verformungen beim Rammen und im Betriebszustand gegenüber verhalten. Die Frage muß nach drei Richtungen hin untersucht werden:

1. Wie verhalten sich die verschiedenen Systeme in bezug auf die Verformungsmöglichkeiten, die infolge der Lage und Ausbildung der Schlösser, der Flanschstärken, der Stahlarten und der Ausbildung der Einzelbohlen eintreten können?

Sämtliche Z- und U-förmigen Stahlbohlensysteme, ganz gleich, ob ihr Schloß in der neutralen oder in der Außenzone liegt, schalten die Verformungsmöglichkeit nicht aus. Sperrige Schloßausbildungen und Gegenkrümmungen leisten im Rahmen des zur Verfügung stehenden Materialquerschnittes der Verformung einen gewissen Widerstand. Je dünner der Steg, je leichter das Profil und je weicher der Stahl ist, desto leichter ist die Verformungsmöglichkeit. Aus diesem Grunde ist die Verwendung härterer Stähle berechtigt.

Auch die einschlossigen Kastenbohlen werden immer um ihre Schlösser pendeln und daher die Verformung der Wand nicht verhindern können. Anders verhält sich die Peiner Bohle mit den beiden Schlössern in den Außenzonen. Infolge ihrer großen Steifigkeit wird sie eine Verformung der Wand fast ganz ausschließen. Man muß sich allerdings darüber klar sein, daß eine derartige starre Wand auch Nachteile mit sich bringt, wenn feste Hindernisse im Boden, wie z. B. Findlinge u. a. m., vorhanden sind. Die nicht starre Wand (vgl. Abb. 89) wird in solchen Fällen vielfach ohne Schaden ausweichen, während die starre Wand ein derartiges Hindernis nicht durchrammen wird.

2. Wie verhält sich bei den einzelnen Spundwandsystemen das theoretisch ermittelte zum praktisch vorhandenen Widerstandsmoment?

3. Welchen Einfluß kann die Verformung auf den Zusammenhang der Einzelkonstruktionsglieder haben?

Aus den vorhergehenden Überlegungen haben wir gesehen, daß die Verformungen der einzelnen Bohlen in der Wand einen erheblichen Umfang annehmen können. Wir wissen aus freigelegten Wänden der U- und Z-förmigen Systeme ebenfalls, daß die Verformungen sowohl nach der Innen- als auch nach der Außenzone hin auftreten, also Unterschreitungen wie Überschreitungen des Widerstandsmomentes der Wand wahllos einander folgen.

Ziehen wir wieder die U- und Z-förmigen Bohlen in den Kreis unserer Betrachtungen, da zwischen ihnen der Streit um das vorteilhaftere Profil entbrannt ist, so komme ich zu folgendem Ergebnis:

U-förmigen (Larssen) und Z-förmigen Spundbohlenarten (Klöckner, Lamp, Hoesch, Krupp) und der Ransome-Bohle liegt gemeinsam der wellenförmige Wandquerschnitt zugrunde. Das Profil der Einzel- und Doppelbohlen unterscheidet sich jedoch durch die Aufteilung dieses Wandquerschnittes. Die statische Auswirkung dieser Querschnittsaufteilung äußert sich darin, daß von der Spundwand außer denjenigen Kräften, die aus der Wirksamkeit der Wand als eingespannter oder frei aufgelagerter Balken herrühren und Biegungs- bzw. Normalspannungen im Querschnitt zur Folge haben, weitere Kräfte aufzunehmen sind, die in den Verbindungen der einzelnen Stahlbohlen auftreten. Hierbei soll es sich zunächst nur um diejenigen Kräfte handeln, die durch die Bohlenform bedingt sind und wirksam werden, sobald eine Spundwand gemäß ihrer Zweckbestimmung eine äußere Belastung erfährt. In den Schlössern der Einzelbohlen treten infolge äußerer Belastung der Spundwand vorwiegend auf:

bei den U-förmigen Spundbohlen: Schubkräfte,

bei den Z-förmigen Spundbohlen: Auflagerkräfte,

die in den der Belastung zugewandten Schlössern Druckkräfte, in dem der Belastung abgewandten Schlössern Zugkräfte hervorrufen.

Die Stahlbohlen der Ransome-Wand nehmen infolge ihrer Querschnittsform die äußere Belastung unabhängig voneinander auf, so daß normalerweise in den Schlössern keine zusätzlichen statischen Wirkungen auftreten.

Die Aufnahme der Schubkräfte bei den U-förmigen Bohlen und der Auflagerkräfte bei den Z-förmigen Bohlen bedingt dagegen eine entsprechende Ausbildung der Verbindungsstellen der Stahlbohlen als Voraussetzung für die volle statische Wirksamkeit der Stahlspundwand.

Unter Berücksichtigung der theoretischen Wandlage ergibt sich für die drei Spundwandarten hinsichtlich ihrer Widerstandsmomente folgendes:

Die U-förmige Wand setzt sich aus Einzelbohlen von trogförmigem Querschnitt zusammen. Jede Einzelbohle reicht über die halbe Höhe des Spundwandquerschnittes. Die eine Schwerachse der Einzelbohlen läuft parallel zur Spundwandachse. Soll das volle Widerstandsmoment des Spundwandquerschnittes erzielt werden, so müssen die Einzelbohlen von halber Wandhöhe zu einem einheitlichen Querschnitt von voller Wandhöhe zusammengefügt sein.

Die Frage, ob für U-förmige Bohlen das volle oder nur ein anteilmäßiges Widerstandsmoment, bezogen auf die Spundwandachse, gilt, tauchte bald nach der Herstellung der ersten U-förmigen Bohlen auf und ist in den Fachschriften wiederholt theoretisch und praktisch behandelt worden.

Daß die U-förmigen Bohlen bei genügender Verdübelung, die durch Pressen, durch Schweißen, durch den Boden, der beim Rammvorgang in die Schlösser eingepreßt wird, oder durch Anrosten erzielt werden kann, annähernd das volle Widerstandsmoment auf die Wandachse haben, darüber herrscht wohl kein Zweifel. Man wird also zur Erreichung des vollen Widerstandsmomentes mit geringsten Mitteln den praktischen Weg gehen müssen, das Maß der erforderlichen Verdübelung von Fall zu Fall festzustellen und die Verbindung entsprechend auszuführen bzw. die vorhandene Verdübelung der Berechnung des

Widerstandsmomentes zugrunde zu legen (vgl. S. 98, amerikanische Berechnungsmethode). Bei den durch Boden gerammten Spundwänden habe ich wegen der vermehrten Schloßreibung und der aussteifenden Wirkung einer schweren Ankergurtung und Verholmung in jedem Fall das volle Widerstandsmoment eingesetzt.

Bei der Z-förmigen Wand wird das Widerstandsmoment der Einzelbohlen, deren Hauptachsen gegen die Spundwandachsen geneigt liegen, durch die gegenseitige Auflagerung der Einzelbohlen in den Schlössern auch theoretisch zum vollen Widerstandsmoment, bezogen auf die Spundwandachsen unter der Voraussetzung, daß die Schlösser die Auflagerkräfte einwandfrei aufnehmen, d. h. keine Verdrehungen zulassen.

Bei der Ransome-Wand fällt die eine Hauptachse der Stahlbohle mit der Spundwandachse zusammen, so daß hier ohne Rücksicht auf den Zusammenhang in der Wand das volle, auf die Spundwandachse bezogene Widerstandsmoment gegeben ist.

Berücksichtigt man nunmehr die tatsächliche Lage der U- und Z-förmigen Spundwandarten im Untergrund, so werden die Einzelbohlen einer Doppelbohle von ihrer theoretischen Lage infolge der auf S. 138 geschilderten Ursachen abweichen. Das volle, auf die Spundwandachse bezogene Widerstandsmoment wird je nach Art der Abweichungen vermindert oder vergrößert.

Durch Zahlenbeispiele läßt sich nachweisen, daß bei einer möglichen Abweichung der Stahlbohlen z. B. durch Verdrehen im Schloß um etwa 6° sowohl bei der U-förmigen Wand als auch bei der Z-förmigen Wand je nach Art der Abweichung das Widerstandsmoment kleiner oder größer wird. Die Grenze bewegt sich dabei zwischen etwa 10 und 30%.

In den bisherigen Überlegungen ist nur der Einfluß von Abweichungen der beiden Einzelbohlen einer Doppelbohle auf das Widerstandsmoment erörtert worden. Die gleichen Abweichungen können selbstverständlich zwischen Doppelbohlen auftreten. Da sie aber sowohl bei der U-förmigen und Z-förmigen Doppelbohle als auch bei der Ransome-Einzelbohle vorkommen und die gleichen Auswirkungen auf das Widerstandsmoment der gesamten Wand haben können, konnten diese Abweichungen aus meinen vergleichenden Betrachtungen ausscheiden.

Außer dem Widerstandsmoment sind die Auflagerkräfte in den Schlössern für die Beurteilung der verschiedenen Bohlensysteme von Bedeutung. Bei den Z-förmigen Stahlbohlen ist zu unterscheiden zwischen:

der Beanspruchung des Spundwandquerschnittes infolge der äußeren Belastung (Biegungs- mit oder ohne Normalbeanspruchung) und

der Beanspruchung der Spundwandschlösser infolge der Auflagerkräfte der Einzelbohlen (Biegungs- und Normalbeanspruchung).

Gutacker[1] hat bereits darauf hingewiesen, daß bei Z-förmigen Stahlbohlen:

a) in den Schlössern Seitenkräfte[2] der senkrecht zur Spundwand wirkenden Belastung (K) auftreten, weil jeder Einzelquerschnitt sich um seine Nullachse biegen will,

---

[1] Gutacker: Über die statische Wirkung verschiedener Spundwandeisen. Zbl. Bauverw. 1915 S. 264.

[2] Die von Gutacker genannten Seiten- bzw. Teilkräfte sind dieselben wie die von mir behandelten Auflagerkräfte.

b) diese waagerechten Seitenkräfte bei gleicher Größe der Belastung (K) sich gegenseitig aufheben,

c) eine Drehung der Biegungsachse des Einzelquerschnittes in die Lage der Wandachse hervorgerufen wird, so daß das auf die Wandachse bezogene Widerstandsmoment für die Einzelquerschnitte in die Berechnung eingesetzt werden kann,

d) bei ungleicher Belastung (K) die waagerechten Teilkräfte sich nur zum Teil aufheben und eine Drehung der Einzelquerschnitte zueinander auftritt.

Eine Anmerkung der Schriftleitung besagt:

„Die Ausführungen des Verfassers erscheinen uns besonders deshalb beachtenswert, weil sie darauf hinweisen, daß diejenigen Einzelquerschnitte einer eisernen Spundwand, deren Hauptachsen schräg zur Achse der gesamten Wand stehen, Drehungen zur Wandachse ausführen wollen und daher um so leichter eine Trennung zwischen den einzelnen Bohlen herbeiführen können, je schwächer zwischen ihnen die Verbindungsnaht, z. B. Wulstfeder in Klauennut, gegen Zug ausgebildet ist.

Bedeutsamer indes als die vom Verfasser behandelten Drehungen der Spundwand durch die Nutzlast der Hinterfüllung usw. erscheinen uns die Kraftangriffe, die die Bohlen beim Rammen in strengem Boden oder an festen Gegenständen vorbei erfahrungsgemäß in einem Maße erleiden können, daß die Einzelbohlen sich auslösen und schief eindringen. Von einer Dichtigkeit der Spundwand kann dann also keine Rede mehr sein.“

Lamp[1] hat diese von Gutacker bereits aufgezeigten Auflagerkräfte in den Schlössern der Z-förmigen Stahlbohlen theoretisch untersucht und ihre Abhängigkeit von der äußeren Belastung der Spundwand abgeleitet.

Sinngemäß gelten die vorstehenden Überlegungen auch für die aus U-Profilen zusammengezogenen Doppelbohlen, da auch bei ihnen die Nullachse der einzelnen Doppelbohlen noch schräg zur Wandachse liegt.

Für die normalen Fälle, wo es sich um die Sicherung von Geländesprüngen handelt, sind die Beanspruchungen in den Schlössern durch die Auflagerkräfte auch unter Berücksichtigung der Abweichungen von der theoretischen Lage nur gering, so daß es sich für den Praktiker erübrigt, dieser theoretischen Streitfrage eine größere Bedeutung beizumessen.

Wo und wann sind U- und Z-förmige Bohlen im Betriebszustand infolge Überbeanspruchung aus den Schlössern gesprungen? Ich kenne aus meiner Praxis und meinen vielen Baustellenbereisungen keinen Fall. Und wann sind Bohlen beim Einbringen in den Untergrund aus den Schlössern gesprungen? Immer dann, wenn System und Profil nicht im richtigen Verhältnis zu Länge und Untergrund standen oder wenn Hindernisse im Boden nicht zu überwinden waren.

Ich werde nachher noch auf diese Fehlerquellen eingehen (s. S. 151), deren Bedeutung viel größer ist als theoretische Feinheiten und uns zur Sorgfalt veranlassen sollte.

Bei den zweischlossigen Kastenspundbohlen — Peiner Bohlen — liegen auch für den Theoretiker die Verhältnisse klar, so daß weitere Erörterungen sich erübrigen. Infolge der Konstruktion können ohne Aufreißen der Wand Abweichungen vom Widerstandsmoment nicht auftreten.

[1] Lamp: Die Eisenspundwand Hoesch DRP. Bautechn. 1930 S. 578.

Wenn man mit Verformungen der Spundwände beim Einbringen in den Untergrund zu rechnen hat und sich über ihre Folgen klargeworden ist, wird man sehen, welche Hilfsmittel es gibt, die Verformungen und ihre Folgen auf ein Mindestmaß herabzudrücken.

Die doppelschlossigen Kastenbohlen können wir infolge ihrer doppelten Führung aus unseren Betrachtungen herauslassen, ebenso die einschlossigen Kastenbohlen, da bei ihnen das Schloß in der Mitte liegt und die Wirkung der Einzelbohlen von ihrer Lage zueinander unabhängig ist. Es kommen also nur die wellenförmigen einwandigen Bohlensysteme in Betracht.

Bei den U-förmigen Bohlen kommt als Sicherung die Verdübelung in Betracht. Sie kann, wie bereits erwähnt, erreicht werden:

1. durch Schweißen der Schlösser,
2. durch Pressen der Schlösser,

u. U. kann auch die Verdübelung hervorgerufen werden:

durch Einpressen von Boden in das Schloß beim Rammen,
durch Anrosten des Stahles in den Schlössern,
durch Verkanten und Verdrehen der Bohlen beim Rammen.

Von diesen fünf Möglichkeiten ist das Schweißen die sicherste und statisch einwandfreiste Maßnahme, um eine einheitliche Konstruktion aus zwei Einzelgliedern zu schaffen. Man hat jedoch aus geldlichen Gründen die durchgehende Schweißung nicht angewendet, sondern ist zur Strich- oder Punktschweißung übergegangen.

Durch Pressen kann man im Schloß so hohe Kräfte anbringen, daß sie einwandfrei ein Verschieben der Einzelbohlen gegeneinander verhindern. Dies Verfahren ist jedoch in den letzten Jahren zugunsten der Schweißung zurückgetreten.

Während die Wirksamkeit dieser beiden Maßnahmen frei verändert werden kann, erfolgt das Einpressen von Bodenteilchen durch den Rammvorgang und ist von der Bodenbeschaffenheit und der Höhe der im Boden gerammten Wand abhängig.

Das Einrosten ist schließlich eine Funktion der Zeit und verbessert allmählich die statischen Verhältnisse.

Wer Bohlen aus verschiedenen Bodenarten wieder gezogen hat, weiß, wie stark die Schloßreibung oft auftritt. Sie kann das Herausziehen der Bohlen sogar verhindern. Ihr Maß schwankt und ist abhängig von der Schloßweite, die man bei der Bestellung anzugeben hat, der Schloßform, dem Profil, der Rammtiefe, der freien Länge und dem Untergrund. Daß man darüber hinaus die Verdübelung der Bohlen durch eine widerstandsfähige Ausbildung und Anordnung der Ankergurtung und Verholmung bzw. eines unverschieblichen Anschlusses an das Bauwerk und durch eine genügend feste Rammung erzielen kann, ist ein Grund mehr, die Ängstlichkeit hinsichtlich des wirklichen theoretischen Widerstandsmomentes der praktischen Erfahrung nachzuordnen.

Ganz abgesehen davon ist die Unsicherheit beim Einsatz des Widerstandsmomentes deswegen nicht verständlich, weil nach der Formel $Q = \frac{MS}{J}$ (vgl. S. 98) die für das volle auf die Wandachse bezogene Widerstandsmoment erforderliche Schubkraft ermittelt werden kann. Bei einer Schweißung der Bohlen oder der Verholmung und Vergurtung läßt sich leicht rechnerisch nachweisen, wie weit diese Querkraft aufgenommen wird. Außerdem sind die anderen genannten Umstände an der Aufnahme der Schubkräfte beteiligt. Da sie sich rechnerisch nicht genau erfassen lassen, ist es die Aufgabe des Ingenieurs, jeweils zu beurteilen, wie hoch er sie einsetzen darf.

Bei den Z-förmigen Bohlen hat die Verbindung zweier Bohlen die Aufgabe der einwandfreien Aufnahme der Auflager- oder Stützkräfte, die infolge einer Verformung entstehen und zusätzliche Spannungen zur Folge haben. Hierfür kommt wiederum Pressen und Schweißen der Schlösser in Frage, und zwar in einem Umfange und in einer Ausführung, wie ich oben beschrieben habe. Hier erzielt man durch Schweißen die Vorteile einer einheitlichen Doppelbohle, wie sie die Ransome-Wand aufweist. Von beiden Verfahren ziehe ich das Schweißen vor. Schweißen und Pressen vermeiden die Biegungsbeanspruchung, die in der Schloßklaue infolge der Auflagerkräfte eintritt, verringern oder verhindern Verdrehungen der beiden Einzelteile einer Doppelbohle in den Schlössern beim Einbringen in den Untergrund. Sie erhalten damit die theoretische Lage der Einzelbohlen innerhalb der Doppelbohle und gewährleisten das volle Widerstandsmoment der Doppelbohle. Durch genügend lange Schweißnähte an den Schlössern Z-förmiger Stahlbohlen wird also aus den zu einer Doppelbohle zusammengezogenen Einzelbohlen eine trogförmige Bohle mit den statischen und rammtechnischen Vorteilen der Ransome-Bohle geschaffen, die deren walztechnische Schwierigkeiten überwindet. Wir haben durch das Schweißen damit nachweislich die Möglichkeit, nötigenfalls eine zu große Beanspruchung des Schlosses auszuschalten.

Am fertigen Bauwerk erleiden die Spundbohlen Durchbiegungen. Wie bereits erwähnt, werden hierdurch die Schlösser in der neutralen Zone am geringsten, Schlösser in der Außenzone am stärksten beansprucht. Da es Spundwände mit genau zeichnungsgemäßer Lage der Einzelkonstruktionsglieder nicht gibt und die Abweichungen, die durch den verschieden zusammengesetzten Untergrund und den verhältnismäßig rohen Rammvorgang bedingt sind, am oberen Ende der Spundwand immer geringer als im unteren Teile sein werden, müssen Schlösser in den Außenzonen infolge der Aufnahme der Stützkräfte stärker beansprucht werden als Schlösser in der neutralen Zone infolge der Aufnahme der Querkräfte (Verdübelung).

Daß die Schlösser je nach ihrer Ausbildung und Lage zur neutralen Zone bei dem U- und Z-förmigen System verschiedenartigen Zwecken dienen, beweist deutlich die gerammte Wand. Während Verkantungen und Verdrehungen bei der U-förmigen Wand in der neutralen Zone erfolgen, wirken sie sich bei der Z-förmigen Spundwand von den Schlössern in der Randzone ausgehend aus. Das Ein- und Ausknicken ist bei letzteren deutlich festzustellen. Daß auch die Beanspruchung der Bohlen beim Rammvorgang bei beiden Spundwandsystemen verschieden ist, geht daraus hervor, daß beim Rammen von U-förmigen Bohlen der Kopf der Spundwand dem Fuß voraneilt, während bei der Z-förmigen Spundwand umgekehrt der Fuß gegenüber dem Kopf voraneilt.

Bei der Rammung beider Bohlensysteme tritt eine Exzentrizität des Rammschlages auf, da an dem einen Ende der Bohle die Schloßreibung wirkt, während theoretisch der Rammschlag in der Mittellinie der Bohle ansetzt. Die Resultierende der beiden Kräfte liegt deshalb außerhalb der Mittellinie, so daß der Rammschlag ein nach der freien Seite drehendes Moment auf die Bohle erzeugt. Die Wirkung dieser Exzentrizität des Rammschlages zeigt sich bei beiden Bohlen in einer sehr starken Zugbeanspruchung in dem oberen Teil der fertig gerammten Wand. Daß trotzdem bei der Z-förmigen Wand der Fuß voraneilt, ist auf die gleichgerichtete Lage der Stege zueinander zurückzuführen, die beim Einrammen durch den Erdboden am unteren Teil auseinandergetrieben werden.

Stellen wir zum Schluß unserer Überlegungen noch einmal zusammenfassend fest, daß durch die einwandigen, einschlossigen Stahlbohlen sich die Ursachen der Verformung einer Wand nicht verringert, sondern gegenüber den massiven Querschnitten vermehrt haben, und daß die Verformung sämtlicher Spundbohlen sich beim „Einbringen“ in den Untergrund viel schwerwiegender auswirkt als später „im Betriebszustand“, für den wir so viele Rechnungen durchführen[1].

Wenn man sich klar ist, daß kein Stahlbohlensystem ein Verkanten, Verdrehen, Aus-dem-Schloß-Springen verhindern kann und daß das Eindringen in den Untergrund der gefährlichste Zustand für die Stahlbohlen ist, dann muß oberstes Gesetz bleiben:

„Jedes System und jedes Profil steht zu seiner Länge, seiner Rammtiefe und der Art des Untergrundes in einem ganz bestimmten Verhältnis.“

Wenn z. B. bei einem Bau 18 m lange Profile III beim Einrammen in Sand häufig aus dem Schloß gesprungen sind, dann ist es nicht richtig, das System zu verurteilen, sondern man hat das oben aufgeführte Grundgesetz unberücksichtigt gelassen. Das Profil war im Verhältnis zur Länge und den anstehenden Bodenverhältnissen zu schwach.

Faßt man das bisher über die Stahlbohlen Gesagte zusammen, so ist festzuhalten:

In Deutschland werden an einwandigen Stahlbohlen die Profile Larssen, Hoesch, Krupp und Klöckner gewalzt. Sämtliche Profile weisen nach den vorhergegangenen Überlegungen keine Unterschiede hinsichtlich folgender Eigenschaften aus:

1. Widerstandsmoment. Das Widerstandsmoment der Doppelbohlen kann praktisch bei sämtlichen Ausführungsarten auf die Wandachse bezogen und voll angesetzt werden. Bei U-Bohlen ist dabei die Unverschieblichkeit zweier Einzelbohlen zu gewährleisten.

2. Rammarbeit. Die Rammarbeit ist bei sämtlichen Systemen theoretisch als gleichwertig anzusprechen. Man wird jedoch je nach der angetroffenen Bodenart praktisch Unterschiede in der aufzuwendenden Rammarbeit zwischen den einzelnen Systemen feststellen und danach die Wahl treffen.

3. Güteziffer. Nach den neueren Vereinbarungen zwischen den Herstellerfirmen ist das Verhältnis von Gewicht und Widerstandsmoment (Güteziffer) einheitlich festgelegt[2].

---

[1] Vgl. auch Agatz, A.: Die Rammerfahrungen mit Larssenbohlen verschiedener Stähle für Hafenbauwerke in Bremen. Bautechn. 1933 S. 475.

[2] Und zwar zur Zeit für die Widerstandsmomente 600, 850, 1000, 1100, 1400, 1600, 2000, 3000, 4200, 5000 cm³ (s. Tabelle 5).

Tabelle 5. Vergleichende Stahlspundwandtabelle.

W cm³/lfd.m Wand	*G* kg/m² Wand	System	Profil	Abmessungen in mm			
				b	*h*	Flansch *t*	Steg *d*
600	89	L	Ia neu	400	220	7,5	6,3
		H	Ia	400	150	7,0	7,0
		Kl-Wk	Ia	333,3	150	6,5	6,0
		Kr	S Ia	430	160	8,3	7,0
850	122	L	II	400	200	10,2	8,7
		H	IIv	400	185	10,0	10,0
		Kl	—	—	—	—	—
		Kr	S II	430	180	12,0	10,0
1000	116	L	IIa	400	270	8,4	7,5
		H	IIa	400	185	8,5	8,0
		Kl-Wk	IIa	400	200	8,5	8,0
		Kr	IIa	400	200	8,0	7,2
1100	122	L	II neu	400	270	9,5	7,5
		H	II	400	185	9,5	8,5
		Kl-Wk	II	400	200	9,0	8,0
		Kr	II	400	200	8,2	8,0
1400	141	L	IIIa	400	290	11,0	8,7
		H	IIIa	400	228	11,0	9,0
		Kl-Wk	IIIa	400	230	10,0	8,0
		Kr	IIIa	400	240	9,0	8,0
1600	155	L	III neu	400	290	13,0	8,5
		H	III	400	230	12,0	9,5
		Kl-Wk	III	400	231	11,0	9,0
		Kr	III	400	240	10,0	9,0
2000	172	L	IVa	400	360	13,0	10,0
		H	IVa	400	265	13,0	10,0
		Kl-Wk	IVa	375	270	11,5	9,0
		Kr	IVa	400	280	12,0	9,0
3000	238	L	V	420	360	20,5	12,0
		H	V	425	290	18,0	12,0
		Kl-Dk	5 D	375	300	14,0	11,0
		Kr	V	360	320	17,0	11,5
4200	290	L	VI	420	440	22,0	14,0
		H	VI	425	330	22,0	14,0
		Kl	—	—	—	—	—
		Kr	—	—	—	—	—
5000	310	L	VII	460	460	26,0	14,0
		H	VII	425	370	24,0	15,0
		Kl	—	—	—	—	—
		Kr	—	—	—	—	—

L = Larssen Kl-Wk = Klöckner-Wulstklauen Kr = Krupp
H = Hoesch Kl-Dk = Klöckner-Doppelklauen

4. Breite. Die Breite der Einzelbohlen weist nur geringe Unterschiede auf und beträgt im allgemeinen bis zum Widerstandsmoment von 2000 cm³/lfd.m Wand 40 cm.

5. Werkstoff. Die Stahlsorten weisen bei sämtlichen Systemen annähernd gleiche Eigenschaften auf (St 37/44, 45/52, 50/60 und Sonderstähle 50/60).

6. Abweichung aus der Rammflucht.

Unterschiede zwischen den vier genannten Ausführungsarten bestehen wie folgt:

1. Ausbildung und Lage des Schlosses. Infolge beider wechselt die Dichtigkeit der Wand und der kleinste rammbare Radius ebenfalls. Diese Unterschiede treten je nach den Boden- und Wasserverhältnissen in verschieden starkem Maße in Erscheinung und können unter Umständen verschwindend gering werden. Man kann bei den verschiedenen Spundwandsystemen zwar von einer theoretisch verschiedenen Dichtigkeit sprechen, in der Praxis zeigt sich jedoch als auffallendste Erscheinung, daß überhaupt keine Spundwand wirklich dicht ist. Dieser Tatsache gegenüber treten die feineren Unterschiede an Dichtigkeit zurück, zumal da sie sowohl vom System als auch vom Untergrund abhängen. Ich kann auf Grund von eigener Erfahrung und von Baustellenbereisungen feststellen, daß man genau so viele Fälle als Beweis für die größere Dichtigkeit eines bestimmten Stahlbohlensystems anführen kann als für die größere Dichtigkeit eines anderen Systems. Die praktische Dichtigkeit wird von dem Spielraum und den Verformungen abhängen, die die Schlösser nach der Rammung aufweisen, und von der Menge und den Eigenschaften des Bodens, der in die Schlösser eindringt. Desgleichen können die Bohlen je nach der Bodenart hinsichtlich der Gefahr des Aus-dem-Schloß-Springens voneinander abweichen.

2. Anbringen der Konstruktionsteile. Das Anbringen der Holme, Gurte und Anker wird durch die Lage und Form des Spundwandschlosses beeinflußt.

3. Höhe der Profile. Die Höhe der Profile gleichen Widerstandsmomentes schwankt bei den einzelnen Systemen sehr erheblich. Die Z-Bohlen sind niedriger als die U-Bohlen und besitzen daher bei gleichem Widerstandsmoment ein geringeres Trägheitsmoment. Ihre Durchbiegung ist daher größer.

4. Wandstärke der Profile. Zu diesem Maß, das für die Auswirkung des Rostvorganges von Bedeutung ist, unterscheiden sich die Systeme bei einigen Widerstandsmomenten kaum, bei anderen bis zu mehreren Millimetern.

5. Herstellen von Paßbohlen und Anschlußstücken (Eckbohlen).

6. Voreilen beim Rammen. U-Bohlen eilen mit dem Kopf, Z-Bohlen mit dem Fuß voran.

7. Verändern der Wandlänge beim Rammen. Beim Rammen neigen die U-Bohlen dazu, die Länge der Spundwand zu vergrößern, während die Z-Bohlen sie verkürzen. Je nach den Untergrundsverhältnissen wirkt sich dieses Bestreben mehr oder weniger aus.

ε) Die Verankerung.

Der schwierigste Punkt jeder Spundwandkonstruktion, die an rückliegenden Ankern befestigt ist, wird immer das Einführen des Ankers in die Spundwand und der Anker selbst bleiben. Es ist daher auf Grund der neueren Erkenntnisse eine klarere Durchbildung der Verbindungskonstruktionen als bisher zu fordern.

Zu beachten ist ferner, daß erfahrungsgemäß der Baugrund beim Verlegen der Anker etwa bis zu 20 cm tief gelockert wird (vgl. S. 112).

Hinzuweisen wäre noch auf die bislang zu wenig ausgenutzte Möglichkeit, die Länge der Spundbohlen durch nur fachweises Einrammen bis zur rechnungsmäßigen Tiefe teilweise zu verringern. Die zwischen diesen Bohlen liegenden Felder würden alsdann höher enden. Das Maß der Breite und Tiefe der einzelnen Fächer wird von der Bodenwertigkeit, dem Bohlensystem, den Bohlenprofilen und dem Zweck des Spundwandbauwerkes abhängen. Ich verweise hier auf die in Dänemark bestehenden Vorschriften. Stillschweigende Voraussetzung bei dieser Ausführung ist, daß die Spundwand als biegungssteife Platte wirkt, also imstande ist, in ihrer Längsachse Momente zu übertragen. Obwohl theoretisch eine Spundwand als gelenkige Kette zu betrachten ist und diese Forderung nicht erfüllt, so tritt doch bei ihrer Rammung im Boden ein Verklemmen in den einzelnen Schlössern ein, die in Verbindung mit der Ankergurtung aus der beweglichen Wand wenigstens bis zu einem gewissen Grade eine biegungssteife Platte macht. Bei Spundwänden, die durch Doppelschlösser aneinandergefügt sind, besteht die Biegungssteifigkeit von vornherein.

d) Die Erfahrung und ihre Auswertung auf die statische und konstruktive Behandlung.

Die Erfahrung lehrt, daß die gesamte statische Berechnung von Spundwandbauwerken zu stark von einem einseitigen, schematischen Standpunkt aus durchgeführt wird. Wie bei der Ermittlung der angreifenden Kräfte unserer Gegner Erde und Wasser die Gründlichkeit vorherrschen und die Untersuchung auf jeden Fall besonders abgestellt sein muß, so ist auch die gesamte Entwurfsarbeit nicht von allgemeingültigen Voraussetzungen aus durchzuführen, sondern sie muß die Bedingungen für jedes Bauwerk gesondert zu klären suchen.

In den seltensten Fällen ist ein einfaches Spundwandbauwerk durch Nachgeben des Untergrundes vor der Wand zum Einsturz gekommen, abgesehen von nachträglichem Tieferlegen der Sohle, die ohne Rücksicht auf Sicherheit für eine derartige zusätzliche Beanspruchung vorgenommen wurden. Weitaus häufiger ist ein Spundwandbauwerk durch Versagen der Verankerungskonstruktion zu Bruch gegangen. Hier hat man folgendes feststellen können:

Durchbiegen der Anker,
Schiefstellen der Ankerplatte bei exzentrischem Ankerangriff,
Reißen der Anker bzw. Durchziehen durch die Wand,
Abscheren der Ankergurtung an der Spundwand,
Nachgeben der Pfahlkonstruktion.

Es handelt sich also bei allen diesen Vorkommnissen immer wieder um den oberen Verankerungspunkt, und es ist wohl klar, daß diese Unfälle auf die vorher eingehend auseinandergesetzten zusätzlichen Spannungen in der Verankerungskonstruktion zurückzuführen sind.

Besonders bei dem Bestreben, das einfache Spundwandbauwerk in Stahl für immer größere freie Höhen anzuwenden, wächst die Gefahr der zusätzlichen Spannungen durch Nebenkräfte, und ich lehne daher z. B. ein Spundwandbauwerk von 15 bis 20 m Höhe, das durch eine weit ins rückwärtige Erdreich reichende Verankerungskonstruktion gehalten wird, wegen der noch nicht genau zu erfassenden Nebenspannungen ab. Die bislang eingetretenen Unfälle geben mir darin recht. Ich glaube auch, daß wir in dieser Beziehung noch mit weiteren Unfällen zu rechnen haben, wenn wir in Zukunft derartige Bauwerke nicht genauer berechnen und die Spannungen für diese Glieder der Verankerung nicht solange wesentlich unter die zulässigen Spannungen herabsetzen, bis eine einwandfreie Berechnung möglich ist. Es ist hierbei selbstverständlich, daß die notwendige Vorsicht beim Verlegen der Anker und für die Erhaltung ihrer Lage angewandt wird.

Bei der Bauausführung sollte man sich immer vor Augen halten, daß es für ein Bauwerk viel gefährlicher ist, die einzelnen Spundbohlen mit Rammbeschädigungen auf die rechnungsmäßige Tiefe einzubringen, als einzelne Spundbohlen oder auch die ganze Wand höher stehen zu lassen. So ist beispielsweise der Bruch einer hölzernen Spundwand auf allen den Strecken erfolgt, wo der Baustoff infolge der übergroßen Rammarbeit gestaucht worden ist.

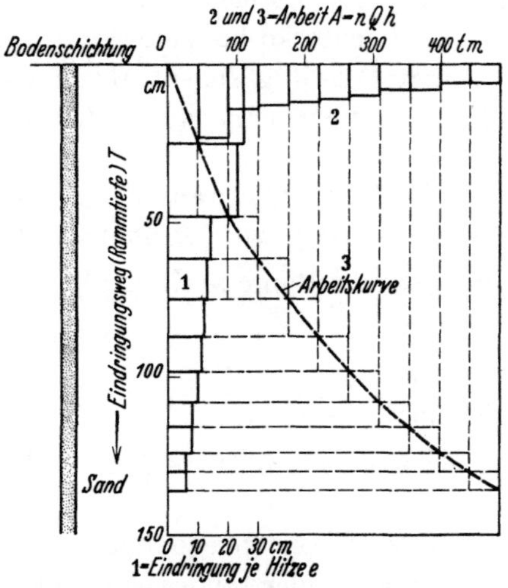

Abb. 90. Rammdiagramme und Rammkurven für einen Holzpfahl.

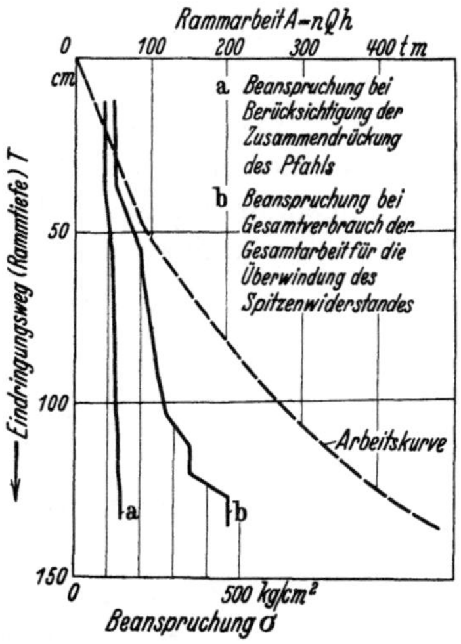

Abb. 91. Ermittlung der Rammkraft P für einen Holzpfahl.

Die Rammbeanspruchungen lassen sich wenigstens annähernd aus den Rammdiagrammen ableiten. Leider besteht bei der Aufstellung von Rammdiagrammen keine Einheitlichkeit. Es finden sich folgende drei Arten der Aufzeichnung der Rammergebnisse (vgl. Abb. 90):

1. Rammdiagramme, deren Ordinate die Lage der Pfahl- oder Spundwandspitzen (Rammtiefe T) als die Summe der Eindringungen pro Schlag oder Hitze und deren Abszisse die jeweilige Eindringung während einer Hitze darstellt. Die Abszisse wird in der Mitte über dem zugehörigen gleich großen Ordinatenabschnitt aufgetragen. Man erhält damit entweder eine aus einzelnen Rechtecken bestehende Figur, wenn man die Punkte stufenförmig miteinander verbindet, oder eine durchgehende Linie, wenn man die einzelnen Punkte unmittelbar miteinander verbindet. Beide Darstellungsweisen finden sich gleich häufig (Abb. 90 links).

2. Rammdiagramme, deren Abszisse die Anzahl der Schläge bzw. der Hitzen (n oder bei verschiedenen Fallhöhen h statt dessen jeweils die Rammarbeit $A = nQh$, wo Q das Bärgewicht bedeutet) und deren Ordinate die Eindringung pro Schlag oder Hitze $\left(e = \frac{dT}{dA}\right)$ darstellen. Die Darstellung geschieht ebenfalls als Rechtecksfigur oder als ununterbrochener Linienzug.

3. Die Arbeitskurve für die Rammung ist die Integralkurve von 1. Ihre Abszisse stellt die Rammarbeit $A = n \cdot Q \cdot h$ dar. Bei konstantem Bärgewicht Q und konstanter Fallhöhe h kann an deren Stelle wie oben die Anzahl der Schläge n gesetzt werden. Die Ordinate gibt die Lage T der Spundbohlen- oder Pfahlspitzen an. Diese Darstellung ist diejenige, welche das deutlichste Bild über den Arbeitsvorgang während der Rammung gibt und ist daher den beiden erstgenannten vorzuziehen. Insbesondere läßt sich dadurch, daß man parallel zur Ordinate das Bohrprofil aufträgt, der Zusammenhang zwischen Rammwiderstand und Bodenart im Bild übersichtlich darstellen.

Der Zusammenhang zwischen den Kurven 1, 2 und 3 ist aus der Abb. 90 zu ersehen. Es läßt sich die Kurve 3 sowohl aus der Darstellung 1 als auch aus der Darstellung 2 in der dort angegebenen Weise konstruieren. In dem ersten Fall verlängert man die waagerechte Seite der Rechtecke bis zum Schnitt mit den aufeinanderfolgenden Parallelen zur Ordinate, die in gleichem Abstand aufgetragen sind. Aus der zweiten Linie erhält man die Summenkurve durch Aneinandersetzen der einzelnen Rechtecke.

Die Summenkurve gibt die Möglichkeit, die Kräfte, die während der Rammung auf die Spundbohlen oder den Pfahl einwirken, zu bestimmen. Nach dem Ansatz $\text{Kraft} = \frac{\text{Arbeit}}{\text{Weg}}$ ergibt sich die gesamte Rammkraft (Abb. 91) als Tangente an die Arbeitskurve

$$P = \operatorname{tg}\beta = \frac{dA}{dT} = \frac{\text{Rammarbeit}}{\text{Eindringungsweg}}.$$

Sie ist also umgekehrt proportional der Eindringung pro Hitze $\left(e = \frac{dT}{dA}\right)$ der Kurven 1 und 2.

Hierbei ist allerdings zunächst in ungünstigster Weise angenommen, daß die gesamte Rammarbeit $n \cdot Q \cdot h$ zur Überwindung der Widerstände im Boden verbraucht wird und die Bohle voll beansprucht. In Wirklichkeit wird jedoch ein Teil dieser Arbeit teils durch den Stoß des Rammbären verbraucht, d. h. in Wärme verwandelt, teils zum elastischen Zusammendrücken der Spundbohlen und zum Empordrücken des Bären verwandt[1]. Diese Energieverluste lassen sich zahlenmäßig nur angenähert ermitteln und betragen im ersten Fall:

$$\frac{QGh(1-\alpha^2)}{Q+G},$$

wo G = Gewicht der Bohle oder des Pfahles, α = Stoßziffer, bei Holz etwa $^1/_2$, und im zweiten Fall:

$$\frac{1}{2}\,\frac{Pl}{EF}.$$

Man erhält schließlich, wenn l = Länge der Bohle und F = Querschnitt der Bohle:

$$P = \frac{EF}{l}\left[\sqrt{dT^2 + \frac{2l}{EF}\,\frac{Q+\alpha^2 G}{Q+G}\cdot dA} - dT\right]$$
$$= k_1\left[\sqrt{dT^2 + k_2\,dA} - dT\right],$$

wobei das zu einem beliebig gewählten dA gehörige dT der Arbeitskurve für die Rammung entnommen werden muß.

---

[1] Vgl. Terzaghi: Erdbaumechanik. S. 267.

Man vernachlässigt bei dieser Rechnung die Exzentrizität des Rammschlages und die infolge der einseitigen Schloßreibung (s. S. 146) auftretende exzentrische Belastung der Spundbohle, die eine erhöhte Beanspruchung der Spundbohlen erzeugen. Diese Exzentrizität ist nicht vorher bestimmbar. Man kann also annehmen, daß die wirkliche Rammkraft etwas höher als eben ermittelt sein wird.

Um die Beanspruchung der Bohlen oder Pfähle zu erhalten, muß die Rammkraft durch den Querschnitt F geteilt werden:

$$\sigma = \frac{E}{l}\left[\sqrt{dT^2 + \frac{2l}{EF}\,\frac{Q+\alpha^2 G}{Q+G}\,dA} - dT\right].$$

Man erhält also die Darstellung der σ- aus den P-Werten durch eine Maßstabänderung (Abb. 91).

Eine Berechnung der Bohlen auf Knicken kommt schon deshalb nicht in Frage, weil erfahrungsgemäß bei richtiger Wahl die Bohlen während des Rammens nicht ausknicken. Außerdem läßt sich bei der teilweisen Einspannung der gerammten Bohle im Boden und der Führung eine genaue Ermittlung der Knicksicherheit nicht durchführen.

Die obige Darstellung der Druckspannungen gibt die Möglichkeit, festzustellen, wie überhaupt der Verlauf der Rammbeanspruchungen vor sich geht und welche größten Beanspruchungen beim Rammen der Bohlen auftreten können. Die Werte für den Verlauf der Rammbeanspruchungen hängen von dem Rammdiagramm ab und werden daher in jedem einzelnen Fall entsprechend den Unterschieden in den Bodenverhältnissen verschieden sein. Es erscheint jedoch nicht ausgeschlossen, daß, sobald einmal genügend Auswertungen von Rammdiagrammen in dieser Hinsicht vorliegen, sich allgemeine Gesetzmäßigkeiten ableiten lassen.

Für die voraussichtliche Zerstörung einer Bohle oder eines Pfahles geben die auf Grund der Rammdiagramme ermittelten Spannungen keinen Anhalt. Rechnungen, die z. B. an nachweislich gestauchten Holzpfählen vorgenommen wurden, ergaben keine höhere Druckbeanspruchung als bei unversehrt eingebrachten Pfählen. Die Ursache der Zerstörung muß daher auf nicht erfaßte Zusatzbeanspruchungen wie Exzentrizität des Rammschlages, Abgehen des Pfahles im Untergrund und auf Materialfehler zurückgeführt werden. Die Größe der Beanspruchungen der untersuchten Pfähle betrug rd. 150 kg/cm². Da die Druckfestigkeit von Kiefernholz parallel zur Faser sich auf etwa 280 kg/cm² beläuft, besteht immerhin noch rechnungsmäßig eine rd. 1,9fache Sicherheit.

Die Erfahrungen mit den einzelnen Baustoffen, soweit sie nicht bereits vorher aufgeführt sind, lassen sich kurz wie folgt ergänzen:

Holz. Der Abbruch alter Holzkonstruktionen hat immer wieder gezeigt, daß die Eigenschaften von Eisen und Holz im Wasser in den seltensten Fällen übereinstimmen. Hierauf sollte man bei der konstruktiven Gestaltung und der Verzimmerung Rücksicht nehmen und im und am Holz mindestens verzinktes Eisen verwenden.

Hingewiesen werden muß noch auf den Vorteil der heutigen Erhaltungsmöglichkeit der über Wasser und in der Wasserlinie liegenden Teile des Holzes durch Tränkung nach besonderen Verfahren.

In vielen Fällen zieht man wegen der ungleichen Beständigkeit das aufgeständerte Spundwandbauwerk vor, das in seinem oberen Teil aus Eisenbeton oder Stahl besteht. Die Verbindungsstelle zwischen unterem und oberem Teil, die ungleiche Wirkung der Anker bleibt die Achillesferse derartiger Konstruktionen.

Eisenbeton. Wegen seiner Einheitlichkeit hat der Eisenbeton erhebliche Vorteile aufzuweisen. Daß man ihn selten als Bohlwerk, mehr in Verbindung mit Stahlbauten als Aufbau und Platte verwendet, hat seinen Grund in der infolge der Eigenschaften des Baustoffes unförmigen Verbindungskonstruktion zwischen Spundwand, Anker und Ankerplattenwand. Dagegen hat sich die Verbindung von Spundwand und Pfahlbaukonstruktion mit einheitlicher Rostplatte als eine vorzügliche Bauwerkskonstruktion ergeben, die in vielen in- und ausländischen Häfen häufig anzutreffen ist.

Abb. 92. Durchrammung eines Pfahlrostbauwerkes durch Stahlspundwände.

Besonders spricht für die vielseitige Anwendung der Holz- und Stahlspundwände, daß sie fabrikmäßig in genormten Stärken (Holz) und Profilen mit bekannten Widerstandsmomenten hergestellt werden und auf Abruf zu haben sind, während die Eisenbetonspundbohlen von Fall zu Fall bemessen und hergestellt werden müssen. Ich könnte mir vorstellen, daß, wenn die Eisenbetonspundbohlen in ihren Abmessungen ebenfalls genormt und für ihre Anwendung Tabellen in ähnlicher Form wie für Stahlspundwände aufgestellt würden, eine stärkere Anwendung derselben eintreten würde. Vorbedingung für eine derartige Normung ist jedoch, daß eine klare Abgrenzung der Beanspruchungen der Bohle während der Herstellung, beim Transport und beim Einbringen in den Untergrund einerseits und im Bauwerk andererseits erfolgt.

Die in Eisenbeton ausgeführten Spundwände zeigen, daß dort, wo der Baustoff einwandfrei zusammengesetzt und hergestellt ist, und wo die Spundbohlen einwandfrei in den Untergrund eingebracht sind, nicht die geringsten Bedenken erhoben werden können. Doch sollte man sich hinsichtlich Länge und Stärke mäßigen, weil Herstellung, Transport und Rammen zu hohe Kosten verursachen, wenn man die dabei auftretenden Gefahren wirklich vermeiden will.

Stahl. Infolge der größeren freien Höhen der Geländesprünge hat sich die Stahlspundwand immer weiter Eingang verschafft, zumal man auch mit ihr bestehende Bauwerke aus Holz glatt durchrammen kann, ohne daß sie Beschädigungen erleidet (Abb. 92).

Bei den Stahlspundwandbauwerken ist mir der Stahlholm lieber als der Eisenbetonholm, da Risse und Abnutzung bei diesem nicht zu vermeiden sind.

Grundsätzlich sollte man für ein derartiges Bauwerk durchgehend den gleichen Baustoff verwenden.

Wenn man in den Verbindungskonstruktionen die zusätzlichen Spannungen nicht einwandfrei ermitteln kann, sollte man unter der zulässigen Spannung bleiben. Wo der Einbau des Ankergurtes vor der Wand möglich ist, sollte man ihn auch dort anordnen.

Betrachte ich zum Schluß noch einmal die Vor- und Nachteile der verschiedenen Baustoffe für Spundbohlen und ihre verschiedenen Systeme, so muß ich davor warnen, einen bestimmten Baustoff oder ein bestimmtes System als grundsätzlich allgemein vorteilhaft hinzustellen. Bestehende Bauwerke geben uns genug Anlaß zu kritischer Betrachtung nach der statischen, konstruktiven und bauausführungstechnischen Seite hin.

e) Leitsätze für das Spundwandbauwerk.

1. Nicht die Theorie allein, sondern erst ihre Verbindung mit den Erkenntnissen der Praxis gewährleistet ein richtig berechnetes und konstruiertes Bauwerk.

2. Je genauer die wirklichen Größen von Erddruck, Erdwiderstand und Wasserdruck ermittelt werden, desto weitgehender ist die Ausnutzung der Baustoffe möglich.

3. Die Größe von Erddruck und Erdwiderstand ist erst dann nach den Regeln der klassischen Erddrucktheorie zu ermitteln, wenn die Gewißheit besteht, daß sich die voraussichtlich auftretende Gleitfuge auch mit der der Rechnung zugrunde gelegten deckt.

4. Nicht die Stärke und Rammtiefe der Spundwand allein, sondern erst die einwandfreie Ausbildung und Verbindung der einzelnen Konstruktionsglieder gewährleisten die Sicherheit des Bauwerkes. Bei Annahme der freien Auflagerung sei man sich darüber klar, daß auf Grund der normalen Rammtiefenermittlung tatsächlich bereits eine gewisse Einspannung erzielt wird und je nach Art der Verankerung auch im oberen Auflager eine teilweise Einspannung vorhanden ist.

5. Die Wahl des unteren Auflagers der Spundwand — als freie Auflagerung oder als volle oder teilweise Einspannung — hängt von der Preiswürdigkeit des gesamten Bauwerkes, von den Untergrundverhältnissen und deren genauer Kräfteermittlung, von den derzeitigen und zukünftigen Betriebsbedingungen des Bauwerkes ab.

6. Die Wahl der Verankerung — als Ankerplatte, als Ankerwand oder als Ankerbock — hängt von den gleichen Umständen sowie von der Höhenlage des Ankers und dem zur Verfügung stehenden Platze ab. Bei Wahl von langen und tiefliegenden Ankern können erhebliche Zusatzspannungen auftreten, die die gesamte Verankerung gefährden. Bei hohen Geländesprüngen sollte man daher je nach Untergrundsbeschaffenheit die an die Spundwand dicht anschließende Verankerungskonstruktion mit Pfahlrostplatte verwenden oder aber die Anker auf Pfählen bzw. Eisenbetonbanketten auflagern.

7. Die Baustoffe — Holz, Eisenbeton, Stahl — sind als grundsätzlich gleichwertig anzusehen. Ihre Eignung hängt jeweils von den Abmessungen und den Aufgaben des Bauwerkes, von den Untergrundsverhältnissen und Wasserständen (Holz), von der Preislage und von der Bauausführung ab.

8. Die Vor- und Nachteile der Spundwandsysteme aus Stahl können nur von Fall zu Fall aus den Aufgaben des Bauwerkes, aus den Untergrundverhältnissen, aus der Forderung nach Wasserdichtigkeit, aus der Art der Bauausführung und aus der Konstruktion bestimmt werden, solange die Preislage gleich ist. Ist sie ungleich, ist festzustellen, ob der finanzielle Vorteil etwaige Nachteile aufwiegt.

9. Die wirkliche Größe des Widerstandsmomentes der einzelnen Stahlbohlensysteme hängt im Gegensatz zum rechnerischen Betrag von dem Maß der Verkantungen, Verdrehungen und Verklemmungen der Bohlen beim Einbringen in den Untergrund und der Steifigkeit der Gesamtkonstruktion ab.

10. Je hochwertiger der Baustoff, desto feingliedriger die Spundwand, desto größer aber auch die Gefahr allzu großer Durchbiegung.

4. Das doppelte Spundwandbauwerk.

Das doppelte Spundwandbauwerk bildet eine Zwischenstufe zwischen dem Massivbauwerk und dem einfachen Spundwandbauwerk. Seine Anwendung erstreckt sich auf vorübergehende Bauten, wie Fangedämme und in gewissem Sinne auch auf Aussteifungen von Baugruben, aber auch auf dauernde Bauwerke, wie Molen, Hafendämme, Buhnen, Verkehrs- und Trennungsdämme.

a) Die statische Behandlung.

Der Ansatz der äußeren Kräfte ist entsprechend der vielfachen Verwendung des doppelten Spundwandbauwerkes sehr verschieden. Als reines Stützbauwerk kommt es eigentlich nur bei Fangedämmen vor und hat hier dem Erd- und Wasserdruck standzuhalten. Dabei können sich verschiedene Belastungsmöglichkeiten ergeben, je nachdem die Spundwände und das Füllmaterial des Fangedammes als schwer wasserdurchlässig angesehen werden können oder nicht (Abb. 93). Der Wasserdruck W auf die wasserseitige Wand erzeugt in der Füllung einen Silowiderstand S_p, der sich als Seitendruck auch auf die luftseitige Wand fortpflanzen kann. Ist das nicht der Fall, so wird diese Wand durch den Silodruck S_a des Füllbodens beansprucht. Einzelheiten über die Verteilung sind dem Buche von Krey zu entnehmen. Während die Berechnung des Silodruckes nach der Formel

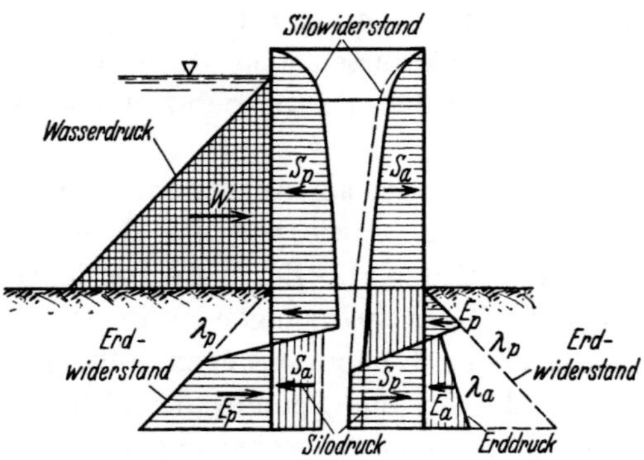

Abb. 93. Belastungsflächen für doppelte Spundwandbauwerke (schematisch).

$$p = \frac{e^{\frac{z}{h}} - 1}{e^{\frac{z}{h}}} \cdot \frac{\gamma \cdot b}{2 \operatorname{tg} \delta},$$

wobei

$$h = \frac{b}{2 \operatorname{tg} \delta \cdot \operatorname{tg}^2\left(45^\circ - \frac{\varrho}{2}\right)} = \frac{b}{2 \operatorname{tg} \delta \, \lambda_a},$$

z = Tiefe der gesuchten Druckordinate,

γ = Raumgewicht des Bodens,

δ = Reibungswinkel zwischen Wand und Erde,

b = Breite des Fangedammes,

ϱ = Reibungswinkel des Füllmaterials,

vorgenommen werden kann, fehlt für den Erdwiderstand in Silos bisher ein entsprechender rechnerischer Ausdruck. Jedoch erscheint es nicht richtig[1], den Erdwiderstand nicht höher als mit dem Werte des Erddruckes einzusetzen. Die Größe des Erdwiderstandes hängt vielmehr von der zulässigen Beanspruchung und Durchbiegung ab, die man der gegenüberliegenden Wand zumuten darf. Näherungsweise kann man bei frei beweglicher Wand bis zum Schnitt der entsprechenden Gleitflächen mit der gegenüberliegenden Wand ein normales Anwachsen des Erddruckes oder Erdwiderstandes mit λ_a oder λ_p und von dort aus ein vermindertes Anwachsen annehmen (Abb. 93). Belastungsflächen finden sich bei Krey, der nicht mit den Siloformeln, sondern den Ausdrücken für natürlichen Erddruck und Erdwiderstand arbeitete. Infolge der großen statischen Unbestimmtheit ist dieses Gebiet einer genauen Berechnung schwer zugänglich, so daß man sich vorerst mit derartigen Näherungsansätzen wird begnügen müssen[2]. Da, wie bei allen statisch unbestimmten Systemen, die Größe der Kräfte von den Formänderungen des statisch bestimmten Hauptsystems abhängt, die Größe der Belastung aber von der Bewegung des statisch unbestimmten wirklich vorhandenen Systems abhängt, so spielen die Aussteifungen, Verankerungen und Abstützungen des Fangedammes und ihre Bewegungsmöglichkeiten schon für den Ansatz der Kräfte eine große Rolle.

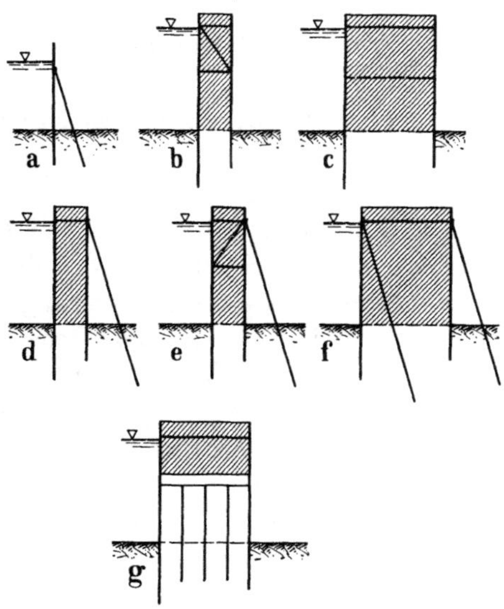

Abb. 94. Die verschiedenen Formen der Fangedämme.

In der Abb. 94 sind die verschiedenen Formen der Fangedämme mit ihren Verankerungs-, Aussteifungs- und Abstützungsmöglichkeiten schematisch angedeutet.

Man hat in statischer Hinsicht folgende Grundformen zu unterscheiden:

Abb. 94a: die einfache Wand mit schräger Abstützung, die oben frei aufgelagert und unten eingespannt oder frei aufgelagert ist. Diese Art gehört zu den einfachen Spundwandbauwerken und ist dort ausführlich behandelt worden.

Bei den doppelten Spundwandbauwerken hat man zu unterscheiden, ob beide Spundwände getrennt als Einzelglieder statisch wirksam sind oder ob die Füllung mit herangezogen wird. In diesem Fall werden die beiden Spundwände in ihrer Beanspruchung voneinander abhängig gemacht. Welches System vorliegt, hängt von der konstruktiven Gestaltung (Breite, Aussteifungen) ab.

Bei den schmalen Spundwandbauwerken erreicht man die Verbundwirkung durch ein- oder mehrfache zug- und/oder druckfeste Verstrebungen (Abb. 94b). Die Standsicherheit eines solchen Bauwerkes wird durch eine äußere Abstützung erreicht (Abb. 94d, e).

Bei breiten Bauwerken kann man auf eine Verbundwirkung verzichten. Man

[1] Brennecke-Lohmeyer Bd. I S. 228.

[2] Auch die Culmannsche E-Linie läßt sich mit Erfolg anwenden. Vgl. auch Henderdor, B.: Erddruck zwischen Stützwänden. Borna-Leipzig 1936.

wird dann meist jede Spundwand für sich abstützen (vgl. Abb. 94f). Zieht man die Verbundwirkung vor, so verbindet man beide Spundwandbauwerke durch zug- und/oder druckfeste Streben (vgl. Abb. 94c und g). Es entstehen hierdurch mehrfach statisch unbestimmte Systeme, wobei offen bleibt, ob die einzelnen Spundwände oben und unten als frei aufgelagerte oder eingespannte Balken zu betrachten sind. Aber selbst im ersteren Falle bringen die vielfachen Querverbindungen zwischen den Wänden eine solche statische Unbestimmtheit mit sich, daß ihre genaue Berechnung undurchführbar ist.

Statisch ist daher das einfache Stützbauwerk grundsätzlich vorzuziehen. Bei den doppelten Formen halte ich die Anwendung einer engen Verbundkonstruktion (vgl. Abb. 94b) für empfehlenswert.

Durch die statische Berechnung sind folgende Größen zu bestimmen:
das Profil der Spundwände,
die Rammtiefen und die Breite des Fangedammes,
außerdem die Durchbiegungen und Stützkräfte.

Die Breite des Dammes hängt hauptsächlich von dem Füllmaterial ab und nimmt bei gleichem Wasserdruck mit zunehmendem γ und ϱ aus statischen und mit abnehmender Durchlässigkeit des Bodens aus bauausführungstechnischen Gründen ab. Die Rammtiefe wird durch die Breite insofern beeinflußt, als mit zunehmender Breite die Silowirkung des Dammes abnimmt und die normalen Erddruck- und Erdwiderstandsflächen zur Wirkung kommen. Das bedeutet eine Vergrößerung des Erddruckes und Erdwiderstandes und infolgedessen auf der Wasserseite eine Entlastung, auf der Luftseite eine Belastung der Wand gegen vorher. Als Faustformel für die Breite gilt je nach dem Füllmaterial das Maß von $h/2$ bis h, das auch von Krey bestätigt wird. Bei Fangedämmen mit stark wechselnder Belastung im Tidegebiet ist das Kräftespiel für die Berechnung und Ausbildung besonders sorgfältig zu berücksichtigen.

Eine andere näherungsweise Überlegung zur Bestimmung der Breite eines Fangedammes gibt R. P. Pennoyer[1]. Hier wird von den gleichen Bedingungen wie bei dem Schwergewichtsbauwerk ausgegangen und gefordert, daß die Resultierende aus den äußeren angreifenden Kräften und dem Gewicht des Dammes durch das mittlere Drittel der Sohlenbreite geht. Schwer zu entscheiden ist nur, welche Fuge als Sohle anzusehen ist. Außerdem widerstehen im Gegensatz zum Schwergewichtsbauwerk bei einem Fangedamm noch Kräfte, auch wenn R außerhalb des Kerns angreift, so z. B. Reibungskräfte, Einspannungsmomente und Erdwiderstand an der Spundwand.

Außer der Kippsicherheit muß der Fangedamm gegen Gleiten gesichert sein. Die maximale Scherspannung einer Fuge ist: $\tau_{\text{vorh}} = \frac{3}{2}\frac{H}{b}$, wo H die waagerechte Resultierende der äußeren Kräfte ist. Diese Spannung muß kleiner sein als $\tau_{\text{zul}} = \frac{G \operatorname{tg} \varrho}{b}$, wo G = Gewicht des Dammes bis zur Fuge ist. Pennoyer kommt zu etwas anderen Formeln als Krey, der einfach $H = G \operatorname{tg} \varrho$ setzt. Der Unterschied beruht darin, daß bei Krey mit rechtwinkliger und bei Pennoyer mit parabolischer (analog festen Körpern) Verteilung der Spannung über dem waage-

[1] Pennoyer, R. P.: Gravity Bulkheads and Cellular Cofferdams. Civ. Engng. 1934 Heft 6.

rechten Schnitt gerechnet wird. Es ergibt sich als Bedingung für die Gleitsicherheit:

$$\tfrac{3}{2} H = G \operatorname{tg} \varrho \quad \text{oder} \quad H : G = \tfrac{2}{3} \operatorname{tg} \varrho .$$

Die statischen Verhältnisse eines Fangedammes werden durch die Art der Abstützungen und Verankerungen und den Grad der Dichtigkeit der Spundwände unübersichtlich. Insbesondere bei der Berechnung der Rammtiefe und des Profils spielen diese Umstände eine große Rolle. Es kann bei völlig dichter Wand die wasserseitige Spundwand den gesamten Wasserdruck aufnehmen, ebenso aber bei undichter wasserseitiger Wand und undichter Füllung die innere Wand den gesamten Wasserdruck aufnehmen müssen. Zwischen diesen beiden Grenzfällen liegen die auftretenden möglichen Beanspruchungen der beiden Spundwände. Von der Art der Aussteifung und der Verankerung hängt es ab, welche Einzelkräfte noch in Ansatz zu bringen sind. Es ist sehr schwierig zu sagen, wie sich die Kräfte auf das oft unklar konstruierte Abstützungssystem verteilen, denn auch in den einfachsten Fällen liegt eine mehrfache statische Unbestimmtheit vor, deren Lösung nur mit Hilfe der Durchbiegungen möglich ist. Da aber auch die angreifenden Kräfte nicht konstant, sondern von den Verschiebungen abhängig sind, wird man gerade bei doppelten Spundwandbauwerken gut daran tun, durch geschickte Konstruktion die Unbestimmtheit des Systems auf ein Minimum herabzusetzen, um so möglichst ein klares Kräftespiel zu schaffen. Hiergegen wird bei vielen Konstruktionen gesündigt.

Die Spundwände abgestützter Fangedämme wird man daher folgerichtig im Boden als frei aufgelagert rechnen, wenn sie nicht an der Wasserseite tiefer gerammt werden, um die Unterläufigkeit des Dammes zu verhindern. Die freie Auflagerung schaltet bei Fangedämmen, die nicht abgestützt sind, aus, da hier ein Einspannungsmoment auftreten muß. Die eigentliche Ermittlung von Rammtiefe und Moment erfolgt nach Festlegung der Belastungsfläche in der gleichen Weise wie für die einzelstehende Spundwand. Über die Auflagerung der Spundwand an den Stützpunkten hat man sich von Fall zu Fall Klarheit zu verschaffen, und es gilt hier sinngemäß das gleiche, was ich beim Spundwandbauwerk betont habe.

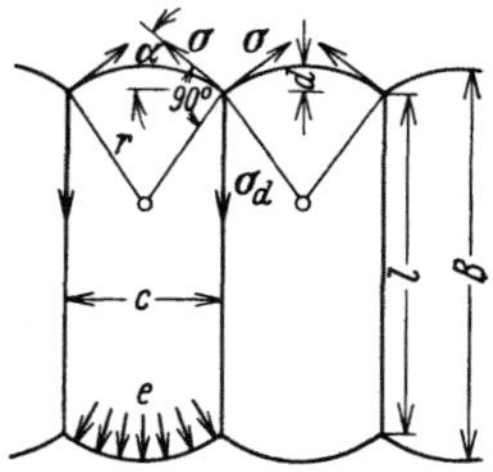

Abb. 95. Ansatz der Kräfte bei Zellenfangedämmen.

Bei der Ermittlung der Auflagerkräfte ist darauf zu achten, ob eine zug- und druckfeste oder nur zug- oder nur druckfeste Verbindung vorhanden ist. Dabei nehmen die sog. Zellenfangedämme eine besondere Stellung ein. Hier wird eine zugfeste Verbindung durch die gelenkkettenartig wirkenden Querspundwände geschaffen, die durch das Füllmaterial in gewissem Umfange auch drucksteif gemacht werden. Die Beanspruchungen sind auf Abb. 95 näherungsweise dargestellt.

Nach der angeführten Quelle[1] geschieht zunächst die Berechnung auf Kippen in gleicher Weise wie bei gewöhnlichen Fangedämmen. Bei Kreisfangedämmen wird dann

$$r \cong 0{,}65\, b\,, \quad \text{wo} \quad b = \text{Dammbreite},$$

bei Zellendämmen mit 120°-Winkeln wird $B \cong 1{,}11\, b$.

Die Breite der Zellen wird folgendermaßen bestimmt: Ist e die größte Erddruckordinate, so wird die Spannung an den Abzweigstellen $\sigma = e \cdot r$ und

[1] Pennoyer: a. a. O.

$r_{\max} = \frac{\sigma_{zul}}{e}$, wenn σ_{zul} sich auf die Spundbohlen bezieht. Ferner ist: $\cos\alpha = 1 - \frac{d}{r_{\max}}$ und $c = 2\,r_{\max}\sin\alpha$.

Die Formeln gelten sowohl für kreisförmige als auch für bogenförmige Grundrisse. Im allgemeinen empfiehlt es sich, $r_{\max}$ zu wählen, es sei denn, daß die Abweichung d durch äußere Umstände festliegt. Aus praktischen Gründen wählt man $\alpha = 30°$, c ist dann gleich r und $\sigma_d = \sigma$.

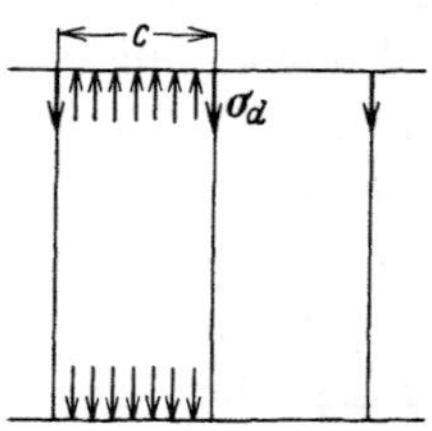

Abb. 96. Ansatz der Kräfte bei rechtwinkligen Zellenfangedämmen.

Die Sicherheit von Zellenfangedämmen auf Gleiten wird in der gleichen Weise bestimmt wie bei gewöhnlichen Fangedämmen.

Bei rechtwinkligen Zellen müssen die Außenwände durch eine Gurtung biegungssteif ausgebildet werden (vgl. Abb. 96). Es ist dann $\sigma_d = c \cdot e$ und $c_{\max} = \frac{\sigma_{zul}}{e}$.

Die übrigen Anwendungen des doppelten Spundwandbauwerkes unterscheiden sich nur durch den Ansatz der äußeren Kräfte vom Fangedamm, aber nicht in der Art der Berechnung.

Wird ein **Stützbauwerk** mit doppelten Spundwänden errichtet, so tritt zu den Belastungen des Fangedammes noch der höhere Erddruck der Hinterfüllung, der wie bei einem massiven Bauwerk anzusetzen ist. Die Anwendung als Stützbauwerk bei Geländesprüngen ist in Deutschland bisher wohl kaum erfolgt. Da wir in den Peiner Stahlbohlen Profile von sehr großem Widerstandsmoment besitzen, wird man bei entsprechenden Bodenverhältnissen keine Veranlassung haben, in solchen Fällen von dem einfachen Spundwandbauwerk abzugehen, es sei denn, es bestände Platzmangel für die Unterbringung der Anker. Dann kann außer den bereits erwähnten Möglichkeiten einer kurzen Verankerung auch das doppelte Spundwand bauwerk in Betracht gezogen werden, dessen zweite Wand gewissermaßen eine auf den kürzesten Abstand herangezogene Ankerwand darstellt.

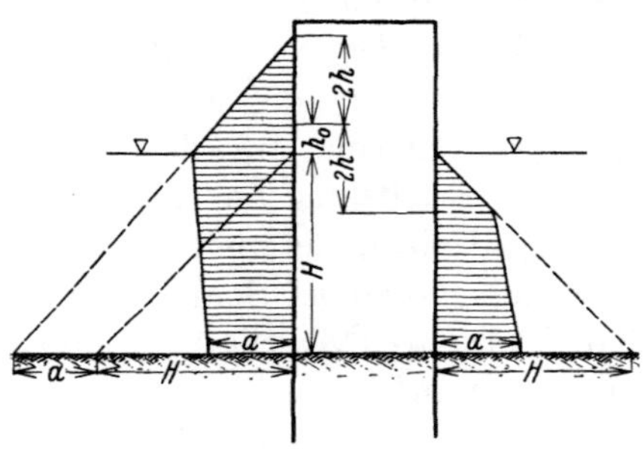

Abb. 97. Ansatz der Kräfte bei Molen nach Sainflou:

H = Wassertiefe, $2L$ = Wellenlänge,

$2h$ = Wellenhöhe, $h_0 = \frac{4\pi h^2}{2L}\,\mathrm{Cotg}\,\frac{\pi \cdot H}{L}$,

$a = \frac{2h}{\mathrm{Cof}\,\frac{\pi H}{L}}$.

Besondere Kräfte greifen bei Molen und Hafendämmen an, die dem Wellenstoß und Wellensog ausgesetzt sind[1].

Der Ansatz der Kräfte (Abb. 97) ist noch nicht völlig geklärt. Es sei daher auf die ausführlichen Spezialveröffentlichungen[2] hingewiesen, die manchen wertvollen Anhalt geben. Besonders die Untersuchung des Einsturzes der Mole in Algier hat die theoretische Erkenntnis wesentlich gefördert.

[1] Sainflou: Essai sur les digues maritimes verticales. Ann. Ponts Chauss. 1928 Heft 4.

[2] Vgl. auch W. Bilfinger: Molenbau und Wellenwirkung. Dissert. München 1934 sowie XVI. Internat. Schiffahrtskongreß Brüssel 1935, Bericht 75 bis 83: Bauweise senkrechter Hafendämme, insbesondere Bericht 76.

Die seltener vorkommenden Verkehrs- und Trennungsdämme erhalten keine andersartigen Belastungen als bereits erwähnt wurden. Die Verkehrsbeanspruchungen sind als Flächenauflast gemäß den Bestimmungen umzurechnen (B.E. für Bahnverkehr, DIN für Straßenverkehr), wobei jedoch auf die Erschütterungswirkung je nach dem Boden und der Konstruktion des Dammes entsprechend Rücksicht zu nehmen ist.

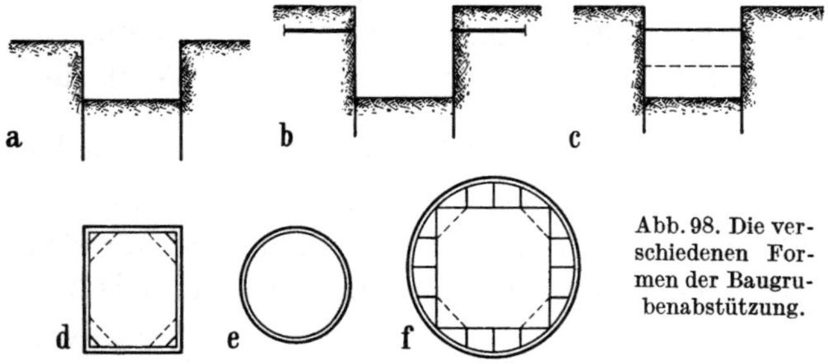

Abb. 98. Die verschiedenen Formen der Baugrubenabstützung.

Etwas anders liegen die Belastungsverhältnisse bei denjenigen doppelten Spundwandbauwerken, die innen hohl sind: den Baugruben- und Stollenaussteifungen (Abb. 98). Die auf eine Baugrubeneinfassung wirkenden Kräfte können aufgenommen werden durch: unverankerte Wände (Abb. 98a), rückwärtige Verankerungen (Abb. 98b), gegenseitige Abstützung (Abb. 98c), bei Baugruben mit begrenzter Ausdehnung durch eine innenliegende Rahmenkonstruktion mit und ohne Eckversteifung (Abb. 98d) und durch eine innen- oder außenliegende Ringkonstruktion (Abb. 98e, f). Die statische Wirkung dieser verschiedenen Ausführungen ist für die Spundwand dieselbe. Besonders zu prüfen ist, in welchem Umfange Erschütterungen und vorübergehende Auflasten das Bauwerk zusätzlich belasten können.

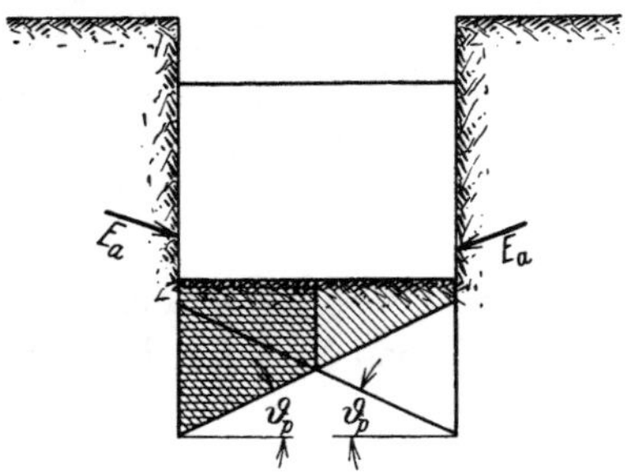

Abb. 99. Überschneidung von Erdwiderstandsflächen. [kreuzschraffiert] Erdwiderstandsfläche bei gleichzeitigem Nachgeben beider Wände; [schraffiert] bei einseitigem Nachgeben.

Der Erddruck auf die beiden Spundwände wird unter Berücksichtigung der Verformung der Wand entsprechend den beim einfachen Spundwandbauwerk gemachten Angaben berechnet. Beim Ansatz des Erdwiderstandes ist zu beachten, wie weit sich die Gleitflächen überschneiden. Jedoch wäre es falsch, nur diejenigen Teile der Flächen anzusetzen, die außerhalb der Schnittlinien liegen (Abb. 99). Nimmt man an, daß beide Wände zugleich ausweichen, so wird man die jeder Seite zugehörige Erdwiderstandsfläche durch die senkrechte Mittellinie begrenzen können. Nimmt man an, daß die Wände nacheinander ausweichen, so wird die zuerst nachgebende Wand den vollen Erdwiderstand bis zur gegenüberliegenden Seite vorfinden. Die zweite Wand würde dann unmittelbar hernach einstürzen. Es darf als ausreichend angesehen werden, den Erdwiderstand bis zur gegenüberliegenden Wand einzusetzen, vorausgesetzt, daß die angreifenden Kräfte sonst genau genug erfaßt sind. Die Rammtiefe wird man bei den vorübergehend vorgesehenen Aussteifungen für den im Boden frei aufgelagerten Fall berechnen, sofern nicht die Spundwände zur Vermeidung starker Unterläufigkeit tiefer gerammt werden müssen.

Ist mehr als eine Abstützung vorhanden, so kann, wie bei den Stützspundwänden, die Rammtiefe beliebig gewählt werden, sie wird also nur von der Art der Bauausführung abhängig sein. Das statische System ist ein Balken auf zwei oder mehreren Stützen, wobei die Nachgiebigkeit der Absteifungen unter Umständen mit in Ansatz gebracht werden muß. Gerade für die Standsicherheit von Baugrubeneinfassungen ist die richtige Lage und das Zusammenwirken des Aussteifungen unerläßliche Voraussetzung.

Für die gesamte Standsicherheit des doppelten Spundwandbauwerkes gelten die gleichen Untersuchungsverfahren auf Grundbruch und Geländebruch, wie sie bereits in den vorangegangenen Teilen erwähnt sind.

b) Die konstruktive Behandlung.

Wie beim einfachen Spundwandbauwerk gibt es auch bei Fangedämmen die Wahl zwischen Holz, Eisen und Eisenbeton, die sich von vornherein nicht zugunsten eines der drei Baustoffe entscheiden läßt.

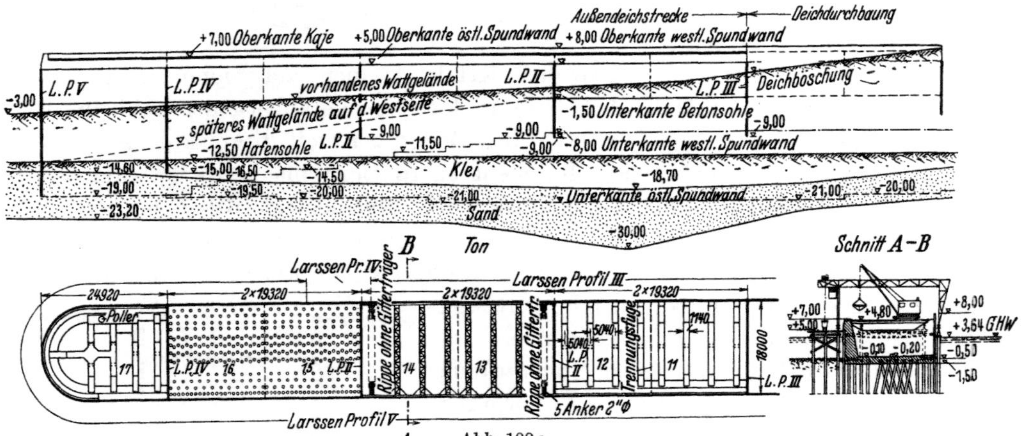

Abb. 100 a.

Die vielen Möglichkeiten der Verankerung, die bei der einfachen Spundwand festgestellt wurden, sind bei der Ausgestaltung der Stützung des Fangedammes

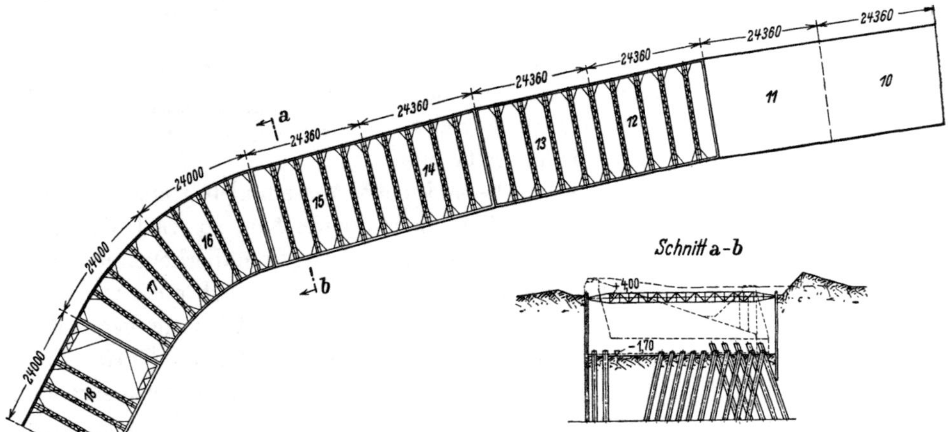

Abb. 100 b.

noch wesentlich vermehrt. Man wendet außer der einfachen und mehrfachen Verankerung und Druckaussteifung die rahmenartige Aussteifung, schräge Druckstreifen verschiedener Durchbildung und Zugpfähle an (Abb. 94). Man kann grundsätzlich beide Wände einzeln abstützen und die Füllung lediglich als Dichtung betrachten oder die Kräfte durch die Aussteifung auf den zweiten Wandteil übertragen.

Die Holzspundwand hat den Vorteil leichter Bearbeitbarkeit, wird aber durch das Rammen leichter zerstört. Wohl kann man die undichten Stellen

Abb. 100 c.

durch Taucher nachträglich unter Wasser dichten, sie bleiben im Untergrund selbst aber bestehen. Besonders brechen die Nuten und Federn beim Herausziehen der Bohlen leicht aus. Die Wiederverwendungsmöglichkeit von Holzspundbohlen ist daher beschränkt.

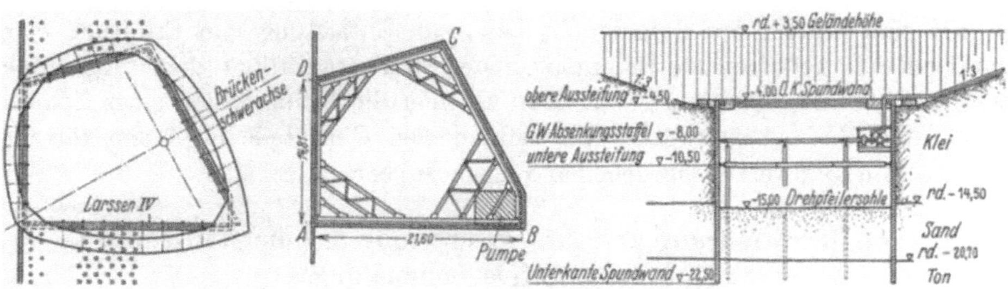

Abb. 100 d.

Abb. 100a–d. Baugrubenaussteifungen. a) Stahlspundwand gleichzeitig als Fangedamm und späteres Bauwerksglied. b) Stahlspundwand gleichzeitig als Baugrubeneinfassung und späteres Bauwerksglied. c) Gitterträger gleichzeitig als Baugrubenaussteifung und spätere Eiseneinlagen für Rippen. d) Ringverankerung mit und ohne Eckaussteifung.

Eisenbetonspundwände wird man nur in den seltensten Fällen verwenden. Der Beton- und Eisenbetonfangedamm ist als einheitliches Ganzes dort geeignet, wo felsiger Untergrund ein Rammen ausschließt. Hier wird Sorge zu tragen sein, daß eine zugfeste Verbindung zwischen Fangedamm und felsigem Untergrund hergestellt wird.

Die Stahlbohle hat den Vorteil, daß sie mehrfach verwendet werden kann. Sie läßt sich verhältnismäßig leicht rammen und ziehen, wenn das Schloß mit einem Spielraum gewählt wird. Allerdings haben zu lose Schloßverbindungen den Nachteil größeren Wasserdurchtritts. Besonders vorteilhaft wirken sich die größeren Profilstärken der Stahlspundwand aus, weil man dann gegebenenfalls mit nur einer Wand auskommen und diese gleichzeitig als Bauwerksglied später verwenden kann (Abb. 100a).

Bei den Baugrubeneinfassungen kann man ebenfalls Holz, Eisenbeton und Stahl verwenden. Die Wahl ist besonders zu überlegen, wenn die Baugrubenspundwand später gleichzeitig einen Bestandteil des Bauwerkes selbst bildet, wie die Abb. 100b erkennen läßt. Die Unverschieblichkeit aller Aussteifungsglieder untereinander und gegen die Spundwand muß gewährleistet sein.

Für die rückwärtige Verankerung wird man grundsätzlich den Baustoff Stahl wählen, während für die gegenseitige Abstützung Steifen aus Holz, Eisenbeton und Stahl Verwendung finden. Der Baustoff Holz wird trotz seiner bekannten Vorteile nur bei beschränkten lichten Weiten und für den Einbau im vorübergehenden Bauwerk gebraucht werden. In den Fällen, wo man die Aussteifungen als spätere Bestandteile des Bauwerkes heranzieht, und zur Verbilligung der Kosten ist dieses grundsätzlich zu empfehlen (Abb. 100c), wird man Eisenbeton oder Stahl wählen.

Die Rahmenkonstruktion mit und ohne Eckaussteifung hat den Vorzug der freien Baugrube, gegebenenfalls kann auch die äußere Ringverankerung in Eisenbeton den gleichen Vorteil erzielen (vgl. Abb. 100d).

Grundsätzlich ist bei jeder Baugrube die Frage, ob eine leichte Baugrubenspundwand mit zahlreicher enger oder eine schwere Baugrubenspundwand mit geringer oder keiner Aussteifung vorteilhafter ist, zu untersuchen. Es ist dies in den weitaus meisten Fällen eine Frage der Wirtschaftlichkeit, wobei der ungestörte Baufortgang während der Bauausführungen eine maßgebende Rolle spielt.

Bei Molen und Wellenbrechern wird vielfach als Schutz gegen den Wellenangriff eine Betonkappe aufgebracht bzw. zur Entlastung von Erddruck eine durchgehende tieferliegende Betonplatte oder Steife angeordnet, die häufig durch besondere Pfähle abgestützt wird. Man hat hier die Kombination eines Spundwand- und Pfahlrostbauwerkes vor sich, dessen Einzelteile nach den für die betreffenden Bauwerke angegebenen Regeln zu berechnen sind.

c) Die Erfahrung und ihre Auswertung auf die statische und konstruktive Behandlung.

Im allgemeinen werden Fangedämme gefährdet durch: außergewöhnliche Außenwasserstände, zu geringe Bemessung der Breite, Wasserdurchlässigkeit des Untergrundes (zu geringe Rammtiefe der äußeren Spundwand) und des Füllmaterials (ungleichartige Zusammensetzung desselben) und der Spundwände (weniger in den Schlössern, die sich infolge des Füllmaterials mindestens an der Innenseite selbst dichten, als infolge Beschädigungen der Wand beim Rammen), Nachgeben der inneren und äußeren Verstrebungen und ungenügende Beachtung des Kräftespiels.

Über den Verlauf der Wasserstände und damit über die Undichtigkeit eines mit Flußsand gefüllten hölzernen Fangedamms vor einer abgesenkten Baugrube gibt die Abb. 101 Aufschluß.

Bei Molen und Hafendämmen erstrecken sich die Ursachen der Gefährdung auf: ungenügende Kenntnis des Wellendruckes auf die Wand, ungenügende Berücksichtigung der Kolkwirkung vor der Wand, nicht genügend weite Sicherung der Sohle vor den Bauwerken, zu geringe Materialfestigkeit der Außenflächen (Zerstörung durch Wasserschlag), Verschleiß und Zerstörung der Baustoffe im Seewasser, zu geringe Höhenlage der Oberkante (Auftreten von Unterdruck beim Überspülen, Zerstörung der Kappe, Eindringen von Wasser zwischen beide Spundwände).

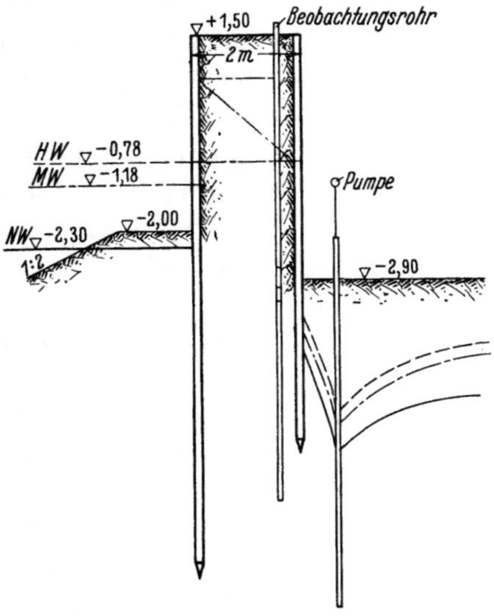

Abb. 101. Wasserstände in einem mit Sand gefüllten Fangedamm.

Bei Baugrubeneinfassungen liegen die Gefahrenpunkte in: der Auswirkung von Erschütterungen, dem Auftreten von Quellen, Auskolkungen, Überbeanspruchung (Ausknicken, Abrutschen) oder Lockerung der Steifen, unsachgemäße Bauausführung.

An Folgerungen für die statische und konstruktive Behandlung sind aus den Unfällen zu ziehen:

Ein weiteres Studium der Eigenschaften des Untergrundes und des Füllmaterials, die Notwendigkeit einer Verbesserung der statischen Berechnung, eine Erforschung der hydraulischen Vorgänge um das Bauwerk, die Wahl geeigneten Baumaterials und eines klaren konstruktiven Aufbaues.

Die Lösungsmöglichkeiten sind nach wie vor sehr mannigfaltig, und es besteht keine Aussicht, daß eine Vereinheitlichung in der Bauweise eintritt, obwohl dies grundsätzlich zu erstreben ist. Aber hierzu sind die Erfahrungen zu verstreut und zu wenig durchgearbeitet und außerdem die Anforderungen an ein Bauwerk und die jeweils zur Verfügung stehenden Baustoffe zu verschieden. Gerade bei vorübergehenden Bauwerken, wie Fangedämmen, werden oft billige Bauelemente herangezogen, also z. B. bereits verwandte Spundbohlen noch mehrfach gerammt, der anstehende Boden als Füllmaterial geschüttet usw. Die Sicherheit, mit der bei vorübergehenden Bauwerken gerechnet wird, wird im allgemeinen geringer angesetzt als bei dauernden Bauwerken, muß aber auf der anderen Seite wieder erhöht werden wegen der angeführten Verwendung preiswerten Materials.

Auch bei Molen kann noch von keiner einheitlichen Ausbildung gesprochen werden, obwohl es hier weniger Lösungen gibt.

5. Das Pfahlrostbauwerk.

Wenn man sich die in den beiden Kapiteln „Erde“ und „Wasser“ dargelegten Ausführungen zu eigen gemacht hat, dann wird es auch klar, daß infolge der Unsicherheit, die der Einschätzung dieser beiden Gegner noch innewohnt, die Berechnung und Konstruktion jedes Pfahlrostbauwerkes sich schwierig gestalten muß. In wie hohem Maße durch unrichtige Wahl der Bodenkonstanten Schwankungen eintreten können, haben die Ausführungen beim Spundwandbauwerk gezeigt.

Hinzu kommt, daß wir im Gegensatz zum Ingenieurhochbauwerk die tragenden Glieder des Pfahlrostbauwerkes nicht sichtbar einbauen können, sondern sie in die dunkle Tiefe von Erde und Wasser hinunterbringen müssen. Die Tragfähigkeit der Pfähle wird davon beeinflußt, ob sie unbeschädigt und sämtlich „gleich fest“ in den Untergrund gerammt werden, so daß die Nachgiebigkeit bzw. die Unnachgiebigkeit der Pfahlspitzen überall die gleiche ist.

Wenn man sich auf den Standpunkt stellt, daß in gewissem Umfange die erste Forderung des unbeschädigten Einrammens in den Untergrund vom Ingenieur noch gewährleistet werden kann, so wissen wir andererseits, daß eine für alle Pfähle gleiche Rammung infolge des rohen Vorganges bislang nicht durchgeführt werden kann.

Man muß das Kernproblem bei den Gegnern „Erde“ und „Wasser“ suchen und gewissenhaft prüfen, ob der aufgestellte Angriffsplan genügend mit dem wirklichen übereinstimmt. Geschieht dies, und das ist auf jeden Fall zu fordern, dann besteht keine Veranlassung, ein statisch bestimmtes Bauwerk nicht statisch bestimmt und ein statisch unbestimmtes Bauwerk nicht statisch unbestimmt zu berechnen. Außerdem ist zu verlangen, daß man sich an Hand der Rechnungsergebnisse darüber klar wird, inwieweit sie auf Grund der nicht erfaßten Faktoren noch schwanken können.

Wie ich zum Anfang ausgeführt habe, hat jeder Ingenieur die Wahrheit zu suchen, und mit dieser Grundauffassung verträgt es sich nicht, Ungenauigkeiten zu begehen, die obigem Grundsatz entgegenlaufen. Geht man die vielen Pfahlrostbauwerke — sei es für Hochbauten, Brückenbauten oder Ufereinfassungen — durch und prüft sie auf die bei ihrem Entwurf vertretene statische und konstruktive Grundauffassung hin, so wird man in sehr vielen Fällen erkennen, daß hier noch weites Gebiet vor uns liegt, das gründlich behandelt werden muß. Hier hilft es nicht, das Problem allein von der bodenmechanischen oder statischen und konstruktiven Seite aus anzufassen, sondern es ist nötig, Erde und Wasser, konstruktive und statische Behandlung des Bauwerkes in Verbindung mit der Bauausführung zusammenfassend zu betrachten und die noch vorhandenen Unklarheiten aufzudecken.

a) Die statische Behandlung.

Zweck der statischen Untersuchung ist die Bestimmung der günstigsten Pfahlstellung unter Berücksichtigung der Pfahllasten für den ungünstigsten, günstigsten und durchschnittlichen Belastungsfall. Als günstigste Pfahlstellung ist diejenige anzunehmen, bei der sämtliche Pfähle wenigstens annähernd gleich stark beansprucht werden und nicht zu starke Laständerungen durch die verschiedenen Belastungsfälle eintreten.

Hat man die Größe und Richtung des wahrscheinlichen Angriffs der Gegner Erde und Wasser ermittelt (wobei es bei der Größe von Erddruck und Erdwiderstand wiederum in erster Linie darauf ankommt, festzustellen, ob und in welcher Form die Gleitfuge sich ausbilden kann), dann wird man das für den vorliegenden Fall geeignetste Berechnungsverfahren zur Ermittlung der Pfahlkräfte zu suchen haben. Dazu ist es aber notwendig, sich über folgendes klarzuwerden:

1. Welchen Einfluß haben *V*, *H* und *M* auf die Ermittlung der Pfahlkräfte? Die äußeren Kräfte, durch die ein Pfahlrostsystem belastet werden kann, sind:

Erddruck — Erdwiderstand, Bodenreibung, Bodengegendruck,
Wasserdruck,
Auflasten, Verkehrslasten

je nach dem Verwendungszweck des Bauwerkes. Sämtliche Kräfte setzt man zu Resultierenden in senkrechter (V) und waagerechter Richtung (H) zusammen. Die V- und H-Kräfte erzeugen ein Moment M um den Trägheitsschwerpunkt des Pfahlrostes (Nullpunkt), das, wie bekannt ist, aber die späteren Versuchsrechnungen nochmals zeigen werden, die nur aus den V- und H-Kräften ermittelten Pfahllasten erheblich verändern kann. Bei einem Pfahlsystem, auf das kein oder nur ein geringes Moment ausgeübt wird, bei dem also die Gesamtresultierende aller äußeren Kräfte durch den Systemnullpunkt geht oder ihm zum mindesten naheliegt, werden auch solche Näherungsverfahren für den statisch unbestimmten Pfahlrost, die ein Moment (also eine Drehung des Rostes) nicht berücksichtigen (Culmann, Momentengleichung), dieselben oder annähernd gleiche Werte ergeben, wie die genauen Verfahren unter Berücksichtigung von V, H und M.

Man kann, allerdings zuungunsten der gleichmäßigen Belastung aller Pfähle, durch Vergrößern oder Verkleinern des Momentes eine solche Pfahlbelastung erzielen, wie man sie für den Verwendungszweck des Bauwerkes benötigt (z. B. Entlastung der vorderen Druckpfähle oder zusätzliche Belastung der hinteren Zugpfähle).

2. Welche Berechnungsverfahren gibt es und worin unterscheiden sie sich? Für das statisch bestimmte Pfahlsystem: Als statisch bestimmte Pfahlroste sind strenggenommen nur solche Systeme anzusehen, die aus zwei beliebigen Pfählen, von denen der eine an einem Ende als eingespannt angenommen werden muß, während die anderen drei Auflagerungen gelenkig sind, oder aus drei nichtparallelen Pfählen bestehen, die gelenkig gelagert sind und sich nicht in einem Punkte in der Rostplatte schneiden dürfen. Für ihre Berechnung bedient man sich des Verfahrens von Culmann[1] (vgl. Abb. 102), das einer weiteren Erläuterung nicht bedarf. Die Resultierende der äußeren Kräfte V und H wird durch Einschaltung einer Hilfsgeraden C in drei Richtungen zerlegt und daraus die Größe der Pfahlkräfte ermittelt. Für statisch bestimmte Pfahlroste liefert das Verfahren genaue Ergebnisse.

Für das statisch unbestimmte Pfahlsystem: *Die Näherungsverfahren.* Für die näherungsweise Berechnung statisch unbestimmter Pfahlroste stehen drei Verfahren (Spannungsrechteck, Spannungstrapez, Culmann-Momentenverfahren) zur Verfügung, die die Möglichkeit geben, eine einigermaßen zweckmäßige Stellung der Pfähle zu ermitteln (Abb. 102a, b und 103). Die früher benutzte Aufteilung des Überbaues auf die einzelnen Pfähle durch Halbieren der Pfahlabstände (Abb. 102c — Spannungsrechteck) sollte heute auch als rohe Näherung keine Verwendung mehr finden. Über die Ungenauigkeit der Ergebnisse gibt die Tabelle 7 (S. 175) einen Anhalt, wobei zu beachten ist, daß in dem gewählten

[1] Vgl. Nökkentved: Berechnung von Pfahlrosten, Berlin 1928. S. 69.

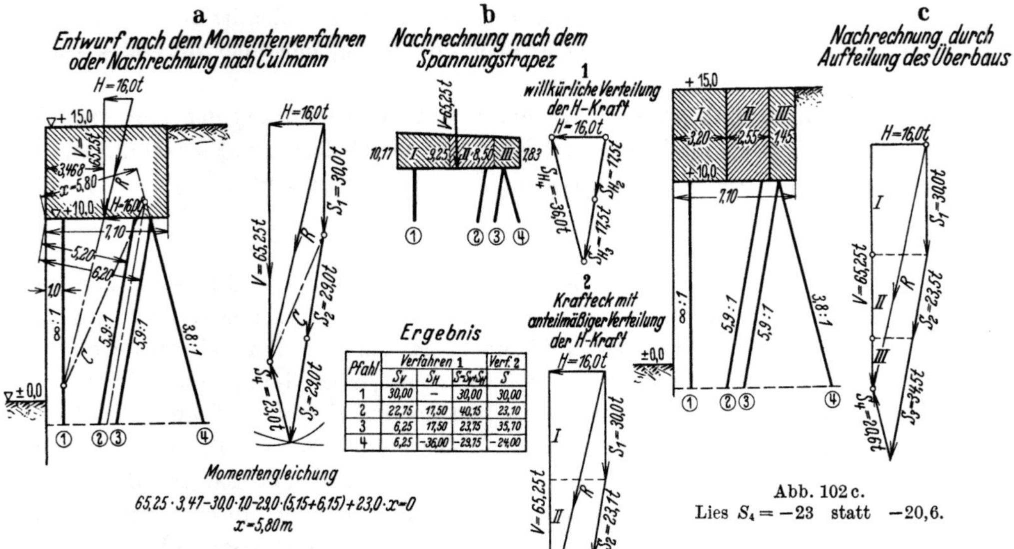

Pfahl	Verfahren 1			Verf. 2
	S_V	S_H	$S = S_V + S_H$	S
1	30,00	—	30,00	30,00
2	22,75	17,50	40,15	23,10
3	6,25	17,50	23,75	35,70
4	6,25	−36,00	−29,75	−24,00

Abb. 102 a.
Lies −29 (5,20 + 6,20) ... statt −29 (5,15 + 6,15).

Abb. 102 b. Bei Verfahren 2
Lies S_3 = 34,9 statt 35,7
S_4 = −23,0 statt −24,0

Abb. 102 c.
Lies S_4 = −23 statt −20,6.

Abb. 102. Näherungsverfahren für den Entwurf und die Nachrechnung von Pfahlrosten.

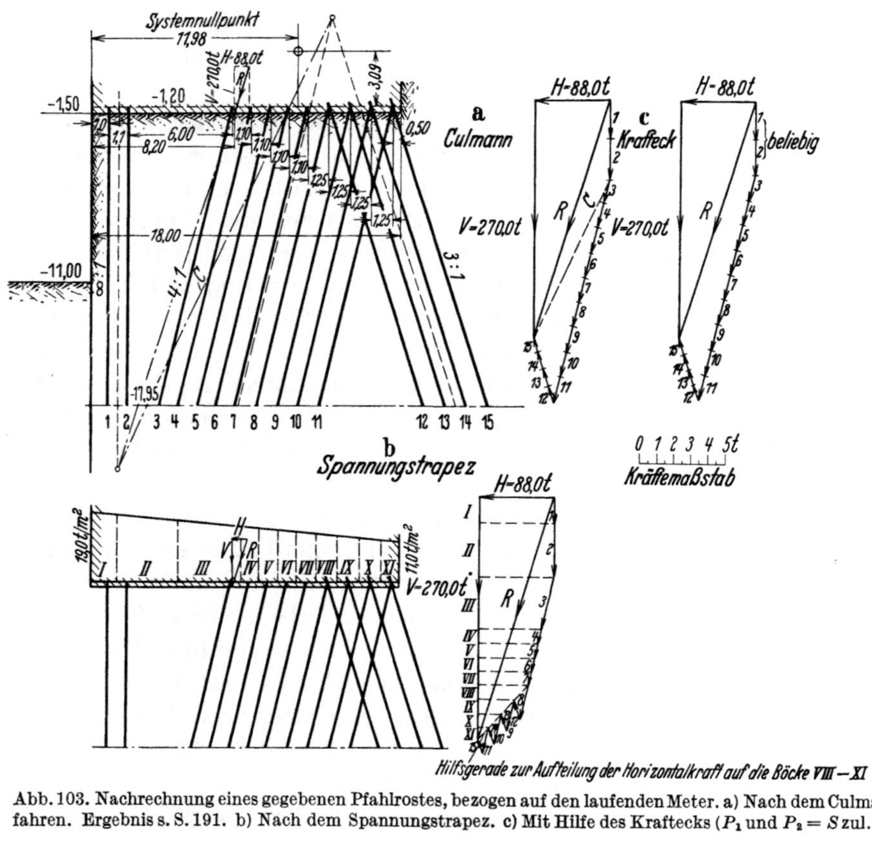

Abb. 103. Nachrechnung eines gegebenen Pfahlrostes, bezogen auf den laufenden Meter. a) Nach dem Culmann-Verfahren. Ergebnis s. S. 191. b) Nach dem Spannungstrapez. c) Mit Hilfe des Kraftecks (P_1 und $P_2 = S$ zul. gesetzt).

Beispiel infolge der geringen Exzentrizität das Spannungstrapez geringe Unterschiede der Randspannungen aufweist und dabei die Abweichungen nicht so groß wie in anderen Fällen werden. Oft sind leider auch die beiden anderen Methoden nur grobe Annäherungen, so daß die ermittelte Stellung der Pfähle bei einer genauen Nachprüfung nicht immer die anfangs gestellte Forderung möglichst gleichmäßiger Verteilung der Lasten auf sämtliche Pfähle erfüllt. Alle anderen genaueren Untersuchungsarten rechnen dagegen von vornherein mit einem gegebenen Pfahlsystem und bestimmen nur dessen Beanspruchung, so daß man in den meisten Fällen nicht darum herumkommt, mehrere Vorberechnungen durchzuführen.

Das erste Näherungsverfahren der Zerlegung einer Kraft in zwei bzw. drei Richtungen (Kräfteparallelogramm bzw. Culmann-Verfahren) (Abb. 102a, 103a) liefert angenäherte Werte beim Vorhandensein zweier bzw. dreier Pfahlrichtungen, von denen jede mit mehreren Pfählen besetzt ist. Die Näherung ist um so größer, je weniger Pfähle in jeder Richtung vorhanden sind und je enger diese Pfähle zusammenstehen. Bei mehr als drei Pfahlrichtungen muß deren Anzahl durch Zusammenfassen auf drei gebracht werden. Hierbei werden fast stets größere Ungenauigkeiten auftreten.

Die Genauigkeit der Annäherung kann bei der Zerlegung in zwei Pfahlrichtungen stets angegeben werden, da der Nullpunkt des Systems als Schnittpunkt der Resultierenden der beiden Pfahlrichtungen und damit die Größe des Momentes ohne weiteres bekannt ist. Ordnet man den Pfahlrost so an, daß die beiden Resultierenden der Pfahlkräfte sich auf der Resultierenden der äußeren Belastung schneiden, so läßt sich der Pfahlrost aus zwei Pfahlneigungen mit voller Genauigkeit durch Zerlegung der Resultierenden nach dem Annäherungsverfahren berechnen.

Bei drei Pfahlneigungen muß die Lage des Nullpunktes erst durch Berechnung ermittelt werden, so daß zunächst eine Übersicht über die Größe des Momentes fehlt. Wird ein statisch unbestimmter Pfahlrost nach dem Verfahren von Culmann entworfen, so wird es meist nicht gleichzeitig möglich sein, ihn so anzuordnen, daß die Resultierende durch den Nullpunkt geht. Man muß also mit Abweichungen der wirklichen Pfahlkräfte von der Näherung rechnen.

Das Spannungsdiagramm- (Trapez-) Verfahren[1] ermöglicht zunächst eine Verteilung der senkrechten Kräfte. Man stellt die Lage, Richtung und Größe der Resultierenden aller äußeren Kräfte fest und bestimmt für deren Vertikalkomponente die Randspannungen an der Sohle des massiven oder aufgelösten Mauerkörpers. Das so entstandene Spannungsdiagramm wird in Abschnitte gleichen Flächeninhalts zerlegt bzw. bei der Nachrechnung von bestehenden Bauwerken durch die Mittellinie zwischen den einzelnen Pfählen bzw. Pfahlböcken aufgeteilt. In ersterem Falle stehen die Pfähle in der Schwerachse des ihnen zukommenden Flächenteiles. Die Horizontalkomponente muß auf die einzelnen Schrägpfähle verteilt werden. Das geschieht am besten mit Hilfe des Kraftecks (s. unten und Abb. 102b, 103b), durch das die waagerechte Kraft im Verhältnis der senkrechten Belastungen auf die einzelnen Pfähle und Böcke aufgeteilt wird.

[1] Brennecke-Lohmeyer: Grundbau. Bd. II, Berlin 1930. S. 255.

Bei diesem Verfahren treten Ungenauigkeiten dadurch auf, daß

1. die H-Kräfte nur, und zwar nicht ohne willkürliche Annahmen, auf die Schrägpfähle verteilt werden;

2. mit einem starren System aus Mauer und Pfahl an Stelle eines elastischen Systems gerechnet wird. Dabei werden die Anteile des Spannungsdiagramms auf die einzelnen Pfähle lediglich nach deren Stellung, aber nicht nach deren Querschnitt, Länge, Richtung, Elastizitätsmaß, Art der Auflagerung usw. verteilt. Der Mittelpunkt der Sohle des Bauwerkes ist nur dann als Schwerpunkt für die Spannungsverteilung richtig gewählt, wenn sich die Pfähle gleichmäßig über den Querschnitt verteilen.

Vergleicht man das Verfahren von Culmann als Annäherung bei einem statisch unbestimmten System mit der Zerlegung nach dem Spannungsdiagramm, so ergibt sich, daß das Verfahren von Culmann immer dann bessere Ergebnisse liefern wird, wenn größere H-Kräfte auftreten, die Pfähle sehr ungleichmäßig über die Sohle verteilt sind und ein geringes Moment vorhanden ist. Sonst ist das Verfahren mit dem Spannungsdiagramm als Näherungsverfahren vorzuziehen, so z. B. wenn viele Pfähle gleicher Neigung vorhanden sind. Diese werden nach dem Verfahren von Culmann sämtlich gleich stark belastet, während nach dem Spannungstrapez je nach der Stellung der Pfähle verschiedene Belastungen auch bei gleicher Neigung auftreten können.

Prüft man die Verteilung auf Pfähle gleicher Neigung mit einem elastischen Berechnungsverfahren nach, so ergibt sich, daß eine Parallelverschiebung des Mauerkörpers in solchen Pfählen gleiche Längenänderungen, also auch gleiche Kräfte erzeugt. Lediglich das Moment der äußeren Kräfte um den Systemnullpunkt, das den Mauerkörper dreht, hat ungleiche Längenänderungen und infolgedessen auch ungleiche Pfahlkräfte in den Pfählen gleicher Neigung zur Folge. Bei großem Moment ist für diesen Fall das Spannungstrapez dem Verfahren von Culmann vorzuziehen. Anders ist es mit der Belastung des Pfahlsystems durch eine waagerechte Kraft. Senkrechte Pfähle erhalten bei der Berechnung mit dem Spannungstrapez aus der waagerechten Kraft keinerlei Beanspruchung (die Schrägpfähle werden infolgedessen allein zu deren Aufnahme herangezogen, was sich gewöhnlich in einer Überlastung gegenüber der genaueren Berechnung äußert), während das Verfahren von Culmann die senkrechten Pfähle sich an der Aufnahme der waagerechten Kraft beteiligen läßt. Das elastische Verfahren wird also in diesem Fall durch die Verteilung der Kräfte nach Culmann mit größerer Näherung erreicht. In der Mehrzahl der Fälle erhalten, jedenfalls bei Stützbauwerken, die hohen Pfahlroste große waagerechte Kräfte. Der Nullpunkt liegt ferner meist nicht weit von der Resultierenden der äußeren Kräfte, so daß die Näherung nach Culmann die bessere sein dürfte.

Beide Verfahren lassen sich bis zu einem gewissen Grade auch verbinden, indem man zunächst die Kräftezerlegung nach Culmann vornimmt und mit der gewonnenen Aufteilung in drei Richtungen in das Spannungstrapez hineingeht. Die Verteilung innerhalb einer Richtung erfolgt dann nach dem letzteren Verfahren. Die Durchführung stößt allerdings dann auf Schwierigkeiten, wenn die Pfahlgruppen nicht örtlich getrennt stehen, also wenn z. B. Pfahlböcke vorhanden sind.

Eine dritte Näherungsberechnung kann unter Verwendung des gleichen Krafteeks vorgenommen werden, das auch bei der Verteilung der Kräfte des Spannungstrapezes benutzt wird. Die Resultierende der äußeren Belastung wird in einem Kräfteplan nach den auftretenden Richtungen der Pfähle zerlegt. Sobald es sich um mehr als zwei Richtungen handelt, müssen zusätzliche Annahmen getroffen werden, um einen bestimmten Kräfteplan zu erhalten (Abb. 103c). Diese Annahmen werden so gewählt, daß alle Pfähle möglichst voll ausgenutzt werden. Man beginnt bei drei Pfahlrichtungen, für die sich das Verfahren hauptsächlich eignet, damit, für die Größe der Last, die z. B. der Zugpfahl (es kann auch ein anderer Pfahl sein) erhalten soll, einen bestimmten Wert einzusetzen, der gleich der zulässigen Belastung dieses Pfahles ist. Die aus der Resultierenden R und der Kraft dieses Zugpfahles sich ergebende Resultierende wird dann nach den Richtungen der anderen beiden Pfahlgruppen zerlegt. Je nach der Größe der auf die beiden Richtungen entfallenden Kräfte und der zulässigen Beanspruchung der Pfähle wird die Anzahl der Pfähle für jede Gruppe bestimmt. Das Verfahren läßt sich auch so ausführen, daß für sämtliche Pfahlneigungen zuerst die zulässige Pfahllast oder ein Vielfaches derselben eingesetzt wird. Das Krafteck wird sich dann allerdings gewöhnlich nicht schließen und muß daher neu aufgeteilt werden. Die Stellung der Pfähle wurde bisher nicht berücksichtigt. Das kann entweder dadurch nachgeholt werden, daß man das Verfahren, wie schon erwähnt, mit der Ermittlung der Pfahlstellung nach dem Spannungstrapez oder nach dem Culmann-Verfahren verbindet. Im letzteren Fall hat man freie Wahl bei der Anordnung zweier Pfahlgruppen, z. B. der beiden Druckpfahlgruppen. Um den Zugpfahl wirklich voll zu belasten, stellt man dann eine Momentengleichung um einen beliebigen Punkt auf, in der die Entfernung des Zugpfahles als Unbekannte auftritt. Den aus dieser Gleichung erhaltenen Wert wählt man als Abstand des Zugpfahles vom Momentenpunkt (senkrecht zur Achse des Zugpfahles gemessen).

An Stelle der Momentengleichung kann auch eine Culmann-Gerade zur Ermittlung der Lage des Zugpfahles auf graphischem Wege benutzt werden (Abb. 104a—c).

Da das Momentenverfahren nur eine Abwandlung des Culmann-Verfahrens ist, sind beide strenggenommen nur bei einem Vorhandensein von drei Pfahlrichtungen anwendbar. Die beiden Verfahren sind auf denselben Gleichgewichtsbedingungen aufgebaut und unterscheiden sich nur dadurch, welche Größen gegeben und welche gesucht sind.

Das Momentenverfahren erlaubt also, einige Abmessungen des Pfahlrostes zu ermitteln. Wird ein solcher Pfahlrost nach dem Culmann-Verfahren nachgerechnet, so müssen natürlich dieselben Ergebnisse herauskommen. Wie das Culmann-Verfahren liefert das Momentenverfahren bei mehr als drei Pfählen nur angenäherte Ergebnisse.

An Stelle des Zugpfahles kann auch die Lage des Pfahlkopfes einer der beiden anderen Pfahlneigungen als Unbekannte eingesetzt werden, so daß man jeweils drei verschiedene gleich günstige Pfahlsysteme ermitteln kann, unter denen man die endgültige Wahl nach konstruktiven Gesichtspunkten treffen wird. Da die vordere, bei Stützbauwerken meist senkrechte Pfahlgruppe im allgemeinen durch konstruktive Rücksichten gegeben sein wird, verfährt man

Tabelle 6. Näherungsverfahren zum Entwurf von Pfahlrosten nach Culmann.

Verfahren	Gegeben	Gesucht	Bemerkungen
Culmann . . .	3 Pfahlneigungen Lage der 3 Pfahlköpfe	3 Pfahlkräfte	zur Nachrechnung
Krafteck und Momentengleichung			zum Entwurf
1. Fall	3 Pfahlneigungen Lage von 2 Pfahlköpfen 1 Pfahlkraft $= S_{zul}$	Lage von 1 Pfahlkopf 2 Pfahlkräfte	
2. Fall	2 Pfahlneigungen Lage von 2 Pfahlköpfen 2 Pfahlkräfte $= S_{zul}$	1 Pfahlneigung Lage von 1 Pfahlkopf 1 Pfahlkraft	Möglichkeit beschränkt, da die gesuchte Pfahlneigung innerhalb der rammtechnisch ausführbaren Neigungen bleiben muß. Ermittlung der Pfahlneigung am besten graphisch.
3. Fall	1 Pfahlneigung Lage von 2 Pfahlköpfen 3 Pfahlkräfte $= S_{zul}$	2 Pfahlneigungen Lage von 1 Pfahlkopf	wie vor

zweckmäßig in der Art, daß man die Resultierende der schrägen Druckpfähle so verschiebt, bis die zwangsläufig sich ergebende Resultierende der Zugpfähle eine zweckmäßige Lage im Gesamtrost einnimmt. Die voraussichtliche Breite und damit das Gewicht des Aufbaues muß anfangs geschätzt werden. Behält man die Stellung und Zahl der vorderen senkrechten Pfähle bei, so wird bei Verschiebung der schrägen Druckpfahlgruppe nach hinten unter den gewöhnlichen Verhältnissen bei einer Stützmauer die Zugpfahlgruppe in noch stärkerem Maße nach hinten gerückt, und umgekehrt. Stehen die schrägen Druckpfähle weit nach vorn, so kreuzen sie sich mit der Zugpfahlgruppe bzw. es entsteht mit den senkrechten Pfählen ein vorderer Pfahlbock. Diese Abhängigkeit wird durch die Veränderung des Mauergewichtes infolge wechselnder Rostplattenbreite noch verstärkt.

Im allgemeinen verursachen geringe Verschiebungen der Druckpfahlgruppe bereits große Bewegungen der Zugpfahlgruppe. Aus der Neigung der Culmann-Geraden folgt ferner, daß je größer die Anzahl der vorderen Druckpfähle gemacht wird, desto weiter hinten der Bock aus den Schrägpfählen angeordnet werden muß. Man wird daher die Anzahl der vorderen Druckpfähle so groß halten, daß gerade eine ausreichende Entfernung zwischen den Pfahlspitzen gewahrt bleibt, um gegenseitige Rammbeschädigungen zu verhindern.

Von den verschiedenen möglichen Stadien gleich ausgenutzter Pfähle verdienen aus konstruktiven Gründen die beiden Sonderfälle Bock vorn (bestehend aus meist senkrechten Druck- und schrägen Zugpfählen) und Bock hinten (bestehend aus schrägen Druck- und schrägen Zugpfählen) besondere Bedeutung. Die erste Konstruktion ist trotz der geringsten Mauerbreite, die sie liefert, bei

Geländesprüngen größerer Höhe veraltet, da die Pfähle zu eng stehen und bei senkrechter vorderer Spundwand die schrägen Druckpfähle nicht weit genug

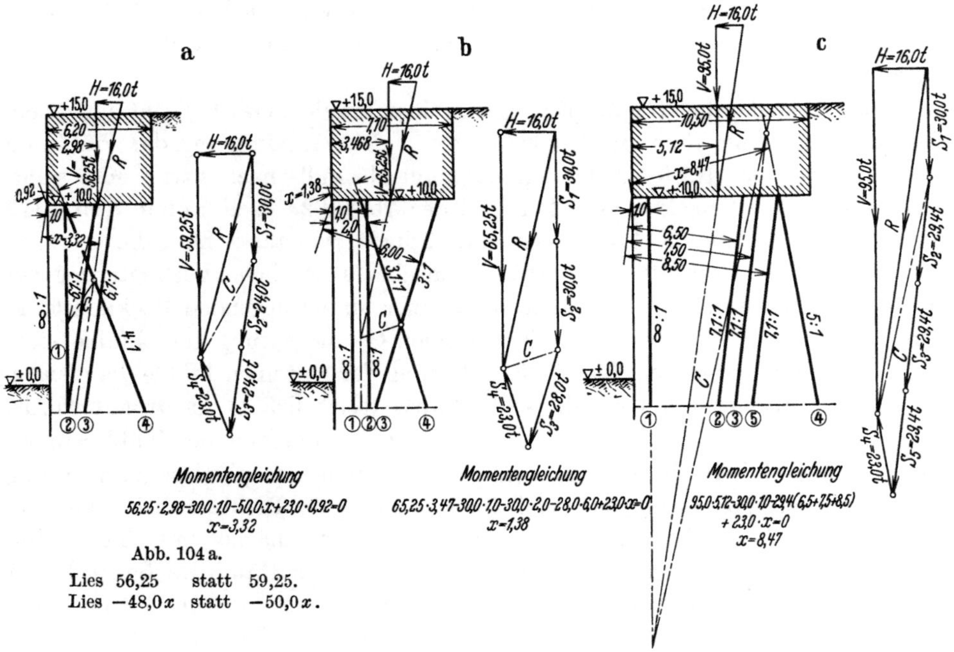

Abb. 104 a.
Lies 56,25 statt 59,25.
Lies −48,0*x* statt −50,0*x*.

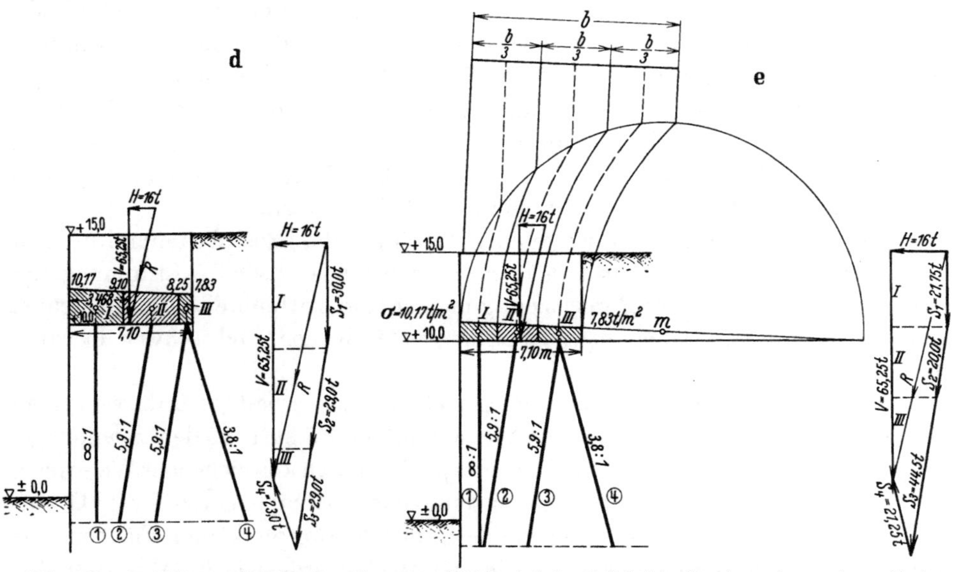

Abb. 104. Ausbildungsmöglichkeiten für einen Pfahlrost bei möglichst voller Ausnutzung der zulässigen Pfahlkräfte. a) bis c) Entwurf nach Culmann (Momentengleichung). d) Nach dem Spannungstrapez (Aufteilung nach dem Krafteck). e) Nach dem Spannungstrapez (falsche flächengleiche Aufteilung) (vgl. auch Abb. 102a und 112a, b).

nach vorn gezogen werden können. Bei diesen wird daher heute ausschließlich die Anordnung einer auseinandergezogenen hinteren Bockkonstruktion bevorzugt.

Die Nachteile einer vorderen Bockpfahlkonstruktion gehen aus Abb. 104a hervor. Die gegebene Anordnung ist nur durch Versetzen der Pfahljoche durchführbar. Würde man den Mauerkörper auf die für den Pfahlrost erforderliche Breite einschränken, so würden infolge der Verminderung der senkrechten Belastung die schrägen Druckpfähle weiter nach vorn rücken und die vorne liegende Spundwand durchschneiden, oder man müßte auf ihre volle Ausnutzung verzichten.

Wie stark sich die Umgruppierung einzelner Pfähle auswirkt, geht aus einem Vergleich der Abb. 102a, 104b und c hervor. Die Ansammlung der Pfähle im vorderen Teil des Rostes zieht den Zugpfahl ebenfalls nach vorn. Man sieht, daß lediglich die Versetzung des Pfahles 2 der Abb. 102a nach vorn in Abb. 104b den Zugpfahl 4 um rd. 4,5 m nach vorn bringt. Verstärkt man die schrägen Druckpfähle der Abb. 102a, so erhält man eine wesentliche Verbreiterung der Rostplatte, wenn man bei der Anordnung einer hinten liegenden Bockkonstruktion bleiben will. Trotzdem für den gleichen Geländesprung fünf Pfähle statt vier zur Verfügung stehen, bleibt die Belastung der einzelnen Pfähle die gleiche. Wenn auch im vorliegenden Fall der Pfahlrost absichtlich so konstruiert wurde, daß dieses Ergebnis eintritt, so sollte diese Gegenüberstellung der Pfahlroste der Abb. 102a und 104c doch zu denken geben. Durch eine planlose Vermehrung der Pfähle wird man im allgemeinen keine Entlastung der Pfähle erreichen können.

Man wird beim Entwurf eines Pfahlrostes daher zunächst mit einem Minimum an Pfählen auszukommen trachten, das sich an Hand des Beispiels der Abb. 102a auch in anderen Fällen leicht wird ermitteln lassen. Je nach der Neigung der Resultierenden wird man die C-Gerade steiler oder flacher legen und damit die Anzahl der Pfähle in der vorderen senkrechten Druckpfahlreihe erhalten. Es empfiehlt sich im allgemeinen, zunächst die Pfähle der schrägen Druckpfahlreihe doppelt zu besetzen (Abb. 102a). Ist die Zahl der schrägen Pfähle zu gering, so wird man undurchführbar flache Neigungen für diese Pfähle erhalten, so daß das Minimum der Pfähle dadurch leicht gefunden werden kann. Im vorliegenden Fall ist es durch Abb. 102a gegeben. Eine Verminderung der Pfähle wäre nicht mehr möglich gewesen.

Das Probieren läßt sich wegen des Wechsels der Rostplattenbreite nicht ganz vermeiden; es ist jedoch bequemer als die analytische Bestimmung der Lage der Pfähle, die unter Berücksichtigung der Rostplattenbreite, Pfahlneigung, zulässigen Pfahlentfernung usw. zu sehr umständlichen und schwer lösbaren Gleichungen führt.

In Abb. 104d ist die Pfahlstellung dargestellt, die man erhalten würde, wenn man den Pfahlrost bei möglichst gleicher Ausnutzung der Pfähle nach dem Spannungstrapez entwerfen würde. Das Spannungstrapez ist hier in abweichender Weise nach den aus dem Krafteck hervorgehenden senkrechten Komponenten I bis III aufgeteilt worden und die Achse der Pfähle in den Schwerpunkt der Flächen verlegt worden. Die Größe der Pfähle im Krafteck wurde wie in Abb. 102a bestimmt. Man sieht die starken Unterschiede in der Pfahlstellung, die z. B. bei dem hinteren Pfahlbock der Abb. 104d konstruktiv nicht mehr ausführbar ist.

Verwendet man das Spannungstrapez in der üblichen Weise durch Aufteilung der Spannungsfläche in flächengleiche Stücke (Abb. 104e), so erhält man infolge der zusätzlichen Verteilung der Horizontalkräfte bei verschiedenen Pfahlneigungen niemals eine gleichmäßige Beanspruchung aller Pfähle. Wenn man daher das Spannungstrapez zum Entwurf verwendet, dann sollte man das stets nur in der Form der Abb. 104d tun. Völlig abzulehnen ist auch bei Nachrechnungen die Verteilung der Horizontalkräfte, wie sie in Abb. 102b unter 1 dargestellt ist. Der eine Zugpfahl erhält hiernach bei gleicher Neigung dieselbe Beanspruchung wie die sämtlichen schrägen Druckpfähle zusammen! Der Unterschied gegen die richtige Anwendung des Kraftecks in Abb. 102b unter 2 ist schon bei dem einfachen Pfahlsystem des Beispiels bedeutend.

Da das Verfahren nach Culmann bei mehr als drei Pfählen nur ein angenähertes Verfahren ist, gilt bezüglich der ermittelten Aufteilung des Pfahlsystems dasselbe, was über das Spannungstrapez gesagt wurde. Für die Wahl der Systemart sollte man beide Verfahren nicht zu gering einschätzen, da es häufig besser ist, danach zu arbeiten, als völlig frei das erste Pfahlsystem anzunehmen. Für statisch unbestimmte Bauwerke erhält man überschläglich die günstigste Lage der benötigten Zug- und Druckpfähle und vermeidet Wiederholungen des umfangreichen Rechnungsvorganges nach der Elastizitätslehre. Über die Abweichungen der Ergebnisse der Näherungsverfahren gibt die Tabelle 7 Auskunft.

Tabelle 7. Zusammenstellung der Pfahllasten S in t nach verschiedenen Annäherungsverfahren für das System der Abb. 102.

Pfahl	a) Culmann (Momentenverfahren)	b) Spannungstrapez		c) Aufteilung des Überbaues (Spannungsrechteck)
		1	2	
1	+ 30,0	+ 30,0	+ 30,0	+ 30,0
2	+ 29,0	+ 40,1	+ 23,1	+ 23,5
3	+ 29,0	+ 23,8	+ 34,9	+ 34,5
4	− 23,0	− 29,8	− 23,0	− 20,6

Die Berechnung nach der Elastizitätslehre. Die erste Verbesserung gegenüber der früher meist angewandten angenäherten Berechnung nach dem Spannungstrapez beruhte darauf, an Stelle des Schwerpunktes des rechteckigen Mauerquerschnittes den Schwerpunkt eines aus Pfählen bestehenden unterbrochenen Querschnittes zu setzen[1]. Man erhielt damit eine genaue Verteilung der senkrechten Kräfte auf die Pfähle, war aber bezüglich der Verteilung der waagerechten Kräfte (siehe Einwand 1 gegen das Spannungstrapez — S. 170) auf das bisherige willkürliche Verfahren angewiesen. Das Verfahren wurde dann auf der gleichen Grundlage weiter entwickelt und auch für die Verteilung der waagerecht angreifenden Kräfte nutzbar gemacht, so daß es innerhalb seiner Voraussetzungen heute als einwandfrei gelten kann.

Voraussetzungen für sämtliche nachfolgend beschriebenen Berechnungsarten nach dem elastischen Verfahren sind folgende:

Sowohl der Aufbau des Pfahlrostes als auch der Boden, auf dem die Pfähle nur an ihrer Spitze abgestützt gedacht sind, sind starre Gebilde, lediglich die Pfähle selbst erhalten elastische Längenänderungen. Die Tatsache, daß die Pfähle

[1] Jakobi, E.: Öst. Wschr. öffentl. Baudienst 1909 S. 340; Jb. Ges. Bauingenieurwes. 1925 S. 42; s. auch F. W. O. Schulze: Seehafenbau. Bd. II S. 201. Berlin 1913. In der zweiten genannten Quelle findet sich eine Berechnung für die Verteilung einer horizontalen Kraft auf Pfahlböcke, bei der aber nur die Horizontalbewegung des Pfahlkopfes berücksichtigt wird. Die Methode ist ferner erläutert in O. Franzius: Der Grundbau. S. 244. Berlin 1927. — Mügge, C.: Beiträge zur zeichnerischen Lösung technischer Rechnungsaufgaben. Dissert. Hannover 1906.

mitunter ihre Kraft nicht lediglich durch den Spitzendruck, sondern auch durch die Umfangsreibung auf den Boden übertragen, kann durch eine Verkürzung der rechnerischen Pfahllänge berücksichtigt werden. Nimmt man beispielsweise die Verteilung der Bodenreibung längs des Pfahles als dreieckförmig an, so greift die Resultierende dieses Dreiecks in $^2/_3$ der Pfahllänge an. Man kann also diesen Kraftangriff ersetzen durch eine Spitzenauflagerung in $^2/_3$ der Pfahllänge. Ebenso kann die elastische Einsenkung des Pfahles in den Boden durch Vergrößerung der rechnerischen Pfahllänge berücksichtigt werden. Entsteht nämlich aus dem Senkungsdiagramm der Probebelastung eine Senkung s unter der Pfahllast P, so ergibt sich ein Zusatz an Länge von

$$\Delta L = \frac{E \cdot F \cdot s}{P} = \frac{E}{C},$$

wenn $C = \frac{q}{s} = \frac{P}{F s}$ die Senkungsziffer des Pfahles ist.

Die Annahme der elastischen Formänderung des Baustoffes der einzelnen Pfähle und der Unverschieblichkeit der Pfahlspitzen ist nur dann gerechtfertigt, wenn die Pfahlspitzen auf felsigem Untergrund stehen würden. In allen anderen Fällen wird sich die elastische Formänderung des Baustoffes mit dem elastischen Verhalten des Untergrundes vereinigen. Sie zu trennen ist bislang nicht möglich gewesen. Wir müssen daher die Annahme treffen, daß das elastische Verhalten des Untergrundes sich ebenfalls an allen Stellen einheitlich nach dem Hookschen Gesetz vollzieht. Voraussetzung ist hierbei, daß die Pfähle bis zu dem gleichen elastischen Verhalten in den Baugrund eingetrieben werden.

Die andere Bedingung, daß der Aufbau des Pfahlrostes als starr angesehen werden kann, ist bei massiven Körpern immer, jedoch bei Eisenbetonkonstruktionen nur bis zu einem bedingten Grade erfüllt. Man wird sich davor hüten müssen, allzu nachgiebig konstruierte Eisenbetonplatten für solche Pfahlroste zu verwenden, die nach dem elastischen Verfahren berechnet werden, da dann Abweichungen in der Beanspruchung der Pfähle auftreten können.

Die Größen, welche bei den Untersuchungen nach dem elastischen Verfahren auftreten, sind folgende:

Der Systemnullpunkt ist derjenige Punkt, durch den alle diejenigen angreifenden Kräfte gehen, welche den gesamten Pfahlrost nur verschieben, aber nicht drehen. Er ist daher der Momentenpunkt, auf den die äußere Kraft bezogen werden muß, um dasjenige Moment zu erhalten, welches die Drehung des Pfahlrostes hervorruft.

Die Lage des Systemnullpunktes wird von folgenden Faktoren beeinflußt:

der Neigung der Pfähle α,

dem Abstand der Pfähle voneinander und von der Bauwerksvorderkante x,

dem Querschnitt der Pfähle F,

dem Elastizitätsmaß der Pfähle E,

den Auflagerbedingungen der Pfähle im Bauwerk und im Untergrund (gelenkige Lagerung oder Einspannung) und

der rechnerischen Länge der Pfähle L, die, wie erwähnt, die Elastizität des Baustoffes und die Nachgiebigkeit des Untergrundes berücksichtigt.

Der Systemnullpunkt ist zugleich der Nullpunkt eines Koordinatensystems, das als die Hauptachsen des Pfahlrostes bezeichnet wird. Diese beiden zueinander senkrechten Richtungen haben die Eigenschaft, daß eine Parallelverschiebung in ihnen eine Kraft in ihrer eigenen Richtung erzeugt. Sie sind außerdem die Hauptträgheitsachsen des Pfahlsystems. Der Nullpunkt wird dadurch gefunden, daß man die Kräfte R' und R'' ermittelt, die eine senkrechte bzw. eine waagerechte Verschiebung des Pfahlrostes um 1 hervorrufen. Die Kräfte R' und R'' schneiden sich im Systemnullpunkt und sind im allgemeinen schräg geneigt, verlaufen also nicht in der Richtung der von ihnen hervorgerufenen Verschiebung des gesamten Systems. Das Trägheitsmoment eines Pfahlrostes bezogen auf den Nullpunkt ist die Summe der mit dem Quadrat ihrer Abstände von dem Bezugspunkt multiplizierten elastischen Pfahlkräfte $\frac{E \cdot F}{L}$. Das Entsprechende gilt für das Trägheitsmoment auf eine Achse.

Während die bisher genannten Größen lediglich von dem System des Pfahlrostes abhängen, also unabhängig von der äußeren Belastung sind, treten folgende Größen im Zusammenhang mit der äußeren Belastung auf:

Der Drehpunkt des Pfahlrostes ist zu unterscheiden von dem Systemnullpunkt. Er würde mit ihm nur dann zusammenfallen, wenn der Pfahlrost lediglich durch ein Moment belastet würde. Im allgemeinen wird aber die Resultierende der äußeren Belastung in zwei Komponenten in Richtung von R' und R'' zerlegt werden können und ein Moment um den Nullpunkt besitzen. Der Nullpunkt ist nicht der Drehpunkt des Systems, da die Verschiebungen in senkrechter und waagerechter Richtung infolge der Komponenten in Richtung von R' und R'' als Drehung um unendlich ferne Punkte aufgefaßt werden können und die „Drehung" der drei Größen R', R'' und M zusammengesetzt eine Drehung um einen neuen Punkt, eben den Drehpunkt der jeweiligen Belastung ergeben.

Belastet man einen Pfahlrost im Nullpunkt mit einer senkrechten Kraft $V = 1$, so werden die senkrechten Komponenten der infolge dieser Belastung entstehenden Pfahlkräfte mit C_V bezeichnet. Entsprechendes gilt von einer waagerechten Belastung mit $H = 1$ und einer Momentenbelastung von $M = 1$. Auch hier werden die senkrechten Komponenten der Pfahlkräfte mit C_H bzw. C_M bezeichnet. Sie stellen Einflußzahlen dar und brauchen nur mit dem Betrag der entsprechenden Komponente der äußeren Belastung und dem $\cos\alpha$ der Pfahlneigung multipliziert zu werden, um die wirkliche Pfahllast anzugeben.

Außer den genannten Größen kann man noch die wirklich eintretenden Verschiebungen des gesamten Pfahlrostes und die dadurch entstehenden Längenänderungen der einzelnen Pfähle unter einer gegebenen äußeren Belastung ermitteln.

Die nachstehend beschriebenen Berechnungsverfahren unterscheiden sich hauptsächlich dadurch, daß in ihnen das Endziel, die Berechnung der auf den einzelnen Pfahl wirkenden Kräfte auf verschiedenen Wegen erreicht wird, d. h. daß die Pfahllast teilweise durch Errechnung der wirklichen Verschiebungen des Pfahlrostes, teilweise durch Berechnung des Systemnullpunktes usw. bestimmt wird.

Genau auseinanderzuhalten sind die Berechnungen für Systeme mit nur einer Pfahlrichtung und mit mehreren Pfahlrichtungen. Dabei sei zunächst nur von gelenkig gelagerten Pfählen die Rede. Für eine Pfahlrichtung und ein ebenes Pfahlsystem wurden die ersten elastischen Verfahren aufgestellt, die die S. 175 erwähnten Verbesserungen des Spannungstrapezes darstellen. Sie gelten für eine senkrecht angreifende Kraft. Das Problem wurde von Jakobi[1] und Mügge[1] in gleicher Weise angefaßt und gelöst. Die etwa auftretenden waagerechten Kräfte müssen jedoch nach den bisherigen Verfahren verteilt werden. Für ein räumliches Pfahlsystem, bei dem nur eine Pfahlrichtung vorherrscht und außerdem die angreifenden Kräfte in der gleichen Richtung liegen, hat Gullander[2] die Berechnung angegeben.

Beim Vorhandensein mehrerer Pfahlrichtungen, beliebiger Richtungen der angreifenden äußeren Kräfte und eines ebenen Systems ist zwischen mehreren Verfahren zu unterscheiden. Zunächst seien diejenigen angegeben, die sämtlich von der Berechnung des Systemnullpunktes Gebrauch machen. In der Schlußgleichung werden die Pfahlkräfte als Funktion der senkrechten (V) und waagerechten (H) Komponente der angreifenden Kräfte sowie des Momentes (M) derselben um den Nullpunkt dargestellt.

Nökkentved[3] bezieht dabei die Berechnung auf ein frei gewähltes einfach gelagertes Koordinatensystem, während bei Ostenfeld[4] der Systemnullpunkt Koordinatenursprung ist, im übrigen die Koordinaten aber ebenfalls willkürlich gelegt sind. Die Verfahren sind diejenigen, deren Rechnungen am einfachsten durchzuführen sind, ohne daß die Genauigkeit der Ergebnisse infolge von Vereinfachungen darunter leidet. Beide Verfasser haben es verstanden, durch geschickte Wahl der Rechnungsansätze von vornherein die mathematische Entwicklung knapp und übersichtlich zu halten. Die Endformel ist die gleiche, nur mit dem Unterschied, daß bei Nökkentved die Berechnung auf ein Achsenkreuz bezogen wird, dessen rechter oberer Quadrant positiv ($+x$, $+y$) ist, während bei Ostenfeld der linke obere Quadrant positiv ($+x$, $+y$) angenommen wird. Das Ergebnis der Berechnung von Ostenfeld weicht außerdem dadurch ab, daß nach Ermittlung des Nullpunktes auch noch die Berechnung des Drehpunktes für die gegebene Belastung und damit der wirklichen Bewegung der Pfahlköpfe in der Ableitung vorgesehen ist.

Die Gleichungen von Wünsch[5] ergeben dasselbe Bild, nur mit dem Unterschied, daß die Berechnung auf die Hauptachsen als Koordinatensystem abgestellt ist. Dadurch werden zwar die Endformeln für die Pfahlkräfte vereinfacht, aber es müssen vorher die Pfahlrichtungen auf die schrägen Hauptachsen bezogen werden. Die hierbei entstehende zusätzliche Rechenarbeit macht die Ersparnis in der Schlußformel zunichte. Weiter liegt bei Wünsch darin eine Einschränkung, daß seine Formeln nur für Systeme mit konstantem Elastizitätsmaß E und gleichem Querschnitt F aller Pfähle gelten.

Im Unterschied zu den drei angeführten Verfahren werden die Pfahlkräfte als Funktion der Komponenten der angreifenden Kräfte in Richtung der Verschiebungskräfte R' und R'' sowie des Momentes um den Nullpunkt bei Gullander[2] dargestellt. Als Koordinatensysteme gelten die Hauptachsen. Eine Abweichung gegenüber den Ansätzen von Ostenfeld-Nökkentved liegt außer-

[1] A. a. O.

[2] Gullander, P.: Theorie der Pfahlgründungen. Bautechn. 1928 S. 818.

[3] Nökkentved, C.: Berechnung von Pfahlrosten. Berlin 1928. — Beregning of Paelevaerker. Kopenhagen 1924.

[4] Ostenfeld, A.: Berechnung von Pfahlrosten. Beton u. Eisen 1922 S. 21, 30 — Tekn. T. Kopenhagen 1921 Nr. 1.

[5] Wünsch, H.: Statische Berechnung der Pfahlsysteme. Stuttgart 1927.

dem darin, daß bei Gullander damit gerechnet wird, daß die Pfähle auch Kräfte senkrecht zur eigenen Achse aufzunehmen vermögen. Diese Seitenkräfte können von einem gelenkig gelagerten Pfahlsystem nur dann getragen werden, wenn eine Einbettung der Pfähle in den Erdboden vorausgesetzt wird. Sie haben also vorwiegend Bedeutung bei niedrigen Pfahlrosten. Die Berechnungen sind allerdings etwas willkürlich, weil das Verhältnis der Größen der Seitenkräfte zu denen der senkrechten Pfahlbelastungen angenommen werden muß. Die Endformeln sind außer den bei der Besprechung des Verfahrens von Wünsch dargelegten Gründen für den praktischen Gebrauch weniger geeignet, weil die äußeren Kräfte statt in die Richtung von V und H in die Richtung von R' und R'' zerlegt und die Endformeln nicht auf den Wert $R' = 1$ und $R'' = 1$ entsprechend $V = 1$ und $H = 1$, sondern auf den wirklich ermittelten Wert von R' und R'' bezogen werden.

Ebenfalls als Funktion der Zerlegung der äußeren Kräfte in Richtung von R' und R'', jedoch zuzüglich der vorher auf graphischem Wege ermittelten Längenänderungen der Pfähle werden die Pfahlkräfte von Joachim Schultze[1] entwickelt. Die Schlußformeln sind verhältnismäßig einfach, jedoch wird durch die vorhergehende Ermittlung der Verschiebung eine besondere zeichnerische oder rechnerische Arbeit erforderlich.

Völlig auf zeichnerischem Wege wird die Bestimmung der Pfahlkräfte von Labutin[2] vorgenommen. Diese Methode ist die zeichnerische Auswertung der von Nökkentved aufgestellten Beziehungen und enthält alle Nachteile, die zeichnerische Verfahren gegenüber rechnerischen aufweisen. Aus diesem Grunde bin ich nicht für die Anwendung dieses Verfahrens. Als Vorteil könnte angeführt werden, daß die Ermittlung der Pfahlkräfte mit Hilfe von Einflußlinien geschieht. Jedoch hat Hedde[3] auf Grund der Ansätze von Nökkentved dasselbe ohne Inanspruchnahme zeichnerischer Mittel erreicht. Indessen läßt sich das Verfahren von Hedde nach Labutin in folgender Weise umgestalten, um an Stelle von zwei Einflußlinien (eine für die Horizontal- und eine für die Vertikalkomponente der äußeren Belastung) eine einzige zu erhalten: Man bestimmt den Pol des Pfahles. Seine Koordinaten sind durch die Nullpunkte der beiden bei einer Drehung um 90° einander parallelen Einflußlinien für H und V gegeben. Sämtliche angreifenden Kräfte, die durch diesen Punkt (Pol) gehen, erzeugen die Kräfte Null in dem zugehörigen Pfahl; sämtliche angreifenden Kräfte, die einen um diesen Punkt geschlagenen Kreis berühren, erzeugen gleich große Pfahlkräfte. Es genügt daher eine einzige Einflußlinie durch den Pol des Pfahles, wenn man die gegebene Resultierende um diesen Pol dreht, bis sie senkrecht zur Einflußlinie steht. Da beide Einflußlinien für H und V in dem obigen Sinne parallel sind, kann hier sowohl die Einflußlinie für H als auch für V benutzt werden. Will man viele Belastungszustände untersuchen, so ist die Berechnung des Poles und die Drehung der Belastungsresultierenden oft einfacher als die Zerlegung in eine senkrechte und waagerechte Komponente.

[1] Schultze, Joachim: Pfahlrostberechnung. Zbl. Bauverw. 1926 S. 469.

[2] Labutin, A.: Die graphische Berechnung von Pfahlrosten für Kaimauern. Riga 1933.

[3] Hedde, P.: Einflußlinien zur statischen Untersuchung der Grundbauwerke. Bauing. 1929 S. 1.

Eine leicht durchzuführende Art der zeichnerischen Untersuchung ohne Bestimmung des Nullpunktes stammt von H. M. Wertergaard[1], die in Abb. 105 wiedergegeben sei. Der Rechnungsgang ist folgender: Annahme eines Dreh-

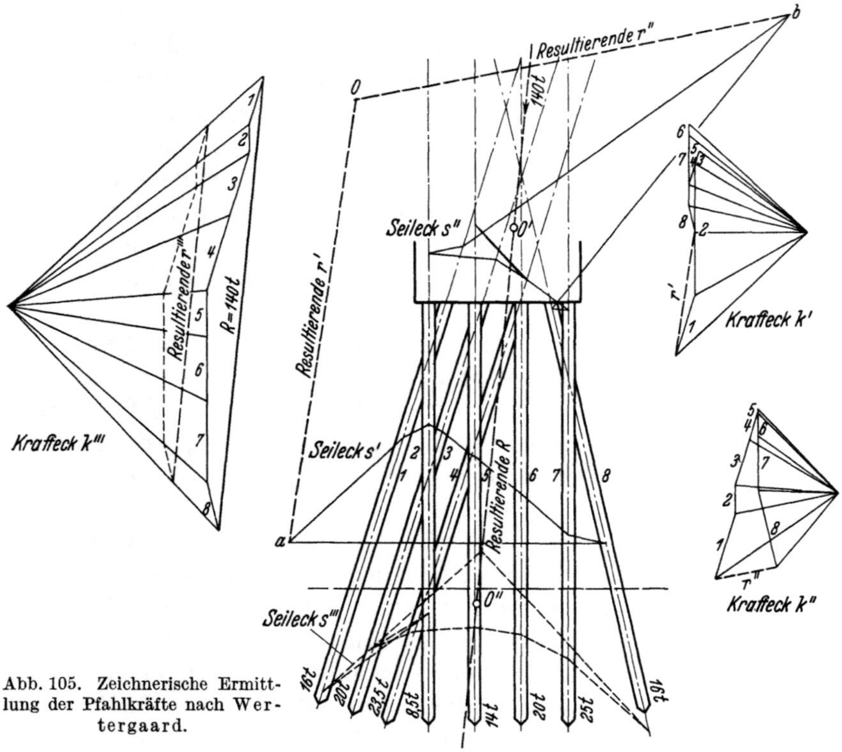

Abb. 105. Zeichnerische Ermittlung der Pfahlkräfte nach Wertergaard.

Drehpunkt	Pfahlkräfte							
O'	S_1'	S_2'	S_3'	S_4'	S_5'	S_6'	S_7'	S_8'
	+39	+79,5	+8,2	−22,3	+36,6	−6,4	−4,3	−16,4
O''	S_1''	S_2''	S_3''	S_4''	S_5''	S_6''	S_7''	S_8''
	+105	+45	+74,5	+4,4	+2,14	−40,6	−83,5	−123
O	S_1'''	S_2'''	S_3'''	S_4'''	S_5'''	S_6'''	S_7'''	S_8'''
	126	67,5	156	187	110	153	196	126
Endgültige Pfahlkräfte in t	S_1	S_2	S_3	S_4	S_5	S_6	S_7	S_8
	16	8,5	20	23,5	14	20	25	16

punktes O' über der Pfahlrostebene auf der Resultierenden R. Berechnung der Pfahlkräfte S' für diesen Drehpunkt

$$S' = \frac{y' \varphi E F}{L},$$

wo y' = Abstand der Pfahlachse vom Drehpunkt O', φ gesetzt = 0,01 Bogenmaß, E = Elastizitätsmaß, F = Querschnitt des Pfahles, L = wirkliche Pfahl-

[1] Veröffentlicht in A. C. Dean: Piles and pile driving. London 1935. S. 197.

länge. Zeichnen des Kraftecks für S' und des zugehörigen Seilecks. Parallele durch den Schnittpunkt des Seilecks zur Schlußlinie des Kraftecks. Annahme eines zweiten Drehpunktes O'' in der Nähe der Pfahlspitzenebene ebenfalls auf der Resultierenden R. Wiederholung des Verfahrens für diesen Punkt mit dem Ergebnis: Parallele durch den Punkt b des Seilecks zur Schlußlinie des Kraftecks. Die Parallelen durch a und b schneiden sich im wirklichen Drehpunkt O. Wiederholung des Verfahrens für O. Man erhält im Krafteck Pfahlkräfte, die den vorhandenen proportional sind und kann sie in der angegebenen Weise umzeichnen. Kontrolle: die Resultierende des letzten Kraftecks muß gleich und parallel der Resultierenden der äußeren Kräfte sein.

Ohne Bestimmung des Systemnullpunktes arbeitet Krey[1]. Die Pfahlkräfte werden als Funktion der errechneten wirklichen Verschiebungen des Systems betrachtet. Die Verschiebungen werden wiederum als Funktionen der senkrechten und waagerechten Komponente der angreifenden Kräfte und des Momentes dieser Kraft um die Vorderkante des Pfahlrostes dargestellt. Das Verfahren ist sehr umständlich, da man für die Berechnung der wirklichen Verschiebungen des Systems drei Gleichungen mit drei Unbekannten erhält, die schwierig zu lösen sind. Außerdem müssen noch in einem zweiten Rechnungsgang die einzelnen Pfahlkräfte bestimmt werden.

Ähnlich lautet der Ansatz von Franx[2], der in einfachen Fällen sowohl die Verschiebungen als auch die Pfahllasten in Abhängigkeit von den äußeren Kräften darstellt. Die zulässige Belastung eines Pfahlrostes wird nach der zulässigen Bewegung derselben festgesetzt.

Während die bisherigen Berechnungsarten sämtlich nur für ebene Pfahlsysteme Geltung hatten, also in erster Linie für Stützbauwerke bei Geländesprüngen in Frage kommen, haben einige Verfasser die Berechnung von Pfahlsystemen bei Vorhandensein mehrerer Pfahlrichtungen auch auf räumliche Systeme angewandt. Mit der Beschränkung auf einfach symmetrische Pfahlroste entwickelt Gullander unter den gleichen Voraussetzungen wie beim ebenen Pfahlrost Berechnungsformeln. Unter einfach-symmetrischen Pfahlrosten werden solche Systeme verstanden, deren Pfähle zu einer Ebene symmetrisch sind.

Nökkentved entwickelt Berechnungsformeln für doppelt-symmetrische Pfahlroste, das sind solche Pfahlroste, die symmetrisch zu zwei lotrechten aufeinander senkrecht stehenden Ebenen sind. Jedoch ist es nicht unbedingt nötig, daß der Pfahlrost zwei Symmetrieebenen hat. Die einzige Bedingung, die erfüllt sein muß, ist, daß je eine Kraft in zwei zueinander senkrecht stehenden Ebenen eine Bewegung in den gleichen Ebenen erzeugt. Die Behandlung solcher Pfahlroste ist verhältnismäßig einfach und wird in der auf S. 178 geschilderten Weise dargestellt. Nökkentved hat außerdem in der dänischen Ausgabe seines Buches die Theorie für räumliche Pfahlroste mit beliebiger Pfahlstellung entwickelt.

Die Auflagerbedingung für die Pfähle, die bisher den verschiedenen Berechnungsweisen zugrunde gelegt war, war eine doppelte freie Auflagerung. Einige Verfasser haben jedoch auch für den Fall einseitiger oder doppelseitiger Ein-

[1] Krey, H. D.: Erddruck, Erdwiderstand und Tragfähigkeit des Baugrundes. Berlin 1932. S. 162.

[2] Franx: De berekning van ein paalfundeering. De Ing. 1928 S. B189.

spannung Formeln angegeben. So finden sich bei Nökkentved Angaben über Pfahlroste mit oben gelenkig gelagerten Pfählen, die im Boden eingespannt sind, und zwar sowohl für ebene als auch für doppelt-symmetrische Pfahlroste. Auch das zeichnerische Verfahren von Labutin läßt sich auf diese Auflagerbedingung anwenden. Für den selteneren Fall oben eingespannter Pfähle, die unten gelenkig gelagert sind, finden sich die Formeln bei Wünsch entwickelt. Schließlich bringen sowohl Nökkentved (dieser auch wieder für doppelt-symmetrische Pfahlroste) als auch Wünsch und Labutin die Ableitung für oben und unten eingespannte Pfähle, während Gullander unter der Voraussetzung, daß die Pfähle konstanten Querschnitt haben, die Berechnung für ebene und einfach symmetrische Pfahlroste durchführt.

Aus dieser Übersicht der Berechnungsmethoden sind folgende Schlüsse zu ziehen:

Sämtliche Berechnungsarten, ausgenommen diejenigen für Systeme mit nur einer Pfahlrichtung (Jakobi, Mügge), müssen dieselben Ergebnisse liefern, da ihre Ableitung unter den gleichen Voraussetzungen vorgenommen ist, wenn man von kleinen Unterschieden absieht, wie z. B., daß bei Wünsch E und F der Pfähle gleich sein muß. Abweichungen in der Größe der ermittelten Pfahlkräfte können daher nur auf Ungenauigkeiten der Berechnung oder Zeichnung zurückzuführen sein. Die Darstellung der Pfahllast in Abhängigkeit von den Komponenten H, V und M ist für die Berechnung am einfachsten. Daher ist die vorherige Bestimmung des Systemnullpunktes praktisch. Alle anderen Ansätze sind umständlicher. Bei Benutzung des Nullpunktes ist ein frei wählbares Koordinatensystem für die Rechnung zweckmäßiger (Nökkentved) als die Benutzung der Hauptachsen des Pfahlrostes (Wünsch), da hier die Winkel der Pfahlrichtungen errechnet werden müssen.

Um eine Übereinstimmung der elastischen Berechnung von statisch unbestimmten Pfahlrosten herbeizuführen, empfehle ich nur das Verfahren in der Form von Nökkentved anzuwenden. Die Näherungsverfahren sollten sich auf das Spannungstrapez mit Krafteck und Culmann beschränken (vgl. S. 169).

Die Berechnungsarten, die nur für eine einzige Pfahlrichtung gelten (Jakobi, Mügge), dürfen auch nur bei Vorhandensein einer Pfahlrichtung angewandt werden. Bei mehreren Pfahlrichtungen liefern sie falsche Werte, da die horizontale Kraft willkürlich verteilt werden muß.

Aus dem auf S. 170 Gesagten ist ferner die Folgerung zu ziehen, daß eine gleichmäßige Ausnutzung des Pfahlrostes mit mehr als drei Pfählen nur dann möglich ist, wenn kein Moment um den Nullpunkt auftritt. Durch die im Nullpunkt angreifenden V- und H-Kräfte werden die Pfähle gleicher Neigung stets gleich, durch das Moment aber ungleich belastet. Die Bedingung $M = 0$ ist aber noch nicht hinreichend für die gleichmäßige Belastung aller Pfähle. Der Pfahlrost muß z. B. bei drei Pfahlneigungen außerdem nach dem Momentenverfahren entworfen sein.

Da meist mehrere Belastungszustände zu berücksichtigen sind, wird man den Nullpunkt so zwischen die verschiedenen Resultierenden legen, daß die Momente gering werden. Die ent- oder belastende Wirkung der Momente auszunutzen, hat nur dann Sinn, wenn die dadurch erzielten Ersparnisse, z. B. an

Pfahlrostbreite, die ungleichmäßige Ausnutzung der Pfähle gleicher Neigung wieder wettmachen.

3. Welchen Einfluß üben folgende Größen auf die Ermittlung der Pfahlkräfte aus? (Sämtliche im folgenden aufgeführten Einflüsse, mit Ausnahme der Elastizität der Rostplatte, werden von den Verfahren nach Ostenfeld-Nökkentved, Gullander, Joachim Schultze, Labutin, Krey berücksichtigt, während die übrigen Verfahren, wie Wünsch, Jakobi und Mügge einzelne Vereinfachungen vornehmen und die Näherungsverfahren außer der Anordnung der Spundwand, der Neigung und dem Abstand der Pfähle voneinander alles andere vernachlässigen.)

Die Länge der Pfähle. Nur große Unterschiede bei den Pfahllängen beeinflussen nachhaltig die Rechnung. Deshalb spielen Ungenauigkeiten der rechnerischen gegenüber den wirklichen Pfahllängen, die infolge der natürlichen Bodenbeschaffenheit unvermeidlich sind, keine bedeutende Rolle.

Der Querschnitt der Pfähle. Der Querschnitt der Pfähle wird bei Stahl und Eisenbeton immer derselbe, bei Holz verschieden sein, so daß im letzteren Fall die Pfahlkräfte mit wachsendem Querschnitt zunehmen.

Der Abstand der Pfähle voneinander und von der Vorderkante des massiven Aufbaues, die Neigung der Pfähle. Neigung und Abstand der Pfähle sind dem Aufbau der Formeln entsprechend von grundlegender Bedeutung, da sie die Lage des Systemnullpunktes wesentlich mit bestimmen (vgl. auch S. 193).

Der Baustoff der Pfähle. Wenn der Baustoff der Pfähle oder der tragenden Spundwand verschieden ist, werden dadurch erhebliche Abweichungen eintreten. Ein langer Stahlpfahl zeigt dasselbe Verhalten wie ein kürzerer Holz- oder Eisenbetonpfahl. Vergleicht man einen Holzpfahl Φ 37, einen Eisenbetonpfahl 34/34 und einen Stahlpfahl I 24, so müßte der Eisenbetonpfahl 1,7- und der Stahlpfahl 2,5mal so lang als der Holzpfahl sein, um bei gleicher Last P die gleiche Längenänderung ΔL zu erhalten.

Die Elastizität der Rostplatte. Bei der Berechnung von Pfahlrosten nach der Elastizitätslehre geht man von der Voraussetzung aus, daß der Mauerkörper bzw. dessen Rostplatte ein starrer Körper ist. Ist dies nicht der Fall, so versagen die angegebenen Berechnungsverfahren und man ist auf eigene Überlegungen angewiesen, da die Berechnung mit Hilfe der elastischen Formänderung mit elastischer Rostplatte, soweit mir bekannt, bisher noch von keiner Seite aufgestellt worden ist. Es handelt sich dabei allerdings um sehr verwickelte Beziehungen der elastischen Auswirkungen zwischen Aufbau und Pfahlsystem, deren Lösung nicht gerade einfach sein dürfte. Es wäre aber wertvoll, diese Fragen einmal näher betrachtet zu sehen, schon um festzustellen, wieweit das bisherige Verfahren als Näherung bei elastischem Aufbau angewendet werden kann. Man hat bei der Berücksichtigung der Einspannung von Pfählen festgestellt, daß eine Veränderung der Auflagerbedingungen der Pfähle nur eine geringe Auswirkung auf die Pfahllasten hat, und es müßte sich herausstellen, wieweit bei einer elastischen Rostplatte die Belastungen wesentlich von denen abweichen, die man bei der bisherigen Voraussetzung eines starren Körpers erzielt.

Nachdem aber der Eisenbeton den weichen verzimmerten hölzernen Pfahlrost ohne Betonüberdeckung verdrängt hat, kann die Rostplatte entweder eine genügend starke Bemessung erhalten oder durch Anordnung von Rippen zu einem nahezu starren Körper gemacht werden, so daß sich die Voraussetzungen der Berechnung erfüllen lassen.

Die Auflagerung der Pfähle in Rostplatte und im Boden. Die Auflagerung der Pfähle in Boden und Rostplatte übt, wie die Vergleichsrechnungen später zeigen, nur einen ganz geringen Einfluß aus.

Die Anordnung und Auflagerung der Spundwand. Anders verhält es sich mit der Spundwand. Hier ist von vornherein zu entscheiden, ob sie als tragende Konstruktion wirken soll oder nicht. Im letzteren Fall ist aber auch während der Ausführung und in der Konstruktion darauf Rücksicht zu nehmen und die Spundwand verschieblich zu lagern. Der Fall, sie nach Fertigstellung und Hinterfüllung des Bauwerkes als tragende Konstruktion heranzuziehen, ist in der Berechnung zu berücksichtigen. Im allgemeinen wird man bei starker waagerechter Beanspruchung der Spundwand auf sie als tragenden Teil verzichten.

4. Welche Änderung in den Annahmen unter 3 kann durch die Bauausführung eintreten und wie wirkt sie sich aus? Für denjenigen, der aus eigenem Erleben heraus mit der Praxis vertraut ist, ergibt sich, daß wir die in Berechnung und Entwurf eingesetzten Werte der aufgezählten Faktoren bei der Beschaffung der Baustoffe und bei dem immerhin rohen Bauvorgang in den weitaus meisten Fällen nicht gewährleisten können. Man muß sich daher von dem Bild, das auf dem Reißbrett entsteht, loslösen und an dessen Stelle das in der Natur entstehende Bauwerk mit seinen Unregelmäßigkeiten setzen.

Wir haben es in den seltensten Fällen mit Bauwerken zu tun, die gleiche Lage und gleiche Längen der Pfähle aufzuweisen haben. In vielen Fällen begnügt man sich damit, statt der rechnerischen entweder nur die freie oder die gesamte Länge der Pfähle und unter weiterer Vereinfachung für alle Pfähle die gleiche Länge einzusetzen. Wenn man auch versucht sein könnte, diesen Ansatz zu verteidigen, so ist er doch aus dem früher angeführten Grunde einer sauberen Rechnung abzulehnen, obwohl, wie in Tabelle 8, in Spalte 7, wo zum Vergleich mit gleichen Pfahllängen gerechnet wurde, zu sehen ist, die Ergebnisse nur wenig voneinander abweichen.

Bei der Verwendung des Baustoffes Stahl und Eisenbeton ist die Einhaltung des Querschnittes der Pfähle überall gewährleistet, während er bei dem Baustoff Holz Schwankungen unterworfen ist. Wenn man aus dieser Erkenntnis heraus bei der Berechnung auch für die höheren Pfahlkräfte die größeren und für die übrigen die kleineren Durchmesser in Ansatz bringen wird, so bleiben trotzdem Schwankungen innerhalb dieser Gruppen im Durchmesser bis zu durchschnittlich 5% bestehen. Da man mit dem natürlichen Anfall des Holzes aus dem Walde rechnen muß, wird kein Ingenieur bei Rundholzlieferungen genaue Einhaltung der rechnungsmäßigen Durchmesser verlangen und damit erhebliche Kosten aufwenden. Es kommt hinzu, daß man die Pfähle nach praktischen Gesichtspunkten hinsichtlich Längen und Durchmesser lagern wird, um eine Vereinfachung der Bauausführung zu erreichen, und daher keine völlig freie Auswahl beim Rammen mehr hat (Abb. 106). Die dadurch gegenüber der Berechnung eintretenden Fehler in der Belastung der Pfähle werden in der Regel nicht zu einer Überbeanspruchung der Pfähle führen, jedoch muß sich jeder verantwortliche Ingenieur über die mögliche Größe der Abweichungen von der Berechnung Klarheit verschaffen.

Einstellung des Mäklers der Ramme, Bewegung des Rammwagens, Exzentrizität der Rammschläge, Hindernisse und ungleichmäßige Beschaffenheit des Baugrundes, Anwendung des Spülverfahrens sind die Ursachen, die den Abstand der Pfähle voneinander und ihre Neigung erheblich beeinflussen können. Gewiß kann dadurch das Berechnungsergebnis sich entsprechend verschieben, aber auch hier muß man von der Erkenntnis ausgehen, daß derartige Abstands- und Neigungsänderungen nicht regelmäßig auftreten, sondern sich über das gesamte Bauwerk in der unregelmäßigsten Form erstrecken und dadurch ein an-

Abb. 106. Lagerung von Rammpfählen.

nähernder Ausgleich erzielt werden wird. In allen diesen Fällen müssen wir uns mit der Unvollkommenheit eines Grundbauwerkes abfinden.

Der Fall, daß mit verschiedenem Elastizitätsmaß der Pfähle zu rechnen ist, wird außer bei nachträglichen Bauwerksverstärkungen nur bei der gleichzeitigen Anwendung von tragenden Spundwänden aus anderem Baustoff in Frage kommen. Verwendet man beispielsweise einen hölzernen Pfahlrost und eine Stahlspundwand, so kann man entweder dafür Sorge tragen, daß die Stahlspundwand mit dem vom Holz abweichenden Elastizitätsmaß von einer Beanspruchung in senkrechter Richtung freigehalten wird, oder man muß die Spundwand in dem Standsicherheitsnachweis berücksichtigen. Sie wird dann aber in den meisten Fällen überlastet werden, wenn man die Holzpfähle nicht vorbelastet und die Spundwand erst nach teilweiser oder ganzer Hinterfüllung tragend anschließt. Die Ausschaltung der Spundwand kann leicht durch einen dauernd verschieblichen Anschluß oder einen anfangs beweglichen und nach Setzung des Bauwerkes unverschieblichen Anschluß der Spundwand an das Bauwerk erreicht werden.

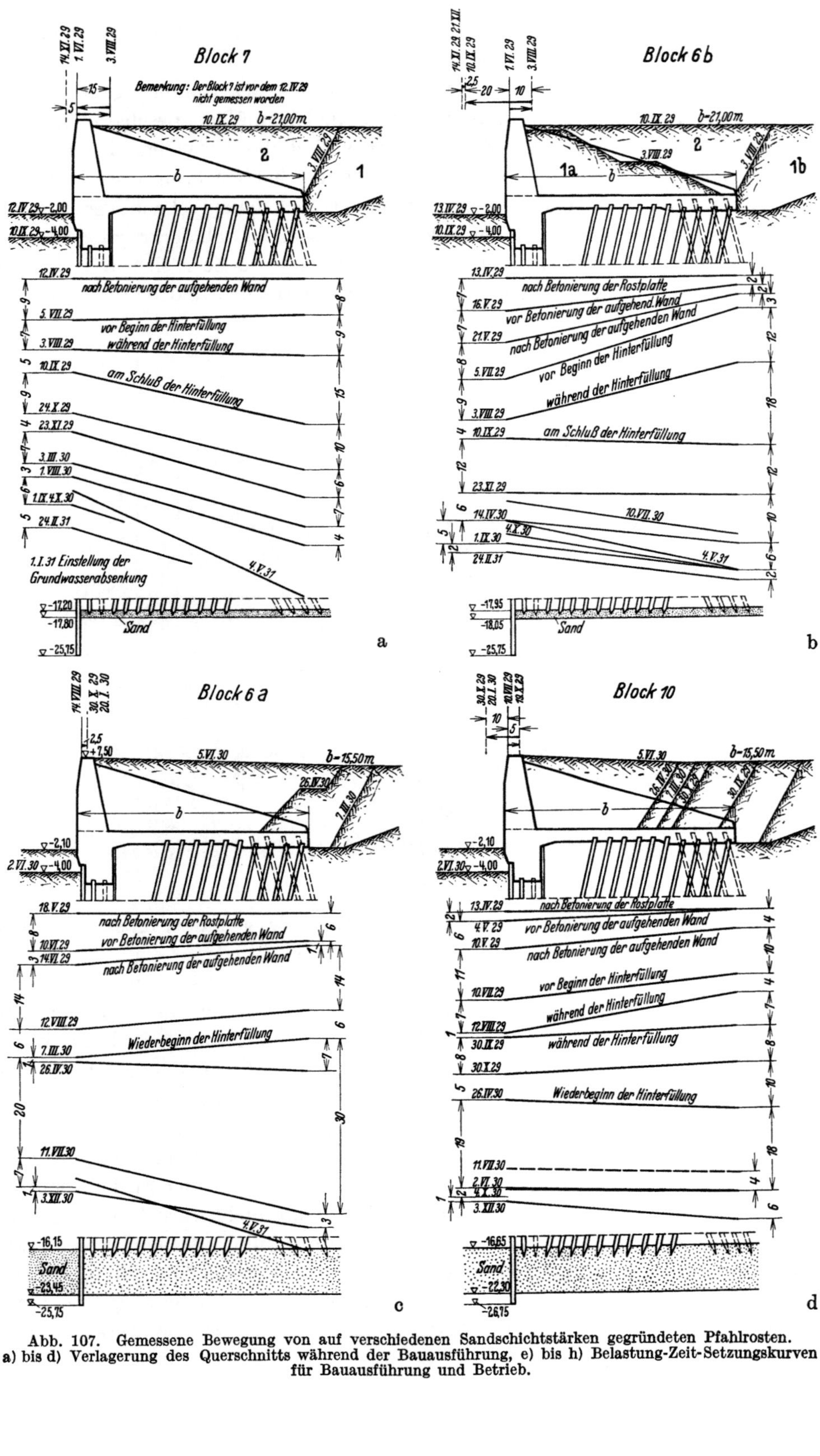

Abb. 107. Gemessene Bewegung von auf verschiedenen Sandschichtstärken gegründeten Pfahlrosten. a) bis d) Verlagerung des Querschnitts während der Bauausführung, e) bis h) Belastung-Zeit-Setzungskurven für Bauausführung und Betrieb.

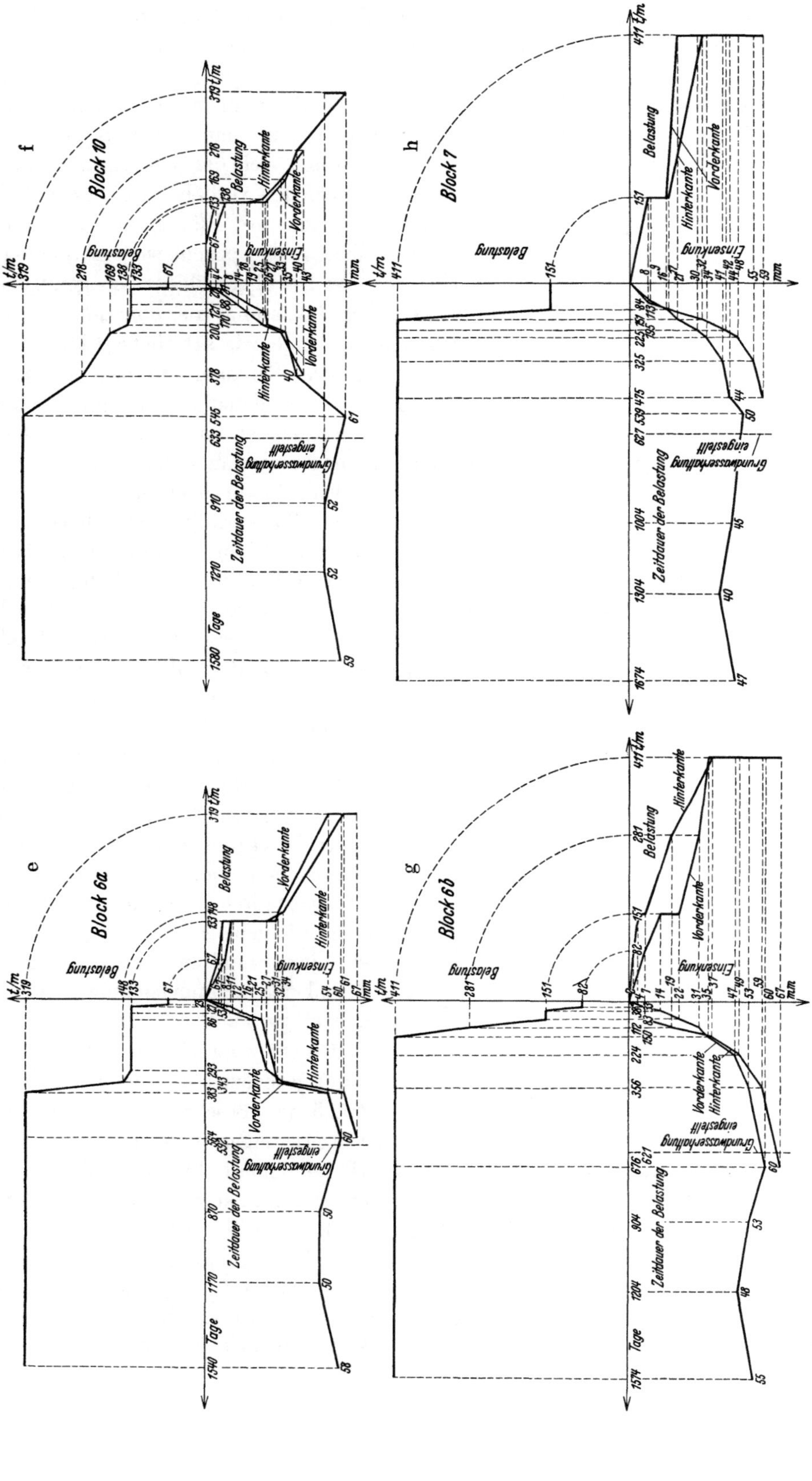

e
Block 6a
g
Block 6b
f
Block 10
h
Block 7
Belastung
Einsenkung
Vorderkante
Hinterkante
Grundwasserhaltung eingestellt
Zeitdauer der Belastung
Tage
t/m
mm

Abb. 107 e—h.

Grundsätzlich muß bei verschiedenem Elastizitätsmaß der tragenden Teile seine Berücksichtigung in der Rechnung gefordert werden, da sonst Überbeanspruchungen eintreten müssen.

Da wir aus der Praxis wissen, daß Pfähle nie bis zu einem gleich hohen Maß in den Untergrund eingerammt werden können, so muß man sich doch die Frage vorlegen: Was geschieht mit dem Pfahlrost, wenn sich der Untergrund unter den Pfählen verschieden verhält? In diesem Fall werden ein oder mehrere Pfähle, die über ihre Tragfähigkeit hinaus beansprucht werden, so lange nachgeben, bis die Nachbarpfähle einen genügend großen Teil der Belastung übernommen haben. Dies geschieht so lange, bis sämtliche Pfähle auf eine verhältnisgleiche Senkung hin belastet sind. Der Pfahlrost wird sich daher wie ein einheitlicher Körper verhalten, für den man in der gleichen Weise Senkungsdiagramme aufstellen kann wie für einen Einzelpfahl oder ein massiv gegründetes Bauwerk (vgl Abb. 107e, 126 bis 128 und 152e). Das gesamte Bauwerk kann Parallelverschiebungen und Drehungen durchmachen, so daß sich die Rostplatte schräg stellt. Die dadurch in der Rostplatte auftretenden Beanspruchungen können deren Zerstörung herbeiführen (vgl. Abb. 111).

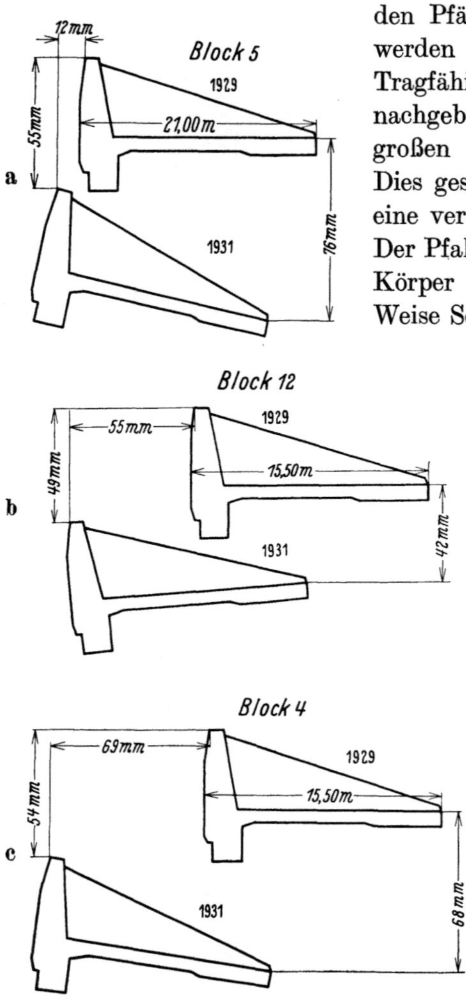

Abb. 108. Bewegung verschiedener Baublocks einer Stützmauer auf Pfählen.

Die Nachprüfung eines weiteren fertigen Stützbauwerkes zeigte ebenfalls, daß dieses in horizontaler und vertikaler Richtung Bewegungen erleidet, die ein erhebliches Maß ausmachen. Würden diese festgestellten Bewegungen nur von einzelnen Pfählen oder Pfahlgruppen herrühren, dann müßten diese Bauwerke auf Grund der rechnungsmäßigen Nachprüfung längst zu Bruch gegangen sein. Sie sind nicht zerstört und haben auch, wie herausgezogene Pfähle ergeben haben, nachträgliche Beschädigungen infolge dieser Bewegungen nicht erlitten.

Es zeigt sich also, daß ein Pfahlrostbauwerk, bei dem die Pfähle in der Längs- und Querrichtung in verhältnismäßig geringem Abstand stehen, in seinem Verhalten gewissermaßen als ein einheitlicher Block anzusehen ist.

Betrachtet man unter diesem Gesichtspunkt die Ergebnisse von Messungen an Pfahlroststützbauwerken, die durch bindigen Boden auf festgelagertem Sandboden gegründet sind, dessen Stärke zwischen rd. 1 m und rd. 8 m schwankt, und unter dem Tonboden in einer Mächtigkeit von über 20 m ansteht, so ergibt sich folgendes:

Einfluß der Stärke der Sandschicht (Abb. 107). Da bei gleicher Sandschichtstärke Schwankungen der Bewegungen auftreten, die von denen bei um das 2fache stärkeren Sandschichten kaum abweichen, kann von einer Zuordnung der Größe der Setzungen zu der Stärke der Sandschicht in dem vorliegenden Fall nicht gesprochen werden.

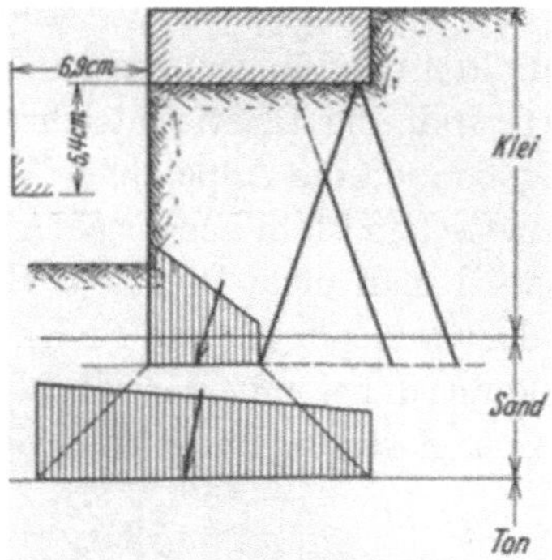

Abb. 109. Schematische Darstellung der Druckverteilung auf verschiedene Bodenschichten unter einem Pfahlrostbauwerk.

Einfluß des Bauvorganges (Abb. 107). Sämtliche Querschnitte zeigen hohe Empfindlichkeit gegen Belastungsänderungen. Bemerkenswert ist das Hochgehen des Mauerkörpers nach Einstellung der Grundwasserabsenkung, das auf die Schwellung des bindigen Bodens zurückzuführen ist.

Folgerungen für die Berechnung von Bauwerken. Betrachtet man ferner die in Abb. 108 aufgetragenen größten Bewegungen einzelner Pfahlrostbauwerke, so zeigt sich wiederum deutlich, wie innerhalb der ersten zwei Jahre die Stützbauwerke bei derartigen Untergrundverhältnissen starken Bewegungen in waagerechter und senkrechter Richtung unterworfen sind. Diese Bewegungen werden solange anhalten, bis der Gleichgewichtszustand des Untergrundes wiederhergestellt ist, und sind auf eine ähnliche Nachgiebigkeit des Untergrundes zurückzuführen, wie sie aus Abb. 107 zu ersehen ist. Nachprüfungen am Bauwerk haben keinen Anhaltspunkt dafür gegeben, daß an Pfählen, Spundwand und Mauerkörper dadurch Schäden aufgetreten sind. Beide Beispiele sind ein Beweis dafür, wie der gesamte Pfahlrost sich als Ganzes mit dem über der Tonschicht liegenden Sand gesetzt hat, und zwar infolge einer erhöhten Druckbelastung des Tones. Man wird also außer der Druckbeanspruchung des unter den Pfählen liegenden tragfähigen nichtbindigen Bodens vor allem die Belastung etwa darunterliegender bindiger Bodenschichten zu prüfen haben (Abb. 109). Häufig kann trotz der unter 45° angenommenen Verteilung des Bodendruckes eine tiefer liegende bindige Bodenschicht im Verhältnis zu ihrer Tragfähigkeit stärker beansprucht werden als die nichtbindige Schicht unmittelbar unter den Pfählen.

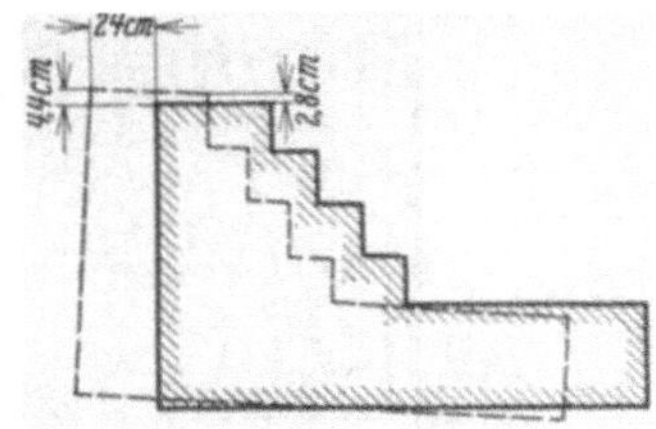

Abb. 110. Gemessene Bewegung einer Ufermauer.

Abb. 111. Risse in einer Rostplatte.

Anders verhält es sich mit Abb. 110, wo der Mauerkörper nur anfangs die Bewegung infolge Nachgebens der Pfähle so durchgeführt hat, daß keine Verletzung der Konstruktion erfolgt ist. Bei einer um 50% größeren Bewegung war jedoch die Grenze der Elastizität des Bauwerks erreicht. Pfähle und Rostplatte sind gebrochen (Abb. 111).

Es ist daher bei der Anwendung der Elastizitätslehre das mechanische Verhalten des Baugrundes von dem der Pfähle getrennt zu untersuchen. Irgendein Grund, die Elastizitätslehre für Pfahlroste nicht zu verwenden, ist nicht gegeben, da die Anpassungsfähigkeit infolge des verschiedenen Ansatzes der rechnerischen Pfahllängen sehr groß ist. Bei den bodenmechanischen Untersuchungen wird man nicht von dem Einzelpfahl, sondern dem von den Pfählen und dem dazwischenliegenden Boden gebildeten Gesamtkörper ausgehen müssen. Man kann dabei mit denselben Methoden arbeiten, die im nächsten Abschnitt bei den massiven Bauwerken erörtert werden.

α) Ergebnis der Versuchsrechnungen.

Um die Auswirkung verschiedener Berechnungsweisen von Pfahlrosten nachzuprüfen, sind einige Pfahlsysteme als Beispiele danach durchgerechnet worden

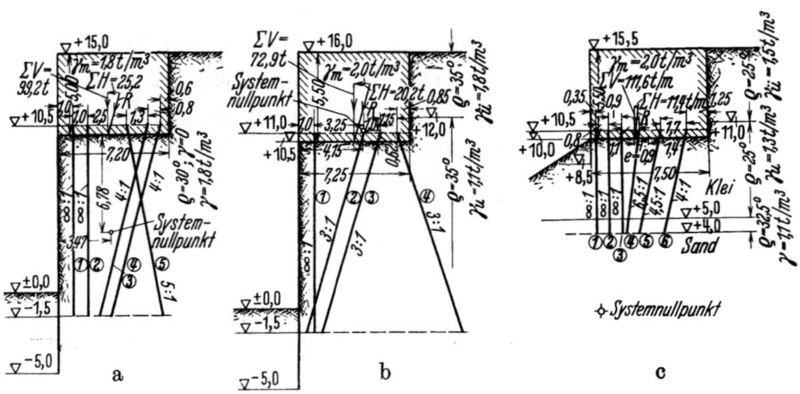

Abb. 112. Pfahlsysteme der Versuchsrechnungen.

(Abb. 103 und 112). Die in den Tabellen 8 bis 10 zusammengestellten Werte lassen erkennen, daß die im Vorangegangenen behaupteten Unterschiede bzw. Übereinstimmungen wirklich vorhanden sind. Dabei sind für die Verfahren: Spannungstrapez, Jakobi mit H und Mügge mit H die H-Kräfte gemäß Abb. 102 b_2 verteilt im Gegensatz zu der früheren Gepflogenheit, die waagerechten Kräfte gemäß Abb. 102 b_1 zu zerlegen. Nur im ersteren Fall wird $\Sigma H = \Sigma S \sin\alpha$. Wertet man die in den einzelnen Tabellen zusammengetragenen Werte gegeneinander aus, so ergibt sich folgendes[1]:

Aus Tabelle 8 und 9 lassen sich die Übereinstimmungen zwischen den Verfahren 4 (Jakobi) und 5 (Mügge) einerseits und 6 (Nökkentved) und 7 (Wünsch) andererseits klar ablesen. Daß die Verfahren 1 (Krafteck) und 2 (Culmann) in Tabelle 8 keine gleichen Pfahlkräfte ergeben, liegt daran, daß das gewählte System nicht auf Grund der zum Krafteck gehörigen Momentengleichung, sondern

[1] Eine einfache Übersicht über die Abweichungen der einzelnen Berechnungsverfahren erhält man dadurch, daß man die ermittelten Pfahlkräfte wie in Abb. 102 bis 104 in Kraftecken aufträgt. Durch Übereinanderlegen der beispielsweise für das Spannungstrapez, das Culmann- und das elastische Verfahren erhaltenen Kraftecke läßt sich sehr übersichtlich die Größe der Näherung der ersteren Verfahren feststellen. Auch die Unterschiede zwischen Spannungstrapez und Culmannverfahren treten bei dieser Auftragung deutlich hervor.

auf Grund anderer Überlegungen entworfen ist. In einem solchen Fall wird das Krafteck zu einer völlig willkürlichen Berechnungsart. Die Pfahlkräfte 1 und 2 sind frei gewählt. Dagegen gibt das Verfahren von Culmann einen genaueren Nachweis, da es sich auf das tatsächlich vorhandene System bezieht. In Tabelle 9 wurde das System nach der Momentengleichung entworfen und muß daher mit der Nachrechnung nach Culmann übereinstimmen. Das Verfahren 3 (Spannungstrapez) weicht erheblich sowohl in den Druck- als auch in den Zugpfählen ab. Das ist darauf zurückzuführen, daß die senkrechten Pfahlkräfte entsprechend der Aufteilung des Spannungstrapezes, die man durch den Abstand der Pfähle erhält, also nicht gleichmäßig innerhalb einer Pfahlneigung, und die H-Kräfte proportional den V-Kräften auf die Schrägpfähle verteilt werden.

Tabelle 8. Zusammenstellung der Pfahllasten $S \cdot \cos\alpha$ in t nach verschiedenen Berechnungsarten für das System der Abb. 103 und 1 m Tiefe.

Pfahl	1 Krafteck (ohne Momentengleichung)	2. Culmann	3. Spannungstrapez mit Krafteck	4. Jakobi a ohne H	4. Jakobi b mit H	5. Mügge a ohne H	5. Mügge b mit H	6. Nökentved (Ostenfeld)	7. Wünsch a ungleiche Pfahllänge	7. Wünsch b gleiche Pfahllänge
1	+41,5	+46,0	+28,9	+48,6	+48,6	+48,3	+48,3	+38,1	+36,3	+36,0
2	+41,5	+46,0	+60,0	+45,6	+45,6	+45,3	+45,3	+35,6	+34,1	+33,8
3	+28,8	+27,5	+58,2	+28,2	+28,2	+28,6	+28,6	+38,3	+37,9	+37,9
4	+28,8	+27,5	+16,5	+25,2	+25,2	+25,6	+25,6	+36,1	+35,8	+35,9
5	+28,8	+27,5	+16,1	+22,2	+22,2	+22,5	+22,6	+33,9	+33,7	+33,9
6	+28,8	+27,5	+15,7	+19,3	+19,3	+19,5	+19,5	+31,7	+31,7	+31,8
7	+28,8	+27,5	+15,3	+16,3	+16,3	+16,4	+16,4	+29,5	+29,7	+29,7
8	+28,8	+27,5	+38,6	+13,0	+55,8	+13,0	+56,5	+27,0	+27,4	+27,4
9	+28,8	+27,5	+34,8	+ 9,7	+41,5	+ 9,5	+40,8	+24,6	+25,0	+24,9
10	+28,8	+27,5	+33,8	+ 6,3	+27,2	+ 6,0	+26,6	+22,1	+22,7	+22,5
11	+28,8	+27,5	+30,8	+ 3,0	+13,0	+ 2,6	+ 9,6	+19,6	+20,4	+20,0
12	−18,4	−18,3	−22,4	+12,7	−30,0	+13,0	−30,4	−13,3	−13,0	−12,9
13	−18,4	−18,3	−19,8	+ 9,5	−22,4	+ 9,5	−21,8	−15,6	−15,3	−15,2
14	−18,4	−18,3	−19,1	+ 6,2	−14,4	+ 6,0	−14,4	−17,9	−17,5	−17,6
15	−18,4	−18,3	−17,1	+ 3,0	− 7,0	+ 2,6	− 4,6	−20,3	−19,7	−19,9

Vergleicht man das Verfahren 3 (Spannungstrapez) mit dem Verfahren 4b (Jakobi mit H), so erkennt man den Betrag der Verbesserung, die an dem Spannungstrapez infolge des Ansatzes von Jakobi dadurch entstanden ist, daß an Stelle der nur für gleichmäßige Unterstützung zutreffenden Verteilung eine Verteilung nach dem elastischen Verhalten der Pfähle vorgenommen ist. Bei den Verfahren 4 (Jakobi) und 5 (Mügge) zeigen die wesentlichen Unterschiede bei den Zugpfählen und den hinteren Druckpfählen auffallend, daß es grundsätzlich falsch ist, das H bei der Ermittlung der Pfahlkräfte willkürlich zu verteilen.

Aus der Tabelle 8 ersieht man noch das Ergebnis der Pfahlkräfte nach Wünsch für ungleiche und gleiche Pfahllängen, aus Tabelle 10 das gleiche für das Verfahren von Jakoby. Es zeigt deutlich, daß der dadurch eintretende Unterschied kaum ins Gewicht fällt. Allerdings muß bemerkt werden, daß bei dem vorliegenden Beispiel der Unterschied der Pfahllängen ebenfalls nur gering ist, wie aus der Zeichnung hervorgeht (Abb. 103).

Die Größe der Annäherung, die durch die ersten drei Verfahren der Tabellen 8 und 9 sowie durch die ersten beiden Verfahren der Tabelle 10 bzw. das erste Verfahren der Tabelle 11 gewonnen wird, ist veränderlich mit der Art der Systeme. Bei vorwiegend gleichmäßig verteilten Pfählen, wie sie das System der Tabelle 11 enthält und einer äußeren Kraft mit geringer Horizontalkomponente wird man mit dem Spannungstrapez eine gute Annäherung erzielen können. Bei den Systemen und Belastungen der Tabellen 8 und 9 ist dies nicht der Fall, so daß stärkere Abweichungen entstehen.

Tabelle 9. Zusammenstellung der Pfahllasten $S \cdot \cos\alpha$ in t nach verschiedenen Berechnungsarten für das System der Abb. 112a (Jochabstand 1 m).

Pfahl	1. Krafteck m. Momentgleichung (Entwurf)	2. Culmann (Nachrechnung)	3. Spannungstrapez	4. Jacoby		5. Mügge		6. Nökkentved (Ostenfeld)	7. Wünsch
				a ohne H	b mit H	a ohne H	b mit H		
1	+23,0	+23,0	+14,9	+16,7	+16,7	+16,2	+16,7	+25,7	+25,5
2	+23,0	+23,0	+16,3	+15,7	+15,7	+15,7	+15,7	+18,8	+19,4
3	+22,3	+22,3	+26,3	+10,7	+27,7	+10,7	+27,7	+25,4	+25,2
4	+22,3	+22,3	+27,6	+ 9,7	+26,7	+ 9,7	+26,7	+20,3	+20,1
5	−25,0	−25,0	−20,3	−12,1	−22,0	−12,1	−22,0	−25,0	−23,6

In der Tabelle 9 (Abb. 112a) wurde zum Unterschied gegen das System der Tabelle 8 die dritte Pfahlneigung und deren Angriffspunkt mit der Momentengleichung bestimmt, um theoretisch eine günstige Ausnutzung aller Pfähle zu erreichen. Wie man sieht, wird dieses Ergebnis auch durch das elastische Verfahren bestätigt.

Tabelle 10. Zusammenstellung der Pfahllasten $S \cdot \cos\alpha$ in t nach verschiedenen Berechnungsarten für das System der Abb. 112b.

Pfahl	1. Culmann	2. Spannungstrapez	3. Jakobi ungleiche Pfahllänge mit H	3. Jakobi gleiche Pfahllänge mit H	4. Mügge mit H	5. Nökkentved (Ostenfeld)	6. Schulze	7. Wünsch	8. Gullander	9. Krey
1	+16,5	+23,9	+24,6	+24,4	+24,4	+17,1	+17,2	+17,3	+18,6	+17,4
2	+29,5	+21,1	+18,0	+18,2	+18,2	+29,1	+28,7	+29,4	+27,7	+29,4
3	+29,5	+33,6	+36,8	+36,5	+36,5	+28,6	+28,2	+28,9	+30,2	+29,0
4	− 2,8	− 5,7	− 6,6	− 6,2	− 6,2	− 2,0	− 2,0	− 2,4	− 2,4	− 2,8

In der Tabelle 10 sind die Pfahlkräfte unter Hinzufügung der Rechnungsverfahren von Krey, Gullander und Schulze und unter Fortlassung des bei der Nachrechnung überflüssigen Krafteckverfahrens für ein drittes Pfahlsystem berechnet worden (vgl. Abb. 112b). Aus dieser Tabelle geht deutlich hervor, daß die Ergebnisse nach dem elastischen Verfahren außer nach Jakobi und Mügge nur um solche Beträge voneinander abweichen, die auf Rechnungsungenauigkeiten zurückzuführen sind.

Daß in der Tabelle 10 die Verfahren von Culmann und Nökkentved fast genau übereinstimmen, liegt daran, daß die beiden parallelen Schrägpfähle bei Culmann durch ihre Resultierende ziemlich genau erfaßt werden. Diese Übereinstimmung wird man immer feststellen können, wenn nur wenig mehr als drei Pfähle vorhanden sind, im Gegensatz zum Spannungstrapez, dessen Genauigkeit mit gleichmäßigerer Verteilung, also vielen Pfählen zunimmt.

In der Tabelle 11 sind die Pfahlkräfte eines Pfahlsystems berechnet worden, dessen Pfähle nicht allzu ungleichmäßig über den Pfahlrost verteilt sind (Abb. 112c). Hier sind nur zwei Verfahren, und zwar das Spannungstrapez und die Rechnung nach Nökkentved, miteinander verglichen. Es zeigt sich deutlich die Übereinstimmung beider Verfahren, die außer auf das System auch auf die geringe Horizontalkomponente zurückzuführen ist. Wird doch ein senkrechter Pfahl durch eine horizontale Kraft beim Spannungstrapezverfahren überhaupt nicht beansprucht, während er nach der elastischen Berechnungsmethode auch in diesem Fall mitbelastet wird.

Tabelle 11. Zusammenstellung der Pfahllasten $S \cdot \cos\alpha$ in t nach verschiedenen Berechnungsarten für das System der Abb. 112c.

Pfahl	Pfahlkraft in t		
	1. Berechnung mit Spannungstrapez	2. Berechnung nach Nökkentved a) frei aufgelagert	3. Berechnung nach Nökkentved b) beiderseitige Einspannung
1	34,4	34,3	34,5
2	34,4	34,3	34,5
3	34,4	34,3	34,5
4	34,6	34,7	34,5
5	34,4	34,5	34,2
6	34,4	34,3	34,1

Aus Tabelle 11 geht ferner hervor, daß durch die Berücksichtigung beiderseitiger Einspannung nur wenig an Genauigkeit gewonnen wird, so daß im Gegensatz zur Spundwandberechnung die Art der Auflagerung der Pfähle nur eine geringe Rolle spielt. Während man in den überwiegenden Fällen den Kopf der Pfähle nur als frei aufgelagert annehmen kann, da die Pfähle selten weit genug in das Bauwerk eingeführt werden, wird man in Wirklichkeit den unteren Teil der Pfähle je nach der Rammtiefe und der Art des Untergrundes als frei aufgelagert oder eingespannt betrachten können. Weitere ausgeführte Berechnungen bestätigen, daß die Rechnungsunterschiede zwischen beiderseitig frei aufgelagerten, beiderseitig eingespannten oder einseitig aufgelagerten und einseitig eingespannten Pfählen trotz der auftretenden Exzentrizität in der Belastung der Pfähle gering sind.

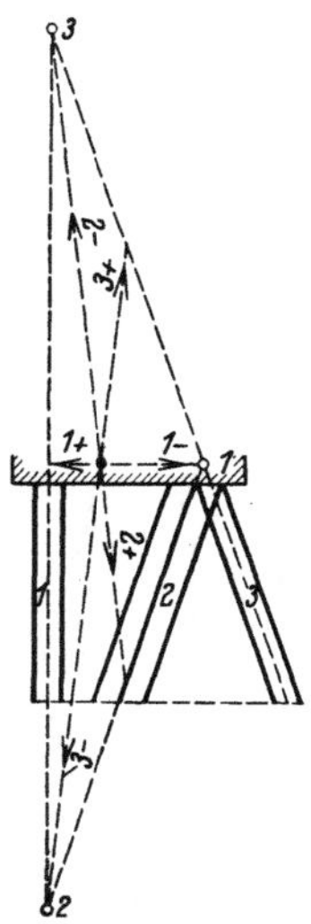

Abb. 113. Überschlägliche Bestimmung der Lage des Systemnullpunktes.

β) Lage des Systemnullpunktes.

Welche Folgerungen lassen sich aus den Berechnungsverfahren mit Hilfe der elastischen Formänderung für den Entwurf des Pfahlrostsystemes ableiten? Das Endziel ist, wie schon gesagt, eine möglichst gleichmäßige Beanspruchung sämtlicher Pfähle zu erhalten, wenn man die Pfahlkräfte aus den verschiedenen Belastungsfällen zusammenstellt. Um möglichst geringe Schwankungen der Pfahlkräfte infolge der einzelnen Belastungsfälle zu erhalten, wird man darauf sehen, den Nullpunkt des Pfahlrostes so zu legen, daß die Momente der verschiedenen Resultierenden um den Nullpunkt möglchst gering werden. Die Lage des Systemnullpunktes muß daher bestimmte Forderungen erfüllen. Dazu ist aber Voraussetzung, daß man sich über die Lage des Systemnullpunktes und seine voraussichtliche Verschiebung durch Änderung der Neigung und des Abstandes der Pfähle Klarheit verschafft.

Die Lage des Systemnullpunktes ist abhängig von der Lage der einzelnen Systemnullpunkte jeweils zweier Pfahlgruppen mit verschiedenen Neigungen.

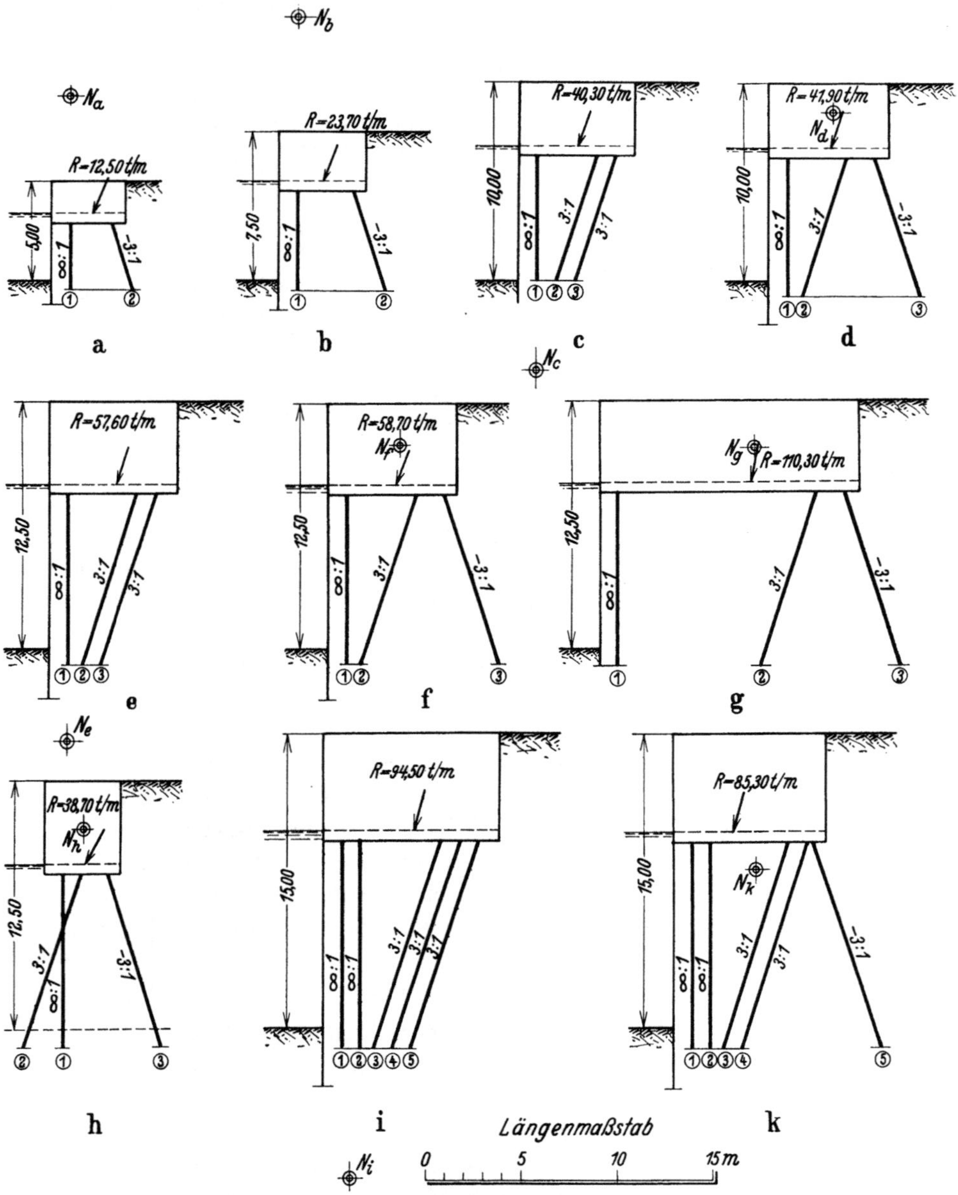

Abb. 114 a—k.

Für Pfahlroste mit nur zwei Neigungen ist nämlich der Systemnullpunkt der Schnittpunkt der Resultierenden dieser beiden Pfahlgruppen. Man kann daher die Fläche, innerhalb derer sich der Systemnullpunkt bei drei Pfahlrichtungen bewegen muß, dadurch festlegen, daß man den Systemnullpunkt für je zwei Pfahlrichtungen bestimmt. Innerhalb der drei auf diese Weise erhaltenen Teilsystemnullpunkte muß der gesamte Nullpunkt des Systems liegen, und zwar im Falle, daß sämtliche Pfahlgruppen gleiche Anzahl der Pfähle, gleiche Länge und gleichen Querschnitt der Pfähle besitzen, als Schwerpunkt dieser Fläche. Ist dies nicht der Fall, so verschiebt sich der Nullpunkt in den auf Abb. 113 an-

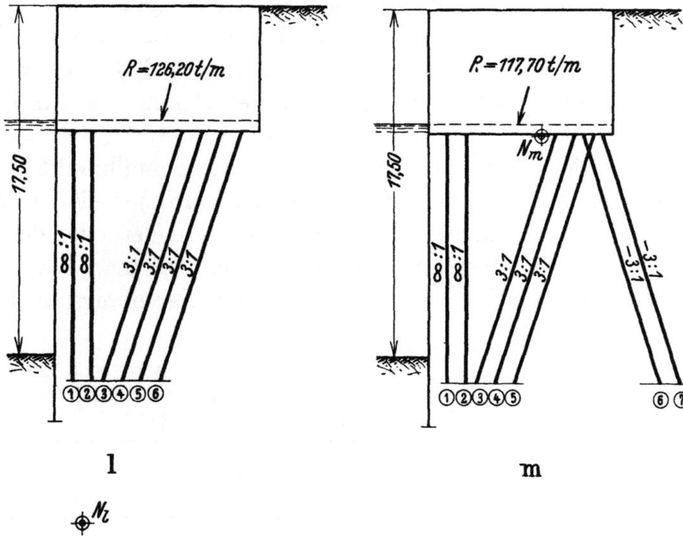

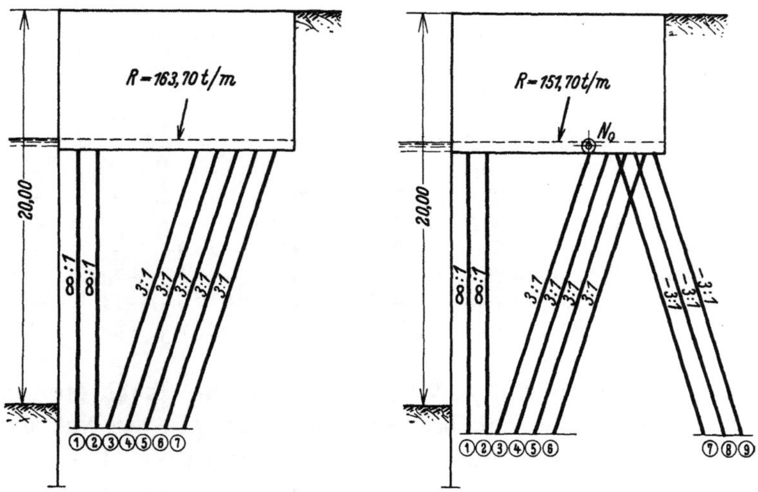

Abb. 114 l—o.

n o

Abb. 114a—o. Lage des Systemnullpunktes bei verschiedenen Pfahlsystemen und verschiedener Breite und Höhenlage des Pfahlrostes.

N_n

gegebenen Richtungen, worin 1+ bedeutet, daß die Pfahlgruppe 1 überwiegt, 1—, daß die Pfahlgruppe 1 schwächer ist als die übrigen usw. Der Wert oder das Gewicht der Eckpunkte ist näherungsweise durch die Anzahl der sich schneidenden Pfähle zu bestimmen.

Die Stärke einer Gruppe wächst mit der Anzahl und dem Querschnitt der Pfähle und nimmt ab mit der Länge der Pfähle.

Verfolgt man die Verschiebungen der einzelnen Teilnullpunkte und des Gesamtnullpunktes infolge der Veränderung des Abstandes und der Neigung der Pfähle, so kann man aus dieser Skizze von vornherein die Möglichkeiten zur Verschiebung des Nullpunktes in eine gewünschte Lage entnehmen und damit das Moment der äußeren Kraft in gewissen Grenzen regeln, ohne Höhenlage und Abmessungen des Pfahlrostes wesentlich verändern zu müssen. Aber auch wenn man diese Größen in stärkerem Maße verändert, läßt sich aus obigen Überlegungen vor Inangriffnahme der genauen Berechnung der Einfluß dieser Änderung erkennen.

Da das Moment der Resultierenden um den Systemnullpunkt die Pfahlbelastung sehr erheblich beeinflußt, ist es notwendig, sich jeweils zu überlegen, wie man durch die Veränderung der Lage der Resultierenden oder des Systemnullpunktes die Pfahlkraft günstig beeinflussen kann. Tut man das, so erspart man sich das zeitraubende Wiederholen des gesamten Rechnungsganges für die Ermittlung der Pfahllasten.

Tabelle 12. Beanspruchung von Pfählen bei verschiedenen Pfahlsystemen und verschiedener Höhe des Geländesprunges (vgl. Abb. 114).

System	Last $S\cos\alpha$ in t für den Pfahl Nr.								
	1	2	3	4	5	6	7	8	9
a	+27,2	— 15,9	—	—	—	—	—	—	—
b	+49,5	— 27,8	—	—	—	—	—	—	—
c	— 0,3	+ 79,6	—40,7	—	—	—	—	—	—
d	+10,2	+ 34,0	— 4,8	—	—	—	—	—	—
e	+ 0,32	+127,6	—72,1	—	—	—	—	—	—
f	+15,50	+ 47,8	— 7,8	—	—	—	—	—	—
g	+48,0	+ 58,0	+ 2,7	—	—	—	—	—	—
h	—11,2	+ 52,7	— 5,5	—	—	—	—	—	—
i	+11,1	+ 5,7	+29,4	+24,8	+20,2	—	—	—	—
k	+17,8	+ 16,5	+30,2	+29,0	—14,0	—	—	—	—
l	+30,9	— 1,7	+66,1	+38,0	+ 9,8	—18,3	—	—	—
m	+24,3	+ 22,5	+28,2	+26,7	+25,1	— 5,1	—7,6	—	—
n	+30,7	+ 16,8	+46,5	+34,5	+22,6	+10,5	—1,3	—	—
o	+31,4	+ 28,9	+28,5	+26,4	+24,4	+22,2	—2,0	—3,9	—8,0

In Abb. 114 sind die Nullpunktlagen verschiedener Pfahlrostsysteme dargestellt. Man sieht daraus, daß bei zwei Pfahlrichtungen der Nullpunkt u. U. tief unter (Abb. 114c, e, i, l, n) oder ziemlich hoch über (Abb. 114a, b) der Rostplatte liegen kann. Da die Resultierende der äußeren Kräfte die Rostplatte meist in der vorderen Hälfte schneidet, so entsteht bei diesen Lagen des Nullpunktes je nach der Neigung der Resultierenden ein mehr oder weniger großes Moment. Es ist der Grundsatz aufgestellt worden, daß der Systemnullpunkt möglichst in der Rostplattenhöhe und im vorderen Teil der Platte liegen soll, um das Moment gering zu halten. Das kann aber bei nur zwei Pfahlrichtungen nicht erreicht werden. Dagegen wird durch Einschalten einer dritten Pfahlrichtung als Zugpfahlgruppe ein Herabdrücken bzw. Hinaufschieben des Nullpunktes zur Rostplatte leicht ermöglicht (Abb. 114d, f, g, h, k, m, o). Dies dürfte ein großer Vorteil aller Pfahlroste mit Zugpfählen gegenüber solchen mit ausschließlich Druckpfählen sein.

Mehr als drei Pfahlneigungen sollten ohne zwingenden Grund nicht angewandt werden, da das statische Bild dadurch verwischt und auch die Bauausführung durch viele Pfahlneigungen nur erschwert wird. Das aus drei Richtungen bestehende Pfahlsystem dürfte für den gewöhnlichen Fall statisch, konstruktiv und bauausführungstechnisch allen Anforderungen genügen.

In der Abb. 114 und Tabelle 12 ist ferner für eine Reihe von Systemen die Beanspruchung der Pfähle ausgerechnet, und zwar wurden der Berechnung feste Abstufungen in der Höhe des Geländesprunges zugrunde gelegt. Man sieht aus der Tabelle, wie sich die Erhöhung der Belastung auf die verschiedenen Systeme auswirkt. Teilweise sind die dargestellten Anordnungen nur aus theoretischen Gründen gewählt, um das Wandern des Nullpunktes und die Beanspruchung der Pfähle deutlich zu zeigen. So wird man beispielsweise nicht einen Pfahlrost aus nur zwei Pfählen (Abb. 114a, b) konstruieren, auch wenn man mit einer tatsächlich vorhandenen Einspannung der Pfähle im Boden und im Mauerwerk rechnen sollte. Im übrigen sprechen die Ergebnisse der Tabelle für sich selbst.

γ) Berechnung tiefliegender Pfahlroste.

Die Voraussetzungen für die Berechnung eines Pfahlrostes nach der elastischen Methode sind am besten bei hohen und freistehenden Pfahlrosten erfüllt, während besonders bei niedrigen Pfahlrosten der Erdkörper selbst in starkem Maße als Träger herangezogen wird. Man berechnet daher die niedrigen Pfahlroste noch vorwiegend mit Hilfe des Spannungstrapezes und glaubt, dadurch den wirklichen Verhältnissen näherzukommen. Mit zunehmender Kenntnis des elastischen Verhaltens des Bodens bietet sich aber die Aussicht, die Berechnungsweise nach der elastischen Formänderung auch auf solche Pfahlroste anwenden zu können. Ist nämlich die sog. Bettungsziffer $C = \frac{q}{s}$, wobei q = Belastung des Bodens in kg/cm², s = Einsenkung der Last in cm in den Boden ist, bekannt, so kann man den Körper außer von den eigentlichen Pfählen mit bekanntem Elastizitätsmaß E zusätzlich noch von Erdpfählen getragen denken, indem man sich den Raum zwischen den wirklichen Pfählen in einzelne Säulen mit konstanten Grundflächen F (Prismen) aufteilt und jede dieser Grundflächen als Querschnitt eines Erdpfahles ansieht. Die Last, die von einem Erdpfahl getragen wird, ist dann $Q = C \cdot F \cdot s$. Der Last v bei Nökkentved entspricht die Last $v_E = C \cdot F$. Dieser v_E-Wert für die Erdpfähle ist den übrigen v-Werten zuzuzählen. Man erhält als Ergebnis die Belastung der wirklichen und der Erdpfähle. Durch Auftragung der von den einzelnen Erdpfählen übernommenen Last und Verteilung nach dem Spannungstrapez erhält man die Druckverteilung auf die Sohle des Bauwerkes. Werden vom Boden auch waagerechte Kräfte aufgenommen, so muß zwischen Mauerwerksunterkante und Boden eine Reibung $\operatorname{tg}\delta$ vorausgesetzt werden. Man kann in diesem Fall von schrägen Erdpfählen sprechen, die unter dem Winkel von höchstens $\alpha = 90° - \delta$ geneigt sind. Ist der Angriffswinkel der Resultierenden der äußeren Belastung kleiner, so ist dieser einzusetzen. Die Last, die von den einzelnen Erdpfählen aufgenommen wird, ergibt sich entweder angenähert zu $Q' = C \cdot F \cdot s \cdot \cos\alpha$, wenn man voraussetzt, daß C nur für eine senkrechte Belastung des Bodens gilt, oder genauer zu $Q'' = w \cdot F \cdot s$, wenn man annimmt, daß w eine allgemeine Zusammendrückungskonstante (Widerstandsziffer) des Bodens für einen beliebig gerichteten Kraftangriff ist. Es wird dann v_E entweder $v_E' = C \cdot F \cdot \cos^3\alpha$ bzw. $v_E'' = w \cdot F \cdot \cos^2\alpha$.

Dieser Gedankengang läßt sich auch anwenden, wenn nur Erdpfähle vorhanden sind, also bei der Berechnung der Bodendruckverteilung unter massiven Bauwerken mit starrer Sohle. Da hier sämtliche Erdpfähle das gleiche Elastizitätsmaß C haben, fällt dieses aus der Berechnung heraus, d. h. die Druckverteilung für einen Boden mit der Eigenschaft $Q = C \cdot s$ ist unabhängig von dessen Elastizität. Wie in Abschnitt III, 6 nachgewiesen wird, gelangt man bei Anwendung dieses Berechnungsverfahrens zu der gleichen Druckverteilung wie bei Benutzung des Spannungstrapezes. Treten waagerechte Kräfte auf, so wird die Verteilung derselben ebenfalls mit Hilfe des Spannungstrapezes zu bestimmen sein, da bei gleichbleibenden Reibungsbeiwerten die Größe der Reibung von der senkrechten Belastung des Bodens abhängig ist. Man erhält also die gleiche Art der Verteilung bei senkrechtem und waagerechtem Druck.

Die Schwierigkeit der Berechnung tiefliegender oder völlig in Erde eingebetteter Pfahlroste nach dem angedeuteten Verfahren beruht in dem Ansatz des Wertes C. Während bei bindigem Boden dieser Wert in hohem Maße von der Größe der Lastfläche abhängig ist, bewegt er sich bei sandigem Boden in den Grenzen von etwa i. M. 1 bis 15 kg/cm³. Die Grundlagen für die genaue Bestimmung dieses Wertes sind vorläufig noch sehr dürftig und man darf daher noch keine allzu großen Hoffnungen in die Berechnungen mit Berücksichtigung des C-Wertes setzen.

Eine weitere Schwierigkeit beruht darin, daß es unklar bleibt, welcher Anteil der waagerechten Kräfte durch die Pfähle und welcher Anteil durch den Boden aufgenommen wird. Die Kraft R'', die eine waagerechte Bewegung des Bauwerkes hervorruft, wird durch das Vorhandensein der Reibung geändert. Die Reibung wird immer voll auftreten, wenn eine waagerechte Bewegung vorhanden ist. Desgleichen wird dann aber auch die Länge der Schrägpfähle sich ändern. Das Verhältnis beider ist schwierig vorauszusagen. Man wird daher bei der Berechnung tiefliegender Pfahlroste den wirklichen Verhältnissen meist ferner bleiben als bei den hohen Pfahlrosten. Dafür ist eine genaue Untersuchung der Pfahlkräfte wegen des empfindlicheren und konstruktiv verwickelteren Systems bei den hohen Pfahlrosten aber auch von größerer Wichtigkeit.

Verfolgt man den Gedanken der Heranziehung des Bodens zwischen den Pfählen zur Aufnahme der Kräfte einmal theoretisch weiter, so lassen sich daraus Schlüsse ziehen über die Berechtigung der Ermittlung der Pfahlkräfte mittels des Spannungstrapezes bzw. nach dem elastischen Verfahren, da die Einführung der Erdpfähle einen Übergangszustand zwischen beiden Verfahren darstellt.

Um festzustellen, wie stark die Übertragung der Kräfte von der Fundamentplatte unmittelbar in den Boden den Pfahlrost entlastet, wurde ein Beispiel für verschiedene Bodenziffern C (5, 10, 15 kg/cm³) durchgerechnet, aus dem sich ergibt, daß die anteilige Belastung von Pfahlrost und Boden von der Bodenziffer C abhängig ist, und zwar in der Art, daß die Belastung des Bodens mit steigender C-Ziffer zu- und die des Pfahlrostes dementsprechend abnimmt (vgl. Abb. 115h). Ferner muß die Kraftübertragung auf die wirklichen Pfähle mit abnehmender Pfahllänge zunehmen, was sich ohne weiteres aus der Grundformel für die Pfahlkraft $\frac{E \cdot F}{L}$ ergibt. Um die Mitwirkung des Bodens anschaulich zu kennzeichnen, sind in Abb. 115a bis g für den untersuchten Pfahlrost die Erdpfähle durch Umrechnung des Elastizitätsmaßes in Holzpfähle gleicher Wirksamkeit verwandelt worden, und zwar so, daß bei gleicher Pfahlspitzenebene der jeweilige Querschnitt durch die Stärke der Pfähle übertrieben gekennzeichnet wurde[1]. Die Erdpfähle waren hierbei höchstens unter dem gleichen Winkel anzusetzen, wie die Resultierende der Außenbelastung, da der Winkel dieser Resultierenden kleiner als der Reibungswinkel $\delta = \varrho$ zwischen Sohle und Boden ist. Hinsichtlich der Anordnung der Erdpfähle kommt man der Wirklichkeit am nächsten, wenn man den vorhandenen gleichmäßig elastischen Erdkörper durch möglichst viele einzelne Erdpfähle ersetzt (Abb. 115h). Das vorliegende Beispiel zeigt, daß bei der gröbsten Art der Annäherung, nämlich dem Ersatz des schraffierten Erdkörpers durch einen einzigen Pfahl (Abb. 115b bis d) verhältnismäßig große Abweichungen von der besseren Annäherung, die mit dem Ersatz des Erdkörpers durch drei Pfähle (Abb. 115e bis g) vorgenommen wurde, zu verzeichnen waren. Das Ergebnis der Berechnungen ist in den beiden nebenstehenden Tabellen enthalten.

Tabelle 13. Pfahlrostberechnung mit einem Erdpfahl, Abb. 115a bis d.

Pfahl	Pfahlkraft ohne Berücksichtigung des Erdpfahles	Pfahlkräfte in t mit Berücksichtigung des Erdpfahles für $C =$		
		5 kg/cm³	10 kg/cm³	15 kg/cm³
1	+18,85	+ 6,80	+ 3,50	+ 2,30
E	—	+16,10	+20,45	+22,50
2	+38,00	+36,00	+35,60	+35,10
3	+36,90	+36,80	+36,70	+36,65
4	−12,05	−14,00	−14,65	−14,80

Tabelle 14. Pfahlrostberechnung mit drei Erdpfählen für das gleiche System, Abb. 115a, e bis g.

Pfahl	Pfahlkraft ohne Berücksichtigung der Erdpfähle	Pfahlkräfte in t mit Berücksichtigung der Erdpfähle für $C =$		
		5 kg/cm³	10 kg/cm³	15 kg/cm³
E_1	—	+ 3,55	+ 4,30	+ 3,85
1	+18,85	+ 8,50	+ 5,10	+ 3,10
E_2	—	+ 8,90	+11,30	+11,70
2	+38,00	+30,00	+25,30	+22,20
E_3	—	+13,80	+23,40	+29,75
3	+36,90	+30,00	+25,50	+22,60
4	−12,05	−13,30	−13,10	−11,85

Man sieht deutlich, daß mit zunehmendem C-Wert die Erdpfähle einen stärkeren Umfang erhalten und somit einen größeren Teil der äußeren Belastung übernehmen. Stellt man sich weiter vor, daß die Holzpfähle gleichmäßiger verteilt wären und in größerer Entfernung voneinander ständen, so wird ihr Einfluß auf die Festsetzung des Nullpunktes immer geringer. Die Erdpfähle greifen dann ziemlich symmetrisch an und halten den Nullpunkt in der Mitte des Querschnittes fest. Man erhält als Grenzfall das Spannungstrapez.

Aus diesen Überlegungen geht hervor, daß die Anwendung der Elastizitätslehre zur Berechnung der Belastung von Pfahlrosten für freistehende Systeme

[1] Die Abb. 115 gibt außerdem einen Überblick über die Abhängigkeit der Lage des Nullpunktes von dem Pfahlsystem. So zeigen Abb. 115b—d, daß die Wirkung eines zusätzlichen Pfahles an der bezeichneten Stelle je nach dessen Querschnitt sich in einer mehr oder weniger starken Verschiebung des Nullpunktes nach vorn und nach unten äußert. In stärkerem Maße ist dies bei drei Erdpfählen der Fall (Abb. 115e—g). Der Nullpunkt bewegt sich also gemäß Abb. 113 zu dem Punkt hin, in dem sich die meisten Pfahlrichtungen schneiden.

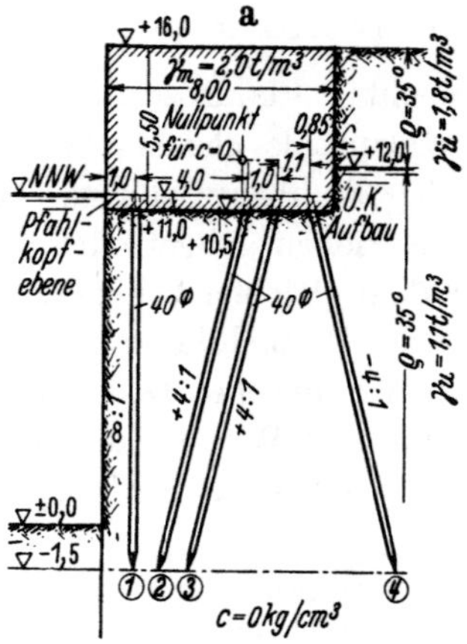

ohne Zweifel gegeben ist, daß sie aber zu unklaren Ergebnissen führen muß, sobald die Pfähle bis zur Rostplatte im Boden stehen. Dieses wird immer dann der Fall sein, wenn Bauwerke nach ihren freien Seiten hin durch Spundwände oder sonstige Konstruktionsteile abgeschlossen sind, und infolgedessen der zwischen den Pfählen verbleibende Boden sich noch in gewachsenem Zustand befindet. Voraussetzung für die Aufnahme von horizontalen und vertikalen Kräften durch den Boden ist allerdings eine genügend stark bemessene Abschlußwand, die unter dem gewöhnlichen Erddruck und der Auflast des Mauerkörpers nicht nach-

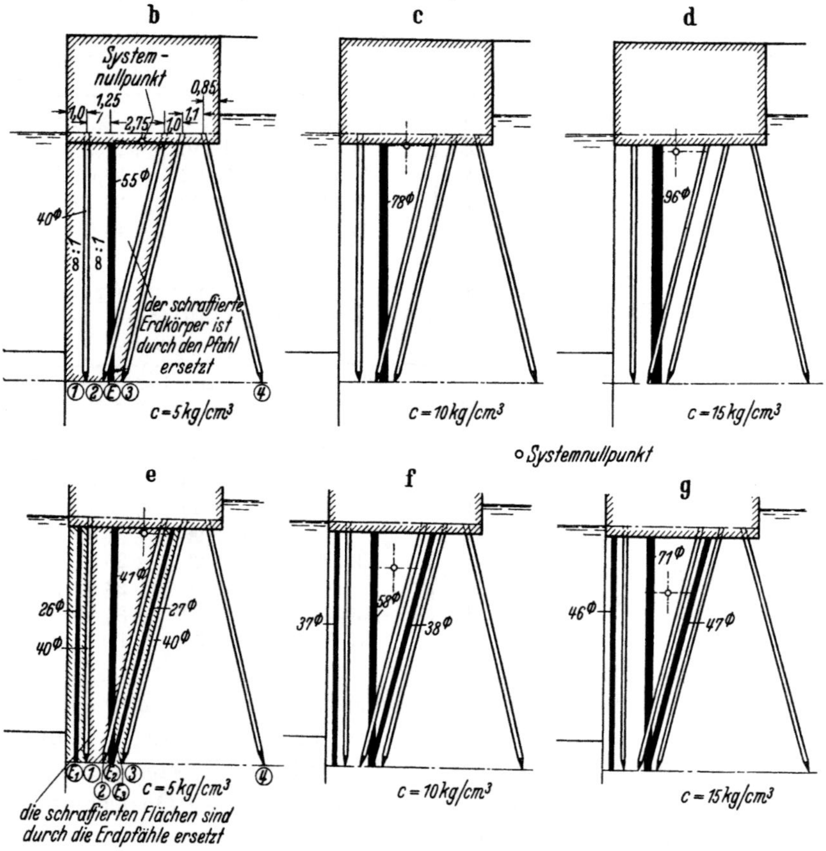

Abb. 115. Heranziehung des Bodens bei einem Pfahlrost Werte $C = 1{,}5$ und $10\ \mathrm{kg/cm^3}$.

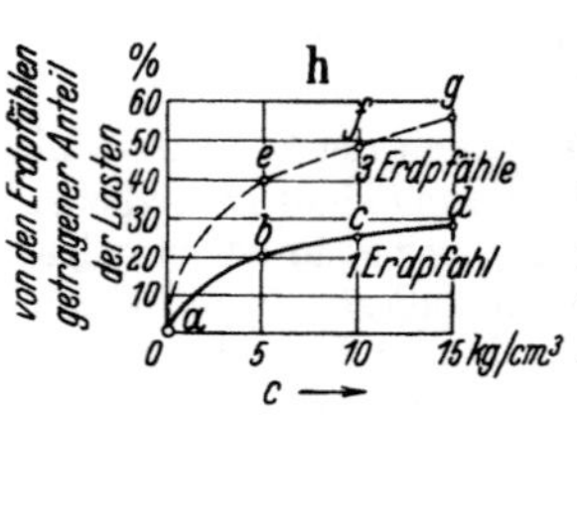

gibt. Eine starre Abschlußwand haben in dieser Beziehung die Stützmauern in Bremen und Bahia Blanka, die beide auf demselben System beruhen. Zwischen eisernen bzw. hölzernen Spundwänden ist eine 1,2 bis 2,0 m breite Betonwand unter Wasser geschüttet (Abb. 116)[1].

[1] Entnommen: Jb. hafenbautechn. Ges. 1919 S. 137.

Die Größe der Auflast, die für den Ansatz des Erddruckes auf die Pfahlrostspundwand zu berücksichtigen ist, ergibt sich aus der Belastung, die den Erdpfählen zufällt. Diese Einzellasten müssen in ein Flächenbelastungstrapez umgerechnet werden und stellen dann unmittelbar die zu berücksichtigende Auflast dar. Es ergibt sich daraus, daß die Beanspruchung der vorderen Spundwand ebenfalls mit zunehmender Bodenziffer C wächst. Voraussetzung für die Heranziehung von Erdpfählen ist die Tatsache, daß eine Übertragung der Kräfte in den Boden auch wirklich stattfinden kann.

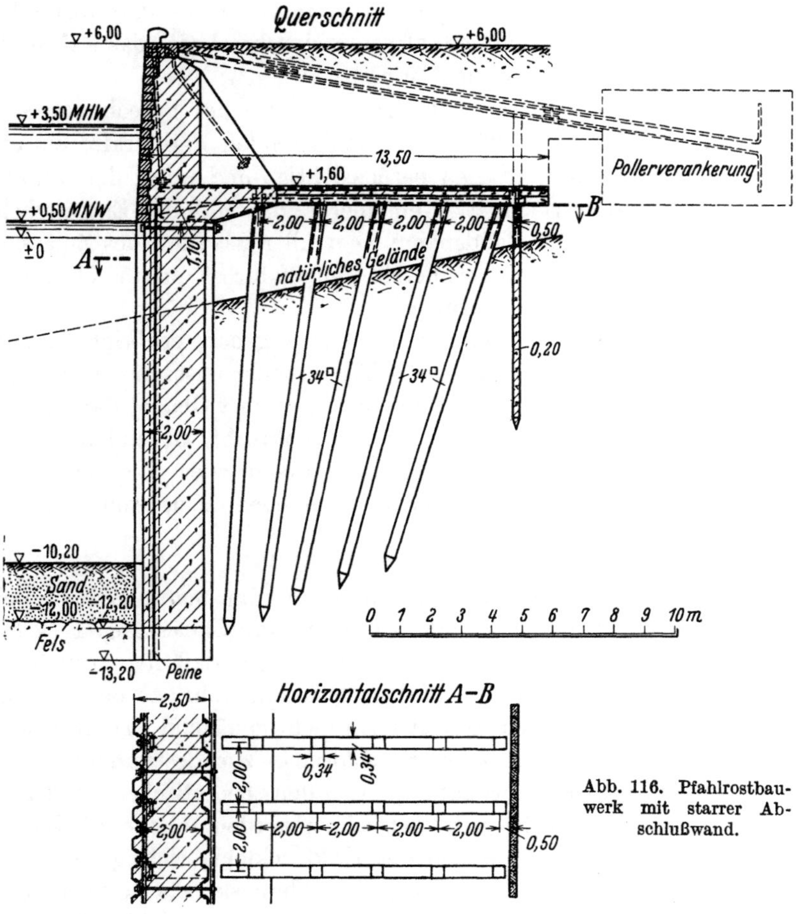

Abb. 116. Pfahlrostbauwerk mit starrer Abschlußwand.

Zieht man aus vorstehenden Überlegungen die Schlußfolgerungen, so sieht man, daß bei vorn liegender Spundwand und gewachsenem Boden die Gefahr der Überbelastung der Druckpfähle in den seltensten Fällen eintreten wird, weil der zwischen den Pfählen vorhandene Boden einen erheblichen Sicherheitsfaktor darstellt. Man wird aber gezwungen sein, derartige Pfahlrostbauwerke nicht nur nach dem gewöhnlichen Verfahren der elastischen Formänderung, sondern auch unter Hinzuziehung der Erdpfähle zu berechnen, um sich einen Überblick zu verschaffen, wieweit unter den obwaltenden Verhältnissen der Boden zur Übertragung von Kräften beiträgt und dementsprechend andere Konstruktionsteile wie die Spundwand und die Zugpfähle überbeansprucht werden können.

δ) Grundbruchuntersuchung.

Abgesehen von den erörterten Gründen für die Wahl des Pfahlsystems muß man Rücksicht auf die Standsicherheit des Bodens nehmen und durch eine Grundbruchuntersuchung nachweisen, daß unter dem Bauwerk keine gefährlichen Gleitflächen entstehen können.

Die Grundbruchsicherheit wird sich erst genau feststellen lassen, wenn die tatsächlichen Pfahlbelastungen für das Bauwerk vorliegen. Geht man alsdann an die Untersuchung heran und bemerkt eine nicht genügende Sicherheit, so sind die umfangreichen Berechnungen zur Ermittlung des Pfahlrostes hinfällig geworden. Man müßte ein neues Pfahlsystem durchrechnen, das auf die Grundbruchgefahr entsprechend Rücksicht nimmt.

Man kann sich vor derartigen Rückschlägen bei der Berechnung schützen, wenn man für die einzelnen Pfähle die zuzulassenden Pfahlkräfte einsetzt, die Bodenauflast zwischen den Pfählen berücksichtigt und unter den Pfahlspitzen das Spannungsdiagramm zeichnet. Geht hierbei das Maß der Einheitsbelastung des Untergrundes bzw. der Randspannungen über das Maß des Zulässigen bereits hinaus, so wird man von vornherein den Pfahlrost auseinanderziehen und damit die Grundbruchgefahr verringern.

Auf die Grundbruchuntersuchung selbst einzugehen, erübrigt sich, da dies bereits in einem früheren Kapitel (s. S. 37) geschehen ist und im übrigen sich in dem Schrifttum genügend Hinweise befinden. Es ist Obacht darauf zu geben, nicht nur den waagerecht, sondern auch den senkrecht wirkenden Wasserüberdruck einzusetzen, wenn es sich um bindigen Boden oder verschiedene Grundwasserstockwerke mit dazwischenliegenden bindigen Bodenschichten handelt.

ε) Pfahlbelastungen.

Die zuzulassende Belastung von Einzelpfählen kann man mit Sicherheit, diejenige von Pfahlgruppen angenähert nur durch Probebelastungen bestimmen.

Die bisherigen Kenntnisse dadurch auszuwerten, daß man durch Rammformeln die Belastungsgrenzen von Pfählen feststellt, führt zu keinem einwandfreien Ergebnis, weil auf diesem Gebiet noch nicht genügend Erfahrungsberichte vorliegen. Die wenigen brauchbaren Faustformeln zur Bestimmung der Pfahlbelastung haben nur örtliche Bedeutung. Von den theoretischen Ansätzen kann das Verfahren von Dörr als dasjenige bezeichnet werden, welches die Zusammensetzung des Untergrundes auf Grund der Erddrucklehre richtig berücksichtigt. Die Schwächen dieser Formel liegen in der Reibungskonstante zwischen Pfahl und Boden, deren Ansatz in weiten Grenzen dem Belieben des Berechnenden überlassen bleibt. Man kann die Formel von Dörr stets den Ergebnissen von Probebelastungen anpassen, wenn man nachträglich diesen Reibungswert bestimmt. Aber die gefundenen Werte streuen für ein und dieselbe Bodenart so stark, daß sich feste Anhaltspunkte lediglich aus der Kenntnis des Bohrprofiles nicht geben lassen (vgl. hierzu auch das S. 22 Gesagte über den Wechsel der Bodenbeiwerte innerhalb derselben Schicht).

Ich selbst werde wie bisher die Belastungsgrenze immer nur von örtlichen Pfahlbelastungen abhängig machen, weil allein dieses Verfahren bei einer Anordnung der Probepfähle, die dem Zustand des späteren Bauwerkes zu entsprechen hat, einwandfreie Ergebnisse liefert. Daß der Baustoff mit dem größten

Reibungsbeiwert die größte Pfahlbelastung auf den Untergrund übertragen wird, ist einleuchtend. Man wird demzufolge über die Höhe der Belastungsgrenze nur von Fall zu Fall eine Entscheidung treffen können.

Betrachtet man Senkungsdiagramme von Pfählen, so läßt sich nach Terzaghi[1] allgemein folgender Verlauf der Beziehungslinie angeben, der je nach den Bodenverhältnissen mehr oder weniger ausgeprägt in Erscheinung tritt (Abb. 117):

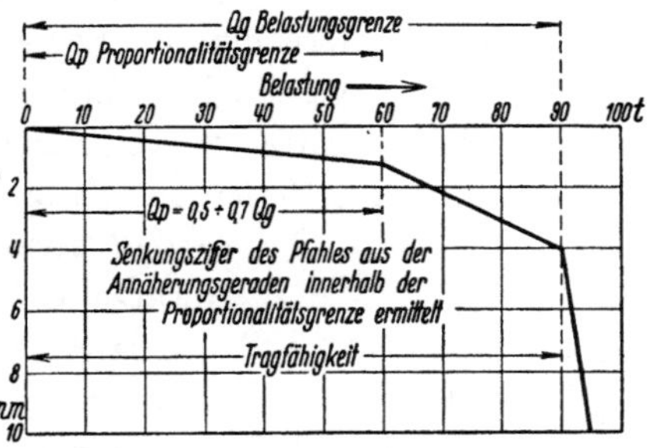

Abb. 117. Schema des Lastsenkungsdiagramms für Pfähle.

Bis zu einer Belastung Q_p läßt sich annähernd eine proportionale Zunahme der Senkung mit wachsender Belastung feststellen. Man bezeichnet daher den Wert Q_p in Anlehnung an das Spannungdehnungsdiagramm bei festen Körpern als Proportionalitätsgrenze. Der Proportionalitätsfaktor $C = \frac{q}{s}$ für diesen Bereich wird Senkungsziffer des Pfahles genannt. Man bezieht dabei q auf die Flächeneinheit des Pfahlquerschnittes (kg/cm²) und mißt die Senkung s in cm. Unter Grenzbelastung Q_g versteht man jenen Punkt im Senkungsdiagramm, wo ein scharfer Knick nach unten eintritt, also mit anderen Worten, wo der Pfahl nach unten abgeht.

Unter vorhandener Tragfähigkeit eines Pfahles wird die Grenzbelastung Q_g verstanden.

Innerhalb der Proportionalitätsgrenze kann die Senkung des Pfahles entweder lediglich durch die elastische Verformung des Baustoffes oder außerdem noch durch die Formänderung des Bodens hervorgerufen sein. Im ersten Fall würde der Pfahl fest im Boden stehen. Da sich die Längenänderung eines Pfahles unter einer gegebenen Belastung ermitteln läßt, ist es möglich, anzugeben, wieweit der Pfahl im Boden feststeht. Bei der Berechnung der Längenänderung eines Pfahles muß man allerdings eine Annahme über die Verteilung der Reibungskräfte machen, die am Umfange des Pfahles angreifen. Diese Verteilung kann unter der Voraussetzung, daß die Übertragung der Kräfte lediglich am Umfange stattfindet, als dreieckförmig betrachtet werden (Abb. 118).

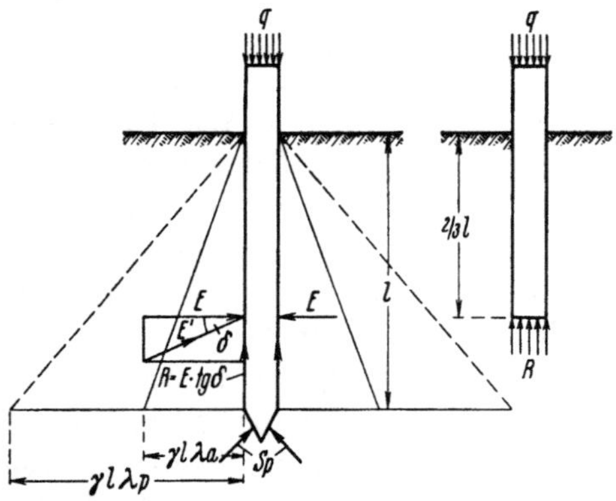

Abb. 118. Verteilung der angreifenden Kräfte bei einem Pfahl.

Die Größe der dreieckförmigen Belastung ist für unsere Zwecke belanglos, da es lediglich auf die Lage des Schwerpunktes ankommt. Man kann nämlich unter den geschilderten Kräfteverhältnissen sich einen Pfahl von der Länge $l = l_1 + l_2$, wo l_1 die Länge in der Luft (oder im Wasser), l_2 die Länge im Boden bedeutet, ersetzt denken durch einen Pfahl von der Länge $l' = l_1 + {}^2/_3\, l_2$, der unten fest aufgelagert ist, und für letzteren die Längenänderungen berechnen.

[1] Terzaghi: Erdbaumechanik auf bodenphysikalischer Grundlage. S. 263.

Bezeichnet man das Verhältnis $\frac{q}{\Delta l} = \frac{E}{l'} = C'$ oder bei wechselndem Querschnitt des Pfahles $C' = \frac{E}{(l'_1 + l'_2 F_1/F_2)}$, so muß bei alleiniger elastischer Formänderung des Pfahles $C' = C$ sein. Die Abweichung $C' - C$ ist ein Maßstab, wieweit der Pfahl fest im Boden steht.

Die angegebene Berechnung der elastischen Formänderung des Pfahles bleibt auch dann gültig, wenn die Reibung am Umfange nicht genau dreieckförmig verteilt ist, sofern nur der Schwerpunkt dieser Verteilung annähernd in $^2/_3$ der Rammtiefe liegt. Es ist schon eine sehr starke Abweichung in der Verteilung der Reibungskräfte bzw. eine überwiegende Übertragung der Kräfte durch den Spitzendruck erforderlich, damit der Schwerpunkt merklich verschoben wird, so daß auch bei wechselnden Bodenschichten von obigem Ansatze Gebrauch gemacht werden kann.

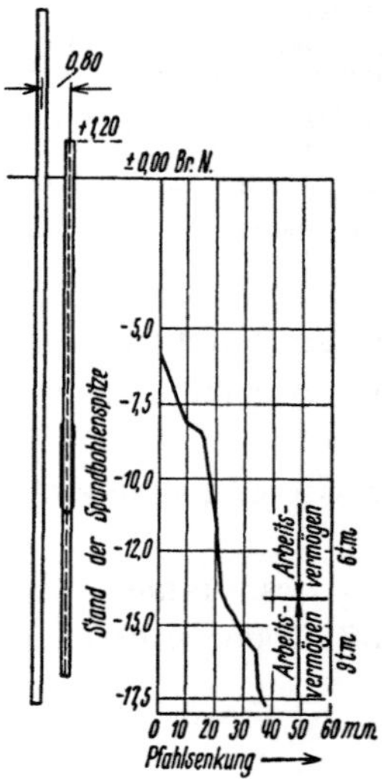

Abb. 119. Rammbeeinflussung.

Die Ausnutzung der Tragfähigkeit von Pfählen hängt ab von:

a) einem genügend weiten Abstand der Pfähle, so daß: gegenseitige Rammbeschädigungen nicht entstehen können, Sicherheit gegen gegenseitige Rammbeeinflussung vorhanden ist (vgl. Abb. 119, wo eine Stahlspundwand einen in 60 cm Entfernung stehenden Stahlpfahl bis zu 40 mm mitgehen läßt) und gegenseitige Beeinträchtigung durch den zur Aufnahme der Pfahllast herangezogenen Boden nicht auftritt,

b) der Ausbildung der Rostplatte, deren Wirtschaftlichkeit von Pfahlstellung, Form der Platte, Größe und Richtung der angreifenden Kräfte bestimmt wird,

c) der Höhenlage der Rostplatte,

d) der Art und dem Verwendungszweck des Bauwerkes.

Wieviel man von der Belastungsgrenze Q_g zulassen wird, hängt von der Art der äußeren Kräfte und der Senkung der Pfähle ab, die man noch in Kauf nehmen will. Bei ruhender Belastung wird man eine höhere Grenze als bei einer in längeren oder kürzeren Zeitfolgen wechselnder Belastung ansetzen. Ich sehe jedoch keine Veranlassung, im Normalfall auf rd. 50% herunterzugehen.

Die Bewertung der Probebelastung muß aber im Hinblick auf die wirklichen Verhältnisse erfolgen. Hat man beispielsweise einen dichtstehenden Pfahlrost, so kann man die Belastungsergebnisse eines einzeln gerammten Pfahles nicht auf das spätere Bauwerk übertragen, da sich in diesem Falle die Druckkörper der einzelnen Pfähle im Untergrund überschneiden und die Tragfähigkeit vermindern.

Hand in Hand mit der Feststellung der zulässigen Pfahllasten geht die Festsetzung der zulässigen Beanspruchung des Baustoffes, wobei für den Baustoff „Holz", wie aus den Ausführungen der früheren Kapitel hervorgeht, große Vorsicht am Platze ist. In der Wertigkeit folgt dann der Baustoff „Eisenbeton", während an erster Stelle der Baustoff „Stahl" steht.

Daß bei den Pfählen nicht nur die Spannungen aus den Pfahlbelastungen, sondern auch die Spannungen aus der Durchbiegung der Pfähle, die gleich oder geringer als die rechnungsmäßige Durchbiegung der Spundwand zu setzen sind, zu berücksichtigen sind, ist wohl eine Selbstverständlichkeit, die aber nicht immer als solche anerkannt wird.

ζ) Spundwandberechnung.

Die Bemessung der übrigen Teile des Pfahlrostbauwerkes erfolgt nach den bereits geschilderten Regeln für das Spundwandbauwerk bzw. nach den Regeln des Beton- oder Eisenbetonbaues.

Spundwände bei Pfahlrostbauwerken wird man in der Hauptsache nur bei Stützbauwerken anwenden. Man kann die Spundwand entweder vor oder hinter dem Pfahlrost anordnen. Ihre Lage wird in erster Linie durch die Beschaffenheit des Pfahlrostsystems beeinflußt, sie kann aber auch durch den Unterbau und die Bauausführung die ihr zugehörige Lage zugewiesen erhalten.

Die Ermittlung der auf die Spundwand wirkenden angreifenden und widerstehenden Erddrücke wird in hohem Maße durch den davor- oder dahinterliegenden Pfahlrost beeinflußt.

Wir haben hierbei zwischen bindigem und nichtbindigem Boden zu unterscheiden. In vielen Fällen wird für beide Bodenarten der in Abb. 120d dargestellte Fall gewählt, wo der Erddruck infolge der Schirmwirkung der Pfahlrostplatte dergestalt vermindert wird, daß unmittelbar unter dieser der Erddruck gleich Null angenommen wird. Erst bei der Berührung der Böschungslinie mit der Spundwand beginnt die Überleitung zum vollen Erddruck, der beim Schnitt der Gleitlinien mit der Spundwand voll erreicht wird. Voraussetzung für diesen Kräfteansatz ist, daß die gesamte Last der Rostplatte von dem Pfahlrost getragen und infolgedessen der Erddruck unter der Rostplatte durch keine Auflast zusätzlich beansprucht wird. Entsteht durch Nachgeben der Pfähle eine Auflast, so kann der Erddruck dieselben Werte annehmen, als ob die Schirmwirkung der Rostplatte überhaupt nicht vorhanden wäre. Man hat sich daher, wie S. 198 ausgeführt, in jedem Fall darüber Rechenschaft abzugeben, ob der Erdkörper unter der Rostplatte mit einer Auflast belastet wird oder nicht.

Ist eine Schirmwirkung nicht vorhanden, so kann man für bindigen Boden zwei Wege gehen. Der eine Weg ist in der Abb. 120a dargestellt. Hier wird der Erdkörper, der zwischen Spundwand und letztem Druckpfahl eingeschlossen ist, nach Art eines Erdfangedammes einen Teil des auf die Spundwand wirkenden Erddruckes aufnehmen, da zu seiner Verschiebung die Reibung in der Boden- bzw. den darüberliegenden Fugen überwunden werden muß, wobei die Pfähle unberücksichtigt bleiben.

Es kann aber auch der Fall eintreten, daß sich, wie in Abb. 120c dargestellt, vor der ersten Schrägpfahlreihe eine erzwungene Gleitfläche bildet. Stehen in diesem abgleitenden Erdkörper noch Pfähle, die die Gleitfuge durchschneiden, so ist ihr Widerstandsmoment für die Berechnung der Spundwand mit heranzuziehen, wobei darauf zu achten ist, daß diese Pfähle dadurch keine über das zulässige Maß hinausgehende Belastung erhalten. Die Verteilung der Belastung auf Spundwand und Pfähle ist durch die Gleichheit der Durchbiegungen festgelegt.

Auch bei nichtbindigem Boden wird sich zwischen den Pfählen infolge der zwischen Pfahl und Erdboden stattfindenden Reibung eine erzwungene Gleitfläche bilden, die steiler liegt als die natürliche. Der Winkel derselben hängt von der Bodenart, der Form, dem Abstand und der Neigung der Pfähle ab und muß von Fall zu Fall also geschätzt werden (Abb. 120e). Wird die zulässige Beanspruchung der Pfähle hierdurch überschritten, so ist die Spundwand derart zu bemessen, daß diese Belastung der Pfähle nicht auftreten kann.

Ferner kann der Weg beschritten werden, daß man bei nichtbindigem Boden den auf die Spundwand wirkenden Erddruck um die Reibung des Bodens zwischen den Pfählen vermindert. Man muß dann aber folgerichtig die dadurch erhöhte Beanspruchung der Pfähle berücksichtigen (Abb. 120f).

Schließlich kann bei nichtbindigem Boden nach Abb. 120b eine Gewölbewirkung zwischen den einzelnen vorderen Druckpfählen angenommen werden.

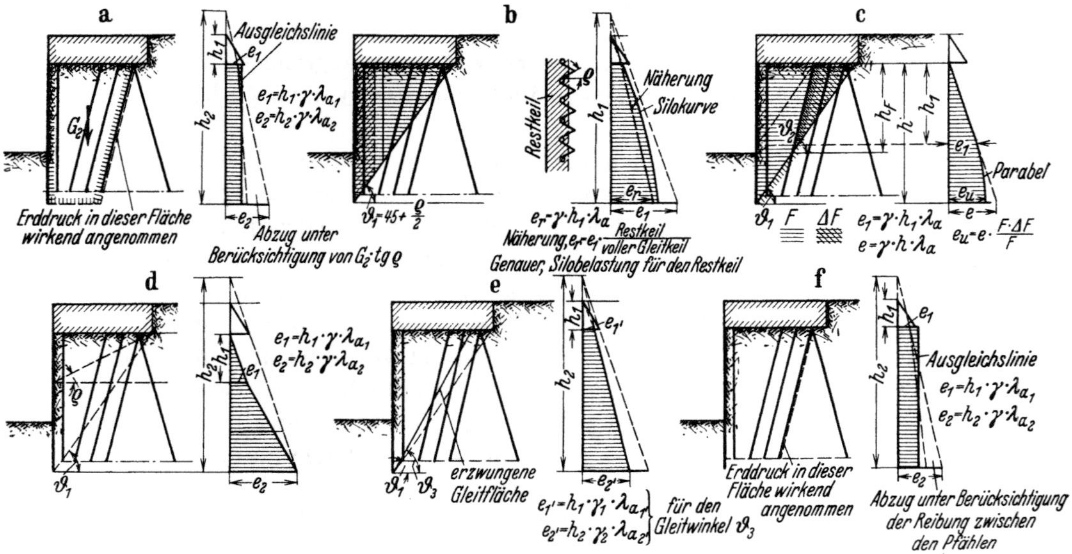

Abb. 120. Ansatz der Kräfte bei vor einem Pfahlrost liegender Spundwand und $\delta = 0$. a) c) d) bei bindigem; b) d) e) f) bei nichtbindigem Boden.

Der volle Gleitkeil wird mit dem in der Abbildung ermittelten Restkeil vor der Spundwand verglichen. Der Erddruck wird mit ungestörter Gleitfläche ermittelt und mit dem Faktor $\frac{\text{Restkeil}}{\text{voller Gleitkeil}}$ dividiert. Zu einem ähnlichen Ergebnis kommt man, wenn man den Erddruck des Restkeiles als Silodruck ermittelt, wie es in Abb. 120b ebenfalls eingezeichnet ist. Eine einfachere, jedoch etwas ungünstigere Lösung bildet folgende Annahme: Der Erddruck wird um den auf die Fläche der vorderen Pfähle entfallenden Anteil vermindert.

Bei der Festlegung des auf die vordere Spundwand wahrscheinlich wirkenden Erddruckes muß das Zusammenwirken der vorderen Pfahlreihen mit der Spundwand in ihren Folgen immer berücksichtigt werden (z. B. Durchbiegung und Beanspruchung der Pfähle und der Spundwand). Als letzte Möglichkeit bleibt noch, den von der Spundwand, den Pfählen und dem bindigen Boden gebildeten Verbundkörper nach den Regeln für Eisenbetonquerschnitte zu untersuchen, wobei Pfähle und Spundwand die Rolle des Eisens übernehmen. Für die äußeren Kräfte würde wie bei einem Massivkörper die Stützlinie gerechnet und daraus die Größe und Exzentrizität der Momente bestimmt werden.

Liegt die Spundwand hinter dem Pfahlrost, so wird der Erddruck nach den bekannten Regeln ermittelt, während der Erdwiderstand im erheblichen Umfange durch den vor der Spundwand stehenden Pfahlrost erhöht wird. Man wird also eine vermehrte Reibung an den Pfählen in Rechnung zu stellen haben, die wiederum nur von Fall zu Fall zu schätzen ist, da sie von dem Abstand der Pfähle und der Beschaffenheit des Bodens abhängt. Man wird hier also in der Überlegung in jedem Fall ähnliche Wege gehen, wie bei vorne liegender Spundwand.

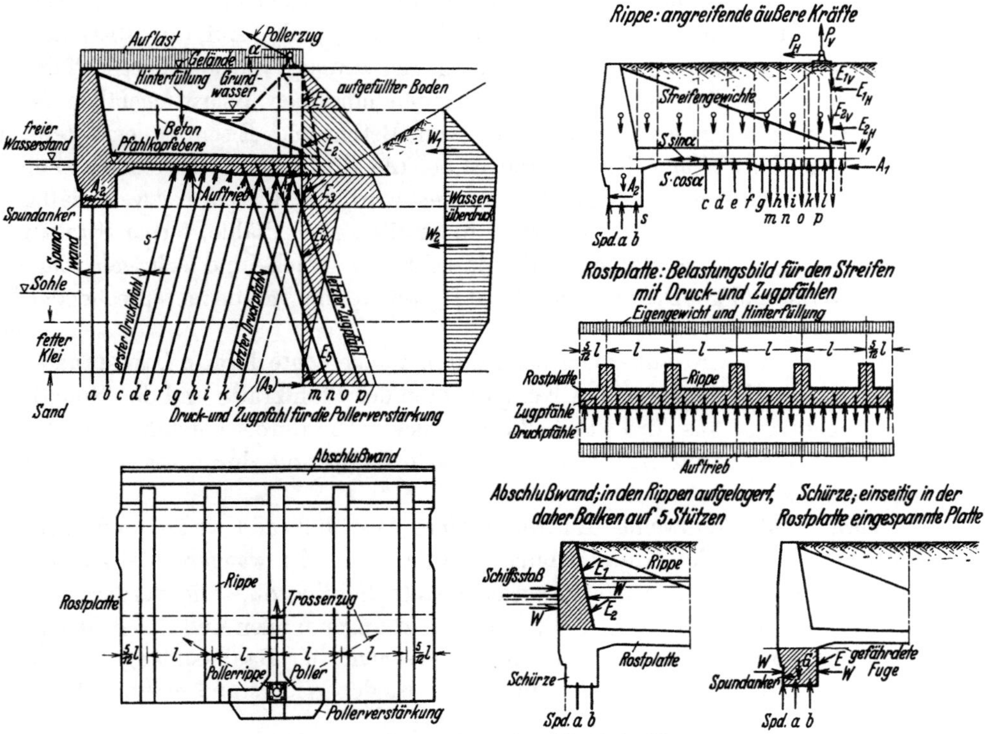

Abb. 121. Untersuchung eines Eisenbetonkörpers.

η) Berechnung des Mauerkörpers.

Bei der Bemessung des Mauerkörpers wird man zwischen massiven und aufgelösten Mauerkörpern unterscheiden. Da unbekannt ist, in welchem Umfange das Bauwerk später eine Bewegung erleidet, die, wie die Abb. 107 erkennen läßt, erheblichen Umfang annehmen kann, empfiehlt es sich, bei Verwendung von Eisenbeton, je nach den Betriebsanforderungen, die an das Bauwerk gestellt werden, und den Untergrundsverhältnissen, die Betonspannungen zwischen 30 bis 35 kg/cm² und die Eisenbeanspruchung zwischen 800 und 1000 kg/cm² zu wählen.

Nachstehend sei zur Erläuterung der Berechnungsgang für einen Eisenbetonrippenkörper auf Pfählen gegeben (Abb. 121):

Der Eisenbetonrippenkörper besteht aus einer waagerechten Eisenbetonplatte, die die einzelnen Pfähle zum einheitlichen Pfahlrost fest verbindet, und einer senkrechten vorderen Abschlußwand, die mit der waagerechten Rostplatte durch Rippen verbunden sind. Je nach der Beanspruchung der eisernen Spundwand schließt an die Rostplatte nach unten eine Betonschürze an, durch die die freie Länge der Spundwand und damit ihre Beanspruchung herabgesetzt wird. Das Pollerfundament (sofern der Poller nicht in der Kajevorderkante auf der Abschlußwand steht) ist mit den Rippen und der Rostplatte biegungsfest verbunden.

Die statische Untersuchung der einzelnen Teile des Eisenbetonrippenkörpers wird folgendermaßen durchgeführt:

1. Rostplatte. Die Rostplatte ist in den Rippen aufgelagert gedacht, d. h. sie ist ein Balken auf mehreren Stützen. Die Anzahl der Felder hängt von der Aufteilung der Kajemauer in Baublöcke (Baublocklänge) ab. Auf die Rostplatte wirken das Eigengewicht, die Hinterfüllung, die Auflast, die lotrechten Pfahlkraftkomponenten und der Auftrieb. Aus den einzelnen Belastungsfällen ist jeweils die ungünstigste Beanspruchung von Beton und Eisen zu ermitteln. Ferner ist die Einwirkung des Pollerzuges auf die Rostplatte festzustellen. Zur rechnerischen Erfassung der Beanspruchungen wird die Rostplatte zweckmäßig in einzelne Streifen aufgeteilt, und zwar in Streifen ohne Pfähle, ferner Streifen mit nur schrägen Druckpfählen und mit schrägen Druck- und schrägen Zugpfählen (wenn andere Pfahlstellungen auftreten, dann in die entsprechenden Streifen).

Die Rostplatte wird außerdem noch durch waagerechte Kräfte beansprucht, und zwar durch die waagerechten Komponenten der Pfahlkräfte und den Spundwandauflagerdruck aus Erd- und Wasserdruck. Hierdurch entstehen in der Rostplatte senkrecht zur Längsachse der Platte Kräfte, die durch Eiseneinlagen aufzunehmen sind.

2. Vordere Abschlußwand. Auf die vordere Abschlußwand wirken von rückwärts der Erddruck der Hinterfüllung + Auflast und der waagerechte Wasserüberdruck sowie von vorwärts der waagerechte Schiffsstoß. Die vordere Abschlußwand ist ebenfalls auf den Rippen lagernd angenommen und daher gleichfalls eine Platte auf mehreren Stützen, entsprechend der Baublocklänge. Maßgebend für die Bemessung der Abschlußwand ist der Widerstand gegen Schiffsstöße.

3. Rippe. Die Rippe ist zwischen Rostplatte und vorderer Abschlußwand eingespannt. Die Beanspruchung in den einzelnen Querschnitten der Rippe wird aus sämtlichen äußeren Kräften einschließlich der Pfahlkräfte ermittelt. Die Beanspruchungen werden für die einzelnen Querschnitte ermittelt, indem die Momente rechts und links vom jeweils zu untersuchenden Querschnitt aufgestellt werden. Eine Kontrolle erhält man dadurch, daß die Momente rechts und links vom Schnitt gleich sein müssen. Geringe Unterschiede werden sich infolge Rechnungsungenauigkeiten stets ergeben. Bei umfangreichen Pfahlrosten ist die Berechnung recht empfindlich gegen Ungenauigkeiten bei der Pfahlkraftermittlung.

Um die Rechnung zu vereinfachen, werden in der Rippe die gleichen Querschnitte untersucht, die sich aus der Streifeneinteilung der Rostplatte ergeben.

Der Ansatz der einzelnen äußeren Kräfte ist klar bis auf den Erddruck, der von Geländehöhe bis Rostplattenunterkante in der senkrechten Ebene in Rostplattenhinterkante wirkt. Dieser wird in die waagerechten und lotrechten Komponenten zerlegt. Während die senkrechten Komponenten nur in der Angriffsebene (Ebene senkrecht über der Hinterkante Rostplatte) wirken können, da hier beim Eintreten einer Bewegung die Fuge entstehen wird, so können die waagerechten Komponenten durch die waagerechte Druckübertragung bis zur vorderen Abschlußwand noch in dem Augenblick übertragen werden, wo die Bewegung des Bauwerkes beginnt, d. h. wo sich die Angriffsebene des Erddruckes bildet. Da die Rippen in der Richtung des waagerechten Bauwerkes liegen, so ist es möglich, daß an den Rippenaußenflächen durch Reibungsübertragung der waagerechte Erddruck bereits aufgenommen wird, also nicht in voller Größe bis zur vorderen Abschlußwand wirkt. Um die möglichen Grenzbeanspruchungen zu erfassen, d. h. um die möglichst größten positiven und negativen Biegungsmomente zu finden, werden die waagerechten Komponenten des Erddruckes oberhalb der Rostplatte sowohl rechts als auch links von den einzelnen untersuchten Rippenquerschnitten eingesetzt, je nachdem ob ein größeres positives oder negatives Moment entsteht.

Die lotrechten Komponenten des Erddruckes müssen bei der Bemessung der Rippen dann als nicht vorhanden angesehen werden, wenn im Ruhezustand, wo der Erddruck fast waagerecht wirkt, eine ungünstigere Beanspruchung der Rippen eintreten kann. Das ist bei den untersuchten Kajemauern immer der Fall gewesen. Ist die Einwirkung der lotrechten Komponenten des Erddruckes auf den Pfahlrost groß, so müssen auch die Pfahlkräfte ohne Berücksichtigung der lotrechten Erddruckkomponenten ermittelt werden. Ist sie gering, so kann sie vernachlässigt werden.

Die Rippen werden als Plattenbalken berechnet.

4. Betonschürze. Auf die Betonschürzen wirken der Erddruck von Rostplattenunterkante bis Unterkante Betonschürze und der waagerechte Wasserüberdruck auf die gleiche Höhe sowie die Auflagerkraft der Spundwand infolge Wasser- und Erddruck. Bei der Berechnung der Betonschürze muß der Auflagerdruck infolge Erddruckes eingesetzt werden, da er hier als Einzelkraft wirkt, während er sich im Kräftespiel bei der Ermittlung der Pfahlkräfte sowie der Eisenbetonrippe und der Abschlußwand aufhebt. Die Betonschürze ist in Rostplatte und Abschlußwand eingespannt. Sie ist also als einseitig eingespannte Platte zu betrachten.

5. Pollerfundament. Auf das Pollerfundament wirkt der Trossenzug unter einem Winkel, der je nach der Größe der Schiffe und des Wasserstandes verschieden ist. Dieser Zug wird senkrecht auf die Vorderkante Kajemauer angenommen, wenn die Pollerfundamentrippe senkrecht zur Kajevorderkante berechnet werden soll. Er wird unter 45° zur Kajemauervorderkante angenommen, wenn die Rippen parallel zur Kajemauervorderkante berechnet werden sollen.

ϑ) Gang der Berechnung.

Die Auswertung der bisherigen Ausführungen für das Pfahlrostbauwerk ergibt folgenden Gang für die Berechnung:

1. Festlegung der Belastungsfälle und Belastungsgrenzen für Bauausführung und Betrieb.

2. Untersuchung des Geländesprunges (auf Geländebruch) ohne Rücksicht auf die späteren Abmessungen des Bauwerkes.

3. Wahl des Bauwerkes nach dem Ergebnis der Geländebruchuntersuchung.

4. Berechnung der angreifenden Kräfte und Wahl des Pfahlsystems unter Benutzung einer der angenäherten Berechnungsarten.

5. Überschlägliche Berechnung der Grundbruchsicherheit und Verbesserung des Pfahlsystems.

6. Berechnung des Systemnullpunktes.

7. Berechnung des Momentes der äußeren Kräfte um den Systemnullpunkt.

8a. Bei großem Moment: Berechnung der anteiligen Pfahllasten infolge einheitlicher Belastung im Systemnullpunkt (C-Werte) und Ermittlung der wirklichen Pfahllasten.

8b. Bei geringem oder fehlendem Moment: Berechnung der wirklichen Pfahllasten nach Culmann.

9. Festlegung des Jochabstandes.

10. Kritik des Pfahlsystems und gegebenenfalls Wiederholung der Berechnung für ein verbessertes Pfahlsystem.

11. Untersuchung der Grundbruchsicherheit und der waagerechten Verschieblichkeit.

12. Berechnung der Spundwand.

13. Berechnung der zusätzlichen Beanspruchungen der Pfähle infolge Durchbiegung.

14. Berechnung des Aufbaues.

b) Die konstruktive Behandlung.

α) Das Pfahlrostsystem und die Pfähle.

Wenn man die Zeichnungen der in der Praxis ausgeführten Pfahlsysteme betrachtet, so fällt auf, daß sie mehr oder weniger eine klare Aufteilung des Pfahlrostes vermissen lassen (Abb. 122).

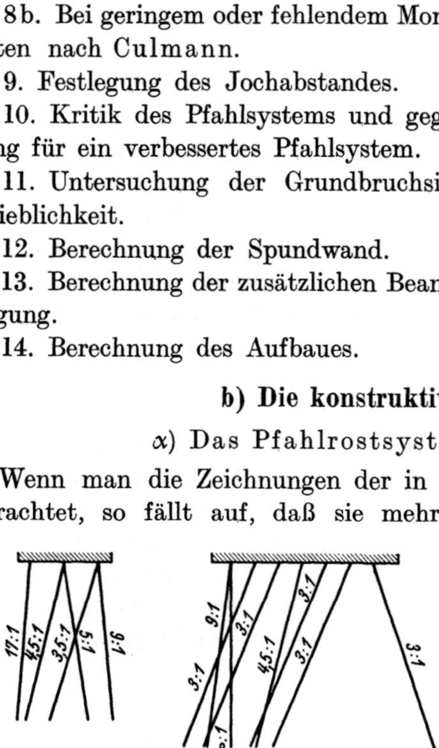

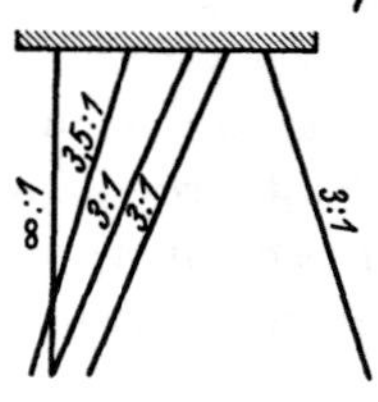

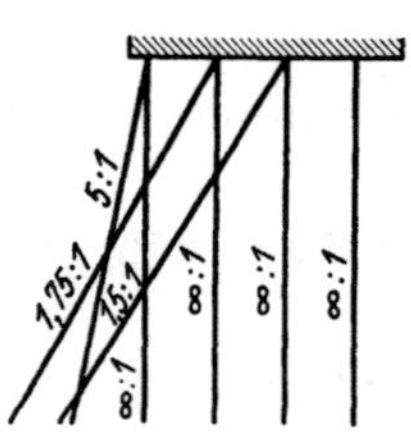

Abb. 122. Systeme ausgeführter Pfahlroste.

Ich verspreche mir von dem vielfachen Wechsel der Druck- und Zugpfahlneigungen in keiner Weise einen Vorteil, auch bauausführungstechnisch ergeben sich nur Nachteile. Man sollte aus den Regeln der Statik und Konstruktion des Ingenieurhochbaues die richtigen Folgerungen ziehen und auch bei Pfahlrosten eine klarere Gestaltung des Bauwerkes erstreben, wie ich sie als Beispiel in der Abb. 123 zur Darstellung gebracht habe.

Mehrere Menschenalter hindurch hat die zusammengedrängte Bockpfahlkonstruktion mit verzimmertem und verhältnismäßig schmalem Pfahlrost wertvolle Dienste geleistet.

Die Grenze der Anwendung dieses wirtschaftlich wohl nicht so leicht zu übertreffenden Stützbauwerkes, das auch Vorwärtsbewegungen bis zu 30 cm ohne Schaden auszuhalten vermochte, liegt für ungünstigen Untergrund bei etwa 12 bis 15 m freier Höhe, da alsdann durch die eng stehenden Druckpfähle der Baugrund stark überlastet werden kann.

Die Wirtschaftlichkeit einer derartigen Bockkonstruktion beruht auf der geringen Breite des Mauerkörpers und auf dem Verzicht einer senkrechten Uferbegrenzung. Die durch die geringe Masse des Bauwerkes erzielten Ersparnisse überwiegen bei weitem die Mehraufwendungen für die an und für sich unwirtschaftlichen zahlreichen Zugpfähle und die notwendige Verzimmerung des Pfahlrostes. Ein Nachteil für den Verkehr sind die vor die Flucht des Mauerkörpers vorschießenden Druckpfähle und Spundwände, sobald es sich um Ufereinfassungen für Hafenumschlagsanlagen handelt. Für Brückenwiderlager spielt dieser Umstand eine geringere Rolle, wenn bei Wasserläufen die Fahrrinne nicht unmittelbar an das Bauwerk heranreicht.

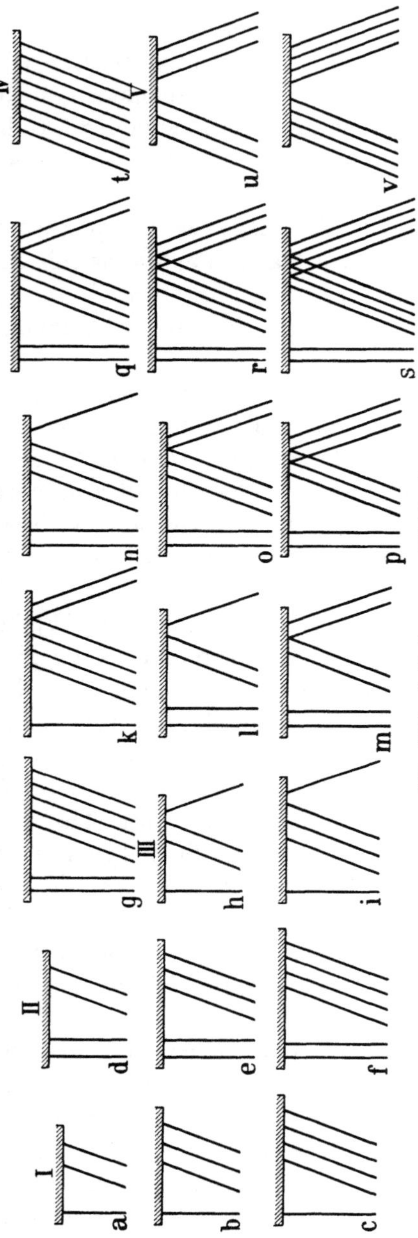

Abb. 123. Aufteilung von Pfahlrosten.

Trotz dieser wirtschaftlichen Vorteile muß man sich aber darüber klar sein, daß der zu enge Pfahlrost bei der Bauausführung zu starken Rammbeschädigungen führen kann, wie ich sie früher an Hand von Beispielen aufgeführt habe. Aus diesem Grunde lehne ich derartig dichte Pfahlrostkonstruktionen ab. Gewiß kann dem entgegengehalten werden, daß trotz der nachgewiesenen Rammschäden die Bauwerke gehalten haben. Das ist aber kein Grund für ihre Beibehaltung, denn die Gefahr der Zerstörung wesentlicher Konstruktionsteile liegt immer vor.

Die wirtschaftlich günstigste Form des Pfahlrostes stellt ein System von Druckpfählen dar (Abb. 123t), die unter größtmöglicher Neigung, d. h. alle unter 3 : 1 gerammt sind. Die waagerechte Belastung aus Erd- und Wasserdruck wird rechnungsmäßig durch die waagerechte Komponente der Pfahlkräfte aufgenommen. Ein solcher Pfahlrost bedingt demnach eine ausreichende senkrechte Belastung, hat aber den Vorteil, daß der Untergrund auf Rostplattenbreite annähernd gleichmäßig belastet wird. Gegen die allgemeine Anwendung sprechen indes die über den Mauerkörper hinausschießenden Pfähle, für die die gleiche Beschränkung gilt wie für die Bockkonstruktion.

Die lotrechte Rammung der vordersten Druckpfahlreihen verknüpft mit dem Vorteil der lotrechten Uferbegrenzung den Nachteil der Verteuerung der Mauerkörper. Da die auf den vorderen lotrechten Pfählen ruhende lotrechte Belastung zur Aufnahme von waagerechten Kräften nicht in dem gleichen Maße wie bei Schrägpfählen ausgenutzt werden kann, muß das Pfahlfundament und damit der Mauerkörper verbreitert werden.

Die Breite der Mauern kann durch Anordnung von Zugpfählen in wirtschaftlichen Grenzen gehalten werden. Gleichzeitig erhält man dadurch eine günstige Verlagerung des Nullpunktes, wie S. 196 gesagt wurde. Vorbedingung für die Verwendung von Zugpfählen ist die biegungssichere Ausbildung des Mauerkörpers, die wirtschaftlich und einwandfrei nur mit der Eisenbetonbauweise zu erzielen ist.

Die Tiefenlage der Rostplatte ist abhängig von:

1. den Wasserstandsverhältnissen und dem Bauvorgang (Trocken- oder Tidebetrieb),
2. der Knicksicherheit der Pfähle und der Belastungsmöglichkeit des Untergrundes,
3. der Beschaffenheit des Untergrundes (waagerechter Schub des Bodens auf Pfähle und vornliegende Spundwand).

Die Neigung der Druckpfähle ist abgesehen von rammtechnischen Beschränkungen wegen der Grundbruchsicherheit abhängig von der Reibungsfestigkeit des Untergrundes. Die stärkste Neigung der Zug- und Druckpfähle ist im allgemeinen die wirtschaftlichste. Sie darf jedoch den Reibungswinkel des Bodens nicht überschreiten.

Niemals sollte man die enge Pfahlstellung des Pfahlrostes übertreiben, wie es bei der Bockkonstruktion häufig geschehen ist. Man hat stets zu bedenken, daß die Pfahllasten nicht durch die Spitze allein, sondern durch die Mantelreibung auf den Untergrund abgegeben werden, und daß daher die Lastlinien der Pfähle sich nicht zu stark überschneiden sollten. Vor allem aber nimmt der Bodendruck unter zusammengedrängten Pfahlspitzen so stark zu, daß die Gefahr eines Grundbruches wächst. Lassen es die örtlichen Verhältnisse nur irgend zu, so ist einem weiten Pfahlabstand längs und quer zur Mauerflucht stets der Vorzug zu geben. Die viel erwähnte Bodenverdichtung durch eingerammte Pfähle ist z. B. bei alluvialem Klei zum mindesten als zweifelhaft anzusehen, da sich diese Bodenart fast um die eingerammte Pfahlmenge auframmt (Abb. 124). Wie stark bei enger Pfahlstellung die gegenseitige Rammbeeinflussung ist, zeigt Abb. 119.

Grundsätzlich kommt es nicht so sehr darauf an, ängstlich die Ausnutzung der Tragfähigkeit von Pfählen gering zu halten, als vielmehr durch möglichst weiten Abstand der Pfähle ihr gefahrloses Einbringen und die sichere Aufnahme der Pfahllasten durch den Untergrund zu gewährleisten. Entfernungen von Pfahlmitte zu Pfahlmitte von 0,6 m, wie sie früher üblich waren und leider noch verwendet werden, sind daher abzulehnen. Die unterste Grenze sollte 1 m sein. Je weiter man die Entfernung wählt, desto günstiger wird es sich für die Bauausführung auswirken.

Wie tief die Pfähle und die Spundwand in den Untergrund einzutreiben sind, hängt ab von:

1. der Höhenlage der See-, Fluß- oder Hafensohle (bei Ufereinfassungen),
2. der Tragfähigkeit des Untergrundes,

3. der Möglichkeit, Pfähle und Bohlen unbeschädigt einrammen zu können,
4. gegebenenfalls der erforderlichen Sicherung gegen Grundbruch und Gleiten.

Waagerechte und senkrechte Lasten — Höhenlage des Pfahlrostes — Breite des Pfahlrostes — Lage und Neigung der Pfähle — hängen eng voneinander ab. Je schmaler und tiefer der Pfahlrost ist, desto enger ist die Pfahlstellung, desto ungünstiger die Auswirkung für die Pfähle, desto größer die Ersparnis am Mauerwerk. Je höher der Pfahlrost liegt und je breiter er infolgedessen wird, desto größer ist infolge des weiteren Abstandes die Tragfähigkeit des Einzelpfahles, aber desto teuerer wird das Mauerwerk. Zwischen diesen beiden Grenzen wird sich die wirtschaftlichste Gestalt des Bauwerks bewegen.

Abb. 124. Infolge Rammung aufgetriebener Kleiboden.

Ob man für die Pfähle den Baustoff „Holz“, „Eisenbeton“ oder „Stahl“ verwendet, richtet sich nach der Preislage und den örtlichen Verhältnissen, wobei als oberstes Gesetz zu verlangen ist, daß die Pfähle unversehrt in den Untergrund eingebracht und vom Untergrund und vom Wasser nicht angegriffen werden.

Holz hat den Vorteil eines günstigen Beschaffungspreises, einer durch Jahrhunderte erwiesenen Dauerhaftigkeit unter Wasser, des Vorkommens im eigenen Lande und einer leichten Verarbeitung. Die leichte Beschaffungsmöglichkeit trat während der letzten Jahrzehnte mehr und mehr in den Hintergrund, da mit dem immer stärkeren Anwachsen der Geländesprünge auch die Gründungstiefe der Begrenzungsbauwerke wuchs, so daß bei dem Mangel an notwendigen langen Hölzern in Deutschland für Pfähle derartiger Bauwerke fast nur noch das ost- und südosteuropäische Ausland als Erzeugungsgebiet in Frage kam. Die leichtere Bearbeitungsmöglichkeit verlor auch an Bedeutung, da man mit den größeren Höhen der Bauwerke und den neueren Bauverfahren von der elastischen Holzverbundkonstruktion der Rostplatte zu der Eisenbetonrostplatte überging, bei der eine Bearbeitung der Pfahlköpfe nur noch bei Zugpfählen nötig ist.

Mit den sich steigernden Gründungstiefen wächst beim Rammen der Pfähle die Gefahr der Zerstörung des verhältnismäßig weichen Baustoffes infolge seiner nicht immer regelmäßigen Beschaffenheit (Abb. 125). Im Seebau ist die Anwendung des Baustoffes Holz außerdem begrenzt, sobald Bohrwurm oder Bohrassel auftreten.

Den Vorteil des gleichmäßigen Gefüges mit dem der Herstellung im eigenen Lande verbindet der Eisenbetonpfahl. Es gelang ihm aber trotzdem nicht, das Holz zu verdrängen. Gegenüber dem Holz ist er besonders in großen Längen beim Stapeln, Aufnehmen und Unter-die-Ramme-Bringen empfindlicher.

Abb. 125. Abgerammte Pfähle.

Gegen Zerstörung beim Rammen ist er ebenfalls nicht gefeit. Seine Dauerhaftigkeit im angriffsfähigen Untergrund und Wasser ohne besondere Schutzmaßnahmen ist allgemein nicht in der einwandfreien Form wie beim Holzpfahl unter Beweis zu stellen. Die fraglos vorhandene höhere Tragfähigkeit des Eisenbetonpfahles vermag die Vorteile der Holzpfähle nicht immer aufzuwiegen.

Die Querschnittform der hölzernen Rammpfähle ist entsprechend der Wuchsform durchweg rund und nach unten sich verjüngend. Nur im Auslande, wo die harten schweren Hölzer in großen Abmessungen billig zu erhalten waren, ging man auch zu der eckigen Querschnittsform über.

Beim Eisenbeton verwendet man die verschiedensten Querschnittsformen: rund oder eckig, hohl oder voll, wobei jedoch der quadratische oder gedrungenrechteckige Querschnitt am meisten zur Anwendung gelangt. Mit einer größeren Pfahloberfläche kann man wohl eine höhere Tragfähigkeit erzielen, es wächst jedoch damit die Schwierigkeit, den Pfahl einwandfrei in den Untergrund einzubringen.

Gegen Zerstörungen beim Rammen, gegen Angriffe durch Untergrund und Wasser und für eine vergrößerte Tragfähigkeit setzen sich die zahlreichen Patente für Beton- und Eisenbetonbohr-, Preß-, Ortpfähle u. a. m. ein. Ihr Anwendungsgebiet hat sich allmählich herausgeschält und wird auf besondere Fälle beschränkt bleiben.

Bei diesen Pfahlsystemen spielt die Gefahr der gegenseitigen Beschädigung immer dann eine Rolle, wenn die Pfähle so eng nebeneinander stehen, daß sie beim Einbringen (Einpressen — Einstampfen unter gleichzeitigem Ziehen des Vortreibrohres) den Boden nicht nur verdichten, sondern auch nach den Seiten zu wegdrücken und damit den noch nicht abgebundenen Nachbarpfahl ganz oder teilweise zerstören.

Während der Stahl in den letzten drei Jahrzehnten sich als Baustoff für Spundbohlen zu Grund- und Wasserbauwerken nicht nur mit Erfolg überall Eingang verschafft, sondern auch das Holz und den Eisenbeton zurückgedrängt hat und heute bei Spundwandbauwerken als in vieler Hinsicht geeignetes Bauhilfsmittel und Bauwerksglied dem Ingenieur unersetzlich geworden ist, hat er sich bei Pfahlgründungen bislang nicht durchsetzen können, obwohl der Pfahlverbrauch allein in den Seehäfen Hamburg-Cuxhaven und Bremen-Bremerhaven in einem Jahrhundert mit fast $^3/_4$ Millionen Stück zu veranschlagen ist.

Wohl sind die Stahlpfähle — hohl oder voll — als Schraubpfähle seit fast hundert Jahren angewendet worden, aber nur für bestimmte Bauwerke — im Auslande mehr als in Deutschland. Ihre Anwendung beschränkte sich im Seewasserbau auf Molen, Landungsbrücken, Leuchttürme u. a. m. also meist auf die Gebiete, wo Bohrwurm und Bohrassel auftraten. Die Schraubpfähle haben den Vorteil, sich ohne die schweren Rammgeräte bis zu einer gewissen Tiefe in den Untergrund einbringen zu lassen. Man griff besonders dort, wo neuzeitliche Geräte schwer zu beschaffen oder anzuwenden waren, gern auf sie zurück.

Ihr Nachteil liegt jedoch in der Beschränkung der Gründungstiefe, in der erhöhten Abhängigkeit von der Bodenbeschaffenheit (Hindernisse im Boden sind durch Schrauben nicht zu überwinden, da ein Festklemmen eintritt; bereits gröberes Material und sehr fest gelagerter Boden erschweren das Einschrauben genau so wie größere Tiefen) und in der Schwierigkeit des Einbringens von Schrägpfählen zur Aufnahme von waagerechten Kräften.

Dagegen sind mit dem Rammen größere Leistungen und vielgestaltige Gründungsformen zu erreichen und damit auch niedrigere Herstellungskosten verbunden.

I-Profile fanden hauptsächlich bislang nur bei der Einfassung von Baugruben für Untergrundbahnen u. a. m. Anwendung. Der Nachteil des nicht genügend hohen Widerstandsmomentes bei den gewöhnlichen I-Trägern zeigt sich des öfteren in dem Abgehen und Aufrollen dieser Eisen, sobald sie auf Widerstände im Boden stoßen. Man hat deshalb in der letzten Zeit mehr den Breitflanschträgern den Vorzug gegeben. Eine allgemeine Anwendungsmöglichkeit als Bauwerksglied war trotzdem nicht gegeben. Wenn auch der Breitflanschträger als Stahlpfahl ein günstigeres Widerstandsmoment aufweist, so haftet ihm der gleiche Nachteil, nämlich der verhältnismäßig kleine Querschnitt und damit eine geringe Tragfähigkeit an. Allerdings kann ich mir sehr gut vorstellen, daß bei großen Profilen und bestimmten Bodenarten auch eine Verspannung des Bodens zwischen den Flanschen und damit eine wesentlich erhöhte Tragfähigkeit eintreten kann.

Der Stahl wird nur dann mit Erfolg im Grundbau für Pfahlrostbauwerke verwendet werden können, wenn er die Vorteile der Baustoffe Holz und Eisenbeton besitzt und ihre Nachteile vermeidet. Seine Zweckmäßigkeit in statischer und konstruktiver Hinsicht ist durch seine vielseitige Anwendung im Hoch-, Brücken- und Eisenwasserbau und bei Spundwänden bereits unter Beweis gestellt. Für das gegenüber Holz und Eisenbeton gefahrlosere Einbringen in den Untergrund und die gute Rammfähigkeit liegen die Erfahrungen mit Stahlspundbohlen seit rd. 30 Jahren vor.

Der Rammvorgang selbst stellt fast immer die stärkste Beanspruchung der Pfähle dar.

Welche Maßnahmen können nun diese Rammbeanspruchungen vermindern bzw. wie können diese Beanspruchungen sicher aufgenommen werden?

Eine Querschnittsverringerung, wie sie z. B. bei den Stahlbohlen oder den I-Eisen gegenüber den Vollquerschnitten in Holz und Eisenbeton vorhanden ist, hat eine erhebliche Minderung der Tragfähigkeit und damit eine Erhöhung der Kosten zur Folge.

Eine Verringerung der Rammtiefe würde die Gefahren beim Einbringen herabsetzen, aber dafür Standsicherheit und Tragfähigkeit in Frage stellen.

So bleibt nur die Aufnahme der Rammbeanspruchungen durch den Baustoff übrig. Er zeigt sich den Anforderungen beim Einbringen in den Untergrund um so mehr gewachsen, je dichter, fester und zäher er ist. Es liegt auf der Hand, daß in dieser Hinsicht der Stahl, besonders nach den Fortschritten der Eisenhüttenkunde in den letzten Jahren, gegenüber Holz und Eisenbeton erhebliche Vorzüge aufweist.

Fassen wir noch einmal zusammen, welche Anforderungen an einen Rammpfahl zu stellen sind:

a) Zweckmäßigkeit in statischer und konstruktiver Hinsicht als Glied des Gesamtbauwerkes,

b) Dauerhaftigkeit (Schutz gegen Angriffe durch Boden, Wasser und Luft, gegen mechanische Zerstörungen u. a. m.),

c) gute Rammfähigkeit bei allen für Pfahlrostbauwerke in Frage kommenden Bodenarten,

d) gute Tragfähigkeit des Pfahles bei derjenigen Eindringungstiefe, wie sie die Standsicherheit des Bauwerkes vorschreibt,

e) Beschaffungsmöglichkeit im Inlande,

f) Wirtschaftlichkeit bei der Beschaffung und dem Arbeitsvorgang.

Erhöhten Schutz gegen Angriffe durch Luft, Wasser, Untergrund bieten die neuen Sonderstähle, wie z. B. Cu-Stahl, Resista-Stahl u. a. m. Im Hafen Vegesack bei Bremen stehen eiserne Uferwände aus Walzprofilen, die heute noch nach 50 Jahren ihren Zweck erfüllen. Die hohe Tragfähigkeit, wie sie besonders die Eisenbetonpfähle besitzen, war dagegen bis vor kurzem nicht auf wirtschaftlichem Wege zu erreichen. Die Wirtschaftlichkeit beim Arbeitsvorgang ist vorhanden, da die Rammung sich von der des Holzpfahles nicht so sehr unterscheidet, daß dadurch erheblich größere Unkosten entstehen.

Faßt man die Ergebnisse der Rammung und Belastung von Pfählen aus den drei verschiedenen Baustoffen zusammen (Abb. 126 bis 128), so kann der Holzpfahl wohl mit der geringsten Anzahl von Hitzen in den Untergrund eingetrieben werden. Andererseits hat aber die Erfahrung gelehrt, daß größere Rammtiefen im fest gelagerten Sandboden ohne Zerstörung des Holzgefüges nicht erzielt werden können. Bei tief gelegenen Sanden, wie z. B. an der Unterweser, darf die reine Rammeindringung die Grenzen von 1,5 bis 2 m nicht überschreiten. Das Arbeitsvermögen beim Rammvorgang läßt sich infolge des weichen Baustoffes nicht beliebig steigern, mehr als 2,5 bis 3 tm sind selten zulässig. Des ferneren besitzt der Holzpfahl nur eine beschränkte Tragfähigkeit und eine verhältnismäßig große Gesamtsenkung, an der in den meisten Fällen die elastische Formänderung des Holzes stark beteiligt ist. Die zulässige Tragfähigkeit von Holzpfählen wird auch nach eingehender Probebelastung nicht über 45 bis 50 t je nach Durchmesser hinausgehen können.

Infolge des weichen und ungleichmäßigen Baustoffes sollte die Beanspruchung auf Druck bei

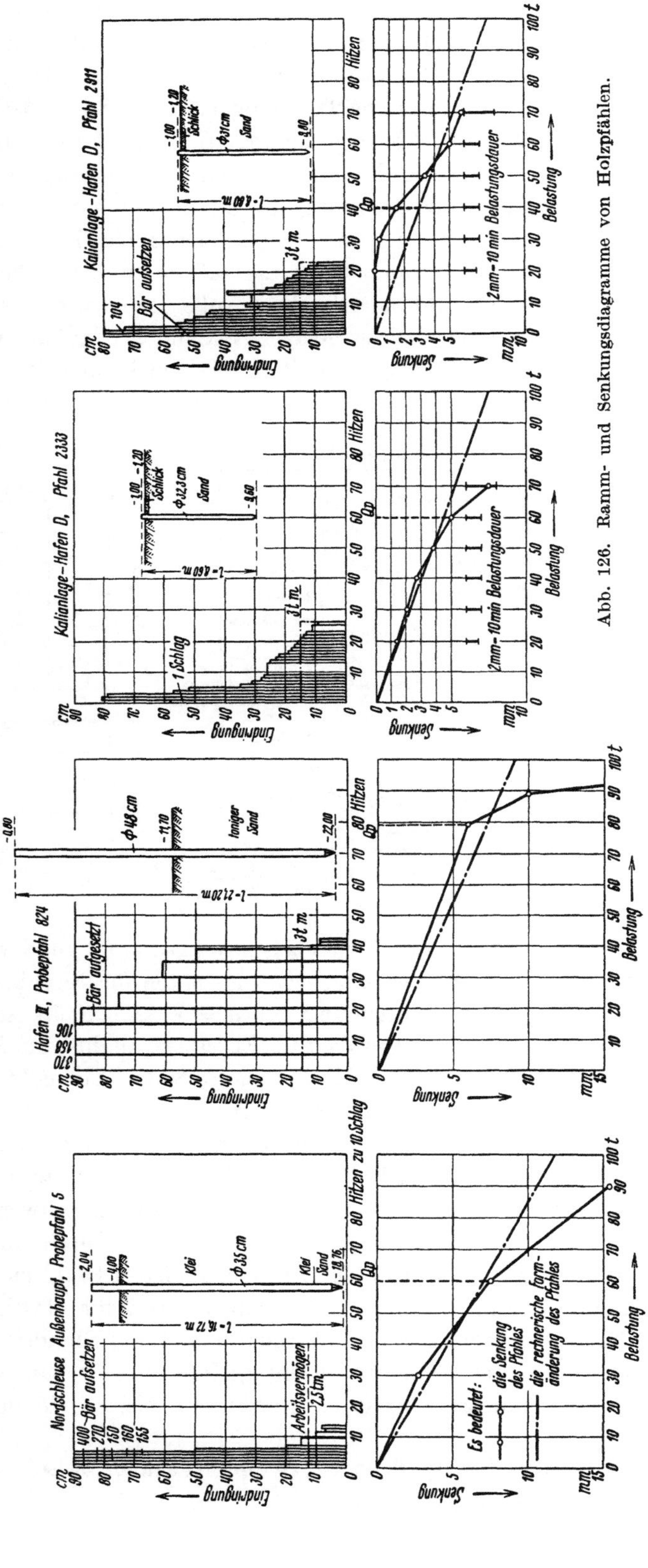

Abb. 126. Ramm- und Senkungsdiagramme von Holzpfählen.

Nadelholz unter Wasser 60 kg/cm² nicht überschreiten. Das ergibt zwar für die dem Vergleich zugrunde gelegten Holzpfähle von 32 cm Durchmesser eine theoretische Tragfähigkeit von 48 t und für die Holzpfähle von 35 cm Durchmesser eine theoretische Tragfähigkeit von 58 t, es ist aber zu berücksichtigen, daß zu der Druckbeanspruchung in vielen Fällen die Biegungs- und Knickbeanspruchung hinzukommt und daß die elastische Formänderung bei solchen Belastungen Maße annimmt, die oft nicht mehr zu vertreten sind.

Der Eisenbetonpfahl zeigt eine große Tragfähigkeit, jedoch besitzt er eine schwerere Rammbarkeit, die auf die zu große Reibung zwischen Sand und Beton zurückzuführen ist. Der große Rammwiderstand kann zur Zerstörung des Betongefüges bei festgelagerten Sanden in größerer Rammtiefe führen. Die zulässige Tragfähigkeit von Betonpfählen kann infolge ihrer geringen Senkung unter der Last (Abb. 127) weit höher als diejenige von Holzpfählen (Abb. 126)

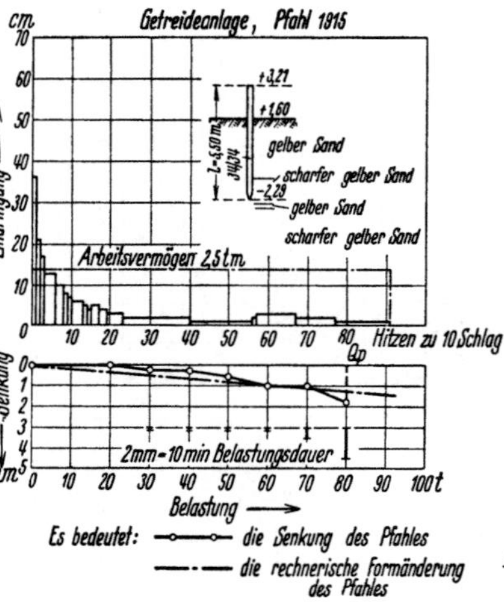

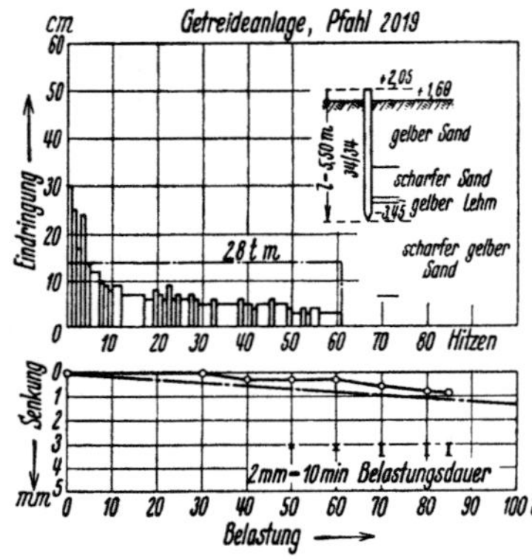

Abb. 127. Ramm- und Senkungsdiagramme von Eisenbetonpfählen.

gesetzt werden. Sie könnte beispielsweise auf Grund von Probebelastungen bis zu 100 t gesteigert werden, wenn nicht die für Eisenbeton in Sonderfällen noch zuzulassende Beanspruchung von $\sigma = 60$ kg/cm² überschritten würde. Für den zum Vergleich herangezogenen Eisenbetonpfahl von 34/34 cm ergibt sich danach die höchste Tragfähigkeit zu rd. 80 t. Man geht jedoch im Durchschnitt nicht über 50 bis 55 t mit $\sigma = 45$ bis 50 kg/cm² hinaus. Auch hier tritt in vielen Fällen die Beanspruchung auf Biegung und Knicken hinzu.

Beim Stahlpfahl ist die Gefahr der Zerstörung seines Gefüges durch den Rammvorgang nur dann zu erwarten, wenn er schwere Hindernisse im Boden weder beiseitedrücken noch zertrümmern oder durchschlagen kann. Eine meißelartige Wirkung ist aber nur bei dem Baustoff Stahl möglich. Mit seiner gefahrloseren Rammbarkeit gewinnt er einen Vorteil für alle diejenigen Bauwerke, deren Pfahlroste wegen der Bodenbeschaffenheit, der Standsicherheit oder der späteren Vertiefung der Sohle tief heruntergeführt werden müssen oder bei denen wegen der Zusammensetzung des Untergrundes bislang Pfähle nicht gerammt werden konnten.

Bei den Stahlpfählen ist zu unterscheiden zwischen 1. Kasten- oder Rohrprofilen, bei denen vorwiegend Reibung von Erde auf Stahl und infolge der Verspannung des Bodens im Innern der Bohle ein starker Spitzenwiderstand auftritt, und 2. Breitflanschprofilen, bei denen infolge der Verspannung des Bodens zwischen den Flanschen, die durch geeignete Wulste wesentlich gefördert werden kann, für die Hälfte des Umfanges Wandreibung von Erde auf Erde, für die andere Hälfte von Erde auf Stahl eintritt. Der Spitzendruck ist geringer als bei den Rohrprofilen, da unten keine geschlossene Fläche aufliegt. Ähnlich liegen die Verhältnisse bei einfachen Wellenprofilen.

Die Tragfähigkeit von Stahlpfählen verschiedener Bauart ist in letzter Zeit mehrfach besprochen worden[1]. Bezüglich der Tragfähigkeit besteht nach den bisherigen Versuchen, die im Sandboden vorgenommen wurden, kein großer Unterschied zwischen den einzelnen Ausbildungsformen. Da die Probebelastungen im Bauwerk noch nicht sehr zahlreich sind, kann ein abschließendes Urteil nicht gefällt werden. Jedenfalls scheint es, daß der Wulstpfahl eine etwas größere Tragfähigkeit aufweist als wie die anderen Formen. Bedeutend ist jedoch dieser Unterschied nicht. Die Werte bewegen sich um 100 bis 130 t bei Sandboden (Abb. 128). Die Hohlpfähle (Rohr und Kasten) wurden mit und ohne Betonfüllung untersucht, ohne daß sich in der Tragfähigkeit ein merkbarer Unterschied ergab. Die Verspannung des Bodens im Profil ist also so stark, daß sie denselben Widerstand leistet wie ein künstlich eingebrachter Pfropfen.

Die Wirkungsweise der beiden Arten von Sandpfählen (Hohl- und Wulstpfähle) ist theoretisch völlig verschieden, so daß die annähernd gleichen Versuchsergebnisse etwas erstaunlich sind. Die Hohlpfähle weisen eine geringe Mantelreibung, aber einen wegen ihrer großen Querschnittsfläche (voller Kreis bzw. Rechteck infolge der Bodenverspannung) großen Spitzenwiderstand auf, müßten also dort ihre zweckmäßigste Verwendung finden, wo durch Schichten geringer Reibung auf den tragfähigen Sand gerammt wird. Dem gegenüber beruht die Tragfähigkeit der Wulstpfähle hauptsächlich auf ihrer hohen Mantelreibung, während die Größe des Spitzenwiderstandes noch nicht genau bekannt ist. Sie werden daher im Fall der Anwendung einer schwimmenden Gründung besonders geeignet sein.

Versuche haben erwiesen, daß einfache wellenförmige Spundbohlen ebenfalls erhebliche senkrechte Lasten übertragen können, die beispielsweise bei einer Doppelbohle Hoesch II für eine senkrechte Belastung von 200 t eine bleibende Einsenkung von nur 10 mm, bei zwei Doppelbohlen von nicht ganz 5 mm ergaben. Dieselben Ergebnisse, die bei Kastenbohlen und Hohlpfählen erreicht wurden, sind auch bei der Peiner Spundwand zu erwarten. Breitflanschträger ohne Wulst werden dagegen eine geringere Tragkraft aufweisen. Aus Versuchen geht hervor, daß ein in Sand gerammter Breitflanschträger nur bis etwa 40 t belastet werden konnte, während der Breitflansch-Wulstpfahl unter den gleichen Verhältnissen über 100 t trug. Leider sind Probebelastungen verschiedener Spundbohlenarten bisher nur wenig bekannt geworden,

[1] Agatz, A.: Der Rammstahlpfahl für Pfahlrostbauwerke. Baut. 1934, S. 56, 68. — Benrath, H.: Erfahrungen mit stählernen Spundwänden und Pfählen beim Bau von Kaimauerverstärkungen im Hamburger Hafen. WRH. 1934, H. 20 und Jahrb. d. Hafenbaut.-Ges. Bd. 14, 1934/35. Berlin 1936. — Hacker: Erfahrungen mit Stahlrammpfählen. WRH. 1934, H. 20; Rammpfähle aus Stahl. Nefa-Nieuws 's Gravenhage 1934, H. 8. — Paulsen, E.: Ramm- und Belastungsversuche mit verschiedenen Pfahlarten aus Eisen und Eisenbeton und mit eisernen Spundbohlen. Baut. 1934, S. 429, 443.

so daß weitgehende Folgerungen aus den geschilderten Ergebnissen noch nicht gezogen werden sollen. Vor allem ist das Verhalten der Bohlen in bindigem Boden noch nicht erforscht. Jedenfalls kann aber gesagt werden, daß auch das

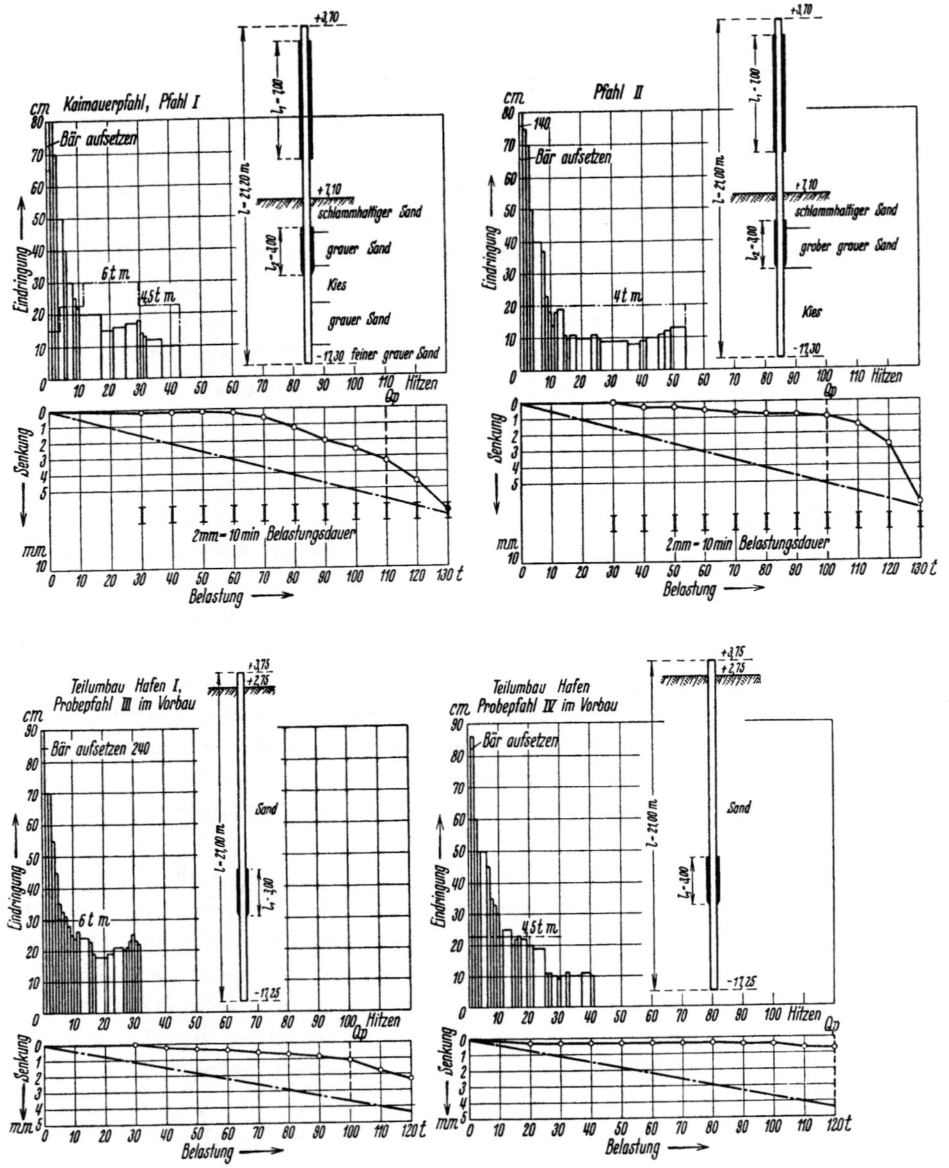

Abb. 128. Ramm- und Senkungsdiagramme von Stahlpfählen.

einfache Wellenprofil bereits bedeutende senkrechte Kräfte überträgt und dementsprechend als tragender Teil der Konstruktion herangezogen werden kann.

In statischer Hinsicht unterscheiden sich die aufgeführten Stahlpfähle insofern etwas, als die Knicksicherheit des Wulstpfahles geringer als die des Hohlpfahles ist. Ferner läßt sich der Wulstpfahl schwerer rammen als wie die anderen Profile und wird daher dort nicht verwendet werden, wo die Rammerschütterungen möglichst gering gehalten werden sollen. Es sei schließlich noch darauf hingewiesen, daß sich infolge der aufgeschweißten Laschen beim Rammen des Wulstpfahles, wenn auch nur kleine, Trichter an der Erdoberfläche bilden können, die durch das Nachrutschen des Bodens in die oben offenen Taschen der Pfähle verursacht werden.

Die Preisunterschiede zwischen den einzelnen Pfahlsorten sind nicht so bedeutend, daß etwa bestimmte Ausbildungen von vornherein als unwirtschaftlich abzulehnen sind.

In welcher Form Stahlpfähle für Zugbeanspruchungen ausgebildet werden müssen, steht zur Zeit noch aus, da Versuche noch nicht durchgeführt wurden. Hier kann ich mir jedoch sehr gut vorstellen, daß der Wulststahlpfahl wesentlich höhere Belastungen zuläßt als der Pfahl ohne Wulste. Wenn der zwischen den Flanschen sitzende Boden derartig fest eingepreßt wird, daß er nicht mehr am Stahl abgleiten kann, muß er auch auf Zug genau so wirken wie auf Druck.

Allgemein übersteigt die Tragfähigkeit des Stahlpfahles die des Holzpfahles um mehr als 100% und die des Eisenbetonpfahles um rd. 40%, da bei 100 t für den in Abb. 128 dargestellten Fall mit IP 24 erst eine Beanspruchung des Baustoffes von 900 kg/cm² eintritt. Gegenüber einer zulässigen Last von 130 t mit 6 mm Gesamtsenkung und einer zulässigen Spannung von 1200 kg/cm² für St 37 ist noch rd. 30% Sicherheit vorhanden.

Die Belastung ergab für die Probepfähle I und II der Abb. 128 bei 130 t Last eine Gesamtsenkung von 6 mm, die einer Formänderung des Pfahles auf eine Länge von i. M. 11 m entspricht, d. h. der Pfahl sitzt von der Verstärkung ab, also da, wo die Reibung von Sand auf Sand eintritt, fest im Untergrund. Bei den Probepfählen III und IV betrug die entsprechende Formänderung nur 4 bzw. 0,7 mm.

Die erhöhte Tragfähigkeit ist also auf die Mantelreibung von Sand auf Sand in Höhe von fast 50% der Umfangsfläche der Pfahlspitze zurückzuführen und nicht auf die Mantelreibung von Sand auf Stahl.

Setzt man bei den Stahlpfählen die Sandreibungsfläche der „Spitze" mit $2 \cdot 0{,}20 \cdot 5 = 2{,}0\ \text{m}^2$ ein und berücksichtigt die Reibungsziffer $\operatorname{tg}\delta = \operatorname{tg}\varrho = 0{,}6$ bis 0,7 für die Sande an der Unterweser, so ergibt sich nach Dörr eine rechnerische Tragfähigkeit von 120 bis 140 t, die mit den ermittelten Probebelastungsergebnissen von 130 t sehr gut übereinstimmt. Die Ergebnisse der Abb. 128 zeigen ferner, daß die Länge der Spitze und die Lage der Verstärkungsbleche von Probebelastungen abhängig zu machen sind. Man kann also den Wulstpfahl ohne besondere Kosten leicht den Untergrundverhältnissen anpassen. Ein weiterer Vorteil des Stahlpfahles liegt in seiner praktisch unbegrenzten Länge. Während diese beim Holz auf 20 bis 25 m mit 2,4 t Gesamtgewicht und beim normalen Eisenbetonpfahl sich auf etwa 18 m mit rd. 5 t Gesamtgewicht beschränkt, sind probeweise Kastenbohlen, die aus zwei nur stumpf geschweißten Teilen bestanden, in 38 m Länge gerammt worden. Bei einer Länge von 25 m ergibt sich für den Stahlpfahl IP 24 einschließlich Verstärkungskonstruktion ein Gesamtgewicht von nur 2,4 t, also nicht mehr als das eines gleich langen Holzpfahles. Das verhältnismäßig geringe Gewicht ist naturgemäß bei Pfahlrostgründungen nicht zu unterschätzen.

Vergleicht man die in nachstehender Tabelle zusammengestellten Werte für q_p und q_g, so zeigt sich, daß das Verhältnis $q_p : q_g$ mit i. M. 0,8 bei Sandboden bedeutend über das von Terzaghi[1] angegebene Maß von 0,25 hinausgeht.

Tabelle 15. Proportionalitäts- und Belastungsgrenzen der untersuchten Stahl-, Holz- und Eisenbetonpfähle.

Werkstoff	Pfahl Nr.	F cm² gemittelt	Q_p t Prop.-grenze	$q_p = \frac{Q_p}{F}$	Q_g t Belast.-grenze	$q_g = \frac{Q_g}{F}$	$\frac{q_p}{q_g}$	s cm Senk. bei Q_p	$C = \frac{Q_p}{sF}$	$C' = \frac{E}{l'}$	$C' - C$
Stahl	I	142	110	774	130	912	0,85	0,33	2345	1454	− 891
,,	II	142	100	704	130	912	0,77	0,10	7040	1423	−5617
,,	III	160	100	625	130	812	0,77	0,11	5640	1462	−4178
,,	IV	160	120	750	—	—	—	0,07	10715	1462	−9253
Holz	5	942	60	64	—	—	—	0,60	106	57	− 49
,,	824	1590	80	50	—	—	—	0,75	67	85	+ 18
,,	2333	752	60	80	70	93,2	0,86	0,50	160	172	+ 12
,,	2911	735	40	54	—	—	—	0,15	362	169	− 193
Eisen-	1915	1160	80	69	—	—	—	0,12	574	571	− 3
beton	2019	1160	—	—	—	—	—	—	—	621	—

Die Senkungsziffer C wird bei Stahlpfählen infolge des geringen Querschnittes naturgemäß größer als bei Holz- und Eisenbetonpfählen sein. Die negative Differenz $C' - C$ besagt, daß die theoretische elastische Formänderung des Pfahles nicht erreicht wird. In Anbetracht der rohen Annäherung, die die Ziffer C darstellt, ist solchen Abweichungen aber kein allzu großer Wert beizumessen, schon deshalb nicht, weil die Berechnung der theoretischen C' infolge der Annahme über die Verteilung der Reibung eine gewisse Unsicherheit enthalten kann. Immerhin geht aus den Werten hervor, daß der Stahlpfahl fest im Boden steht. Es erscheint nicht ausgeschlossen, daß auch die Form des Pfahles von einem gewissen Einfluß auf die Konstanten C, q_p und q_g ist.

Jedenfalls ist es wünschenswert, Belastungsergebnisse von Pfählen immer in der von Terzaghi vorgeschlagenen Weise auszuwerten, um auf diese Weise ein einheitlich gekennzeichnetes Material zu erhalten, aus dem sich die noch offenen Fragen bezüglich der Tragfähigkeit von Rammpfählen vielleicht klären lassen können.

Über die Wertigkeit eines gerammten Pfahlrostsystems kann man sich erst dann ein richtiges Urteil verschaffen, wenn man sich von der zeichnerischen Darstellung des Pfahlrostbauwerkes loslöst und die Wirklichkeit auf sich wirken läßt.

Wie ich bei der Spundwand schon ausführte, kommt es nicht so sehr darauf an, daß die Pfähle am Pfahlkopf die genaue zeichnungsgemäße Lage und Richtung aufweisen, sondern man muß die Gewähr haben, daß die Pfahlspitzen annähernd dort liegen, wo sie hingehören. Ich habe es in dieser Beziehung stets dankbar empfunden, daß es mir vergönnt gewesen ist, nicht nur Pfähle aus bestehenden Bauwerken wieder herauszuziehen, sondern auch Pfahlroste bis zu den Pfahlspitzen freizulegen. Das Bild, das sich mir hierbei geboten hat, muß ich als sehr unerfreulich bezeichnen. Es beweist, daß das Sprichwort im Grundbau: der Ingenieur müsse mit der Nachgiebigkeit des Materials rechnen, bislang

[1] Erdbaumechanik. S. 281.

leider Gültigkeit gehabt hat. Aus Abb. 129 erkennt man, wie ein Pfahlrost, der zeichnungsgemäß eine gute Verteilung der Pfähle aufweist, bereits nach Freilegung von 10 m an verschiedenen Stellen ein in der Mehrzahl fast unlösliches Gewirr von durcheinandergerammten Pfählen darstellt. Von irgendeiner Einhaltung von Lage und Richtung war hier nichts mehr zu erkennen. Bei einem erheblichen Teil der Pfähle hatten sich die Folgen eingestellt. Sie waren gestaucht, zersplittert, geknickt oder völlig abgerammt. Dabei handelt es sich

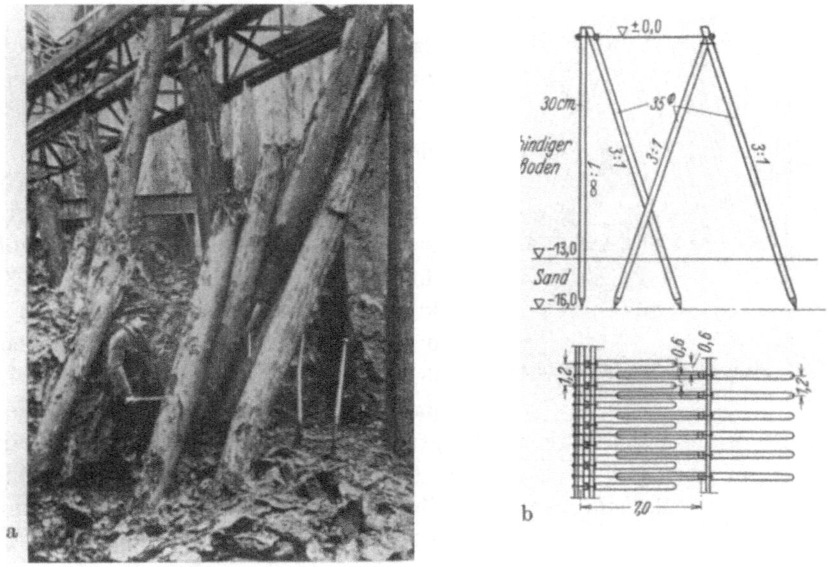

Abb. 129. Zustand eines Pfahlrostes: a) Nach Ausgrabung, b) nach der Zeichnung.

bei dem vorliegenden Fall in den oberen 10 m um bindigen Boden, so daß nur die unteren 3 bis 4 m der Pfähle im Sandboden standen. Dieses und ähnliche Ergebnisse sollten uns nachdrücklich veranlassen, die lediglich theoretisch konstruktive Behandlung von Pfahlrostbauwerken abzulehnen und uns weitgehend auf die Erfahrungen zu stützen.

Weiter Pfahlabstand, gute Führung des Pfahles beim Rammen, sachgemäße Rammung und Rammkontrolle, die sich besonders auf die Einhaltung der Pfahlneigung zu erstrecken hat, sind die besten Hilfsmittel gegen derartige Pfahlzerstörungen.

β) Die Spundwand.

Von wesentlichem Einfluß auf die Kosten des Pfahlrostbauwerkes ist unter Umständen die Lage der Spundwand. Sie kann praktisch vorn oder hinten angeordnet werden.

Eine hintere Spundwand mit gleichfalls im hinteren Teil des Pfahlrostes angeordneten Zugpfählen hat den Nachteil, daß diese entweder lotrecht gestellt werden müssen oder daß die Spundwand selbst unter der Neigung der Zugpfähle zu rammen ist. Vorteilhaft ist dagegen ihre geringe freie Länge, ihre dadurch bedingte geringe Stärke und die geschützte Lage. Die Länge und Stärke der Spundwand ist abhängig von der Tiefenlage und Breite des Pfahlrostes.

Bei hinterer Spundwand wächst mit zunehmender freier Höhe des Pfahlrostes auch die freie Länge der vorderen Pfähle und damit ihre Knickbeanspruchung derart, daß die Pfähle nicht mehr ihrem Querschnitt entsprechend ausgenützt sind und daher vermehrt werden müssen. Außerdem ist eine hintere Spundwand bei bindigen Bodenarten nur zu empfehlen, wenn die Mauer im freien Wasser über der endgültigen Sohle und Böschung gebaut werden kann, da sonst der Boden bei der Freibaggerung zwischen den Pfählen hängenbleiben und diese unzulässig hoch auf Biegung beanspruchen würde.

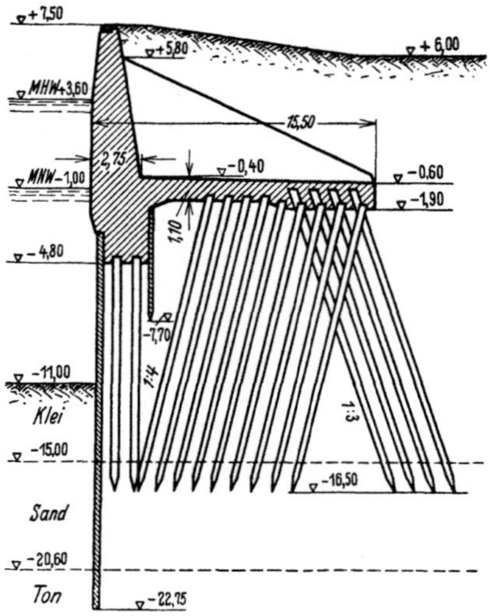

Abb. 130. Pfahlrostbauwerk mit Eisenbetonschürze.

Durch die vorn angeordnete Spundwand wird daher nicht allein die Knickgefahr für die Pfähle verringert, sondern der Bodenkörper zwischen den Pfählen kann auch zur Aufnahme der waagerechten und senkrechten Kräfte herangezogen werden. Er überträgt einen Teil der Lasten dann auf die Spundwand. Wird die freie Höhe des Pfahlrostbauwerkes sehr groß, dann wird die vordere Spundwand infolge ihrer ebenfalls großen Länge teuer. Man kann sie jedoch verkürzen, indem man den Betonkörper des Aufbaues als sog. Schürze herunterzieht und daran die Spundwand anschließt (Abb. 130). Die gegen Beschädigungen verhältnismäßig ungeschützte Lage läßt sich durch Vorziehen des Mauerkörpers über die Spundwand hinaus verbessern.

γ) Der Mauerkörper.

Der auf dem Pfahlrost ruhende Mauerkörper kann ausgeführt werden als:

Schwergewichtskörper in Ziegel-, Bruchsteinmauerwerk oder Beton,

biegungsfester Körper in Eisenbeton, in Rostplatte und Abschlußwand (mit und ohne verbindende Rippen) aufgelöst.

Nur in den seltensten Fällen wird heute noch das Ziegel- und Bruchsteinmauerwerk verwendet. Die Ausführung in Eisenbeton sollte grundsätzlich zu fordern sein, weil nur dieser Verbundkörper in der Lage ist, die auftretenden Nebenspannungen bei den mehr oder weniger großen Bewegungen von Stützbauwerken einwandfrei aufzunehmen. Freigelegte Schwergewichtskörper in Beton zeigen immer wieder, daß Risse an den gefährdeten Stellen auftreten (Abb. 111). Daß der Aufbau trotzdem gehalten hat, ist mehr auf die durch die Risse eingetretene Entlastung und die Nachgiebigkeit des Baustoffes als auf die Voraussicht des Erbauers zurückzuführen. Mir ist es unverständlich, warum der Schwergewichtskörper noch verwendet wird. Ich kann es nur darauf zurückführen, daß ein Teil der Ingenieure auch heute noch ungern die Eisenbetonstatik im Grundbau anwendet und dementsprechend die Bauwerke gestaltet. Schon das Ingenieurgefühl und die Freude am Entwerfen geschmeidiger Bauwerkskonstruktionen sollten den Gebrauch des Eisenbetons zur Regel werden lassen. Beim

Entwurf sollte man darauf achten, den Baukörper den späteren Arbeitsfugen entsprechend baulich durchzubilden und Horizontalfugen so wenig wie möglich anzuwenden.

c) Die Erfahrung und ihre Auswertung für die statische und konstruktive Behandlung.

Die Erfahrungen, die bisher mit Pfahlrostbauwerken gemacht worden sind, sind zum größten Teil nicht veröffentlicht worden, so daß ich mich auf die bekannten großen Unglücksfälle und auf die eigenen Beobachtungen von Pfahlrostbauwerken[1] beschränken muß. Bezüglich der Auswertung der Erfahrungen für die statische Berechnung sind die Bewegungen wichtig, die an ausgeführten Pfahlrosten beobachtet wurden. Das Maß und die Art dieser Bewegungen hängt von der Konstruktion der Bauwerke (Breite und Höhe des Pfahlrostes, Gründungstiefe, Höhe des Aufbaues, Gewicht) und den Untergrundsverhältnissen ab.

Die Auswertung gemessener Bewegungen von Pfahlrostbauwerken kann dadurch erfolgen, daß man für die dem Entwurf zugrunde gelegte Belastung die elastische Verschiebung (entweder auf Grund eines Verschiebeplanes oder rechnerisch nach den für diesen Zweck geeigneten Formeln von Krey) und nach Möglichkeit die Setzung des Bauwerkes berechnet. Ein Vergleich der gemessenen und berechneten Verschiebung gibt Auskunft über die Richtigkeit der getroffenen Belastungsannahmen und die Zulässigkeit der dem elastischen Berechnungsverfahren zugrunde gelegten Annahmen. Durch eine solche Nachprüfung an der Wirklichkeit ist die Möglichkeit gegeben, unsere Rechenmethoden weiterhin zu verbessern.

Bei sämtlichen eingestürzten oder in Bewegung geratenen Bauwerken konnte man die Verschiebungen auf zwei Ursachen zurückführen:

1. Auf den Untergrund: a) Ausweichen des Bodens. Der Boden kann auf einer gekrümmten Gleitfläche infolge des Druckes unter den Pfählen ausweichen (Grundbruch). Die Mauer bewegt sich dann mit dem Fuß voran. Dieser Fall tritt häufig infolge zu tiefer Baggerung vor dem Pfahlrost ein.

Die gleiche Bewegung erfolgt, wenn nicht der Untergrund, sondern das Gelände aufbricht, wenn also eine Gleitfuge um das ganze Bauwerk herum entsteht.

Handelt es sich dagegen um eine geologische Gleitfläche, so kann entweder die erwähnte Bewegung eintreten, oder, wenn die geologische Gleitfläche verhältismäßig hoch liegt, die Oberkante der Mauer sich vornüberneigen.

b) Setzen des Bodens. Hierbei kann je nach der Verteilung der Kräfte das Bauwerk entweder sich vornüber oder nach rückwärts neigen oder sich gleichmäßig setzen.

2. Auf die Konstruktion des Bauwerkes: Es kann einmal eine Bewegung des Pfahlrostbauwerkes infolge Überbeanspruchung und Nachgeben der vorderen Druckpfähle ausgelöst werden. Das Bauwerk wird sich dann mit dem Kopf nach vorn neigen. Die entgegengesetzte Bewegung (Vorschieben des Bauwerkes in Höhe der Rostplatte und Zurückweichen des Kopfes der Mauer) kann eintreten, wenn weit hinter dem Mauerkörper nach rückwärts reichende Zugpfähle in bindigem Boden stecken und dieser infolge erhöhter Auflast so stark zu-

[1] Vgl. auch Agatz, A.: Der Bau der Nordschleusenanlage in Bremerhaven 1928 bis 1931. Berlin 1931.

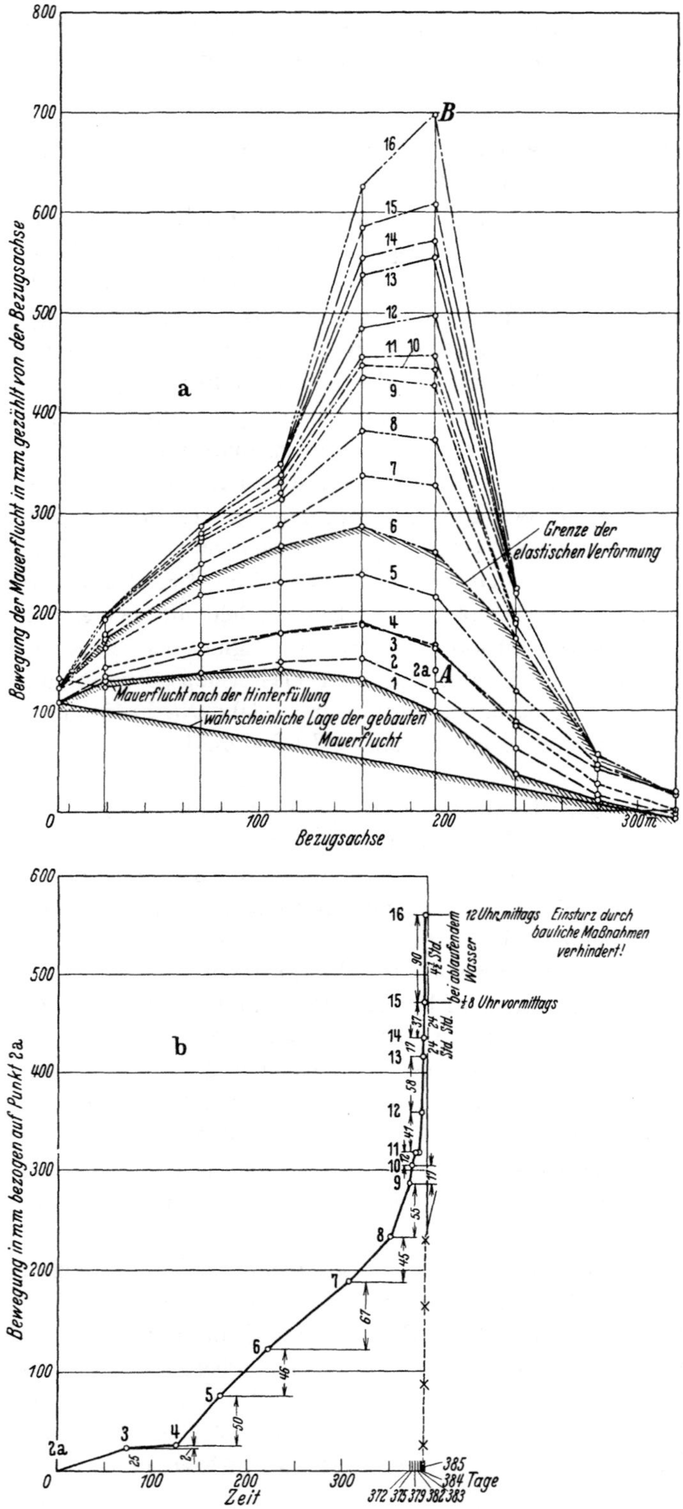

Abb. 131. Bewegung eines Stützbauwerkes bis zum Bruch. a) Zeitlicher Verlauf im Grundriß, b) zeitlicher Verlauf im Schnitt $A-B$.

sammengepreßt wird, daß die Zugpfähle bis zum Bruch beansprucht werden. Das Bauwerk wird alsdann durch die stark durchgebogenen Zugpfähle an dieser Stelle nach unten gezogen. Die gleiche Bewegung wird ausgelöst, wenn eine vornliegende Spundwand nachgibt (gegebenenfalls bis zum Bruch) und die Druckpfähle und die anschließenden Zugpfähle sich ebenfalls durchbiegen.

Man sieht also, daß die Art der Drehung des Bauwerkes noch nicht ohne weiteres einen unmittelbaren Schluß auf die Ursachen zuläßt, denn es entsteht z. B. sowohl beim Grundbruch als auch beim Durchbiegen der hinteren Zugpfähle als auch beim ungleichmäßigen Setzen eine Drehung des Mauerkopfes nach rückwärts. Erst die Betrachtung der senkrechten und waagerechten Verschiebung und der stattgefundenen Drehung in Verbindung mit einer Untersuchung der Einzelkonstruktionsteile lassen die Ursache der Bewegung ergründen.

Gerutschte Pfahlroststützbauwerke im In- und Auslande geben Beispiele für die Bewegung und deren Ursachen. Außer diesen großen Unfällen sind die Ergebnisse der Messungen von in Bewegung geratenen Bauwerken aufschlußreich. Abb. 131 zeigt die langsame Zunahme der Bewegung und gleichzeitig das erhebliche Maß der Elastizität, das das Bauwerk bei der Durchbiegung senkrecht zur Mauerflucht aufgewiesen hat.

Beim gleichen Bauwerk wurde an einer anderen Stelle eine Bewegung gemessen, die infolge Durchbiegung der vorderen Spundwand und der dahinterstehenden Druckpfähle sowie Durchbiegung der hinteren Zugpfähle, hervorgerufen durch Erdauflast und gleichzeitiges Setzen des Bodens, entstanden ist. Sie zeigt die charakteristische Form und ist ein Beweis dafür, wie starke Bewegungen Pfahlroststützbauwerke durchmachen können, ohne daß sie in ihrer Standsicherheit gefährdet zu werden brauchen (Abb. 110).

So hat der weitaus größte Teil von Ufereinfassungen in bindigem Boden bei rd. 15 m freier Höhe horizontale Bewegungen bis zu 26 cm durchgemacht, ohne daß selbst heute nach mehr als 25 Jahren Betriebsdauer die Gefahr eines Einsturzes droht.

Betrachtet man die in Abb. 108c dargestellten Verschiebungen von breiten Stützmauern, so müßte man in Anbetracht einer 6,9 cm starken Bewegung nach vorn und einer 5,4 cm starken Bewegung nach abwärts mit einer Überbeanspruchung des Pfahlrostes rechnen, ohne daß diese aber in Wirklichkeit vorhanden ist, weil sich in dem vorliegenden Fall das Bauwerk als Ganzes bewegt hat.

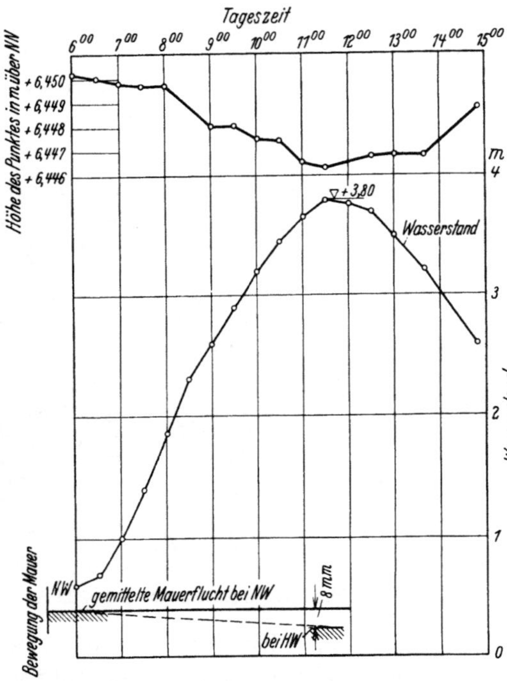

Abb. 132. Waagerechte und senkrechte Bewegung einer Stützmauer auf Pfählen infolge der Gezeiten.
a) Grundriß, b) zeitliche Auftragung der Bewegung der Mauer in der Richtung $A-B$.

Die gleiche Empfindlichkeit (vgl. Abb. 132) konnte bei einem Pfahlroststützbauwerk infolge des Gezeitenwechsels festgestellt werden, der in Anbetracht der erheblichen Geländesprunghöhe von 19 m doch als nur gering zu bezeichnen ist (3 m Tidenhub). Hierbei muß man sich allerdings darüber wundern, daß zwischen Ursache und Wirkung ein nennbarer Zeitunterschied nicht vorliegt, daß also das Bauwerk unverzüglich dem jeweiligen Wasserüberdruck folgt. Man kann hierbei gewissermaßen von der Gezeitenbewegung eines Pfahlrostbauwerkes sprechen.

Die Abhängigkeit der Setzungen von der Belastung der Pfähle und des Baugrundes geht deutlich aus Abb. 107e bis h hervor.

Die vorgenannten Bewegungen dienen als Beweis für das starke elastische Verhalten, dem Aufbau, Pfahlrost, Erde unterworfen sind. Die in der Berechnung angesetzten Werte für Elastizität der Pfähle bzw. des Bodens können an

Hand der Bewegungen bis zu einem gewissen Genauigkeitsgrad nachgeprüft werden. Allerdings muß man dabei berücksichtigen, daß bereits im Ansatz des Erddruckes und Wasserüberdruckes erhebliche Fehler gemacht werden können, die sich bei einer Nachrechnung von Bewegungen deutlich bemerkbar machen. Immerhin sollte man möglichst den Zusammenhang zwischen statischer Berechnung und wirklich vorgekommenen Verschiebungen nachprüfen, um für die Zukunft sicherere Grundlagen zu erhalten.

Freigelegte Aufbauten von in Bewegung geratenen Pfahlrostbauwerken zeigten offensichtlich den erheblichen Nachteil der Schwergewichtskörper, die entsprechend der Bewegung des Pfahlrostes gerissen waren, und den Vorteil aufgelöster, biegungsfester Aufbauten von Eisenbeton, die in ihrem Zusammenhang erhalten geblieben sind. So ist ein Aufbau, der als Schwergewichtskörper in Beton ausgebildet war, durch das Anlegen eines rd. 8000 B.-R.-T. großen Seedampfers kurz nach seiner Fertigstellung auf eine Länge von rd. 20 m um mehrere Zentimeter in den Arbeitsfugen verschoben worden, obwohl der Schwergewichtskörper in Höhe des Schiffsstoßes eine Stärke von 2 bzw. 3 m aufwies und mit Erde hinterfüllt war. Bei einem aufgelösten, biegungsfesten Aufbau in Eisenbeton wäre die Verschiebung nicht eingetreten, weil die Eiseneinlagen an der Vorder- oder Rückseite des Körpers für eine bessere Verteilung des auftreffenden Stoßes gesorgt und die auftretenden Schub-, Druck- und Zugspannungen aufgenommen hätten.

Abb. 133. Anblatten von Zugpfählen.

Ich bin Augenzeuge eines anderen Falles gewesen, wo ein 5000-B.-R.-T.-Dampfer eine Mole auf hölzernem Pfahlrost mit einem Schwergewichtsaufbau in Beton senkrecht gerammt und den Kopf des Bauwerkes bis zur Mitte aufgespalten hat, ohne selbst eine Beschädigung davonzutragen. In der Rostplatte waren die Pfahlköpfe wohl durch Profileisen verbunden, die aber selbstverständlich nicht als Verband wirken konnten. Auch hier hätte ein Eisenbetonkörper erheblich größeren Widerstand geleistet.

Gewiß ist es Ansichtssache, ob man feingegliederte Eisenbetonkonstruktionen, wie wir sie im Ingenieurhochbau kennen und wie sie z. B. in manchen ausländischen Häfen anzutreffen sind, anwenden soll. Meine Erfahrungen sprechen nachdrücklich für die Ablehnung derartiger Bauteile im Grundbau, weil sie auf die Dauer nicht in der Lage sind, ohne Schaden die verschiedenartigen Bewegungen, die infolge der Nachgiebigkeit des Untergrundes vorkommen können und die man rechnerisch noch nicht erfaßt hat, durchzumachen. Besonders wenn es sich um Stützbauwerke für den Seeschiffverkehr handelt, sollte bei Pfahlrostbauwerken der Aufbau immer ein gewisses Eigengewicht aufweisen. Das gleiche wird bei Brückenwiderlagern und Brückenpfeilern wegen der Verkehrserschütterungen zu fordern sein.

Für den Anschluß der Pfahlköpfe in den Aufbau verwerfe ich grundsätzlich ihr zwangsmäßiges Ausrichten. Die Ausführungsart hölzerner Pfahlroste, bei der die Pfähle zwecks zimmermannsmäßiger Verarbeitung zum Teil mit Winden in ihre Rostplattenlage gebracht werden mußten und so von Anfang an Vorspannungen erhielten, halte ich für einen schweren Fehler, da die späteren Pfahlbelastungen nicht mehr axial aufgenommen werden können.

Abb. 134. Rammung eines Holzpfahles.

Was die Bearbeitung der Zugpfähle aus Holz betrifft, so lehne ich den allseitig umgekehrt kegelförmig bearbeiteten Pfahlkopf bei Stützbauwerken aus dem Grunde ab, weil er einerseits die Ausführung unnötig verteuert und den Pfahlquerschnitt zu sehr schwächt, andererseits für den Eisenbeton der Rostplatte das nur zweiseitige schwache Anblatten, wie es die Abb. 133 zeigt, vollauf genügt.

Ich wies bereits darauf hin, wie ungefüge und roh sich auch heute noch der Rammvorgang abspielt und welchem Zwang die Pfähle dabei unterliegen (Abb. 134). Freigelegte Pfahlroste zeigen wohl in der eindrücklichsten Weise, wie vergeblich das Unterfangen ist, einen Pfahl mit der Spitze genau dorthin bringen zu wollen, wo er zeichnerisch stehen sollte. Das Übereinanderschieben, Abrammen und Abknicken der Pfähle zeigt die Abb. 135. Diese unerwünschten Folgen eines zu engen Rammens sollten uns veranlassen, die Pfähle in größerem Abstand anzuordnen. Wie verschieden der Boden durch die Einrammung von Pfählen beeinflußt wird, zeigen die Abb. 136 und 137.

Abb. 135. Lage der Pfähle bei einem freigelegten Pfahlrost.

Die Abb. 124 zeigt die bei bindigem Boden eintretende Auframmung des Bodens durch die Pfähle nach oben und nach den Seiten hin, die etwa gleich dem eingerammten Pfahlvolumen war. Wenn bei Pfahlrosten die Vorderseite der Spundwand in ihrer freien Höhe für den Betrieb später freigelegt werden muß, sollte man die Wand grundsätzlich erst zum Schluß rammen, da sonst eine erhebliche Zusatzbeanspruchung über den normalen Erddruck hinaus eintritt. Liegt jedoch die Spundwand hinter dem Pfahlrost, dann muß man von Fall zu Fall überlegen, welche Vorteile die

Abb. 136. Durch Kleiboden gerammte Holzpfähle (geringe Veränderung des Bodengefüges).

vorherige oder spätere Rammung der Spundwand für Erddruck und Erdwiderstand haben kann.

Bei Bauausführungen erlebt man es immer wieder, daß Pfähle, seien sie aus Holz, Eisenbeton oder Stahl, am Kopf gestaucht werden. Trotzdem wird weiter

Abb. 137. Mitziehen des Bodens beim Rammen eines Eisenbetonpfahles.

auf dem Pfahl herumgetrommelt. Die wenigsten machen sich wohl dabei klar, daß der beginnenden Stauchung des Pfahles am Kopf oft eine Stauchung des bereits im Untergrund befindlichen Teils vorangegangen ist. Auch hier darf ich auf die Erfahrungen zurückgreifen, die ich beim Freilegen von alten Pfahlrostbauwerken machen konnte. So konnte ich bei 27 aus einem Bauwerk gezogenen Pfählen folgenden Zustand feststellen, dessen Einzelheiten aus der beigefügten Tabelle hervorgehen (vgl. auch Abb. 138).

Tabelle 16. Zustand gezogener Rammpfähle.

Pfahl	Zugkraft zum Herausziehen des Pfahles in t	Abgerammt		Gestaucht	Angeknickt, angestaucht	Durchgebogen zur Bauwerksflucht		Merkmal im Rammdiagramm
		völlig	zum Teil			längs	quer	
1	102	ja	—	—	1 mal	—	16	ja
2	68	ja	—	—	4 mal	—	6	ja
3	72	—	$^1/_3$ F	—	2 mal	—	20	nein z. t.
4	25	—	ja	—	4 mal	6	—	nein z. t.
5	100	—	—	—	1 mal	—	—	nein z. v. S. u. w. E.
6	105	ja	—	—	—	—	—	ja
7	80	—	—	ja	—	—	—	ja
8	90	—	—	ja	—	—	—	ja
9	74	ja	—	—	—	—	ja	ja
10	92	—	—	ja	—	ja	—	ja
11	98	ja	—	—	—	—	—	nein z. t.
12	84	ja	—	—	—	—	—	nein
13	—	nicht gezogen						
14	74	ja	—	—	—	—	—	nein z. t.
15	74	—	$^2/_3$ F	—	3 mal	5,5	—	ja
16	74	—	$^4/_5$ F	—	—	—	—	ja
17	84	—	—	—	1 mal	—	—	ja
18	72	—	—	—	—	—	—	nein z. t. w. E.
19	78	—	—	—	—	—	—	nein z. t. w. E.
20	62	—	$^1/_5$ F	—	—	—	—	nein
21	54	—	—	ja	—	—	—	ja
22	62	—	$^1/_2$ F	—	3 mal	—	—	nein z. t. w. E.
23	84	ja	—	—	—	—	16	nein z. t.
24	102	—	—	ja	3 mal	—	10	ja z. t. w. E.
25	—	—	—	—	—	—	6,5	nein z. t. w. E.
26	—	—	—	—	ja	—	9,5	nein z. t.
27	—	—	$^1/_4$ F	—	1 mal	—	—	ja
28	—	—	—	—	2 mal	—	—	ja

z. t. = zu tief gerammt, z. v. S. = zuviel Schläge, w. E. = wenig Eindringung, F = Pfahlquerschnitt.

Von 27 gezogenen Pfählen:	9 Stück	völlig abgerammt,
	7 „	zum Teil abgerammt,
	5 „	gestaucht,
	4 „	angeknickt oder angestaucht,
	2 „	unversehrt,
von diesen wiederum, in Richtung des Erddruckes	8 Stück	6 bis 20 cm durchgebogen (in der Mitte der gezogenen Pfähle bzw. Pfahlstücke gemessen),
in der Längsrichtung des Bauwerks infolge Spülung oder Auftreffen auf Nachbarpfähle	3 „	$5^1/_2$ bis 6 cm durchgebogen.

Nur zwei Pfähle sind als unversehrt anzusprechen, die übrigen völlig oder zum Teil abgerammt, gestaucht, angeknickt oder angestaucht. Die festgestellte Durchbiegung der Pfähle zeigt auch, daß das Einspülen von Pfählen bei engem Pfahlrost nur mit größter Vorsicht anzuwenden, am besten aber ganz zu vermeiden ist. Kann man die rechnungsmäßige Rammtiefe nicht erreichen, so

(Fortsetzung des Textes S. 240.)

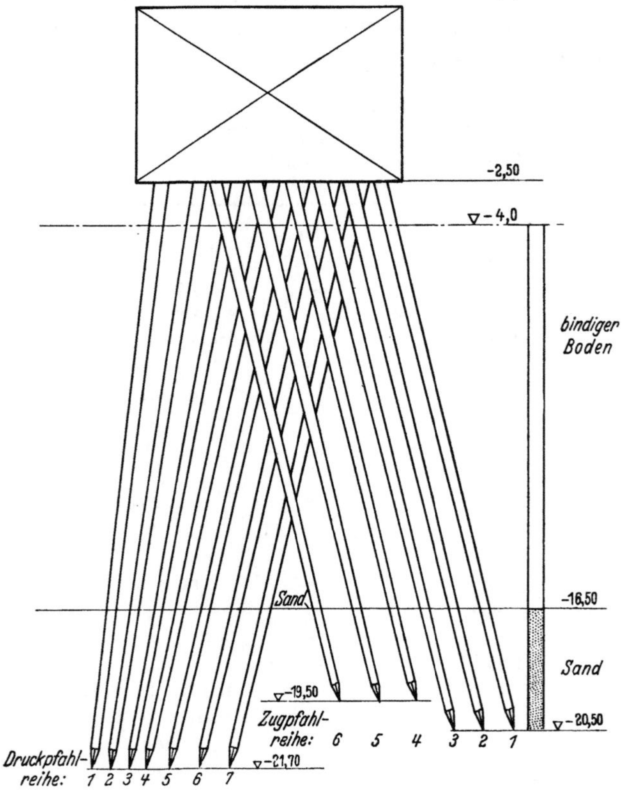

Querschnitt des gesamten Pfahlrostes.

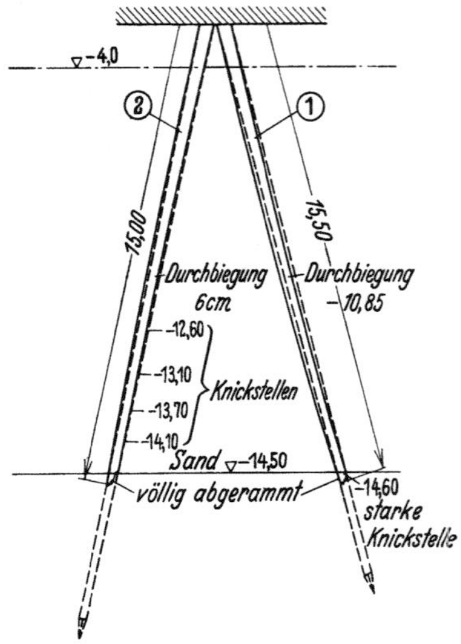

Ansicht der gezogenen Pfähle.

1. Zugpfahl der zweiten Zugpfahlreihe. Ohne Spülung gerammt. Dampfhammer 2,8 t. Eindringtiefe in den letzten 10 Schlägen 13 cm. Pfahl völlig abgerammt. Wasserseitige Durchbiegung: 16 cm. Am Zopfende starke Knickstelle.

2. Druckpfahl der sechsten Druckpfahlreihe. Ohne Spülung gerammt. Dampfhammer 1,5 t. Eindringtiefe in den letzten 10 Schlägen 15 cm. Pfahl völlig abgerammt. Wasserseitige Durchbiegung des herausgezogenen Pfahlstockes: 6 cm. Im bindigen Boden mehrere starke Knickstellen.

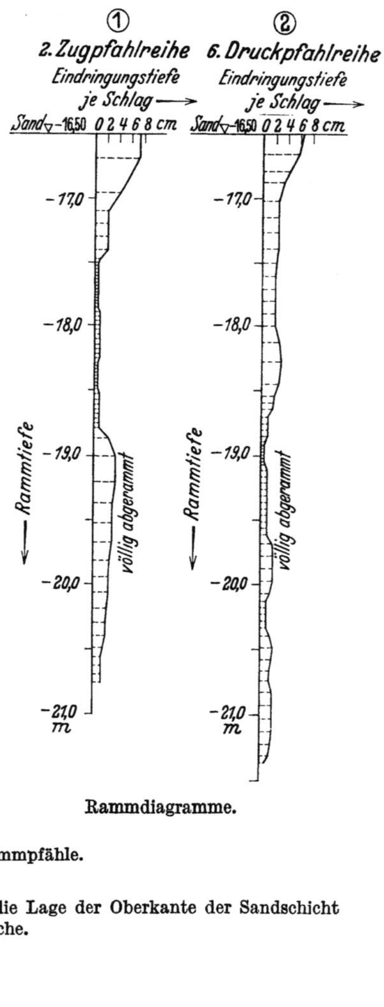

Rammdiagramme.

Abb. 138. Befund herausgezogener Rammpfähle.

Da die gezogenen Pfähle aus verschiedenen Jochen stammen, ist die Lage der Oberkante der Sandschicht nicht in allen Schnitten die gleiche.

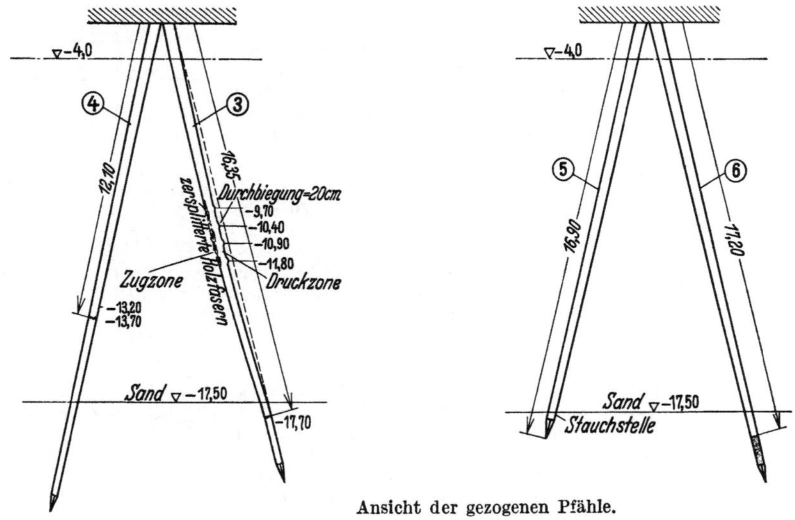

Ansicht der gezogenen Pfähle.

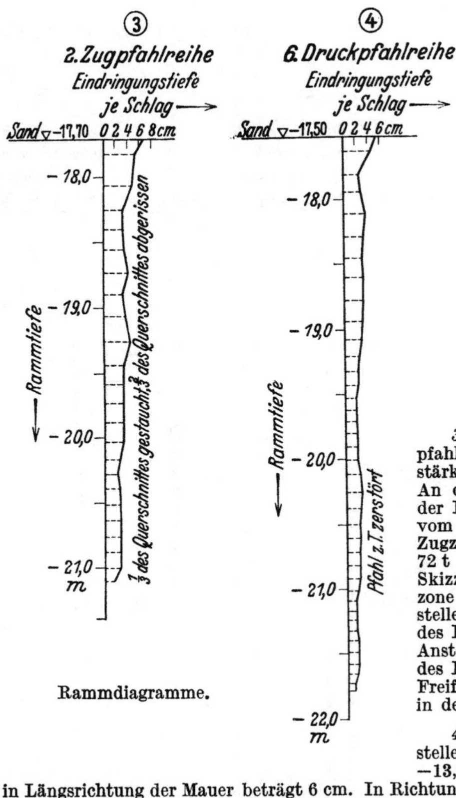

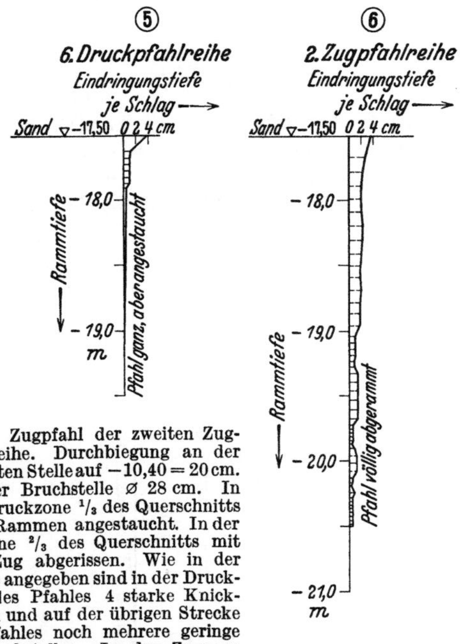

Rammdiagramme.

3. Zugpfahl der zweiten Zugpfahlreihe. Durchbiegung an der stärksten Stelle auf $-10{,}40 = 20$ cm. An der Bruchstelle ⌀ 28 cm. In der Druckzone $^1/_3$ des Querschnitts vom Rammen angestaucht. In der Zugzone $^2/_3$ des Querschnitts mit 72 t Zug abgerissen. Wie in der Skizze angegeben sind in der Druckzone des Pfahles 4 starke Knickstellen und auf der übrigen Strecke des Pfahles noch mehrere geringe Anstauchstellen. In der Zugzone des Pfahles sind die Fasern des Holzes stark abgesplittert. Freifallramme ohne Spülung. Bärgewicht 2 t. Eindringtiefe in den letzten 10 Schlägen 25 cm.

4. Druckpfahl der sechsten Druckpfahlreihe. An der Bruchstelle ⌀ 28 cm auf $-13{,}70$. Eine weitere Bruchstelle liegt auf $-13{,}20$. Die größte Durchbiegung des herausgezogenen Pfahles in Längsrichtung der Mauer beträgt 6 cm. In Richtung der Querachse der Mauer weist der Pfahl keine Durchbiegung auf. Freifallramme ohne Spülung. Bärgewicht 1,8 t. Eindringtiefe in den letzten 10 Schlägen 9 cm.

5. Druckpfahl der sechsten Druckpfahlreihe. Ohne Spülung gerammt. Dampfhammer 2,8 t. In den letzten 86 Schlägen hat der Pfahl nicht gezogen. In den vorhergehenden 10 Schlägen 0,36 cm. Der Pfahl ist ganz; aber angestaucht. Geringe Krümmung in der Längsrichtung in der Mauer. Ca. 1,0 m von der Spitze starke Stauchstelle.

6. Zugpfahl der zweiten Zugpfahlreihe. Ohne Spülung gerammt. Dampfhammer 2,8 t. Eindringtiefe in den letzten 10 Schlägen 6,30 cm. Pfahl völlig abgerammt. Keine außergewöhnliche Krümmung. Am Zopfende einige geringfügige Stauchstellen.

Abb. 138. Befund herausgezogener Rammpfähle. (Fortsetzung.)

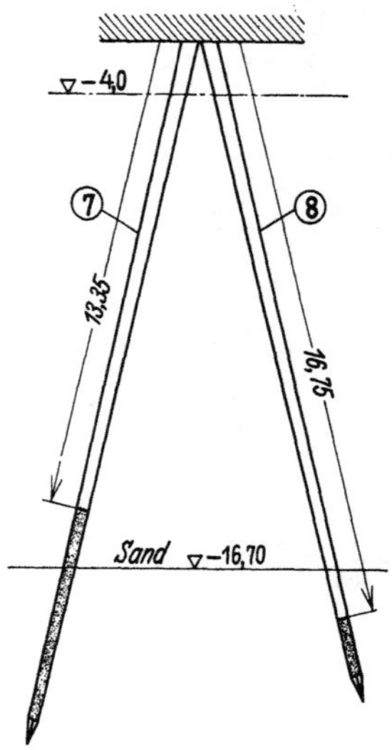

Ansicht der gezogenen Pfähle.

7. Druckpfahl der sechsten Druckpfahlreihe. Ohne Spülung gerammt. Dampfhammer 2,8 t. Eindringtiefe in den letzten 10 Schlägen 9,5 cm. Pfahl ist gestaucht. Keine außergewöhnliche Krümmung.

8. Zugpfahl der zweiten Zugpfahlreihe. Ohne Spülung gerammt. Freifallbär 1,6 t. Eindringtiefe in den letzten 10 Schlägen 2,86 cm. Pfahl ist gestaucht. 80 cm oberhalb der Stauchstelle liegt eine Bruchstelle. Keine außergewöhnliche Krümmung.

9. Druckpfahl der sechsten Druckpfahlreihe. Ohne Spülung gerammt. Dampfhammer 2,8 t. Eindringtiefe in den letzten 10 Schlägen 10 cm. Pfahl völlig abgerammt. Auf Ordinate −14,00 angestaucht. Geringe landseitige Durchbiegung.

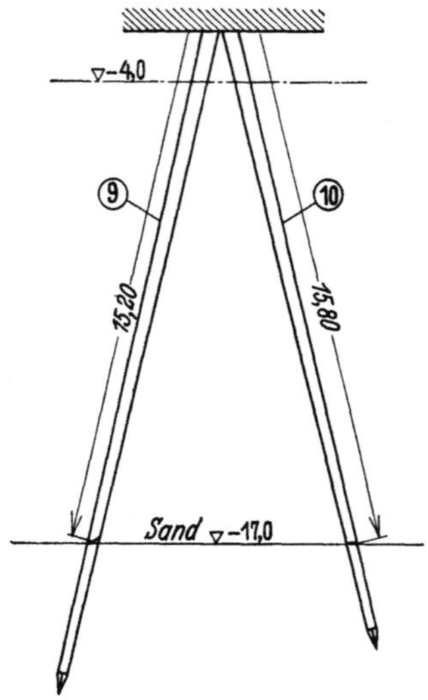

Ansicht der gezogenen Pfähle.

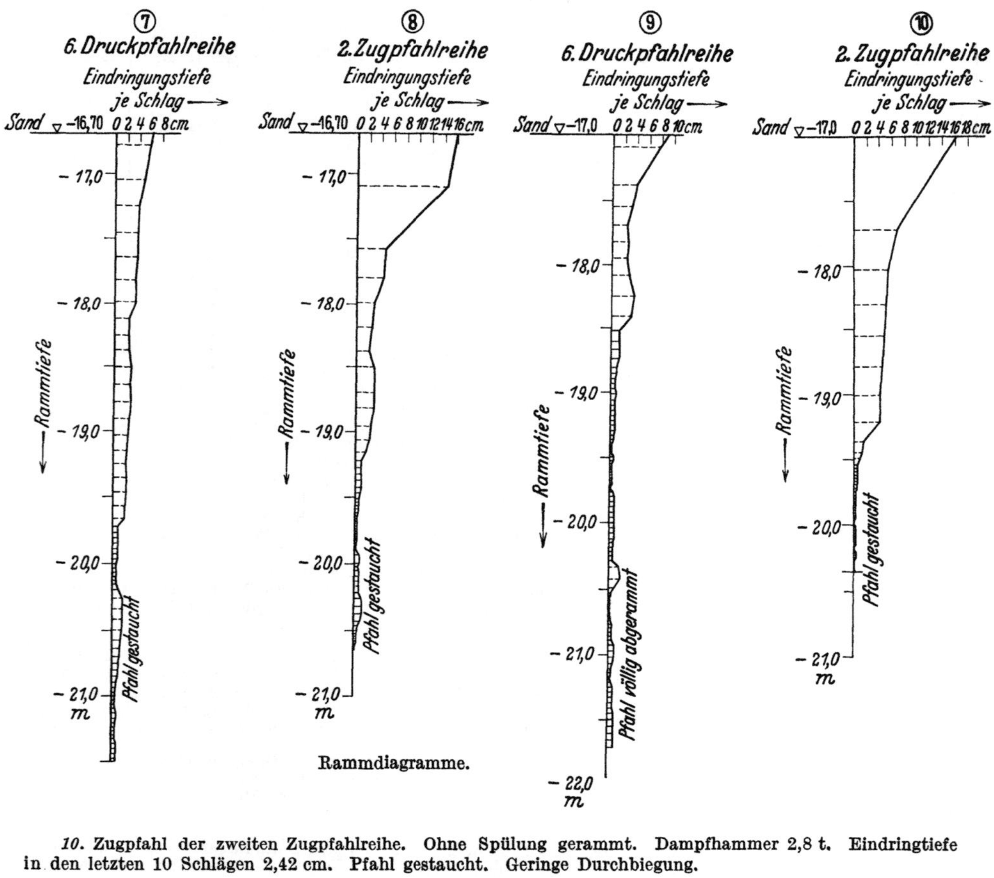

Rammdiagramme.

10. Zugpfahl der zweiten Zugpfahlreihe. Ohne Spülung gerammt. Dampfhammer 2,8 t. Eindringtiefe in den letzten 10 Schlägen 2,42 cm. Pfahl gestaucht. Geringe Durchbiegung.

Abb. 138. Befund herausgezogener Rammpfähle. (Fortsetzung.)

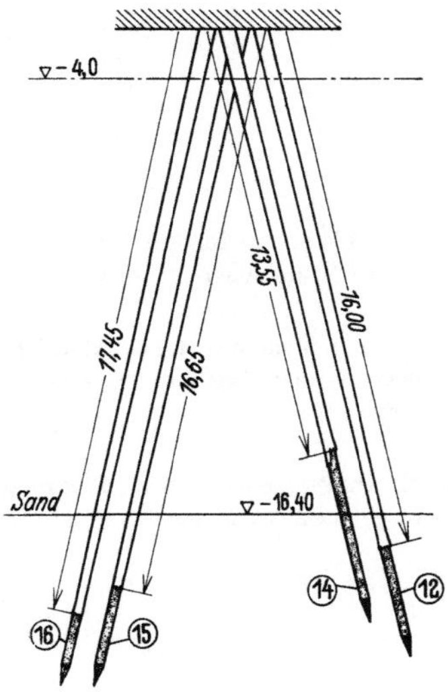

Ansicht der gezogenen Pfähle.

11. Zugpfahl der zweiten Zugpfahlreihe. Ohne Spülung gerammt. Freifallbär 2 t. Eindringtiefe in den letzten 10 Schlägen 25 cm. Pfahl völlig 2 m über dem Sand abgerammt. Keine außergewöhnliche Krümmung.

12. Zugpfahl der zweiten Zugpfahlreihe. Ohne Spülung gerammt. Freifallbär 2 t. Eindringtiefe in den letzten 10 Schlägen 19 cm. Pfahl völlig abgerammt. Keine außergewöhnliche Krümmung.

13. Pfahl wurde nicht gezogen.

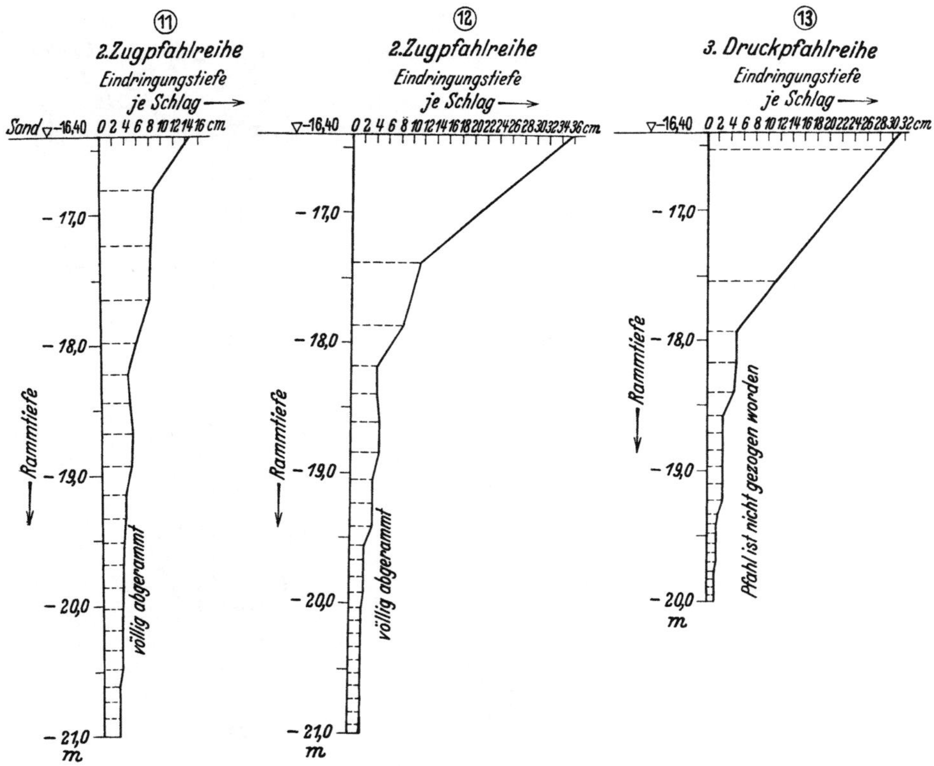

Rammdiagramme.

Abb. 138. Befund herausgezogener Rammpfähle. (Fortsetzung.)

14. **Zugpfahl der dritten Zugpfahlreihe. Ohne Spülung gerammt. Freifallbär 2 t. Eindringtiefe in den letzten 10 Schlägen 14 cm. Pfahl völlig abgerammt. Keine außergewöhnliche Krümmung. Sandlage.**

15. **Druckpfahl der sechsten Druckpfahlreihe. Mit Spülung gerammt. Dampfhammer 2,8 t. Eindringtiefe in den letzten 10 Schlägen 8 cm. Pfahl an drei Stellen auf der Innenseite der Durchbiegung einseitig angestaucht. Durchbiegung des Pfahles in Längsrichtung der Mauer 5 1/2 cm.**

16. **Druckpfahl der fünften Druckpfahlreihe. Mit Spülung gerammt. Dampfhammer 2,8 t. Eindringtiefe in den letzten 10 Schlägen 8 cm. Pfahl teils angestaucht, teils abgerissen. Keine außergewöhnliche Krümmung.**

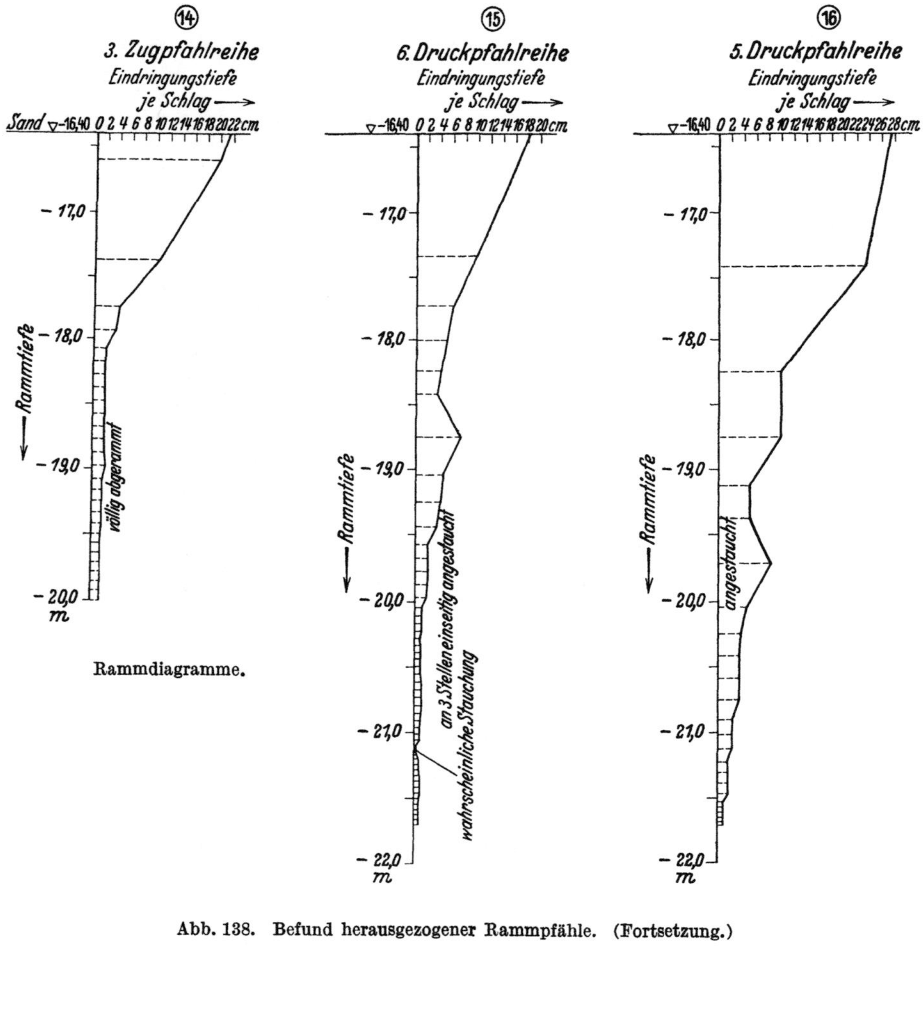

Abb. 138. Befund herausgezogener Rammpfähle. (Fortsetzung.)

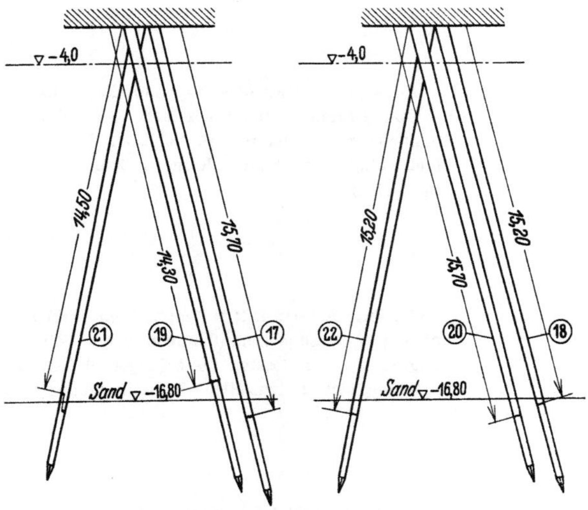

Ansicht der gezogenen Pfähle.

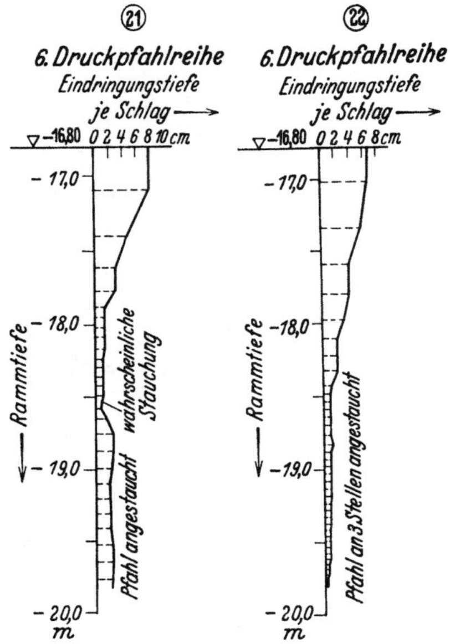

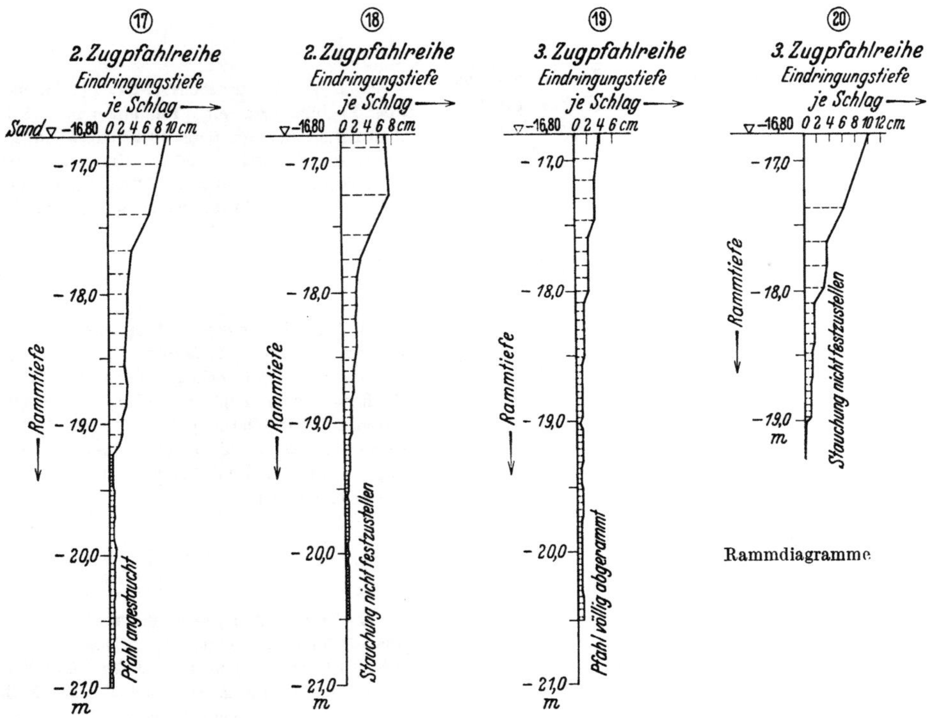

Rammdiagramme

17. Zugpfahl der zweiten Zugpfahlreihe. Ohne Spülung gerammt. Dampfhammer 2,8 t. Eindringtiefe in den letzten 10 Schlägen 5 cm. Pfahl angestaucht. Keine Durchbiegung.

18. Zugpfahl der zweiten Zugpfahlreihe. Ohne Spülung gerammt. Dampfhammer 2,8 t. Eindringtiefe in den letzten 10 Schlägen 4,6 cm. Stauchung nicht festzustellen. Keine Krümmung.

19. bis *22.* siehe folgende Seite.

Abb. 138. Befund herausgezogener Rammpfähle. (Fortsetzung.)

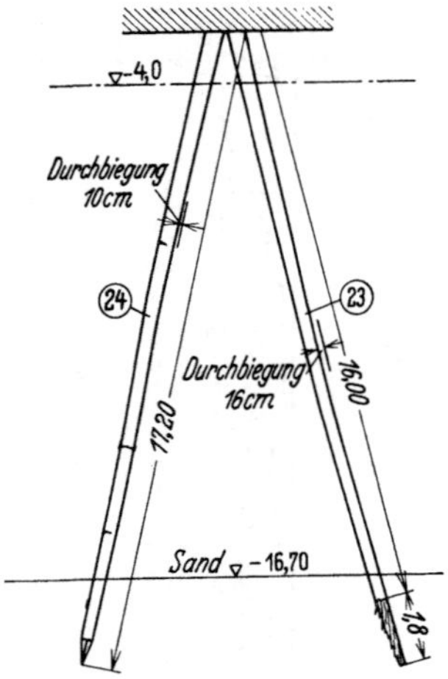

Ansicht der gezogenen Pfähle.

19. Zugpfahl der dritten Zugpfahlreihe. Ohne Spülung gerammt. Dampfhammer 2,8 t. Eindringtiefe in den letzten 10 Schlägen 9,2 cm. Pfahl völlig abgerammt. Keine außergewöhnliche Krümmung.

20. Zugpfahl der dritten Zugpfahlreihe. Ohne Spülung gerammt. Dampfhammer 2,8 t. Eindringtiefe in den letzten 10 Schlägen 0,7 cm. Stauchung nicht festzustellen. Keine Krümmung.

21. Druckpfahl der sechsten Druckpfahlreihe. Ohne Spülung gerammt. Freifallbär 1,6 t. Eindringtiefe in den letzten 10 Schlägen 23 cm. Pfahl gestaucht. Keine außergewöhnliche Krümmung.

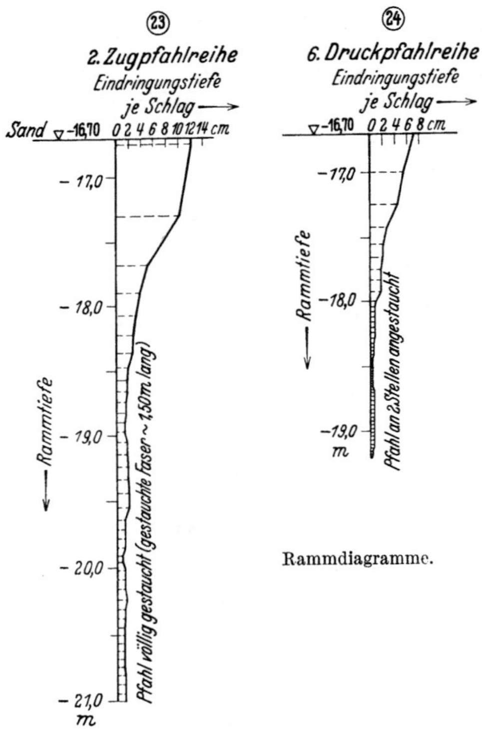

Rammdiagramme.

22. Druckpfahl der sechsten Druckpfahlreihe. Ohne Spülung gerammt. Dampfhammer 2,8 t. Eindringtiefe in den letzten 10 Schlägen 4,3 cm. Pfahl an drei Stellen an der Innenseite der Durchbiegung angestaucht. Durchbiegung des Pfahles in Längsrichtung der Mauer 7 ½ cm.

23. Zugpfahl der zweiten Zugpfahlreihe. Ohne Spülung gerammt. Freifallbär 1,6 t. Eindringtiefe in den letzten 10 Schlägen 14 cm. Ca. 3,20 m Pfahllänge vom Zopfende völlig zusammengerammt. Beim Ziehen des Pfahles ca. 1,80 m gestauchte Fasern mit herausgezogen. Durchbiegung auf 16,00 m Länge von Land zur Wasserseite 16 cm.

24. Druckpfahl der sechsten Druckpfahlreihe. Ohne Spülung gerammt. Dampfhammer 2,8 t. In den letzten 240 Schlägen hat der Pfahl nicht mehr gezogen. Im ganzen sind auf den Pfahl 1421 Schläge gekommen. Länge 17,20 m. Durchbiegung von Land zur Wasserseite 10 cm.

Abb. 138. Befund herausgezogener Rammpfähle. (Fortsetzung.)

25. **Zugpfahl der zweiten Zugpfahlreihe.** Ohne Spülung gerammt. Freifallbär 1,6 t. Eindringtiefe in den letzten 10 Schlägen 6 cm. Am gezogenen Pfahlende Stauchung nicht festzustellen. Wasserseitige Durchbiegung 6 ½ cm.

26. **Zugpfahl der dritten Zugpfahlreihe.** Ohne Spülung gerammt. Freifallbär 2 t. Eindringtiefe in den letzten 10 Schlägen 12,5 cm. Am gezogenen Pfahlende Stauchung nicht festzustellen. Auf Ordinate −7,20 Pfahl wasserseitig angeknickt. Wasserseitige Durchbiegung 9 ½ cm.

27. **Druckpfahl der fünften Druckpfahlreihe.** Ohne Spülung gerammt. Freifallbär 2 t. Eindringtiefe in den letzten 10 Schlägen 9 cm. Pfahl angestaucht. Auf Ordinate −12,80 Pfahl landseitig angeknickt. Keine Durchbiegung.

28. **Druckpfahl der sechsten Druckpfahlreihe.** Ohne Spülung gerammt. Dampfhammer 2,8 t. Pfahl angestaucht. Auf Ordinate −12,60 Pfahl weiterhin angestaucht. Keine Durchbiegung.

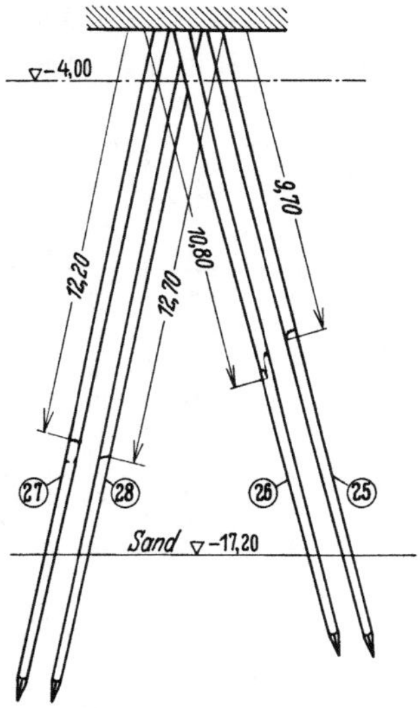

Ansicht der gezogenen Pfähle.

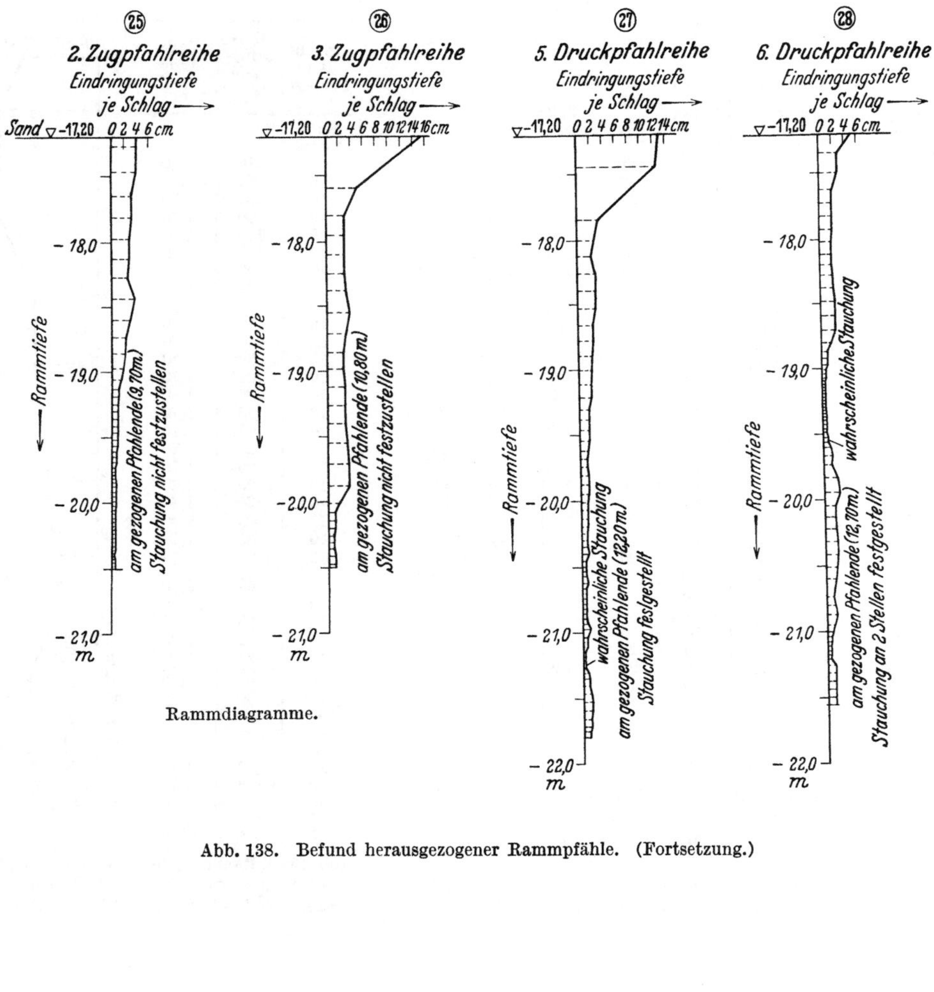

Rammdiagramme.

Abb. 138. Befund herausgezogener Rammpfähle. (Fortsetzung.)

sollte man lieber eine entsprechend schwere Spundwand vorsehen, die den Horizontalschub in Höhe der Pfahlspitzen abhält. Daß auch die völlig abgerammten Pfähle teilweise noch eine so hohe Zugkraft aushielten, ist auf die als Anker wirkende Auftreibung des abgerammten gezogenen Pfahlteiles, an dem noch teilweise bis zu 2 m lange Holzfasern festgestellt werden konnten, zurückzuführen.

Anzahl der Schläge	Eindringtiefe cm	Fallhöhe m	Anzahl der Schläge	Eindringtiefe cm	Fallhöhe m
10	610	1,60	10	28	1,60
10	290	1,60	10	14	1,60
10	190	1,60	10	12	1,60
10	130	1,60	10	10	1,60
10	110	1,60	10	9	1,60
10	90	1,60	10	9	1,60
10	90	1,60	10	8	1,60
10	90	1,60	10	8	1,60
10	80	1,60	10	7	1,60
10	70	1,60	10	7	1,60
10	40	1,60	10	5	1,60

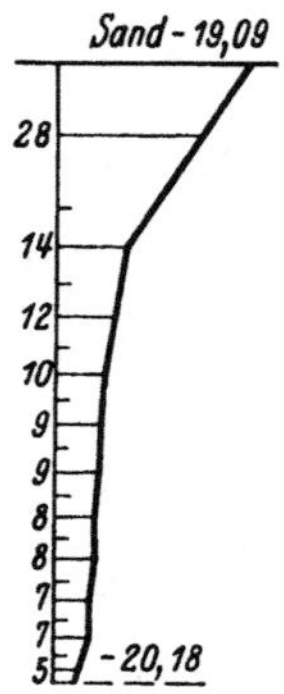

Abb. 139 a. Diagramm eines normalen Pfahles.
$L = 23{,}5$ m; $D = 35$ cm; $N = 4:1$; $B = 2{,}25$ t.

Anzahl der Schläge	Eindringtiefe cm	Fallhöhe m
1	170	2,30
6	240	2,30
10	410	2,30
10	250	2,30
10	180	2,30
10	130	2,30
5	70	2,30
10	73	2,30
10	36	2,30
10	16	2,30
10	12	2,30
10	10	2,30
10	61	2,30
10	86	2,30

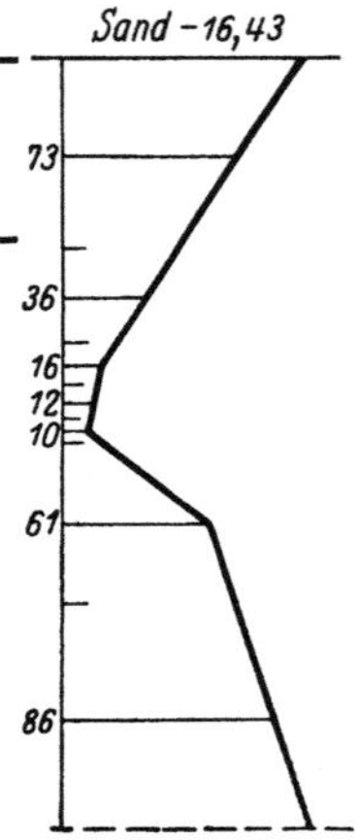

Abb. 139 b. Diagramm eines gebrochenen Pfahles.
$L=18{,}6$ m; $D=34$ cm; $N=4:1$; $B=1{,}6$ t.

Anzahl der Schläge	Eindringtiefe cm	Fallhöhe m	Anzahl der Schläge	Eindringtiefe cm	Fallhöhe m
Ram-			10	30	1,20
mung			10	25	1,20
1	380	–	10	25	1,20
6	80	0,50	10	25	1,20
10	90	0,50	10	27	1,20
10	130	1,00	10	21	1,20
10	150	1,00	10	27	1,20
10	100	1,00	10	25	1,20
10	90	1,20	10	35	1,20
10	100	1,20	10	30	1,20
10	40	1,20	10	25	1,20
10	60	1,20	10	30	1,20
10	30	1,20	10	25	1,20
10	55	1,20	10	20	1,20
10	45	1,20	10	25	1,20
10	35	1,20	10	20	1,20
10	35	1,20	10	20	1,20
10	35	1,20	10	20	1,20
10	35	1,20	10	20	1,20
10	30	1,20	10	15	1,20
10	30	1,20	10	20	1,20
10	25	1,20	Nach-		
10	25	1,20	ram-		
10	30	1,20	mung		
10	35	1,20	10	23	1,20
10	25	1,20	10	22	1,20
10	30	1,20	10	20	1,20
10	30	1,20	10	18	1,20
10	35	1,20	10	17	1,20
10	35	1,20	10	12	1,20
10	25	1,20	10	8	1,20
10	30	1,20	40	0	1,20

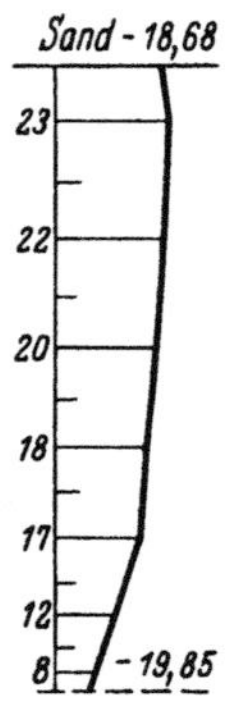

Abb. 139 c. Rammung und Nachrammung eines Pfahles nach $1^1/_2$ Stunden Ruhepause.
$L = 26$ m; $D = 42$ cm; $N = 4{,}5:1$; $B = 2{,}5$ t.

Zeichenerklärung: L = Länge; N = Neigung; D = Durchmesser; B = Bärgewicht.

Anzahl der Schläge	Eindringtiefe cm	Fallhöhe m
Rammung		
1	210	1,70
6	270	1,70
10	260	1,70
10	200	1,70
10	150	1,70
10	140	1,70
10	90	1,70
10	65	1,70
10	55	1,70
10	40	1,70
10	40	1,70
10	30	1,70
10	30	1,70
10	30	1,70
10	25	1,70
10	25	1,70
10	20	1,70
10	20	1,70
10	25	1,70
10	30	1,70
10	35	1,70
10	35	1,70
10	25	1,70
10	40	1,70
10	40	1,70
10	25	1,70
10	25	1,70
10	22	1,70
10	20	1,70
10	18	1,70
Nachrammung		
10	2	1,70
10	3	1,70
10	3	1,70
10	3	1,70
10	2	1,70

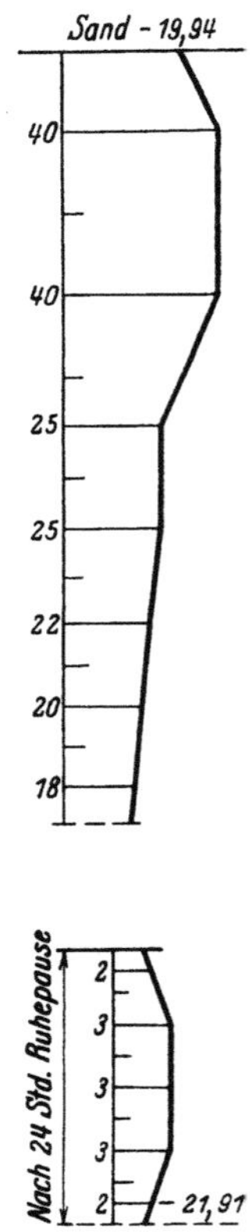

Abb. 139 d. Rammung und Nachrammung eines Pfahles nach 24 Std. Ruhepause.
$L=23{,}50$ m; $D=42$ cm; $N=4:1$; $B=2{,}25$ t.

Vergleicht man diese festgestellten Pfahlverletzungen mit den Rammdiagrammen, die auf Grund der Rammbücher aufgezeichnet wurden (vgl. Abb. 138), so ergibt sich, daß bei den 25 verletzten Pfählen das Rammdiagramm von 13 Pfählen die beginnende oder erfolgte Zerstörung des Pfahles klar aufzeigt. An 2 Rammdiagrammen war nichts zu erkennen; an den restlichen 10 Rammdiagrammen gaben entweder die zu große Anzahl Schläge, die geringe Eindringung pro Schlag oder die zu tiefe Rammung zu Bedenken Anlaß, wenn auch die zwei unverletzt herausgezogenen Pfähle zeigen, daß der Baustoff erhebliche Beanspruchung aushalten kann.

Über den Einfluß der Haftfestigkeit des Bodens an den Pfählen geben weitere Rammdiagramme (Abb. 139) Auskunft. Als Pfähle nach 24 Stunden usw. weitergerammt wurden, zeigte es sich, daß es einer erheblichen Rammarbeit bedurfte, bis die Pfähle wieder anfingen zu ziehen. Das vorher festgestellte Maß der Eindringung wurde dabei nicht wieder erreicht (Abb. 139d und e). Es handelte sich hier um die Durchrammung einer 14 bis 16 m starken bindigen Bodenschicht (Klei, darunter Sand). Der Abstand der Pfähle voneinander betrug 0,80 m bis 1,10 m.

Ich betrachte daher als Haupterfordernis für die Herstellung eines Pfahlrostbauwerkes eine ordnungsgemäße Bauausführung. Leider wird hier noch vielfach bewußt und unbewußt gesündigt. Das Lichtbild (Abb. 129) und die Tabelle 16 lassen mit aller Deutlichkeit erkennen, wie sinnlos oft auf den Pfählen herumgeschlagen wird.

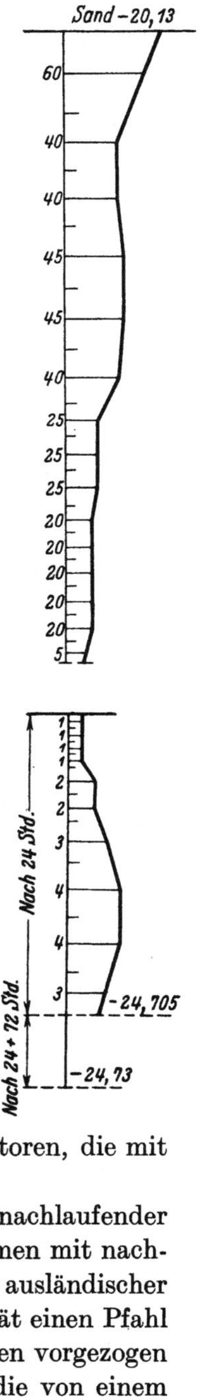

Abb. 139e. Rammung und Nachrammung eines Pfahles nach 24 Std. und nach 24+72=96 Std. Ruhepause.

$L = 26$ m; $D = 40$ cm;
$N = 4:1$; $B = 2{,}25$ t.

Anzahl der Schläge	Eindringtiefe cm	Fallhöhe m
Rammung		
1	240	1,70
6	260	1,70
10	290	1,70
10	200	1,70
10	260	1,70
10	110	1,70
10	110	1,70
10	90	1,70
10	70	1,70
5	40	1,70
10	60	1,70
10	40	1,70
10	40	1,70
10	45	1,70
10	45	1,70
10	40	1,70
10	25	1,70
10	25	1,70
10	25	1,70
10	20	1,70
10	20	1,70
10	20	1,70
10	20	1,70
10	20	1,70
3	5	1,70
Nachrammung nach 24 Stunden		
10	1	1,70
10	1	1,70
10	1	1,70
10	1	1,70
10	2	1,70
10	2	1,70
10	3	1,70
10	4	1,70
10	4	1,70
10	3	1,70
Nachrammung nach 96 Stunden		
100	2,5	1,70

Baustoff, Pfahlquerschnitt, Pfahllänge, Rammtiefe und Beschaffenheit des Untergrundes sind Faktoren, die mit dem Rammgerät in Einklang zu bringen sind.

Ich habe sämtliche Rammgeräte, sowohl Freifallrammen mit nachlaufender Katze in einfacher Bauart als auch schnellschlagende Freifallrammen mit nachlaufendem Seil und Dampfhammer jeder Schlagfolge deutscher oder ausländischer Bauart verwendet und kann immer nur wieder sagen, daß kein Gerät einen Pfahl vor der Zerstörung schützen kann und daher unter allen Umständen vorgezogen zu werden verdient. Mir ist eine Freifallramme ältester Bauart, die von einem sorgfältig arbeitenden Unternehmer und einer sorgfältig ausgewählten Rammmannschaft bedient wird, lieber als der neueste schnellschlagende Dampfhammer mit einem Unternehmer und einer Rammannschaft, denen es in erster Linie auf hohe Arbeitsleistung ankommt. Man kann mir entgegenhalten, daß diese Zeiten vorüber sind, jedoch müssen wir auch weiterhin mit der menschlichen Unzulänglichkeit rechnen und uns darauf einstellen.

Zur Kontrolle der Rammarbeit gehören, wie die Erfahrung lehrt, rammerfahrene Arbeitskräfte, denn oft ist das Maß der Zusammenstauchung des

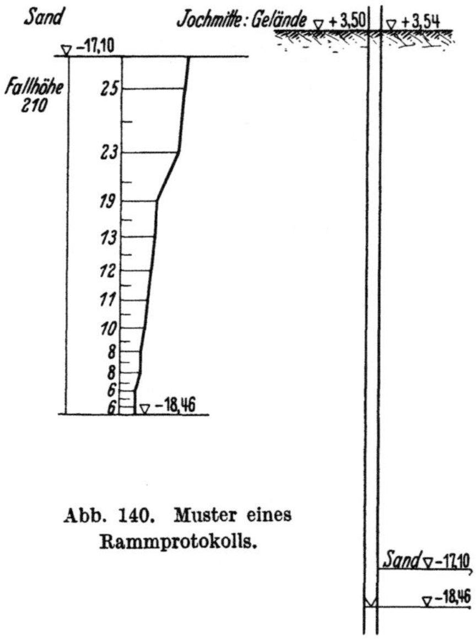

Abb. 140. Muster eines Rammprotokolls.

Hitze Nr.	Anzahl der Schläge	Eindringtiefe cm	Fällhöhe cm	Hitze Nr.	Anzahl der Schläge	Eindringtiefe cm	Fällhöhe cm
1	1	60		26	10	35	210
2	6	180	210	27	10	35	210
3	10	200	210	28	10	30	210
4	10	160	210	29	10	25	210
5	10	110	210	30	10	23	210
6	10	110	210	31	10	14	210
7	10	100	210	32	10	13	210
8	10	90	210	33	10	12	210
9	10	70	210	34	10	11	210
10	10	70	210	35	10	10	210
11	10	60	210	36	10	8	210
12	10	60	210	37	10	8	210
13	10	60	210	38	10	6	210
14	10	60	210	39	10	6	210
15	10	60	210	40	10		210
16	10	60	210	41	10		210
17	10	60	210	42	10		210
18	10	50	210	43	10		210
19	10	50	210	44	10		210
20	10	50	210	45	10		210
21	10	40	210	46	10		210
22	10	40	210	47	10		210
23	10	40	210	48	10		210
24	10	35	210	49	10		210
25	10	35	210	50	10		210

Baublock Nr. 12.
Lotpfahlreihe II.
Joch Nr. 327.
Station
Pfahl Nr. 107.
Pfahllänge 22,00 m.
Pfahldurchmesser 45 cm.
Neigung 1 : ∞.

Ordinate Gelände +3,50.
Ordinate Sand −17,10.
Ordinate Ton −21,50.
Ordinate Pfahlkopf +3,54
Ordinate Pfahlspitze −18,46.
Ohne – mit – Spülung.
Rammzeit 20 Min.
Ramme I.

Bärgewicht 2,1 t.
Schlaggeschwindigkeit
Schlag pro Min.
Rammbuch Nr. 37. S. 43.
Unternehmer
Dipl.-Ing.
Ing.

Holzpfahles gleich dem Betrag der gewöhnlichen Eindringung des Pfahles in den Untergrund.

Sachgemäß geführte Rammprotokolle und ihre Auswertung durch einen geschulten Ingenieur sind notwendig, um Klarheit zu erhalten, ob der Pfahl unversehrt und in seiner richtigen Lage in den Untergrund eingebracht ist (Abb. 139a).

Die Rammkontrolle hat zu umfassen (Abb. 140):

Art der Ramme,
Bärgewicht,
Fallhöhe beim jeweiligen Schlag, Schlagfolge,
Anzahl der Schläge je Hitze, die immer gleich sein sollte,
Rammpfahl oder Spundbohle (Nummer, Länge, Stärke, Baustoff),
Eindringtiefe je Hitze,
Abstand der Pfähle voneinander (rechnungsmäßig-tatsächlich),
Neigung der Pfähle (rechnungsmäßig-tatsächlich).

Aus diesem Leistungsverzeichnis ist dann zu ersehen, ob ein Pfahl (Spundbohle) gestaucht, abgerammt oder aus der Richtung gegangen ist, so daß unter Umständen sofort Hilfsmaßnahmen getroffen werden können. Da sowohl die Rammung als auch der Untergrund die nachträgliche Anordnung von Ersatzpfählen notwendig erscheinen lassen, ist die Konstruktion des Bauwerkes von vornherein darauf abzustellen. Weiter Pfahlabstand wird eine derartige nachträgliche Erweiterung eigentlich immer gewährleisten.

Die Gefahr der Zerstörung ist auch beim Eisenbetonpfahl gegeben. Es haben sich nämlich beim Rammen von Eisenbetonpfählen außer Stauchungen auch Schäden gezeigt, deren Vermeidung eine Beschränkung in der Verwendung der Rammgeräte für diese zur Folge haben muß (s. S. 137).

Neuerdings werden in Frankreich Eisenbetonpfähle mit künstlicher Vorspannung (Zug bei Eisen, Druck bei Beton) verwendet. Durch diese Maßnahme[1] können die zulässigen Spannungen bedeutend erhöht werden, ohne daß ein Mehrverbrauch an Baustoff eintritt. Durch Einrütteln des Betons und Erwärmung auf 100° wird außerdem seine Güte gesteigert und bereits nach wenigen Stunden eine große Festigkeit erreicht, so daß die Herstellung solcher Pfähle sehr schnell vonstatten geht. Die Erfahrung bleibt abzuwarten.

Bei Stahlpfählen sind wegen der Homogenität des Baustoffes und wegen der größeren zulässigen Beanspruchung wohl Zerstörungen durch Rammung seltener, jedoch verlangt auch hier der verhältnismäßig schmale Querschnitt eine entsprechende Vorsicht.

Faßt man die Erfahrungen über Rammausführungen zusammen, so kann gar nicht oft genug auf die Sünden einer Überrammung des Pfahles und einer nicht einwandfreien Kontrolle hingewiesen werden. Daß in vielen Fällen die Form des Vertrages den Unternehmer zu erhöhter Rammleistung veranlaßt hat, sollte stets bei Ausschreibungen beachtet werden.

Die entwerfenden Ingenieure sollten sich immer wieder die Bilder vor Augen halten, die sie darauf hinweisen, Pfahlrostbauwerke nicht nach der Entwurfszeichnung, sondern nach der tatsächlichen späteren Lage der Pfähle im Untergrund zu beurteilen.

d) Leitsätze für das Pfahlrostbauwerk.

1. Wahl eines Systems mit klarer Gliederung, das sowohl auf die Höhe des Geländesprunges und den Untergrund unter den Pfahlspitzen als auch auf die Bauausführung und die späteren Betriebszustände Rücksicht nimmt.
2. Die Berechnung eines Pfahlsystems geht von ganz anderen Voraussetzungen aus als die Berechnung eines Hoch- oder Brückenbauwerkes.
3. Ermittlung der Pfahlkräfte nach derjenigen Rechnungsart, deren Voraussetzungen den tatsächlichen Verhältnissen am besten entsprechen.
4. Berechnung der Pfahlkräfte für den ungünstigsten, den günstigsten und den Regelfall, weil es in erster Linie auf die Feststellung des Kräftespieles ankommt.
5. Berechnung möglichst nur analytisch und in Tabellenform, dabei weitgehendst Kontrollrechnungen einschalten.
6. Darstellung der verschiedenen Belastungsfälle zeichnerisch und Zusammenfassung der Rechnungsergebnisse zur besseren Kontrolle in Tabellenform.

---

[1] Travaux 1935 S. 199.

7. Je genauer die Größe des Erddrucks, Erdwiderstands und Wasserüberdrucks ermittelt wird, desto besser werden die Baustoffe und die Tragfähigkeit der Pfähle ausgenutzt.

8. Nicht allein die Tiefe der Einrammung in den tragfähigen Untergrund, sondern erst der „unbeschädigt" in den Untergrund eingebrachte Pfahl sichert die Tragfähigkeit.

9. Nicht die Theorie allein, sondern die enge Verbindung mit den Erkenntnissen der Praxis gewährleistet ein richtig berechnetes und konstruiertes Bauwerk.

6. Das massiv gegründete Bauwerk.

Ich kann mich in diesem Kapitel kürzer fassen, da ein wesentlicher Teil der Gesichtspunkte bereits in den Kapiteln Spundwand- und Pfahlrostbauwerk eingehend behandelt worden ist. Auch hier tritt wieder das wechselvolle Spiel von Angriff und Verteidigung in die Erscheinung, und es wird zu untersuchen sein, was gegenüber den anderen Verteidigungsbauwerken Neues zu beachten ist.

Bei den massiv gegründeten Bauwerken wird es sich teils um Geländesprünge mit senkrechter oder schräger Begrenzung (Stützbauwerke, wie Ufer- und Futtermauern, Molen, Widerlager und Böschungsschutzwerke), bei denen erhebliche waagerechte Kräfte auftreten, teils um Pfeiler und Platten als Grundkörper im Brücken- und Hochbau mit vorwiegend senkrechter Belastung (Tragbauwerke) handeln.

Die Stützbauwerke lassen sich in drei Grundformen zerlegen: die gewöhnliche Stützmauer mit senkrechter und schräger Begrenzung (Abb. 141a), als deren Sonderfall die Mole (Abb. 141b) angesehen werden kann, den Pfeiler (Abb. 141b) und den Trogkörper (Abb. 141c) mit dem Sonderfall des Hohlkörpers (z. B. Untergrundbahntunnel).

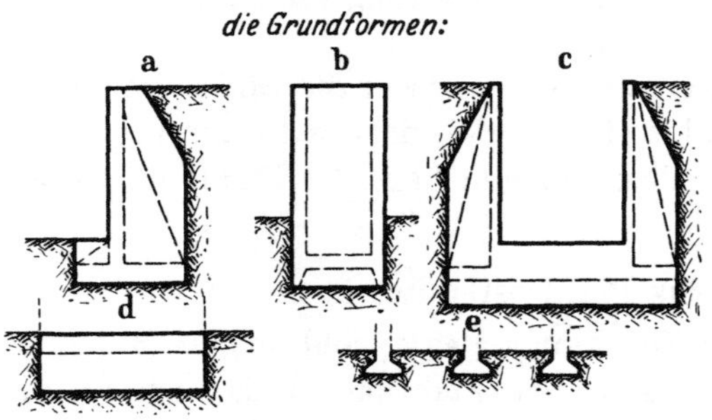

Abb. 141. Die Grundformen massiver Bauwerke.
a) Stützmauer, b) Pfeiler, c) Tragkörper, d) Flachgründung (Platte), e) Flachgründung (Pfeiler).

Die Tragbauwerke zerfallen in Pfeiler für Brücken (Abb. 141b) und Hochbau (Abb. 141e), in Platten (Abb. 141d) und Bankette.

Sämtliche Grundformen können, wie angedeutet, als Schwergewichts- und als aufgelöste Körper hergestellt werden, wobei unter Schwergewichtskörpern solche Ausführungen verstanden seien, die gar keine oder nur ganz geringe Zugspannungen aufzunehmen imstande sind, während unter aufgelösten Körpern sämtliche biegungssteifen Konstruktionen zusammengefaßt seien.

Welche Gesichtspunkte sind ganz allgemein beim Entwurf und der Herstellung derartiger Bauwerke zu beachten? Es handelt sich wieder um die Anwendung der in den vorangegangenen Kapiteln dargelegten Grundsätze und Erfahrungen. Bezüglich der Festigkeit und der Standsicherheit des massiven Bauwerkes befinden wir uns in den meisten Fällen in einer günstigeren Lage als beim Pfahlrostbauwerk, da wir bei der Bauausführung in trockener Baugrube die Bodenverhältnisse wenigstens bis zur Gründungssohle des Bauwerkes in vollem Umfange erkennen und daher an einzelnen unsicheren Stellen auch ohne vorheriges enges Bohrnetz die Abmessungen des Bauwerkes auf die besonderen Anforderungen abstellen können. Ferner ist es nicht erforderlich, Teile des Bauwerkes auf einem rohen und unkontrollierbaren Wege in den Untergrund zu bringen, sondern das gesamte Bauwerk kann ohne nicht übersehbare Zusatzbeanspruchungen beim Bau hergestellt werden. Von der Druckluft-, Brunnen- und Senkkastengründung abgesehen, sind für die Bemessung des Bauwerkes gewöhnlich nicht die Beanspruchungen während des Baues, sondern während des Betriebes maßgebend. Außer der sicheren Kenntnis des Untergrundes und der meist vorteilhafteren Beanspruchung des Baustoffes ermöglicht das massiv gegründete Bauwerk bei entsprechender Wahl der Ausführung eine gute Anpassung der konstruktiven Gestaltung an den Verwendungszweck dank der heute einheitlichen Verwendung von Beton- und Eisenbeton. Die Arten der Bauausführung sind mannigfaltiger und ebenfalls mehr auf die jeweiligen örtlichen Besonderheiten abgestellt als beim Pfahlrost- und Spundwandbauwerk, gleichgültig, ob es sich um die Trocken- oder die Naßbauweise handelt.

Wegen der überwiegend schlechten Untergrundverhältnisse in den deutschen Seehäfen wurde das massiv gegründete Bauwerk dort in bedeutend geringerem Maße angewandt als z. B. in Westeuropa. Jedoch versucht man in neuerer Zeit auch bei uns das massiv gegründete Bauwerk häufiger auszuführen, wenn guter Baugrund in einigermaßen erreichbarer Tiefe anzutreffen ist. Vielfach werden, vor allem an solchen Stellen, die die Bauausführung besonders schwierig gestalten, massive Gründungen deshalb angewandt, da deren Herstellungsverfahren eine Abkürzung der an Ort und Stelle vorzunehmenden Arbeiten ermöglicht (Senk- und Schwimmkastengründung).

a) Die statische Behandlung.

Zweck der statischen Untersuchung ist die Bestimmung der günstigsten Abmessungen des massiven Körpers sowie seiner Standsicherheit. Ferner sind die ausreichende Festigkeit des Untergrundes (Sicherheit gegen übermäßige Setzungen) und Standsicherheit des Untergrundes (Gelände- und Grundbruchsicherheit) nachzuweisen.

Die Bestimmung der angreifenden Kräfte geschieht nach den in den ersten Kapiteln angegebenen Verfahren.

Die Ansätze von Erddruck und Erdwiderstand stimmen mit der Wirklichkeit besser überein als bei einem elastischen Bauwerk, wie z. B. der Spundwand[1]. Die gebräuchliche Erddrucktheorie ist für Mauern, also starre Körper, entworfen. Die Abhängigkeit des Erddruckes und Erdwiderstandes von den Bewegungen des Bauwerkes und der ungestörten Ausbildung der Gleitflächen wurde Seite 89 dargestellt. Der Verlauf der Erddruckkräfte wird eher nach den bisherigen Annahmen verlaufen, wenn die Bewegung des Bauwerkes gegen die Erde eine rein kinematische Verschiebung des starren Gesamtkörpers bedeutet und nicht außerdem von der elastischen Durchbiegung des Bauwerkes abhängig ist. Die Anwendung der klassischen Erddrucktheorie auf elastische Bauwerke ist daher nicht selbstverständlich. Die Erddruck- und Erdwiderstands-

[1] Vgl. Rifaat: a. a. O.

flächen haben durchweg beim massiven Bauwerk einen weniger wechselnden Verlauf wie z. B. bei der eingespannten Spundwand.

Die eigentliche Schwierigkeit bei der Berechnung massiver Körper liegt in dem Ansatz des Bodengegendruckes, dessen Verlauf bisher nur anhaltsweise bekannt ist.

Die Verteilung des Bodengegendruckes an der Bauwerkssohle hängt ab von:

den Bodenbeiwerten,

der Belastung der Baugrubensohle (Art und Verteilung der Belastung),

der Ausbildung der Bauwerkssohle (Grundrißform, starre oder biegsame Sohle),

dem Zustand der Baugrubensohle nach dem Bodenaushub.

Soviel ist sicher, daß die allgemein gebräuchliche Näherung mit Hilfe des Spannungstrapezes nur im idealen Fall der Wirklichkeit entspricht, sonst aber zu sehr erheblichen Abweichungen führen kann. Sie setzt ursprünglich die Gültigkeit des Hookeschen Gesetzes für Böden voraus, also $q = E\frac{\Delta t}{t}$, worin q den Druck, t die Tiefe und E den Elastizitätsmodul der Bodenschicht bedeutet, die auf einer starren Unterlage ruhend gedacht werden muß. Das Hookesche Gesetz ist beim Baugrund nur beim Vorhandensein einer starken Kohäsion erfüllt, also in zunehmendem Grade bei sehr bindigem Boden und Fels. Bei sandigem Boden wird von der Beziehung: $q = Ct$ Gebrauch gemacht, wo C als Boden- oder Bettungsziffer bekannt ist. Durch Gleichsetzen folgt: $E = Ct$, d. h. der Elastizitätsmodul des Bodens nimmt mit der Tiefe zu. Das würde anschaulich etwa dem Bild eines langen gedrückten Stabes aus Stahl (großes E) entsprechen, der mit zunehmender Verkürzung sich in Holz (kleines E) verwandelt. Für diesen Fall läßt sich nachweisen, daß bei starrem Bauwerk und konstanter Bodenziffer C mit dem Spannungstrapez gerechnet werden kann. Führt man nämlich die im vorigen Abschnitt (S. 197) erwähnte Berechnung der Bodenbeanspruchung nach dem Verfahren von Nökkentved für eine senkrechte Last durch, so erhält man folgende Formel für den Bodengegendruck q (Erdpfahlbelastung) im $\pm n$-ten Streifen von der Mitte gerechnet, wenn man in den Ausdruck $P = V\frac{v}{\Sigma v} - Ve\frac{v\eta}{J}$, wo $Ve = M$, einsetzt:

$$v = C\frac{b}{10}, \qquad \sum v = Cb, \qquad \eta = \frac{2n-1}{20}b,$$

$$J = \sum C\frac{b}{10}\frac{(2n-1)^2}{20^2}b^2,$$

$$q = \frac{V}{10} \pm \frac{6m(2n-1)}{100b},$$

während nach dem Spannungstrapez

$$q = \frac{V}{10} \pm \frac{6m(2n-1)}{99b} \quad \text{ist.}$$

Der Unterschied beträgt 1%, der auf eine Vereinfachung bei Nökkentved zurückzuführen sein dürfte. Man sieht jedenfalls, daß unter der Voraussetzung einer starren Lastplatte, eines gleichmäßigen Bodens (C konstant) und der Vernachlässigung der Reibung zwischen den einzelnen Bodenstreifen das Spannungstrapez seine Gültigkeit behält. Unter den geschilderten Voraussetzungen kann also kein Unterschied in der rechnerischen Verteilung des Bodengegendruckes zwischen dem idealen Boden ($q = Cs$) und dem Felsboden $\left(q = E\frac{s}{t}\right)$, wo s = Senkung und t = Tiefe der Felsschicht ist, bestehen.

Damit soll jedoch nicht gesagt sein, daß der wirklich vorhandene Bodengegendruck in beiden Fällen der gleiche ist, denn die Ansätze mit Hilfe der Bettungsziffer und des Hookeschen Gesetzes sind der Natur gegenüber sehr vereinfacht. Die Ziffer C ist keine wirkliche Konstante für eine bestimmte Bodenart. Bei Sand scheint sie von der Tiefe, bei bindigem Boden von der Form und Größe der Fundamentplatte abhängig zu sein, ferner verändert sie sich mit der Gründungstiefe und dem Verhältnis von Dauerlast zu Verkehrslast. Ist demnach schon der Ansatz $q = Cs$ innerhalb der gleichen Bodenart nicht erfüllt, so wird bei ungleichmäßig anstehendem Boden eine noch größere Unregelmäßigkeit zu erwarten sein.

Die Verteilung des Bodengegendruckes ist also in Wirklichkeit durch Einführung der Ziffer C nicht zu ermitteln, wie auch Versuchsergebnisse zeigen. Die Verteilung ist außer von der Art des Bodens, wobei insbesondere zwischen Baugrund mit und ohne Kohäsion zu unterscheiden ist, noch abhängig von der Durchbiegung der Bauwerkssohle. Vielfach wurde der Ansatz gemacht, die Bodengegendrucksverteilung allein aus der Durchbiegung der Sohle als elastisch gleichmäßig gestützten Träger zu bestimmen[1], jedoch vernachlässigen diese Ansätze völlig den beobachteten Einfluß der Bodenart auf die Verteilung[2]. Sie würden nur bei dem Idealboden ($q = Cs$) gültig sein. Auf Grund der Theorie des elastisch isotropen Halbraumes lassen sich ebenfalls keine Angaben machen, da der Wert der Formeln in der Bestimmung der Druckverteilung im Boden unterhalb der Bauwerkssohle liegt. Die Sohlendruckverteilung muß als bekannt vorausgesetzt werden, bzw. müssen bestimmte Annahmen über die Setzungen eingeführt werden. Da Franzius[3] gezeigt hat, daß die rechteckige Verteilung für die Berechnung der Spannungen von Schleusenkörpern die ungünstigste ist, weiß man jedenfalls, daß unsere bisherigen Ansätze eine Sicherheit enthalten. Diese kann jedoch unwirtschaftlich sein.

Hinzuweisen ist hier wieder auf den Unterschied zwischen der Sohle auf der Zeichnung und in der Natur in Gestalt einer teilweisen Auflockerung des Baugrundes, die sich ungünstig auswirken kann. Eine Aushöhlung braucht nicht in so ausgesprochener Form in Erscheinung zu treten, wie sie Freund in dem erwähnten Aufsatz behandelt hat, sondern es genügt, daß einzelne Stellen beispielsweise vom Greiferkorb tiefer angeschnitten werden als ihre Umgebung und später mit der Hand ausgeglichen werden. Dadurch entsteht auf der Oberfläche eine Vermengung von stellenweise gewachsenem mit lockerem aufgefülltem Boden.

Jeder, der Bodenbewegungen im großen ausgeführt hat — und da zeigt es sich am deutlichsten —, weiß, daß die verwendeten Geräte weder die Böschung noch die Sohle in der zeichnungsgemäßen Begrenzung ausheben können. Trotz aller Vorsicht können bei großen Baugruben und Baugeräten Unterschiede in

---

[1] Freund, A.: Erweiterte Theorie für die Berechnungsformeln von Schleusenböden und ähnlichen Gründungskörpern. Z. Bauwes. 1927 S. 73, 108. — Pietrkowski: Berechnungsformeln für die Bodenpressungen an Schleusenbauwerken. Bauing. 1929 S. 139.

[2] Siehe die Tafel von Scheidig: Bautechn. 1931 S. 276.

[3] Grundbau, S. 413.

der planmäßigen Sohle bis zu mehreren Dezimetern auftreten, die nachher ausgeglichen werden. Von einer überall gleichen, gewachsenen Beschaffenheit des Bodens ist also keine Rede mehr, ganz abgesehen davon, daß der Boden durch den Aushub, die schweren Geräte, die Grundwasserentziehung und die Rammungen wechselvoll beansprucht worden ist, bevor das eigentliche Bauwerk auf die Sohle aufgebracht wird. Die Vertiefungen in der Sohle beim Bodenaushub verteilen sich wahllos über den ganzen Querschnitt und können dazu beitragen, Änderungen in der Verteilung des Bodengegendruckes herbeizuführen. Um die Beanspruchungen infolge ungleichmäßiger Bodengegendruckverteilung gering zu halten, empfiehlt es sich, von den Hilfsmitteln zur Bodenverdichtung wie Bodenrammen, Einschlämmen und von einer Ausgleichung der Sohle durch Magerbeton Gebrauch zu machen.

Nachträgliche Ausgrabungen an den Rändern einer Baugrube von rd. 1,5 m Tiefe und 1,5 m Breite, die erforderlich wurden, um durch Abschneiden des oberen Teiles von Druckpfählen einer Baugrubenspundwand ein späteres Aufsetzen des Bauwerkes zu verhindern, hatten trotz sorgfältigster Einfüllung, Einstampfung und Einschlämmung des Bodens ein Reißen des massiven, regelmäßig gestalteten Abschlußblockes in der Mitte zur Folge, obwohl nach den theoretischen Überlegungen ein horizontal verlaufender Bodengegendruck auftreten mußte.

In wie starkem Maße diese beim Bauvorgang unvermeidbare Ungleichförmigkeit eine Unregelmäßigkeit in der Verteilung des Bodengegendruckes hervorrufen kann, steht mangels genügender Messungen an ausgeführten Bauwerken zur Zeit noch aus.

In gewissem Umfange ist der Versuch zu unmittelbaren Messungen in Niederfinow[1] vorgenommen worden. Jedoch sind die Meßfehler der einzelnen Dosen noch so groß, daß einwandfreie Schlüsse auf die Verteilung des Bodengegendruckes auf die Pfeiler noch nicht gezogen werden können. Das Verfahren der Messung hat sich aber grundsätzlich bewährt. Es wäre daher zu wünschen, daß man sich die Erfahrungen in Niederfinow zunutze machte und möglichst engmaschige Netze von Meßdosen in die Bauwerkssohle einbaut, um die Frage des Bodengegendruckes zu klären. Zu einer klaren, allgemeingültigen Form werden wir wegen der fehlenden Homogenität des Bodens niemals kommen.

Eine mit den wirklichen Verhältnissen übereinstimmende Berechnung der Verteilung des Bodengegendruckes gibt es also mangels ausreichender Beobachtungen bislang nicht. Man ist daher noch weitgehend auf Annahmen angewiesen. Es ist zweckmäßig, die Grenzfälle für die mögliche Verteilung des Bodengegendruckes (rechteckig gleichmäßige und dreiecksförmige Verteilung) anzunehmen, ferner die elastische Formänderung der Bauwerkssohle unter den angenommenen Verteilungsflächen zu ermitteln und danach unter Berücksichtigung der Bodenbeschaffenheit die wahrscheinliche Form der Bodendruckverteilung festzulegen, wobei folgende Anhaltspunkte für die Berechnung des Bodengegendruckes nützlich sein können.

1. Starrer Gründungskörper, starrer Boden, wie z. B. Fels: rechteckige Verteilung.

2. Starrer Gründungskörper, fester elastischer Boden (Reibung gering, Kohäsion vorherrschend). Gültigkeit des Hookeschen Gesetzes. Konstante Elasti-

[1] Bautechn. 1934 S. 534.

zitätsziffer E. Mit der Schichttiefe veränderliche Bettungsziffer $C = \frac{E}{t}$. Verteilung des Bodengegendruckes nach dem Spannungstrapez (Näherung) oder nach Boussinesq[1] (falls die Verteilung der Setzungen bekannt ist). Bei elastischem Gründungskörper und starrem Boden ebenfalls Spannungstrapez.

3. Starrer Gründungskörper, „Ideal"boden mit konstanter Bettungsziffer C, infolgedessen veränderlicher Elastizitätszahl $E = Ct$. Verteilung des Bodengegendruckes nach dem Spannungstrapez. Bei der Berechnung des Spannungstrapezes macht man vorteilhaft von Einflußlinien Gebrauch.

4. Elastischer Gründungskörper, Boden wie 1 oder 2. (Bei einer Bodenschicht, die in einer Stärke t auf einer starr angenommenen Grundlage (Fels) ruht, sind die Böden unter 1 und 2 ihrem elastischen Verhalten nach gleichwertig). Berechnung des Bodengegendruckes als gleichmäßig elastisch gestützter elastischer Körper.

5. Starrer Gründungskörper oder elastischer Gründungskörper auf bindigem oder sandigem Boden. Bestimmung des Bodengegendruckes durch Versuche.

Die Fortsetzung der Versuche, insbesondere der Messungen am ausgeführten Bauwerk, ist dringend zu erstreben, um mehr Erfahrungen zu erhalten. Bei den auftretenden Formen der Bodengegendruckverteilung läßt sich nach den bisherigen Beobachtungen eine gewisse Einheitlichkeit feststellen dergestalt, daß sie sich bei zentrischer Belastung auf Parabeln, Sattel- oder Glockenkurven beschränken.

Versuche über die Verteilung des Bodengegendruckes bei außermittiger Belastung sind bisher wenig bekannt geworden, so daß hierüber noch eine ziemliche Ungewißheit herrscht.

Wegen der Bedeutung des Auftriebes bei massiven Bauwerken mit starken Wasserstandsunterschieden an ihren beiden Seiten sei kurz noch auf die sich daraus ergebenden Besonderheiten des Kräfteansatzes hingewiesen. Diese Frage ist auf dem 15. Internationalen Schiffahrtskongreß in 11 Berichten behandelt worden. Es handelt sich um dieselben Ansätze, die im Abschnitt II dargelegt wurden. Nur wird die Verteilung des Auftriebes gerade bei Wehren dem wirklichen Verlauf der Strömung unter dem Baukörper anzupassen sein. Er kann dadurch unter den Wert, den man durch eine geradlinige Verbindung von Ober- und Unterwasser erhält, vermindert werden, daß man den Strömungswiderstand abzieht. Ein solcher kann auch in der Senkrechten durch Rammung von Umfassungsspundwänden erzeugt werden und dementsprechend einen sofortigen Abfall des Auftriebes zu Beginn des Bauwerkes hervorrufen. Dieser Abfall wird nur dann von merklicher Größe sein, wenn eine nennenswerte Geschwindigkeit unter dem Bauwerk vorhanden ist. Das ist bei Wehren mehr der Fall als bei Schleusen, wo wegen der Länge des Bauwerkes eine geringere Strömungsgeschwindigkeit entsteht. Wichtig ist, daß durch Anordnung von Spundwänden insbesondere nach der Oberwasserseite Sickerwassermenge und damit Ausspülung des Untergrundes, Auftrieb und Strömungsdruck gleichzeitig vermindert werden.

Die Festigkeitsberechnung massiver Bauwerke erfolgt auf rechnerischem Wege durch Bestimmung der Lage und Richtung der Resultierenden der äußeren Kräfte für den untersuchten Schnitt. Man erhält mittels einer

---

[1] Vgl. Brennecke-Lohmeyer: Der Grundbau. Bd. III S. 11.

Momentengleichung um einen beliebigen Punkt die Normalkraft N, die Querkraft Q und das Moment M, oder letzteres ersetzt durch die Exzentrizität der Normalkraft $e = \frac{M}{N}$. Aus N und e läßt sich das Spannungstrapez berechnen. Die Bewehrung bei Eisenbetonausführung erfolgt nach den Regeln für außermittig belastete Querschnitte. Bei Betonkörpern dürfen nur die zugelassenen Zugspannungen auftreten (Vorsicht bei Arbeitsfugen), andernfalls sind Eiseneinlagen vorzusehen oder der Querschnitt zu verbreitern. Auf zeichnerischem Wege kann die Berechnung in den meisten Fällen mit Hilfe der Stützlinie vorgenommen werden. Auch die Spannungstrapeze lassen sich graphisch konstruieren.

Für die Standsicherheit des Bauwerkes sind maßgebend die Kippsicherheit und die Gleitsicherheit. Die Resultierende der äußeren Kräfte muß

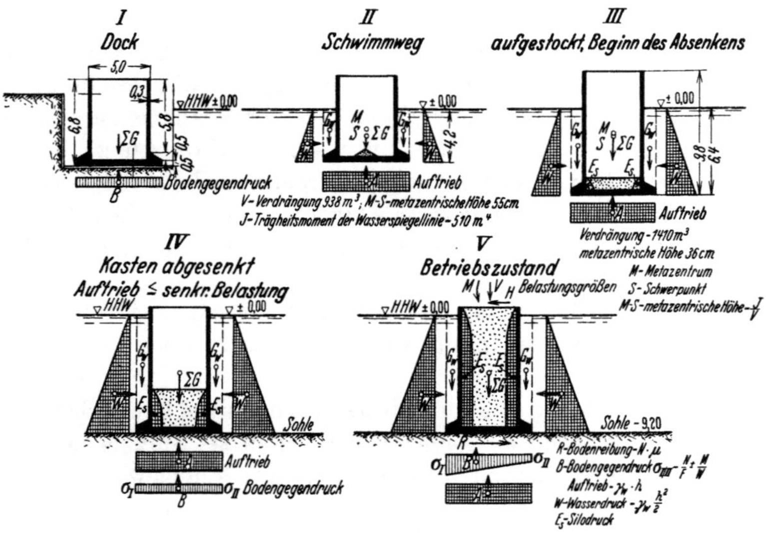

Abb. 142. Belastungszustände für einen Schwimmkasten.

bauwerksseitig des vorderen Mauerfußes die Sohle schneiden. Die Tragfähigkeit des Bodens an der Vorderkante darf nicht überschritten werden. Die Kippsicherheit wird also ausgedrückt durch das Verhältnis desjenigen Erddruckes, der eine Randspannung von der Größe der Tragfähigkeit des Bodens erzeugt, zu dem tatsächlich vorhandenen Erddruck. Die Gleitsicherheit erfordert eine Neigung der Resultierenden in der Bodenfuge, die kleiner als der Reibungswinkel in der gleichen Fuge ist. Ihr rechnerischer Ausdruck ist das Verhältnis der Tangenten der beiden Winkel.

Die statische Berechnung der massiv gegründeten Bauwerke hat nicht nur für den bestehenden Zustand zu erfolgen. Häufig treten während der Bauausführung Belastungen auf, die das Bauwerk stärker beanspruchen können als im Endzustand. Hier unterscheiden sich die einzelnen Ausführungen erheblich.

Verhältnismäßig einfach sind die Belastungsannahmen, die für einen Schwimmkasten getroffen werden müssen (Abb. 142). Für das Beispiel der Abbildung ist angenommen, daß die Ausfüllung des Kastens aus losem Boden besteht und daher einen Silodruck E_s erzeugt. Der Bodengegendruck ist ferner der Einfachheit halber für dieses Beispiel nach dem Spannungstrapezverfahren berechnet worden.

Bei der Bauausführung einer Brunnengründung können die in Abb. 143 dargestellten Kräfte auftreten. Es ist nichtbindiger Boden angenommen, der ungünstig den vollen Wasserdruck[1] sich entwickeln läßt. Der Erddruck E_a greift schräg von unten an, da seine senkrechte Komponente die Reibung darstellt, die beim Absenken überwunden werden muß. Wie groß der zugehörige Reibungskoeffizient einzusetzen ist, ist in ähnlicher Weise unbestimmt wie bei der Berechnung der Tragfähigkeit von Rammpfählen. Man ist nicht einmal genau darüber unterrichtet, ob die auftretende Bodenkraft E mehr die Größe des Erdwiderstandes oder des Erddruckes aufweist. Oberhalb der vorgesetzten Schneide wird eine verringerte Reibung vorhanden sein, da hier nur lockerer Boden an der Wandung liegt. Der Schneidengegendruck ist der Teil des Gewichtes des Kastens und der Auflast, der nicht durch Reibung verzehrt wurde. Die Randspannungen müssen dabei so groß werden, daß der Kasten weiter einsinkt. Sie müssen also die zulässige Beanspruchung des Bodens überschreiten, was teils

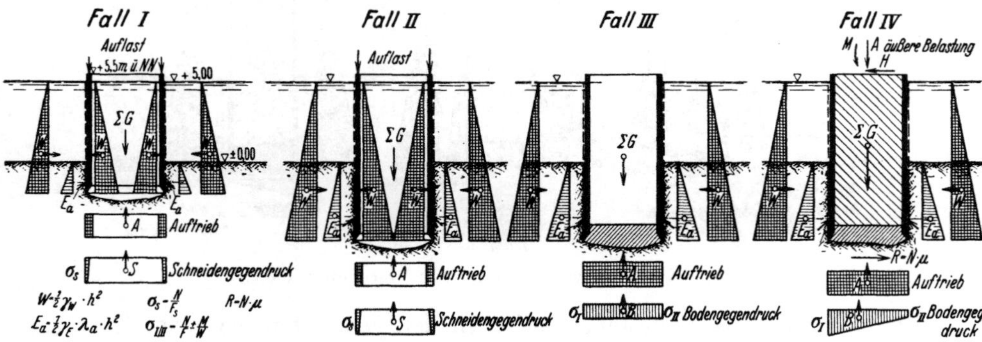

Abb. 143. Belastungszustände für eine Brunnengründung.

durch Erhöhung der Auflast, teils durch Weggraben des Bodens an der Schneide, also Verkleinerung der Fläche erreicht werden kann. Der Verlauf des Schneiden- und Bodengegendruckes ist auch hier der Einfachheit halber nach dem Spannungstrapez eingesetzt. Unter Umständen treten zu den angegebenen Belastungen Wellendruck (vgl. S. 160), Eisstoß, Strömungsdruck u. a. hinzu. Es empfiehlt sich, bei der Bemessung eines Brunnens auch auf außergewöhnliche Belastungsfälle der Bauausführung, wie einseitiges Aufhängen, nur teilweise Unterstützung der Schneide usw., Rücksicht zu nehmen. Man wird dies um so mehr bei mit Steinen oder anderen Körpern durchsetztem oder ungleichmäßig gelagertem Boden tun.

Der verwickeltste Kräfteansatz tritt bei der Einbringung einer Druckluftgründung auf (Abb. 144). Zu den bereits beim Brunnen erwähnten Kräften treten infolge der Form der Arbeitskammer etwas veränderte Verteilungen des Auftriebes und des Wasserdruckes von innen (letzterer ist wegen Platzmangels nach der einen Seite hin gestrichelt aufgetragen). Außer dem Schneidengegendruck entsteht beim Einbringen der Schneide in den Boden auf die Schrägfläche ein als passiver Erddruck einzusetzender Widerstand. Schließlich kommt noch der Luftdruck in den Arbeitskammern hinzu. Die Belastungszustände sind unter der Voraussetzung angegeben, daß der Senkkasten im Wasser abgesenkt

[1] Aus Gründen der Raumersparnis ist der Wasserdruck in den Abb. 142, 143, 144 verzerrt gezeichnet.

wird. Für das Ablassen mittels Spindeln oder von einer künstlichen Insel aus wird es danach leicht sein, die entsprechenden Belastungsgegenstände darzustellen, insbesondere wenn man sich das im Abschnitt I und II Gesagte vor Augen hält.

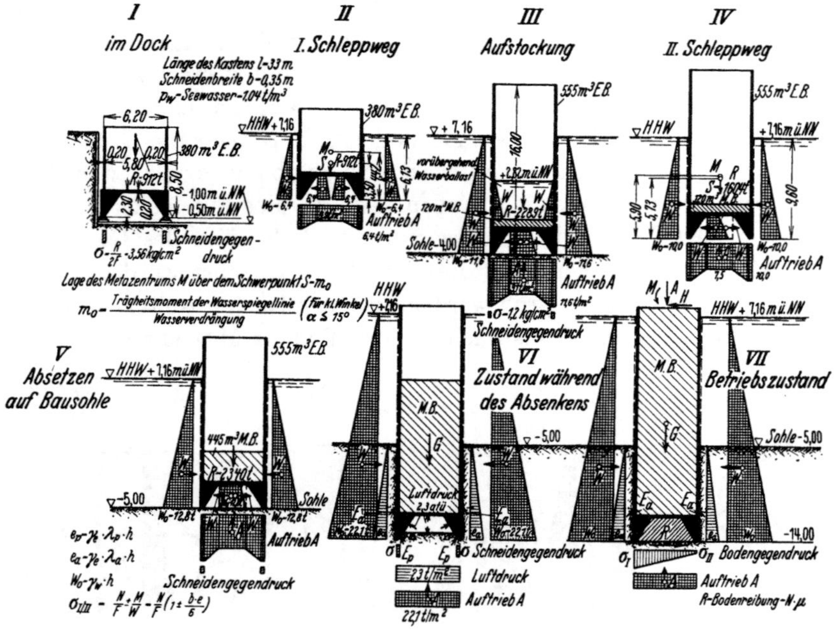

Abb. 144. Belastungszustände für eine Druckluftgründung.

Im fertigen Zustand bestehen zwischen den genannten massiven Körpern, abgesehen von der Verteilung des Bodengegendruckes, keine Unterschiede in statischer Hinsicht. Sie verhalten sich alle wie ein einfaches massives Bauwerk.

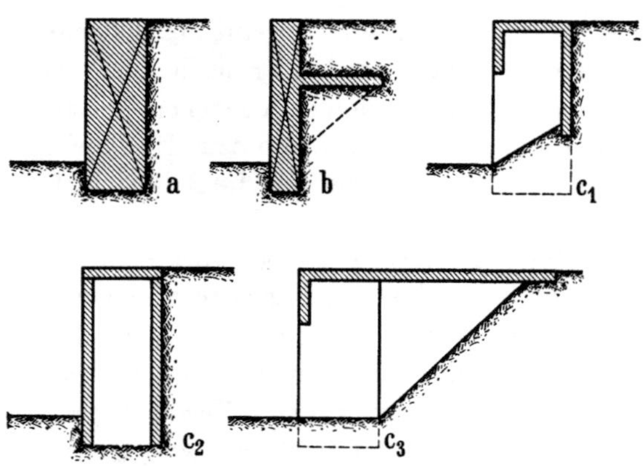

Abb. 145. Schematische Anordnung von massiv gegründeten Bauwerken.

Häufig wird man die durchgehend massiven Körper auflösen und erhält einzelstehende Pfeiler, die durch biegungssteife Eisen- oder Eisenbetonkonstruktionen miteinander verbunden werden. Das statische Prinzip solcher sehr verschieden gestalteter Konstruktionen für Stützbauwerke ist auf Abb. 145 schematisch dargestellt. Es wird zwischen den Pfeilern eine Entlastungsplatte angebracht (Abb. 145 c_1), deren Zweck darin beruht, den Erddruck so weit abzufangen, daß das Hinterfüllungsmaterial in freier Böschung bis zur Gewässersohle fallen kann bzw. daß der auf den unten an der Sohle befindlichen Teil einer Frontmauer entfallende Erddruck durch die Schattenwirkung der Platte sehr stark vermindert wird (Abb. 145 b, c_3). Man nutzt hier die Breite, die der Pfeiler mit Rücksicht auf die Stützlinie erhalten muß, und die bei einer aufgelösten Konstruktion dadurch größer wird, daß der Pfeiler nicht nur die horizontalen Kräfte für seine eigene Breite, sondern auch für das überbrückte Mauerwerk mit aufnehmen muß, dazu aus, den Druck der Hinterfüllung zu vermindern. Die Entlastungsplatte kann senkrecht bis zum Schnitt mit der natürlichen Böschungslinie (Abb. 145 c_1) oder waagerecht bis zur Böschungsoberkante (Abb. 145 c_3) geführt werden. In ersterem Falle erhält sie den ihrer Höhe entsprechenden Erddruck und überträgt ihn auf die Pfeiler. Im zweiten Falle entsteht statisch eine völlige Entlastung: Man hat es mit einer überbauten Böschung zu tun. Jedoch wird in den meisten Fällen, nämlich immer dann, wenn die Böschung flacher als 1:1 ist, die Länge der Platte dann größer als im ersten Fall sein. Die waagerechte Beanspruchung und auch die Abmessungen der Entlastungsplatten können erheblich vermindert werden, wenn das Bauwerk mit einer Steinschüttung hinterfüllt wird. Es fragt sich allerdings, wieweit man in solchen Maßnahmen aus wirtschaftlichen Gründen gehen darf. Für den Abstand der Pfeiler spielen die von der Platte übertragenen Horizontalkräfte eine ausschlaggebende Rolle. Bei nicht sehr festem Boden wird der Gleitwiderstand das Einhalten bestimmter Grenzen gebieten, aber auch bei standfestem Untergrund wird das Verhältnis horizontaler zu vertikalen Kräften gewisse Werte nicht überschreiten dürfen, damit die Breite des Pfeilers keine unzweckmäßige Ausdehnung annimmt. Die senkrechte Belastung wird zwar auch durch die Überbrückung anwachsen, aber zum überwiegenden Teil aus Verkehrslasten bestehen, mit deren entlastender Wirkung nicht gerechnet werden darf. Aufgelöste massiv gegründete Bauwerke sind daher immer nur bei gutem Baugrund anwendbar. Verschiedentlich festgestellte Ausweichungen, besonders bei aufgelösten Stützmauern großer Höhe in den Seehäfen, warnen uns, die Pfeilerquerschnitte zu klein zu nehmen und Reibung und Bodenpressung nicht genau festzustellen.

Die senkrechte Entlastungsplatte kann konstruktiv als Spundwand-, Pfahlrost-, Eisenbeton- oder Massivbauwerk hergestellt werden und wird dementsprechend berechnet. Wieweit an der Oberkante der senkrechten Entlastungsplatte mit einer Abstützung gegen die waagerechte Verkehrsplatte gerechnet werden darf, hängt von der konstruktiven Ausbildung ab. Man wird bei Anwendung einer Spundwand beispielsweise immer eine solche Abstützung vorsehen, die die Stelle der Verankerung übernimmt, es sei denn, es handle sich um nachträglich eingebrachte Entlastungsbauwerke, die ihren Horizontalschub selbst aufnehmen sollen. Die Berechnung erfolgt wie gewöhnlich. Es wird jedoch in den meisten Fällen wegen des Böschungsabfalles eine große Rammtiefe der Spundwand erforderlich sein, so daß es sich aus diesem Grunde empfiehlt, ein Pfahlrost- oder Massivbauwerk zur Entlastung zu nehmen. Von beiden ist das Massivbauwerk die gebräuchlichere Ausführung und als Eisenbetonbalken einfach zu bemessen.

Die Festigkeit des Bodens, unter der der Spannungsverlauf und die Größe der erwarteten Setzungen verstanden wird, läßt sich roh nach dem Spannungstrapez, mit geringeren Fehlern nach Methoden der Bodenmechanik ermitteln, die in vielen Fällen schon Auskunft über die wahrscheinliche Verteilung der Spannungen und den voraussichtlichen Verlauf der Setzungen geben können.

Aufgelöste Bauwerke werden statisch am ungünstigsten beansprucht, wenn infolge der ungleichmäßigen Beschaffenheit des Untergrundes ungleichmäßige

Setzungen eintreten. Bei großen Flächen steigt die Gefahr hierzu. Es hängt von der Widerstandsfähigkeit des Überbaues ab, wieweit er Setzungsspannungen aufzunehmen vermag.

Vergleicht man die Setzungen von Probebelastungen einfacher Platten mit denen des Bauwerkes, so gilt die Regel, daß bei gleicher Belastung je Flächeneinheit die Senkung je nach Bodenart mehr oder weniger annähernd im direkten Verhältnis zu den linearen Abmessungen der Platten steht.

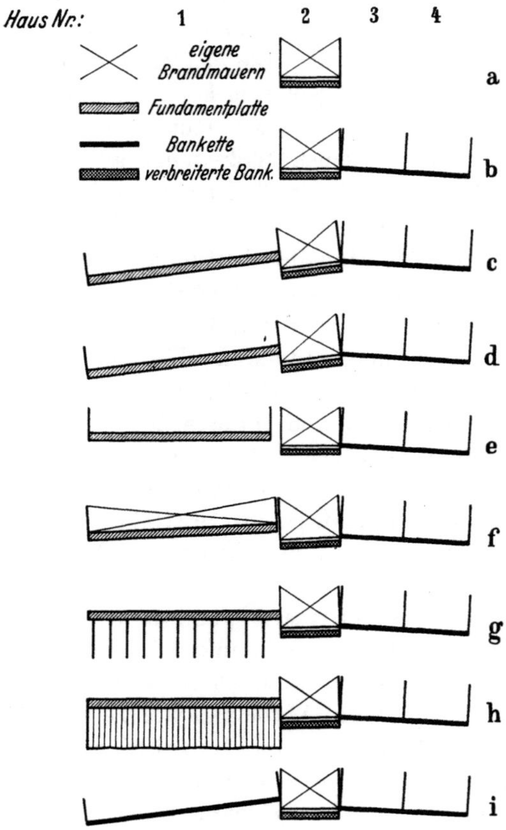

a Zustand 1. Haus 2 steht allein.

b Zustand 2. Haus 3 und 4 werden angebaut und hängen sich an 2 auf. Haus 3 reißt von 2 ab.

c Zustand 3. Haus 1 wird angebaut und zieht Haus 2 mit, da die Verbindung zwischen 1 und 2 fester als zwischen 2 und 3.

d Zustand 4 a (eingetreten). Der Riß zwischen 2 und 3 hat sich vergrößert.

e Zustand 4 b. Bei Anlage eines Bauwichs wäre der Zustand 2 erhalten geblieben.

f Zustand 4 c. Bei Vorhandensein einer eigenen Brandmauer des Hauses 1 wäre Haus 2 weniger stark mitgezogen worden.

g Zustand 4 d. Bei Gründung auf schwimmendem Pfahlrost wäre Zustand 2 nicht wesentlich verändert worden.

h Zustand 4 e. Bei Vorhandensein einer schwimmenden Ringspundwand hätte sich annähernd die gleiche Wirkung eingestellt wie bei 4 d.

i Zustand 4 f. Bei Gründung auf Banketten wäre Haus 1 von Haus 2 abgerissen, wie das bei Haus 2 und 3 geschehen ist (Zustand 2).

Abb. 146. Bewegungen von Reihenhäusern in bindigem Boden.

Die Setzung größerer Fundamentsplatten kann nach Beobachtungen kleiner werden[1], als auf Grund der Ergebnisse der Probebelastungen mit Platten zu erwarten ist. Beim Vorhandensein von Fugen wird es zweckmäßig sein, die einzelnen Platten gleich groß und gleich belastet zu wählen und die statische Beanspruchung nicht durch ungleiche Senkungen zu erhöhen, bzw. beim Wechsel des Baugrundes die Größe der Platten so zu bemessen, daß möglichst gleiche Setzungen an allen Stellen entstehen. Die Verbindungen der Gründungsteile werden zur Verhütung von Rissen statisch bestimmt angeordnet.

[1] C. R. Trav. IVe Conference hydrologique des états baltiques, Leningrad 1933 S. 260. Nikolsky: Bericht über die geologische Struktur des Gebietes des Flusses Swir.

Unangenehm können Setzungserscheinungen auch dann werden, wenn seitliche Reibungskräfte auftreten, die eine Schiefstellung des Bauwerkes verursachen. Das ist bei Hochbauten leicht dann der Fall, wenn z. B. zwei Häuser entweder eine gemeinsame Brandmauer besitzen (Abb. 146, Haus 2 und 3) oder bei eigenen Brandmauern unmittelbar ohne Bauwich (Trennungsweg) aneinander stoßen (Abb. 146f, Haus 1 und 2). Nach festgestellten Bewegungen hängt sich ein Haus leicht an das Nachbarhaus an und wird am gleichmäßigen Setzen verhindert. Infolge schräger Bewegung kann es vom Nachbarhaus abreißen (Abb. 146b, Haus 3 von Haus 2) bzw. das Nachbarhaus mitnehmen (Abb. 146c, Haus 1 und 2), je nachdem, wie stark der Zusammenhang ist. Wenn sich die auftretenden Kräfte auch nicht zahlenmäßig angeben lassen, so tut man gut, doch das Vorhandensein und die Wirkungsweise derselben in Betracht zu ziehen und eine dementsprechende Gründung vorzusehen (Abb. 146e bis i).

Die Standsicherheit des Bodens unter Massivbauwerken schließlich wird in der gleichen Weise wie beim Pfahlrostbauwerk durch die Gleitkreisuntersuchungen ermittelt.

Gang der Berechnung.

1. Festlegung der Belastungsfälle und Belastungsgrenzen für Bausausführung und Betrieb.
2. Untersuchung des Geländesprunges auf Geländebruch ohne Rücksicht auf die späteren Abmessungen des Bauwerkes.
3. Wahl des Bauwerkes nach dem Ergebnis der Geländesprunguntersuchung.
4. Berechnung der angreifenden Kräfte.
5. Wahl der Querschnitte und des Grundrisses.
6. Annahme der Verteilung des Bodengegendruckes.
7. Überschlägliche Berechnung der Grundbruchsicherheit und Verbesserung des Systemes.
8. Ermittlung der Schnittkräfte in den einzelnen Querschnitten durch Momentengleichung oder Stützlinie.
9. Berechnung der Spannungsverteilung in den Schnitten und an der Sohle.
10. Prüfung der Verteilung des Bodengegendruckes an Hand der Durchbiegungen des Bauwerkes.
11. Untersuchung der Kipp- und Gleitsicherheit.
12. Genaue Berechnung der Grundbruchsicherheit.
13. Kritik des Querschnittes und Grundrisses, gegebenenfalls Wiederholung der Berechnung für ein verbessertes System.
14. Bestimmung der endgültigen Bodenbeanspruchung und Ermittelung der voraussichtlichen Setzungen.

b) Die konstruktive Behandlung.

Folgende Arten von massiv gegründeten Stützbauwerken kann man unterscheiden (Abb. 145):

a) massiv ohne Entlastungsplatte,

b) massiv mit Entlastungsplatte,

c) aufgelöst mit massiven Pfeilern und Entlastungsplatten,

senkrechte Platte: 1. teilweise heruntergezogen, Hinterfüllung mit Böschung; 2. ganz heruntergezogen, Hohlkörper; 3. waagerechte Platte (überbaute Böschung).

Die Arten massiv gegründeter Tragbauwerke mit vorwiegend senkrechter Belastung sind:

a) tiefe Gründung: 1. massiv; 2. aufgelöst (in Pfeiler, in Rippen und Grundplatte);

b) flache Gründung: 1. Bankette; 2. gemeinsame Grundplatte; 3. Einzelplatten; 4. Pfeiler.

Für die Betonkörper gilt grundsätzlich das gleiche, was ich bei den Pfahlrostbauwerken ausgeführt habe, nur mit der Einschränkung, daß man häufig auf aufgelöste Konstruktionen verzichten muß und die vollen Massivbauwerke, z. B. Grundpfeiler, Toranschlagbauwerke u. a. m., nicht vermeiden kann. Jedoch wird es sich in vielen Fällen empfehlen, Teile dieser Massivbauwerke mit Leichtbeton zu verfüllen, um die Belastung des Baugrundes zu verringern. Man wird auf reine Hohlkörper nur dann zurückgreifen, wenn die Gewähr dafür gegeben ist, daß durch den Beton und die Arbeitsfugen kein Wasser in diesen Hohlkörper eindringt, oder wenn eine laufende Entfernung des etwa eingedrungenen Wassers vorgesehen ist.

Eine Durchfeuchtung des Betons ist auch außerhalb der Arbeitsfugen stets vorhanden. Man darf sich nicht dadurch täuschen lassen, daß z. B. Staumauern auf der Luftseite trocken bleiben, denn dieses Verhalten ist auf die stete Verdunstung der geringen Sickerwassermengen zurückzuführen. Wasser verdunstet aber nicht in einem unter der Erde befindlichen, vollkommen abgeschlossenen Hohlkörper, da hier der Wasserdampf nicht ins Freie entweichen kann. Ein solcher Hohlkörper wird sich im Laufe der Zeit mit Wasser füllen und sein Gewicht vergrößern. Abgesehen davon wird das durchtretende Wasser eine gewisse Auslaugung des Betons herbeiführen. Wenn man eine solche Auslaugung mit in Kauf nehmen will und außerdem die Bodenpressung für das Gewicht des Wassers im Innern des Körpers berechnet, so bestehen gegen die Verwendung eines wassergefüllten Hohlkörpers keine Bedenken.

Eine Wasserfüllung ist vielfach mehr zu empfehlen als Leichtbeton, der unter einem Raumgewicht von 1,2 kaum herzustellen sein dürfte. Jedenfalls soll man immer vermeiden, Hohlkörper herzustellen, die später nicht mehr zugänglich sind, damit man entweder eindringendes Wasser rechtzeitig durch Pumpen entfernen, eine Nachdichtung vornehmen oder beim Vorhandensein einer Wasserfüllung den Zustand des Betons beobachten kann. Bei Verwendung von Eisenbeton wird man bei Tiefbauwerken für eine genügend starke Überdeckung der Eiseneinlagen, die über die Eisenbetonbestimmungen hinaus mindestens auf etwa 5 cm zu bemessen ist, Sorge tragen; bei Bauten an der Küste sollte man hier nicht unter 8 cm gehen. Hinsichtlich der zulässigen Spannungen verweise ich auf das früher Gesagte.

Auch über die Frage des verblendeten oder unverblendeten Betons klaffen heute noch weitgehende Meinungsunterschiede. Abgebrochene Bauwerke und infolge von Witterungseinflüssen (Temperaturunterschiede, Frost) abgeplatzte Verblendungen zeigen die Berechtigung, das Verbundmauerwerk wegen seiner oft ungleichen Ausdehnung (z. B. Säulenbasalt gegen Beton) abzulehnen und die Verblendung wegen der Arbeitsfugen zwischen Stein und Mauerwerk als Fremdkörper im Beton anzusprechen (Abb. 147).

Hat man die Überzeugung gewonnen, daß der Beton heute so zusammengesetzt werden kann, daß er sehr strengen Anforderungen Genüge leistet, so besteht nur selten eine Veranlassung, ihn überhaupt zu schützen. Keinesfalls erscheint es aber als vertretbar, den Beton gegen die von allen Seiten herantretenden schädlichen Einflüsse des Bodens nur nach einer Seite hin zu schützen. Es bleibt also als Begründung für die Anbringung einer Frontverblendung nur die Sicherung der Außenfläche des Bauwerkes gegen mechanische Angriffe. Gegen diese läßt sich der Beton jedoch leichter unempfindlich machen als gegen chemische Angriffe.

Die eingehende Besichtigung der trockengelegten Schleusentorkammern in Wesermünde und Ymuiden zeigte eine einwandfreie Beschaffenheit des Betons. In Ymuiden war sogar die Maserung der Holzverschalung noch völlig am Beton erhalten, trotzdem dort der Salzgehalt der Nordsee wesentlich höher liegt als an der Wesermündung. Wenn hier der unverblendete Beton bzw. Eisenbeton im Verlauf von zum Teil mehr als zehn Jahren seine Unverletzlichkeit nachgewiesen hat, weiß ich nicht, warum die Bedenken einzelner in Deutschland noch immer nicht verstummen wollen. Die maßgebenden Stellen in Belgien, Frankreich und Holland verwenden ihn mit Erfolg bereits seit Jahren, ohne bislang Rückschläge erlitten zu haben.

Abb. 147. Stampfbeton und Verblendung eines Stützbauwerkes.

Es kommt ferner hinzu, daß der Eisenbeton bei Verwendung der Verblendung nur in geringerem Umfange ausgenützt werden kann und die Zahl der Arbeitsfugen durch die Verblendung vermehrt wird. Eine wirkliche Verbundwirkung kann nicht erzielt werden, denn wir haben nicht einmal Mittel, frischen und abgebundenen Beton zu einem einheitlichen Körper zu verbinden. Die Abb. 148a und b zeigen deutlich, wie sich das Wasser durch diese Arbeitsfugen seinen Weg sucht. Da der auf das Bauwerk wirkende Kraftangriff sich an solchen Punkten am ungünstigsten auswirken muß, hat die Anordnung von möglichst wenig Arbeitsfugen nicht wegzuleugnende Vorteile.

Die heute verwendeten und anerkannten Betonierungsverfahren gewährleisten einen einwandfreien Beton, da ja infolge der größeren Zähflüssigkeit zu schwache Neigungen der Gußrinne nicht mehr zur Anwendung gelangen. Für die Herstellung des Betons bleiben am zweckmäßigsten die Flurförderung, die Bandförderung und in neuester Zeit die Pumpförderung. Hinsichtlich des letzten Verfahrens sind wir aus dem Versuchsstadium herausgetreten und gehen, wie einige Baustellen es gezeigt haben, bereits zur Anwendung für Tiefbauten mittleren Umfanges über. Mit ihren Vorteilen für die Betonierungsanlagen bleibt der Pumpförderung noch ein weites Feld der Anwendung offen.

Je nach den Untergrundsverhältnissen, der Art des Bauwerkes, den Kosten und den zulässigen Setzungen wird man sich bei massiv gegründeten Bauwerken für eine flache oder tiefe Gründung entscheiden. Flachen Gründungen wird man, wenn nicht besonders tragfähiger Baugrund bereits an der Oberfläche ansteht, in der Regel eine größere Setzung zubilligen müssen als Tiefgründungen, die nicht in sich völlig massiv sind, also insgesamt geringeres Raumgewicht als der Bodenaushub haben (vgl. Abb. 152 und 154). Soweit die Setzungen auf seitliches Ausweichen des Bodens zurückzuführen sind, können sie durch Anordnung einer Umfassungsspundwand (Abb. 146h) vermindert werden. Ist der Baugrund tragfähig, wird man eine Flachgründung in einzelne Bankette (Abb. 146, Haus 2 bis 4) und Pfeiler auflösen können, wobei allerdings zu beachten ist, daß eine derartige Gründung stets dann zu unliebsamen Rissen im Bauwerk führen wird, wenn innerhalb der Grundfläche verschiedene Elastizität oder Lagerungsdichte des Bodens vorhanden ist. Dann treten ungleich große Setzungen auf, die die zulässige Beanspruchung des darüberliegenden Hochbaues überschreiten lassen. Eine flache Gründung auf einer geschlossenen Platte (Abb. 146, Haus 1) hat demgegenüber den Vorteil, daß sie unempfindlich gegen ungleichmäßige Setzungen ist, vorausgesetzt, daß die Platte auf die zu erwartenden Biegungsbeanspruchungen hin bemessen ist. Es wird sich dann das Bauwerk zwar als gesamter Körper schief stellen können, aber, falls keine Betriebsstörungen damit verbunden sind, unbehindert weiter benutzt werden können. So wurden z. B. am Mittellandkanal zwei Straßenunterführungen auf eine Platte gesetzt und als vierseitig geschlossener Eisenbetonrahmen konstruiert.

Abb. 148 a.

Abb. 148 b.

Abb. 148 a u. b. Durchtreten von Wasser durch die Arbeitsfugen von Stampfbeton.

Die Plattengründung tritt häufig mit der Pfahlgründung in Wettbewerb (Abb. 146c bis g, Haus 1). Die Entscheidung hängt meistens davon ab, welche Setzungen man zulassen will, wobei ein Risiko darin liegt, daß bislang noch keine Gewähr dafür gegeben werden kann, daß die Setzungsvoraussagen auch genau in dem gleichen Umfange eintreten werden. Grundsätzlich hat man sich trotzdem vorher über die Größenordnung der Setzungen Klarheit zu verschaffen. Die Möglichkeit, auf die eine oder die andere Weise gründen zu können, tritt bei Hochbauten und bei kleineren Brücken ein. Zu vermeiden ist die gleichzeitige Verwendung zweier verschiedener Gründungsarten. Bei Hochbauten wird die Ungleichmäßigkeit der Setzungen der auf Pfähle und der flach gegründeten Teile ebenso wie die von der

Abb. 149. Abgesunkener Pfahl.

Umgebung abweichende Setzung eines Gesamtbauwerkes wegen der Durchführung der Rohrleitungen besondere Maßnahmen erfordern. In beiden Fällen besteht die Gefahr des Abreißens der Bauteile voneinander. Auf die Gefahr der Schiefstellung bei Flachgründungen wurde schon hingewiesen (vgl. Abb. 146).

Es ist daher nicht zu verwundern, daß aus Abneigung gegen unliebsame Überraschungen bei wichtigen Gebäuden die Pfahlgründung bevorzugt wird, wenn der tragfähige Boden in erreichbarer Tiefe liegt. Bei ordnungsgemäßer Ausführung dürften die Fälle, wo auch hier durch Aufhängung der oberen sich konsolidierenden Bodenschichten an den Pfählen größere Sackungen aufgetreten sind, zu den Seltenheiten gehören. Ein auffälliges Beispiel einer nachträglich verdichteten Bodenschicht, die im vorliegenden Fall auf eine Grundwasserentziehung zurückzuführen ist, zeigt die Abb. 149. Hier löste sich ein unter Last stehender Pfahl von dem Gebäudefundament und wurde gleichsam als Grundpegel von den sich setzenden Bodenschichten mitgenommen. Es stand eine ungefähr 20 m starke Schlammschicht an, die von moorigen Einsprengungen durchzogen war. Die Pfähle haben die tragfähige Schicht nicht erreicht. Die Vorgänge vollzogen sich in wenigen Monaten. Eine solche Konsolidierung wird bei abgelagertem Boden nur während der Bauausführung eintreten, wenn eine Wasserentziehung stattfindet; beim fertigen Bauwerk werden bei richtig gegründeten Bauwerken die Lasten durch die Pfähle auf den Untergrund übertragen. Bei Gründungen auf frisch aufgeschüttetem Boden muß eine zusätzliche Belastung der Pfähle vorher berücksichtigt werden. Gerade dann ist aber eine Flachgründung wegen der sehr hohen und ungleichmäßigen Setzungen wenig empfehlenswert.

Bei Tiefgründungen hat man in gleicher Weise wie bei Flachgründungen zwischen aufgelöster und massiver Bauweise zu unterscheiden (Abb. 141 und 145). Beide Bauweisen unterscheiden sich hauptsächlich in der Größe und Aufnahme der Horizontalkräfte. Da ein Massivbauwerk, wie bereits im vorigen Abschnitt ausgeführt wurde, stets eine gewisse Breite aufweisen muß, wird man versuchen, diese Breite bei Stützbauwerken zu einer Verminderung des horizontalen Erddruckes durch Schirmwirkung zu benutzen. Man wird daher einzelne Pfeiler vorsehen und die waagerechten Kräfte der Zwischenräume ebenfalls auf die Pfeiler übertragen. Hierbei ist es erforderlich, daß die Pfeiler imstande sind, die horizontalen Kräfte so an den Boden abzugeben, daß keine unliebsamen Bewegungen des Bauwerkes auftreten. Gegen eine Verschiebung der Pfeiler wird eine aufgelöste Konstruktion immer sehr empfindlich bleiben, da damit eine Zerstörung der zwischen den Pfeilern befindlichen Bauteile erleichtert wird.

Es ist daher wenig zweckmäßig, die Konstruktion allzu weit aufzulösen. Da bei einem Bauwerk, dessen statische Beanspruchung nie ganz klar zu erfassen ist, immer mit dem Auftreten von unbekannten Nebenspannungen gerechnet werden muß, darf man außerdem die Eisenbetonkonstruktion nicht so knapp bemessen, daß Nebenspannungen nicht aufgenommen werden können.

Während die konstruktive Behandlung der Stützbauwerke, Molen und Plattenbauwerke sich nicht wesentlich von der Ausbildung anderer Beton- oder Eisenbetonkonstruktionen unterscheidet, sei noch kurz auf die trogförmigen Körper eingegangen, die im Grundbau häufig bei Schleusen und Docks vorkommen (Abb. 141c). Die Ausführung der Sohlen solcher Körper ist verschieden. Man kann Mauer und Sohle getrennt herstellen und durch Verankerung der Sohle oder durch Erhöhung des Gewichtes der Sohle dafür sorgen, daß der Auftrieb aufgenommen wird. Bei einer anderen Ausbildungsform wird die Sohle keilförmig gegen die Seitenmauer abgestützt, so daß der Auftrieb in die Mauer übergeleitet werden kann. Als zweckmäßigste Gestaltung muß man jedoch die Herstellung des trogförmigen Körpers als Rahmen in Eisenbeton bezeichnen. Hier können sowohl die Seitenmauern als auch die Sohle in mäßigen Abmessungen gehalten werden. Eine einheitliche Eisenbetonkonstruktion ist zudem wie keine andere geeignet, den Bodengegendruck sicher aufzunehmen, auch wenn seine Verteilung in Wirklichkeit von derjenigen abweicht, die man der Berechnung des Bauwerkes zugrunde gelegt hat.

Trotz der mehr als fünfzigjährigen Erfahrungen mit Beton werden auch heute immer noch Bedenken gegen die Lebensdauer dieses Baustoffes erhoben, die sich auf festgestellte Zerstörungen im Beton stützen, deren Ursprung meist dem Bindemittel zugeschrieben wird. In manchen Fällen wird demgegenüber auf die Zuverlässigkeit des Bruchsteinmauerwerkes hingewiesen, wobei außer acht gelassen wird, daß der Zementzusatz des Mörtels wesentlich höher als beim gewöhnlichen Eisenbeton im Tiefbau ist.

Man muß beim Beton drei Herstellungsarten unterscheiden:

1. Stampfbeton mit zu geringem Wasserzusatz, zahlreichen Arbeitsfugen und ungenügender Dichtigkeit;

2. Gußbeton mit zu hohem Wasserzusatz, wie er in den ersten Jahren seiner Anwendung hergestellt wurde;

3. Gußbeton, auch plastischer oder Weichbeton genannt, der mit dem günstigsten Wasserzusatz nach Feststellungen der Eigenschaften der Zuschlagsstoffe, mit dem für das Bauwerk notwendigen Zementzusatz und gegebenenfalls unter Zufügen von Traß hergestellt wird.

Festgestellte Zerstörungen an Bauwerken der ersten beiden Arten können nicht als Kronzeugen für ein Versagen des Betons im Grundbau angeführt werden.

Bauwerke der dritten Art haben bislang Verletzungen ihres Gefüges nicht aufgewiesen, die zu Bedenken Anlaß geben könnten, es sei denn, daß sie auf vermeidbare Fehler in der Zusammensetzung, Herstellung und Bauausführung zurückzuführen sind.

Die gelegentlich wegen der höheren Festigkeit wieder eingeführte Verwendung des Stampfbetons muß ich als Rückschritt betrachten, da sich auch mit modernen Betonierungsgeräten — abgesehen von der größeren Durchlässigkeit — Arbeitsfugen, wie sie Abb. 147 erkennen läßt, nicht völlig vermeiden lassen.

Die Hauptforderung an den Beton muß im Grundbau außer einer genügenden Festigkeit eine weitgehende Dichtigkeit sein, da das Wasser mit seinen schädlichen Bestandteilen jedes Betonbauwerk zu zerstören sucht (Abb. 148a, b).

Wie ich seinerzeit eingehend nachgewiesen habe[1], hat der Traßzusatz seine nicht wegzuleugnenden Vorteile für die Güte des Betons.

Da man auf die Dichtigkeit im Grundbau ebenso großen Wert legt wie auf die Festigkeit, wird man Stampfbeton nur in außergewöhnlichen Fällen verwenden. Eher dürfte dann die Wahl auf Bruchstein- oder Ziegelmauerwerk fallen. Denn wenn man schon mit einer uneinheitlichen Masse arbeitet, dann sollte man wenigstens diejenige auswählen, deren überwiegende Bestandteile möglichst hochwertige Eigenschaften besitzen. Gerade die Elemente des Mauerwerkes haben eine jahrhundertelange Beständigkeit aufgewiesen und sind vielen chemischen Angriffen gegenüber unempfindlich.

Beim massiv gegründeten Bauwerk hängt die konstruktive Behandlung eng mit der Bauausführung zusammen. Zu unterscheiden sind hier:

Verfahren der Trockenbauweise:

Grundwasserentziehung, Druckluftgründung mit oder ohne verlorene Taucherglocke.

Verfahren der Naßbauweise:

Brunnengründung, Senkkastengründung.

Unterwasserschüttverfahren:

Kastenschüttung, Trichterschüttung, Kontraktorverfahren.

Die Trockenbauweise wird wohl für alle Flachgründungen verwendet, zumal da eine Grundwasserentziehung hier kaum notwendig werden wird. Mit diesem Verfahren lassen sich alle Gründungen in einwandfreier Weise herstellen.

[1] Agatz, A.: Die rationelle Bewirtschaftung des Betons. Berlin 1927.

Bei Tiefgründungen wird diese Bauweise immer dort vorzuziehen sein, wo es sich um nach Länge, Breite und Tiefe ausgedehnte Bauwerke, wie z. B. Schleusen- und Dockanlagen handelt. Für die Bauwerke des Kraftwasserbaues, wie Staumauern, Wehrkörper und Krafthäuser wird sie nach Möglichkeit stets zur Anwendung gelangen, da es hier auf den durchgehenden Anschluß an den Untergrund ankommt.

Abb. 150. Zustand des Unterwasserschüttbetons einer Trichterschüttung.

Die Naßbauweise wird für alle übrigen Tiefgründungen zur Anwendung gelangen können. Von den Unterwasserschüttverfahren sollten nach dem heutigen Stand der Technik die Kasten- und Trichterschüttung dem Kontraktorverfahren gegenüber als nicht einwandfrei ausscheiden. Wie wenig man hier auf einen zusammenhängenden Körper rechnen kann, zeigt der Zustand des Betons bei einem freigelegten Dock (Abb. 150 und 151).

Abb. 151. Wasserdurchlässigkeit von Unterwasserschüttbeton.

Die Nachteile des früheren Schütt- und Trichterverfahrens gehen deutlich aus der Abb. 150 hervor, die von einem Bauwerk stammt, das 1910/11 als Schwergewichtsdockkörper aus Kalk-Traß-Beton in Kastenschüttung hergestellt wurde. Das Ergebnis einer solchen Betonierung bestand in einem Konglomerat von einzelnen Betonnestern mit Kies und Schlammumhüllungen, das, wie die Abb. 151 beweist, den Durchtritt des Wassers in weitem Umfange zuläßt. Derartige Mißerfolge haben Veranlassung gegeben, von dem Verfahren in Zukunft Abstand zu nehmen.

Demgegenüber sind besonders in den letzten Jahren im In- und Auslande mit dem Kontraktorverfahren die verschiedensten Grundbauwerke hergestellt und die Nachteile der beiden anderen Unterwasserschüttverfahren beseitigt worden. Trotzdem werde ich das Kontraktorverfahren immer nur dann wählen, wenn die übrigen Bauverfahren aus zwingenden Gründen nicht in Frage kommen, da die Güte des Betons während der Herstellung im Schalungsraum nicht nachgeprüft werden kann.

Wie ich bereits (S. 245) betont habe, leben wir in dem Land der Pfahlrost- und Spundwand- und damit der Trockenbauweise und verwenden die Brunnen- und

Senkkastengründung viel seltener als das Ausland, das beide Verfahren oft mit großem Erfolg benutzt.

Die Druckluftgründung mit verlorener Taucherglocke wurde bei uns besonders in den letzten Jahren bedeutend vervollkommnet und hat an Ausdehnung gewonnen, zumal es gelungen ist, Senkkästen schräg abzusenken und durch sinnreiche Hilfsmittel den Bauwerksteil bei erfolgten Abweichungen in die richtige Lage zurückzusteuern. Diese Bauweise gestattet uns, einen im Trockenen einwandfrei hergestellten Eisenbetonkörper unter dem Schutz der Druckluft auch im Trockenen in den Untergrund auf die erforderliche Tiefe abzusenken und damit die Nachteile der Brunnen- und Senkkastengründung zu vermeiden.

Die Trockenbauweise mit Hilfe der Grundwasserentziehung hat den unleugbaren Vorteil, daß der gesamte Untergrund bis zur Konstruktionsunterkante des Bauwerkes für den überwachenden Ingenieur im ursprünglichen Zustand jederzeit offen daliegt, und daß daher die Bauwerke unter laufender Kontrolle dem Untergrund angepaßt werden können. Daß diese Vorteile bei umfangreichen, zusammenhängenden Bauten, wie ich sie eingangs aufgezählt habe, sehr ins Gewicht fallen, liegt auf der Hand. Für die übrigen Grundbauwerke ist die offene Bauweise mit Hilfe der Stahlspundwände stark verbreitet. In welchen Fällen sie insbesondere der Druckluftbauweise vorzuziehen ist, kann nur mit Rücksicht auf die Beschaffenheit des Untergrundes (Rammerschwernisse), die Wirtschaftlichkeit, die Bauwerksart u. a. m. entschieden werden.

c) Die Erfahrung und ihre Auswertung auf die statische und konstruktive Behandlung.

Zieht man in Betracht, auf welche Umstände Einstürze von massiven Grundbauwerken zurückzuführen sind, so kann man drei verschiedene Ursachen feststellen:

1. Untergrund. Grundbruch und Abgleiten äußern sich bei massiv gegründeten Bauwerken in der gleichen Weise, wie dies bei den Pfahlrostbauwerken beschrieben ist.

Setzungen mit anschließendem Bodenaufbruch zeigen sich bei flach und mitteltief gegründeten Bauwerken durch Versacken mit gleichzeitigem Schiefstellen nach der Aufbruchseite hin. Eine derartige Gefahr kann meist durch Tieferlegung oder Verbreiterung der Sohle vermieden werden.

2. Konstruktions- oder Ausführungsfehler. Man sollte annehmen, daß solche Vorkommnisse auf Grund der heutigen Kenntnis der Bauingenieurtechnik ausgeschlossen sind. Wie aber verschiedene Beispiele zeigen, bleiben wir nicht von derartigen Bauunfällen verschont.

3. Unkenntnis der angreifenden Kräfte. Als besonders augenfälliges Beispiel für die ungenügende Erfassung der Boden- und Wasserkräfte seien Molen und Wellenbrecher am offenen Meer erwähnt. Wir besitzen über die Größe des Angriffes noch keine ausreichenden Erfahrungen. Gerade die in letzter Zeit erfolgten Einstürze der Molen von Algier und Catania zeigen eine Unterschätzung sowohl der auf das Bauwerk selbst als auch auf den davorliegenden Boden oder die Steinschüttung gerichteten Kräfte. Die Sicherung der beiden letzteren ist von besonderer Wichtigkeit für den Bestand des Bauwerkes[1].

[1] Vgl. hierzu: XVI. Internat. Schiffahrtskongreß Brüssel 1935, Bericht 75 (Generalbericht VIII) von Rouville mit dem Entwurf der Schlußfolgerungen über diese Frage.

Die Zerstörung von Bauwerken und die angestellten Messungen von in Bewegung geratenen Bauwerken geben uns Aufschluß, nach welcher Richtung wir in statischer und konstruktiver Hinsicht Verbesserungen vornehmen können. In erster Linie wird es sich um die zweckmäßige Lage von Fugen, die Anpassung der Bewehrung an den durch die Risse angezeigten Spannungsverlauf und die Herstellung widerstandsfähiger Verbindungen der Bauwerksteile in senkrechter und waagerechter Richtung handeln. Der überwiegende Teil der Einstürze von Bauwerken ist auf mangelnde Fundamentbreite und ungenügende Aufschließung des Untergrundes zurückzuführen. Die Kenntnisse der Versuchsanstalten bieten uns heute die erforderlichen Hilfsmittel, derartige Schäden zu vermeiden, wobei, wie ich eingangs bei der Erkundung des Untergrundes hingewiesen habe, die Tiefe der Aufschließung von der Konstruktionstiefe, Breite des Bauwerkes, der Art der Belastung und der Beschaffenheit des Untergrundes abhängt.

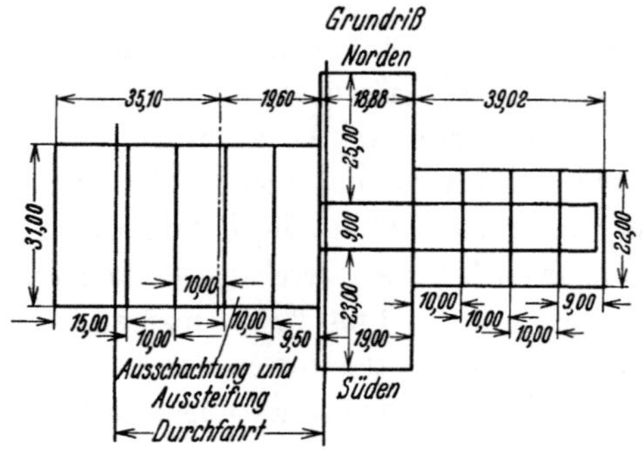

Abb. 152 a.

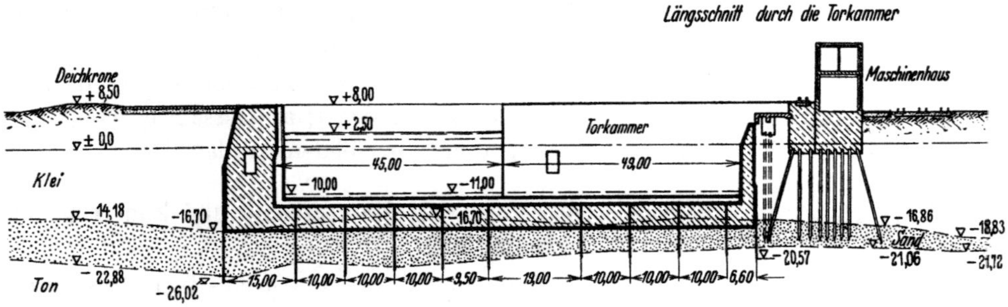

Abb. 152 b.

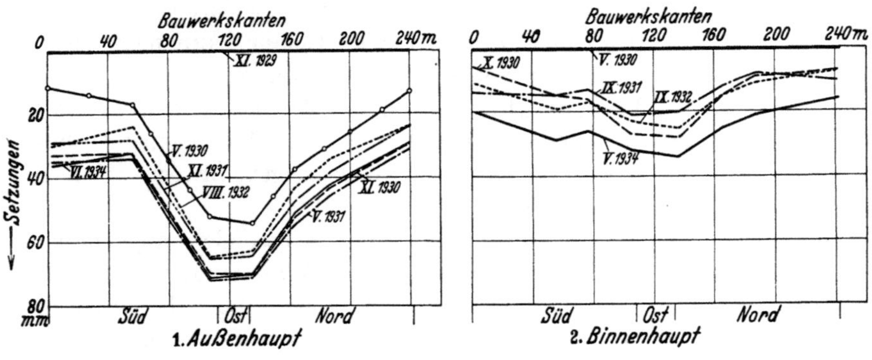

Abb. 152 c.

Abb. 152 d.

Es sollte ferner zu Bedenken Anlaß geben, wenn z. B. von einer 5000 m langen, massiv gegründeten Stützmauer im Ausland nach kurzer Zeit mehr als die Hälfte nur durch eine vorgesetzte Stützkonstruktion vor weiterem Abrutschen bewahrt werden konnte.

Aus den Abb. 152 und 153, die den zeitlichen Verlauf der Setzungen massiver Bauwerke zeigen, geht mit Deutlichkeit die starke Empfindlichkeit hervor, mit der der Boden unter dem dargestellten Bauwerk auf äußere Einflüsse, wie z. B. die Grundwasserentziehung, reagiert. Außerdem sieht man deutlich den zeitlichen Verlauf der Setzung, die nach Aufbringung der zusätzlichen Belastung des Bodens vonstatten geht. Die Bauausführung wurde so angeordnet, daß die größte Setzung noch während der Herstellung erfolgte, um ihre Folgen für den späteren Betrieb der maschinellen Anlagen möglichst gering zu halten. Die anschließenden Beobachtungen zeigen, daß die während der Bauausführung künstlich erzeugte Setzung erst etwa 3 Jahre nach Inbetriebnahme der Bauwerke wieder erreicht wurde.

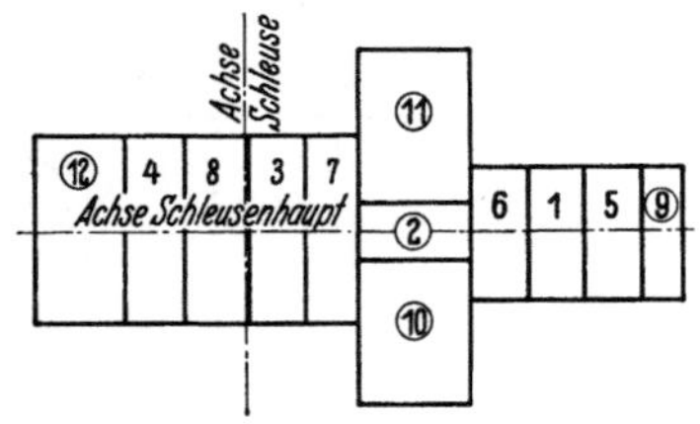

Abb. 152e.

Weder aus der verschieden hohen Bodenbeanspruchung noch aus der verschieden hohen Sandschichtstärke, noch aus der überall mehr als 20 m starken Tonschicht läßt sich eine Gesetzmäßigkeit für den verschiedenartigen Verlauf der Setzungen erkennen (vgl. Abb. 152e—g und Tabelle 17).

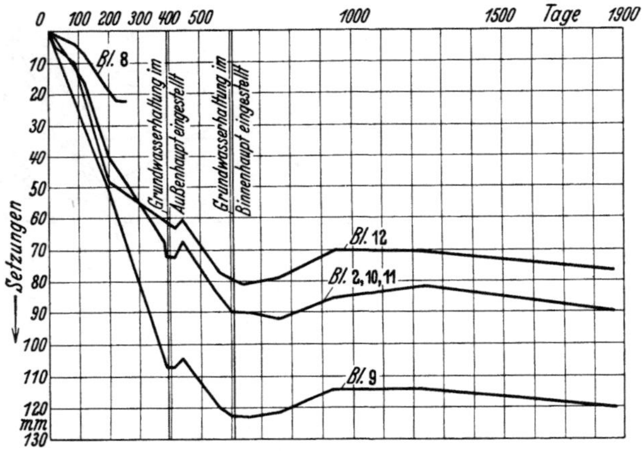

Abb. 152f.

Daß das Außenhaupt sich stärker gesetzt hat als das Binnenhaupt, ist auf die rd. 170 Tage länger wirksame Absenkung des Grundwassers im Außenhaupt und die auf das fertige Bauwerk weiter wirkende Grundwasserabsenkung des Binnenhauptes, wenn auch in geringerem Umfange, zurückzuführen.

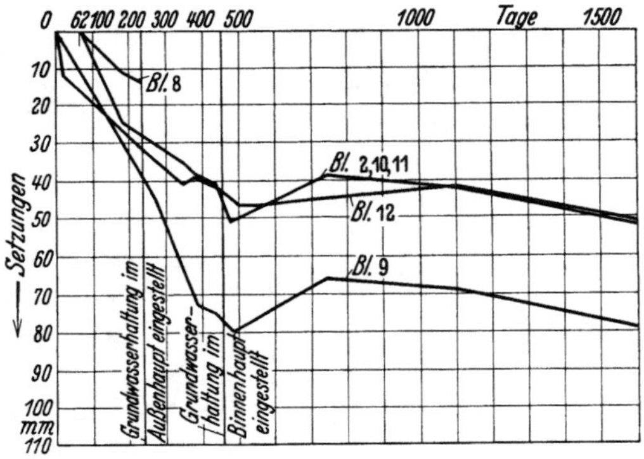

Abb. 152g.

Abb. 152a—g. Setzungen tief gegründeter massiver Bauwerke. a) Lageplan, b) Längsschnitt, c) Setzung der Bauwerkskanten, d) Bohrprofil, e) Blockeinteilung, f) Zeitsetzungskurven des Außenhauptes, g) Zeitsetzungskurven des Binnenhauptes.

Daß der Block 2 trotz seiner wesentlich geringeren Belastung des Bodens mit den Blöcken 10 und 11 einheitlich mitgegangen ist, ist auf die Verbundwirkung der Trennungsspundwände zurückzuführen, durch die die 3 Blöcke sich als ein einheitliches Gebilde verhielten.

Was die Größe der insgesamt im Laufe der weiteren Jahre sich auswirkenden Setzung anbelangt, so hat man an einem anderen Häupterbauwerk am gleichen Hafen insofern einen Anhaltspunkt, als die dortige Setzung nach 30 Jahren

Tabelle 17. **Belastungen und Bodenverhältnisse bei den Bauwerken der Abb. 152.**

Block Nummer	Mittlere Bodenbeanspruchung in kg/cm²		Mittlere Sandschichtstärke in m	
	Außenhaupt	Binnenhaupt	Außenhaupt	Binnenhaupt
9	2,00	2,00	4,0	6,0
12	3,00	2,95	7,0	4,0
11	2,85	2,35	6,0	4,0
10	2,75	2,85	6,0	4,0
2	1,05	1,05	6,0	4,0

Abb. 153a.

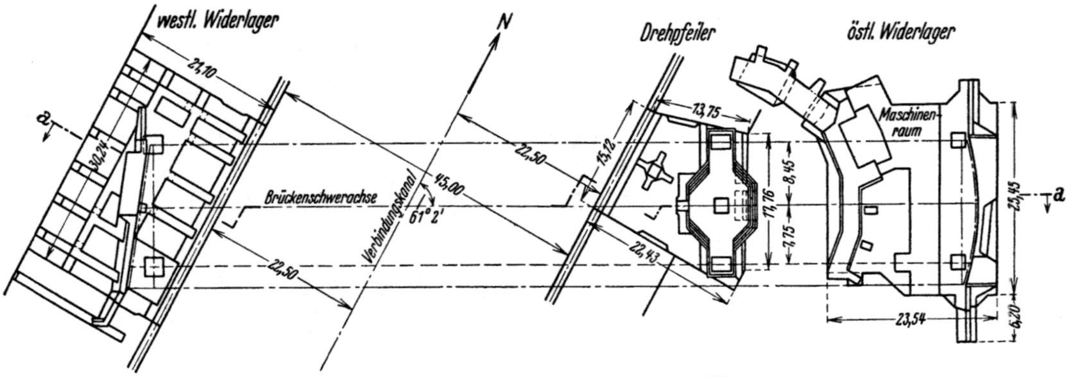

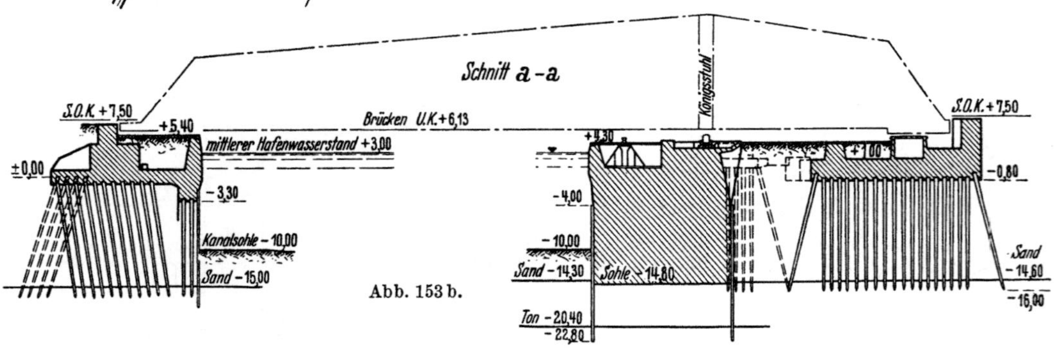

Abb. 153b.

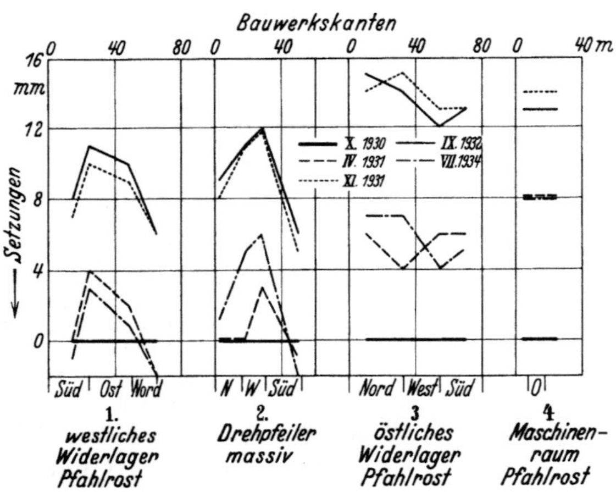

Abb. 153c.

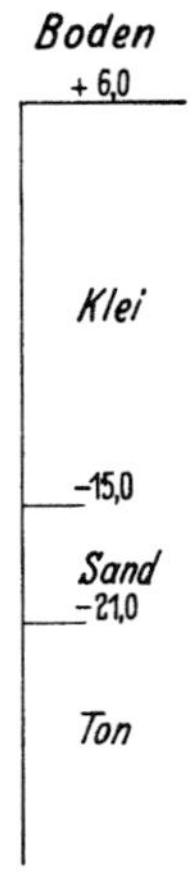

Abb. 153d.

nach Fertigstellung mit rd. 18 cm ihren Endzustand erreicht hat. Verfolgt man nun die Senkungskurve der letzten beiden Jahre an den neuen Bauwerken weiter, so wird das Endmaß voraussichtlich das gleiche sein. Eingesetzt hatten wir seinerzeit eine Gesamtsetzung von 25 cm.

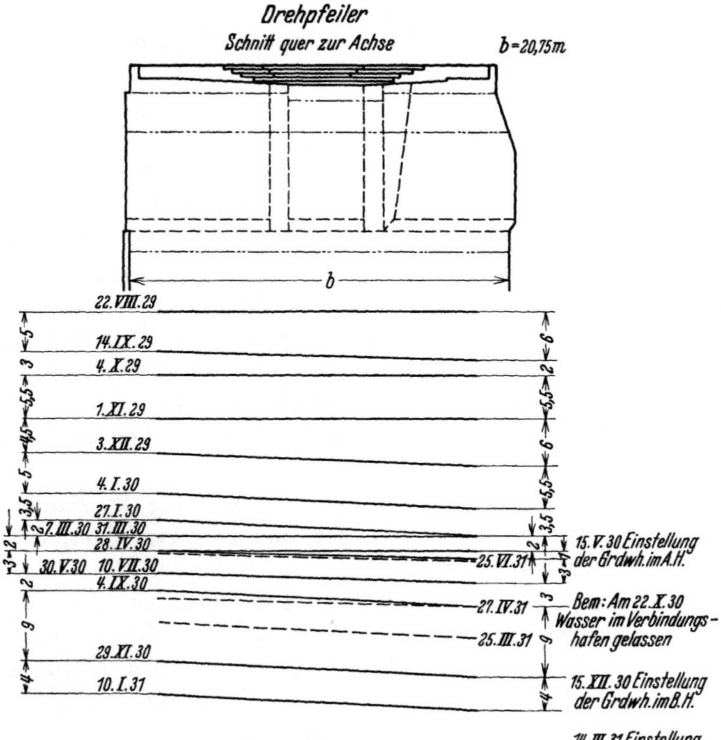

Abb. 153e.

Abb. 153f.

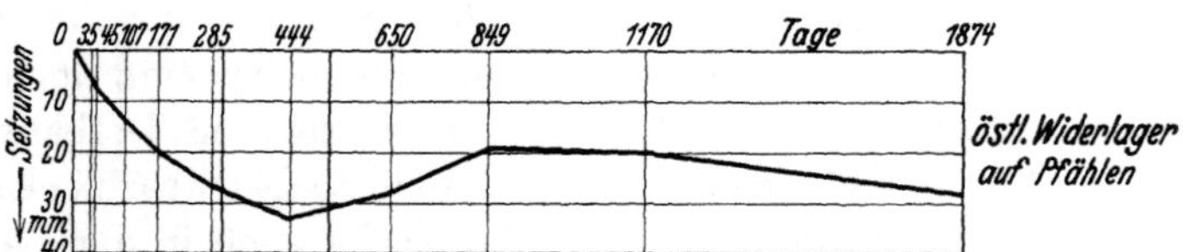

Abb. 153g.

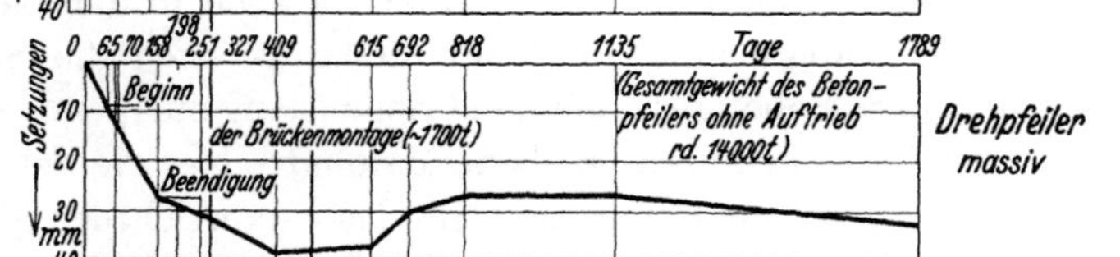

Abb. 153h.

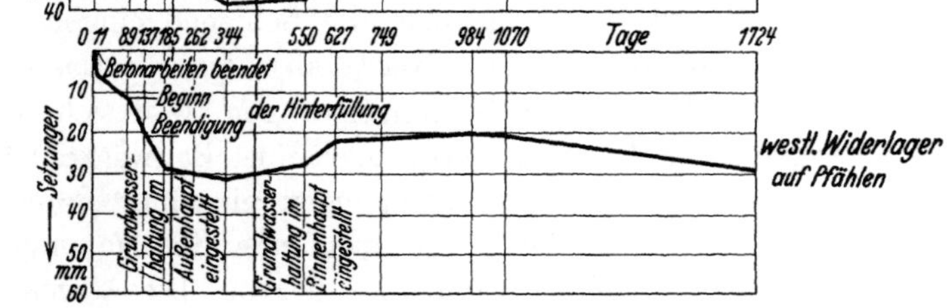

Abb. 153a—h. Bewegung eines massiv gegründeten Drehbrückenpfeilers und zweier Widerlager auf Pfahlrost. a) Grundriß, b) Schnitt in Brückenachse, c) Setzungen der Bauwerkskanten, d) Bohrprofil, e) Setzung des Drehpfeilers während der Bauausführung, f) Zeitsetzungskurve des östlichen Widerlagers während Bauausführung und Betrieb, g) Zeitsetzungskurve des Drehpfeilers während Bauausführung und Betrieb. h) Zeitsetzungskurve des westlichen Widerlagers während Bauausführung und Betrieb.

Abb. 153 zeigt die Übereinstimmung der Setzungen im Pfahlrost und massiv gegründeten Bauwerk. Ganz allgemein offenbart sich die Neigung einer fortschreitenden Zusammendrückung des Bodens, so daß 5 Jahre nach Inbetriebnahme des Bauwerkes noch keine Ruhe eingetreten ist. Diese Setzungen werden hier erfahrungsgemäß von Jahr zu Jahr kleiner.

Die Bodenpressung betrug i. M. einschließlich Brückenauflagerkräften:

Beim östlichen	Widerlager	auf Pfählen	$3{,}1\ kg/cm^2$
,, westlichen	,,	,, ,, ...	$3{,}8\ kg/cm^2$
,, Drehpfeiler		massiv gegründet . .	$4{,}8\ kg/cm^2$.

Trotz der annähernd gleichen Stärke der Sandschicht und Tonschicht und trotz der ungleichen Bodenbeanspruchung ist hier nach 5 Jahren noch kein merkbarer Unterschied in den Setzungsgrößen zu erkennen. Auch der Verlauf der Kurven in den letzten 2 Jahren läßt keine Schlüsse auf eine unterschiedliche Auswirkung für die späteren Jahre zu (Abb. 153f—h).

Sehr schön ist aber zu erkennen, wie die tief wirkende Grundwasserabsenkung während der Bauausführung bereits den Boden so stark konsolidiert hat, daß die ungleiche Beanspruchung des Untergrundes sich kaum bemerkbar macht. Und diesen Vorteil der Grundwasserabsenkung sollte man in Zukunft weitgehendst ausnützen.

Beim Entwurf der Drehbrücke ist mit einer Senkung der Fundamente von insgesamt 15 cm gerechnet und die Lager sind so ausgebildet, daß jederzeit eine Nachstellung erfolgen kann.

Die Vorausbestimmung derartiger Setzungen ist bisher vielfach mehr eine Sache der Theorie als von wirklichem Wert für die Erbauer solcher Anlagen gewesen, weil die erforderliche Erfahrung an bestehenden Bauwerken fehlte. Trotzdem sollten die Setzungen für Bauwerke grundsätzlich vorausbestimmt werden, damit der Ingenieur auf Grund des anstehenden Bodens mit der Gefahr der Setzungen rechnet und sein Bauwerk von vornherein konstruktiv so gestaltet, daß Einzelbewegungen der Bauwerksteile ohne Schaden für den Betrieb vor sich gehen können. Es muß doch z. B. als ein erhebliches Maß ungleicher Setzungen angesehen werden, wenn ein Baublock eines größeren Tiefbauwerkes innerhalb eines Jahres 86 mm Senkung aufweist, während der Nachbarblock es nur auf 38 mm bringt. Trotzdem die Bewegung der Baublöcke auch in den nächsten 5 Jahren nicht zur Ruhe gekommen ist und auf diesen Blöcken die Schienen für den Unterwagen eines Schiebetores laufen, hat sich bislang zu irgendwelchen Beanstandungen im Betrieb kein Anlaß ergeben. Man hatte hier die Setzungen durch die Bauausführung beschleunigt, und nachdem das voraussichtlich günstigste Maß erreicht war, die Bauwerke abgeglichen, die Schienen eingebaut und den Baugrund durch Einstellung der Grundwasserabsenkung entlastet. Man soll also keine übertriebene Furcht vor Setzungen zeigen, weil sich ingenieurtechnisch die schwerwiegenden Folgen der Bewegungen eines Bauwerkes häufig unschädlich machen lassen können. Die Durchbiegungen einzelner Bauwerkskanten bzw. die Verschiebungen der Baublöcke gegeneinander infolge ungleichmäßiger Setzungen gehen aus den Abb. 152c und 153c hervor. Die Abweichung der Kanten von geraden Linien ist teilweise beträchtlich.

Bewegungen eines auf Banketten gegründeten Holzbaues haben z. B. im Verlauf von 7 Jahren (Abb. 154) ein Maß von 35 bis 52 cm erreicht.

Hier handelt es sich um einen ein- und mehrgeschossigen reinen Holzbau, der in 1 m Tiefe unter Gelände auf 0,75 m bzw. 1,50 m breiten Banketten ruht. Die Bodenbeanspruchung beträgt i. M. unter dem eingeschossigen Bauwerk rd. 0,5 kg/cm², unter dem mehrstöckigen Bauwerk rd. 1 kg/cm². Man erkennt deutlich, wie die Setzung auch nach rd. 7 Jahren noch nicht zur Ruhe gekommen ist, und daß ihre Größe weniger von der Belastung als von den Eigenschaften des Untergrundes abhängt. So haben die Punkte 6 und 7 des flachen Gebäudeteiles infolge des schlechteren Untergrundes wesentlich höhere Setzungen aufzuweisen als der hohe Gebäudeteil mit der stärkeren Belastung des Bodens. Die ungleiche Setzung hat aber für das Gebäude bislang keine

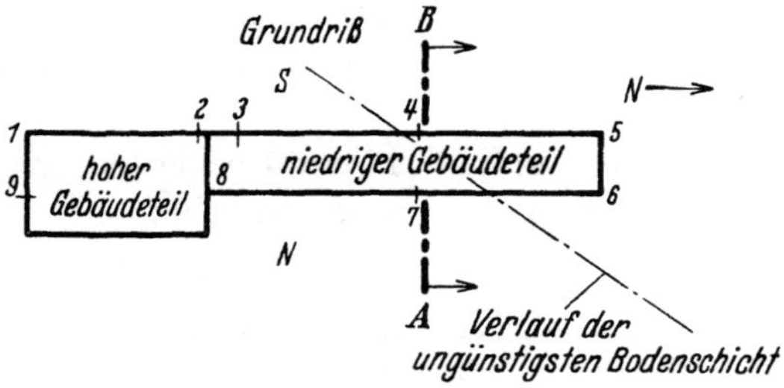

Abb. 154 a.

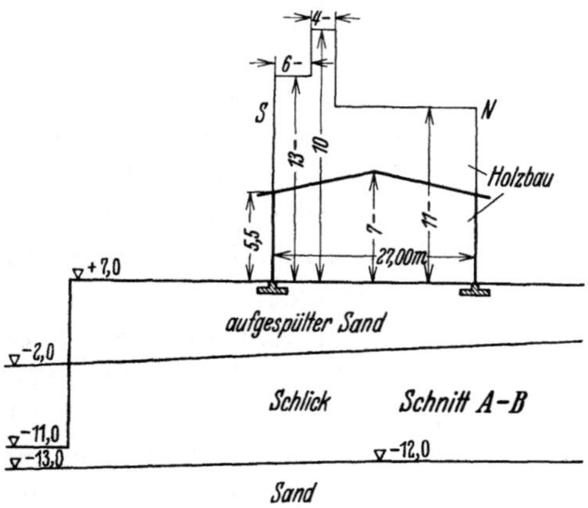

Abb. 154 b.

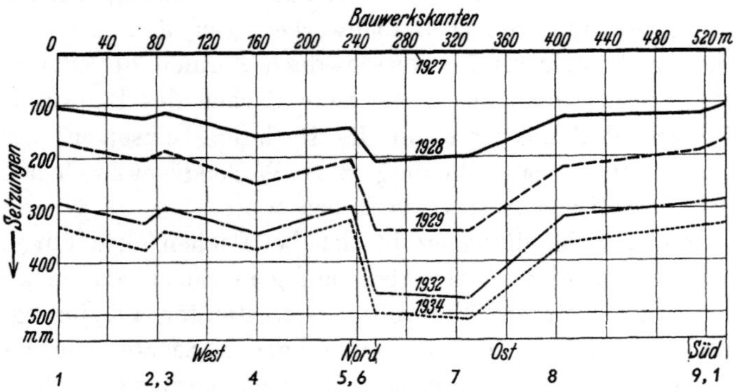

Abb. 154c.

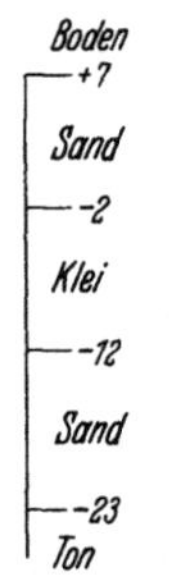

Abb. 154 d.

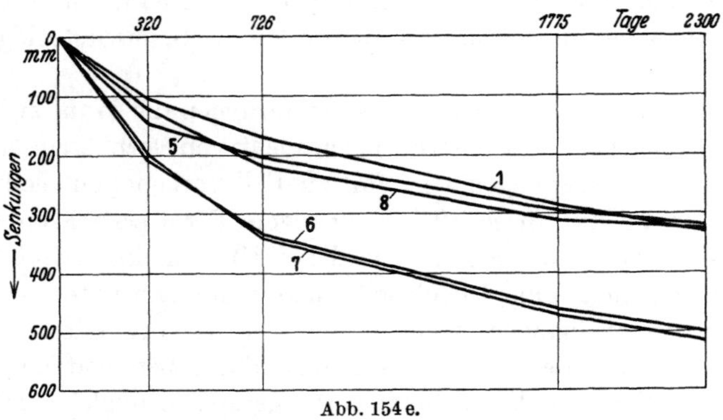

Abb. 154 e.

Abb. 154 a—e. Setzung eines flach gegründeten Bauwerkes.
a) Grundriß, b) Querschnitt, c) Setzungen der Bauwerkskanten, d) Bohrprofil, e) Zeitsetzungskurven.

unangenehmen Folgen gehabt, da es darauf abgestellt war und nur die Verbindungen der einzelnen hölzernen Bauwerksglieder nachgezogen werden mußten.

Wie empfindlich ein Dockkörper gegen Belastungsänderungen sein kann, ergibt die nachstehende Tabelle:

	Höhe der Docksohle	Hebung
1. Dock mit Wasser gefüllt	+4,515 m	±0 mm
2. Dock wasserleer, aber mit 32000 t-Dampfer belegt . . .	+4,518 „	+3 „
3. Dock wasserleer	+4,520 „	+5 „

Überlegt man sich, daß die angegebenen Setzungen wegen ihrer Ungleichmäßigkeit mit bedeutenden Zusatzkräften, die auf das Bauwerk wirken, verbunden sind, so wird man zugeben, daß ein einheitlicher Rahmenquerschnitt in Eisenbeton die größere Fähigkeit hat, sich dem Belastungswechsel anzupassen.

Eine Reihe von sehr interessanten Messungen der Bewegungen von massiv gegründeten Bauwerken geben Leveque[1] und Beau[1]. Sie zeigen eine ganz ausgesprochene Gezeitenbewegung der Bauwerke, des Bodens und des Grundwassers. Bei den Bauwerken ist die Phasenverschiebung gegenüber den Meeresgezeiten nahezu Null. Während es sich hierbei um elastische Formänderungen handelt, geben beobachtete Setzungen eines mehrstöckigen Schuppens ein Bild von dauernden Setzungen, das mit dem der Abb. 154 übereinstimmt.

Zusammenfassend läßt sich über die Auswirkung der Erfahrungen auf die statische Behandlung der massiven Grundbauwerke sagen, daß man gut daran tut, den Standsicherheitsnachweis für verschiedene Formen des Bodengegendruckes durchzuführen, daß man ferner die beim Sacken des Bauwerkes etwa auftretenden seitlichen Reibungskräfte in die Rechnung einsetzen und beim Vorhandensein dynamischer Beanspruchung (z. B. Wellendruck) sich lieber auf Messungen als auf theoretische Ansätze verlassen sollte.

Für die konstruktive Behandlung ergibt sich bei flachen Gründungen Vorsicht in der Anwendung von Banketten bei bindigem Boden, da sie leicht zu ungleichmäßigen Setzungen führen. Man sollte die Kosten für eine durchgehende Platte immer dann aufwenden, wenn die entstehenden Schäden im Bauwerk so bedeutend sein werden, daß diese Kosten in einem geringen Verhältnis zu ihnen stehen. Dabei muß man berücksichtigen, daß Schäden infolge ungleichmäßiger Setzungen mit der Höhe des Bauwerkes (z. B. mehrstöckige Häuser) wachsen.

Bei Tiefgründungen läßt sich nach den Erfahrungen die Wahl zwischen aufgelösten oder durchgehenden Konstruktionen nicht von vornherein treffen. Sie muß immer den Untersuchungen von Fall zu Fall vorbehalten bleiben. Diese werden sich mehr auf die wirtschaftlich günstigere Form erstrecken als auf die statisch und konstruktiv günstigere, da in dieser Hinsicht keine von den beiden zu Beanstandungen Anlaß gibt, jedoch sollte man sich davor hüten, verschiedene Fundamentarten nebeneinander in einem Bauwerk zu verwenden. Bestehende Bauwerke, z. B. ein Teil der alten Häuser in Berlin, haben deutlich gezeigt, zu welchen schweren Schäden die dadurch hervorgerufenen ungleichmäßigen Set-

[1] XVI. Internat. Schiffahrtskongreß, Bericht 109.

zungen führen können. Wird man aus bauausführungstechnischen Gründen zur Verwendung mehrerer Gründungsarten gezwungen, so hat man durch Anordnung von Fugen die ungleichen Setzungen wenigstens für das Gesamtgebäude unschädlich zu machen.

d) Leitsätze für das Massivbauwerk.

1. Die Scheu vor Setzungen ist unnötig, sobald sich das Bauwerk darauf abstellen läßt bzw. die Setzungen vorausbestimmt worden sind.

2. Bei dem Ansatz des Bodengegendruckes ist Vorsicht geboten, da hierüber bislang wenig Erfahrungsmaterial vorliegt. Das Spannungstrapez gibt aber durchweg ungünstige Fundamentbeanspruchungen und genügt daher als erste Annäherung beim Vorentwurf.

3. Die späteren Durchflußverhältnisse des Wassers unter dem Bauwerk sind vor der Herstellung des Entwurfes möglichst eingehend zu ermitteln und danach sind die Auftriebskräfte anzusetzen.

4. Die zulässigen Beanspruchungen der Baustoffe sind niedriger zu halten als im Hochbau, um den Unsicherheiten beim Ansatz der Kräfte Rechnung zu tragen.

IV. Die Auswertung der Mißerfolge und die Folgerungen aus dem Kampf für die Zukunft.

Solange der Mensch Bauwerke errichtet, steht er im Kampf mit seinen Gegnern „Erde“ und „Wasser“. Auch die wachsende Erkenntnis über ihre Angriffsweisen und die Vervollkommnung der technischen Hilfsmittel haben ihn den Sieg noch nicht erringen lassen, weil er seine Bauwerke immer größer gestalten mußte, um den Anforderungen des Verkehrs auf allen Gebieten gerecht zu werden.

Ich habe versucht darzustellen, wie Erde und Wasser auf die verschiedenartigen Verteidigungsbauwerke des Menschen auch verschiedenartig einwirken. Man sollte daher in Zukunft mehr als bisher an den bestehenden Bauwerken die Auswirkung von Erde und Wasser beobachten und Folgerungen ziehen.

Festigkeit und Standsicherheit von Bauwerk und Untergrund, Bauwerksgestaltung, Baustoff und Bauausführung, Wirtschaftlichkeit wirken sich für Spundwand-, Pfahlrost- und massiv gegründete Bauwerke je nach der beabsichtigten Zweckbestimmung derselben jeweils in anderer Form aus. Gemeinsam bleibt nur der Geländesprung mit waagerechtem und senkrechtem oder vorwiegend waagerechtem oder senkrechtem Kraftangriff.

Überblickt man noch einmal die behandelten Formen der Stützbauwerke, so erkennt man eine folgerichtige Entwicklung von der Spundwand zum Massivbauwerk (Abb. 155).

Der erste Abschnitt dieser Entwicklung wird durch die unverankerte Spundwand dargestellt, bei der sämtliche Kräfte von einem biegungsfesten Körper aufgenommen werden (Abb. 155a). Da die Durchbiegung dieses Körpers zu große Abmessungen annehmen kann, ist sein Anwendungsbereich beschränkt. Man gelangt daher zu der frei aufgelagerten Spundwand, die entweder an einer Platte oder Wand verankert sein kann (Abb. 155b). Der bei dieser Konstruktion auftretende Nachteil großer Ankerlängen kann entweder durch Abstützung des Ankers durch Pfähle (Abb. 155c) oder durch Ersatz der Ankerplatte durch Pfähle (Abb. 155e) oder durch Einspannung der Verankerungskonstruktion in der Erde (Abb. 155d) verringert werden. Man sieht, daß die erste Nebenform des Bauwerkes (Abb. 155c) zu einer Pfahlkonstruktion führt, deren Entwicklungsabschnitte die an einen Pfahlbock verankerte Spundwand mit verkürztem Anker (Abb. 155e) und weiter die Heranrückung des Pfahlbockes an die Innen- (Abb. 155f) oder Außenseite (Abb. 155g) der Spundwand bilden. Das eigentliche Pfahlrostbauwerk unterscheidet sich seiner Art nach (Abb. 155h) kaum von den zuletzt beschriebenen Spundwandbauwerken (insbesondere Abb. 155c) und zerfällt ebenfalls in ein vorderes Stütz- und ein hinteres Verankerungsbauwerk. Das Pfahlbauwerk selbst war in einfacher Anordnung als Einzelpfahl

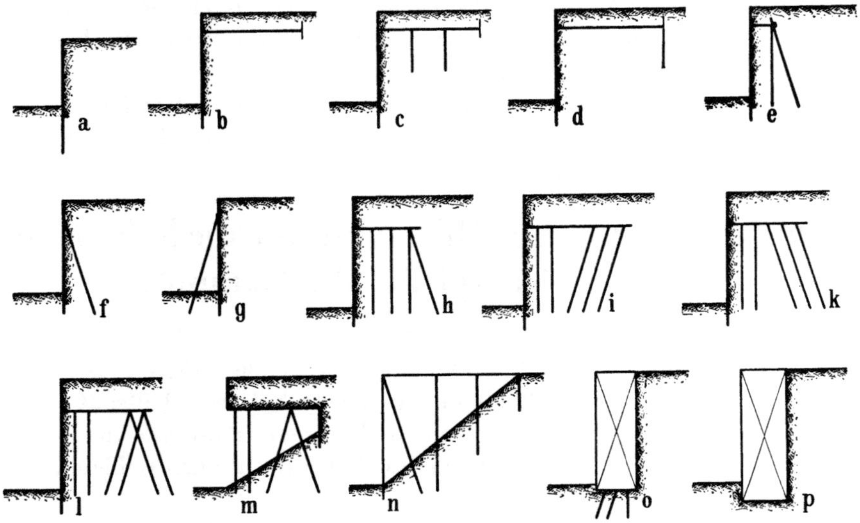

Abb. 155. Überblick über die Arten der Stützbauwerke.

oder Bock vorhanden. Dementsprechend ergibt sich auch beim Pfahlrostbauwerk als nächstliegendes ein Gebilde, das lediglich aus Pfählen einer oder zwei Richtungen (Druck- und Zugpfähle) (Abb. 155i, k) besteht. Beide Ausführungen haben bei vielen Systemen den auf S. 196 besprochenen Nachteil, daß der Systemnullpunkt zu hoch oder zu niedrig über der Rostplatte liegt. Durch Einfügen einer dritten Pfahlrichtung (Abb. 155l) wird es möglich, den Nullpunkt in die Nähe der Rostplatte zu bringen und damit das Moment, das für die Pfahlbelastung maßgebend ist, klein zu halten.

Die weitere Entwicklung des Pfahlrostbauwerkes führt zu einer Versetzung der Spundwand nach hinten (Abb. 155m). Ihre Länge nimmt mit wachsender Rostplattenbreite ab, bis man im Grenzfall die überbaute Böschung vor sich hat (Abb. 155n), wo die Spundwand überflüssig geworden und der Aufbau von der Rostplatte verdrängt ist.

Geht man den entgegengesetzten Weg und vergrößert die Höhe des Aufbaues auf Kosten des Pfahlrostes, so erhält man das massive Bauwerk auf tiefem Pfahlrost (Abb. 155o) und gelangt schließlich, wenn man die Pfähle fortläßt, zu einem massiven Bauwerk schlechthin (Abb. 155p). Hier hat man wie im Anfang der

Reihe (Abb. 155a) einen einfachen Körper vor sich, der sich von der unverankerten Spundwand durch eine bedeutend höhere Biegungssteifigkeit und geringere Gründungstiefe unterscheidet und daher geeignet ist, größere Höhenunterschiede abzufangen.

Sieht man die skizzierten Entwicklungsabschnitte im Hinblick auf einen gegebenen Fall durch, so wird man dadurch zu derjenigen Bauform gelangen, die den gestellten Anforderungen am meisten entspricht.

Aus Bauwerksbewegungen und -unfällen haben wir die Folgerung zu ziehen, daß sich unsere Verteidigungsstellung oft als zu schwach erwiesen hat. Die mindestens gleich wertvolle Erkenntnis, inwiefern unsere Verteidigungsstellung zu stark ausgebaut worden ist, fehlt uns.

Mit anderen Worten gesagt, heißt das: wir wissen nicht, mit einer wie großen Sicherheit wir beim Entwurf der Grundbauwerke eigentlich rechnen. Während im Hochbau infolge der genauen Erfassung der angreifenden Kräfte die gesamte Sicherheit in die zulässigen Spannungen des Baustoffes verlegt werden kann, liegen im Grundbau die Verhältnisse schon deshalb unübersichtlicher, weil es sich bei den Berechnungen nicht immer um Spannungsermittlungen im Baustoff, sondern um Gleichgewichtsbestimmungen handelt. Bei einigen dieser Bestimmungen geht man von vornherein von der Annahme aus, daß bereits im Ansatz der Kräfte eine genügende Sicherheit vorhanden ist, so z. B. bei der Ermittlung der Rammtiefe einer Spundwand. Es wird damit der durchaus unerwünschte Zustand gestützt, daß man den Ansatz der Sicherheiten an eine falsche Stelle legt. Auch im Grundbau muß das Bestreben dahin gehen, die Sicherheit nicht etwa in den Ansatz der Kräfte einzusetzen, sondern diese entweder bei der Festsetzung der zulässigen Spannungen oder der gesuchten Gleichgewichtsgrößen zu berücksichtigen. Solange allerdings die bestehende Erd- und Wasserdrucktheorie noch durch keine genauere ersetzt ist, wird es schwierig sein, in allen Fällen diesem Grundsatz gemäß zu handeln. Daß sich daraus Unstimmigkeiten ergeben, sieht man schon daran, daß bei der Bestimmung der Rammtiefe ohne Sicherheit gearbeitet wird, während bei der Bestimmung des Widerstandsmomentes der Wand zulässige Spannungen angesetzt werden, die bereits eine bestimmte Sicherheit enthalten.

Das mag zum Teil damit begründet werden, daß gegen Abrostung und Durchbiegung eine zusätzliche Bemessung erforderlich sei, im Grunde ist es aber doch nur ein Ausdruck dafür, daß man sich zu einer einheitlichen Aufstellung dieser Art von Berechnungen noch nicht entschlossen hat.

Um zu zeigen, wie stark die Sicherheitsgrade im Grundbau voneinander abweichen, seien in der folgenden Übersicht einige der wichtigsten Ziffern angegeben:

1. Standsicherheit der Bauwerke (Gleichgewichtsbestimmungen). Gleitsicherheit: 1,5 bis 2,00.[1] Kippsicherheit: 1,5 bis 2,00.[1] Rammtiefe einer Spundwand: 1,0.

2. Standsicherheit des Untergrundes. Grundbruch und Geländesprung: 1,1 bis 1,25.

3. Stoffsicherheiten im Grundbau (Bemessung). Holz (naß bzw. trocken): etwa 3 bis 5; Beton: etwa 3,5 bis 5 (bezogen auf die Würfelfestigkeit nach 28 Tagen); Stahl: etwa 1,25 bis 1,5 (für Spundwände).

[1] DIN 1050, § 14. Ich sehe keine Bedenken, bei genauer Ermittlung der angreifenden Kräfte beide Sicherheiten auf 1,1 bis 1,25 herabzusetzen.

Zum Vergleich betragen die Stoffsicherheiten im Hochbau: Holz: etwa 1,5 bis 2,5 (4 bis 10 bezogen auf die Festigkeit von lufttrockenem Holz); Beton: etwa 3 bis 3,5 (bezogen auf die Würfelfestigkeit nach 28 Tagen); Stahl: etwa 1,3 bis 1,5.

Auf die Unterschiede zwischen den Stoffsicherheiten im Grundbau und im Hochbau wurde im vorangegangenen Text bereits hingewiesen. Sämtliche Stoffsicherheiten sind, soweit nicht anders angegeben, auf die Elastizitätsgrenze bezogen.

Überlegt man sich, daß zu diesen Sicherheiten noch verborgene Sicherheiten treten können, die in der Bestimmung der angreifenden Kräfte liegen, so erhält man den Eindruck, daß zur Zeit bei der Bemessung der Grundbaukonstruktionen noch sehr unwirtschaftlich gearbeitet wird. Es ergibt sich daraus der schon mehrfach geäußerte Grundsatz: heraus mit den Sicherheiten aus der Bestimmung der Kräfte.

Da das noch nicht immer möglich ist, habe ich z. B. bei den verschiedensten Spundwandbauwerken keine Bedenken gehabt, die Beanspruchung für Stahl für den „ungünstigsten" Belastungsfall wesentlich höher zu setzen als für gewöhnlich zulässig erscheint, wie aus folgender Gegenüberstellung hervorgeht:

Stahl	Elastizitätsgrenze	Zulässige Beanspruchung kg/cm² (Sicherheit i. M. 1,75)	Gewählte Beanspruchung kg/cm² (Sicherheit i. M. 1,30)
37/44	2100	1200	1600
45/52	2500	1460	1900
50/60	2800	1620	2150

In gleicher Weise wurde bei der Untersuchung des Geländesprunges und des Grundaufbruches für den ungünstigsten Belastungsfall mit einem Sicherheitsgrad bis 1,10, im Sonderfall sogar bis 1,06, gerechnet. Die Berechtigung derartiger Entschlüsse beweisen Bauwerke, die 5 bzw. 7 Jahre in Betrieb und allen gestellten Anforderungen gerecht geworden sind.

Vorbedingung für solche Annahmen ist aber immer wieder die eigene innere Sicherheit und das Bewußtsein, daß die Ermittlung der angreifenden Kräfte den tatsächlichen Verhältnissen sehr nahekommt. Daß ein solches Vorgehen nicht immer einfach ist, gebe ich zu. Aber wo ein Wille ist, da ist auch ein Weg zu finden.

Für den Grad der Sicherheit bei der Gelände- und Grundbruchuntersuchung gilt ebenfalls die Tatsache, daß die Sicherheit um so geringer sein kann, desto mehr sich der als wahrscheinlich ermittelte Angriffsplan der Gegner Erde und Wasser der Wirklichkeit nähert. Bei ruhenden Lasten habe ich keine Bedenken, bis auf 1,1fache Sicherheit herunterzugehen, bei in größeren Zeitabständen wechselnder Belastung sollte man nicht unter die 1,15fache, bei in kürzeren Zeitabständen wechselnder Belastung (Gezeiten) nicht unter die 1,25fache Sicherheit und bei Schwingungen noch höher gehen.

Spundwände, Pfahlroste und Massivbauwerke sind gleichwertige Bauformen und werden es bleiben. Dasselbe gilt von den Baustoffen Mauerwerk, Beton, Eisenbeton, Holz und Stahl. Sie richtig anzuwenden, läßt sich nicht durch allgemeine Regeln festlegen, sondern bleibt Ingenieurkunst.

Schwierig ist die Aufgabe, die bei Geländesprüngen anwachsenden freien Höhen zu sichern. Die Bauunfälle, die bei Stützbauwerken von 15 zu 20 m Höhe eingetreten sind, sollten uns Anlaß geben, daß wir uns mehr auf die wirklichen Verhältnisse einstellen.

Aus diesem Grunde ist mehr als bisher besonderer Wert darauf zu legen, Bauwerke nicht nur während ihrer Entstehung, sondern auch während des Betriebes in regelmäßigen Zeitabständen zu untersuchen und auf das gewissenhafteste über die dabei gemachten Beobachtungen Buch zu führen.

Es empfiehlt sich daher, wie dies bei Brücken bereits geschieht[1], grundsätzlich für jedes Bauwerk ein sog. Bauwerksbuch anzulegen, das mindestens folgende Teile umfaßt:

1. Nachweis der Festigkeit und Standsicherheit im Bauwerk und Baugrund.
2. Ergebnisse von Untersuchungen des Untergrundes, der Baustoffe usw.
3. Art der Bauausführung.
4. Bauunfälle.
5. Baufortschritt.
6. Zeitliche Angabe der Inbetriebnahme des Bauwerkes.
7. Kontrolle des Bauwerkes im Betriebe und Angabe von Veränderungen gegenüber dem Entwurf und Ausführungszustand.
8. Festlegung der Standlinien und Festpunkte, Einbau von Grundpegeln, Meßdosen, Dynamometern u. a. m.
9. Ergebnisse der Betriebsuntersuchungen (Bewegung des Bauwerkes, Risse, Ausblühungen usw.).
10. Auswertung der Betriebsuntersuchungen.
11. Festlegung von Betriebsunfällen.
12. Auswertung der Betriebsunfälle.
13. Auswertung neuerer Erkenntnisse auf das Bauwerk.

Ohne eine derartige Beobachtung der von mir ausgeführten Bauwerke während der Bauausführung und des Betriebes würde ich nicht zu den jetzt niedergelegten Erfahrungsgrundsätzen gekommen sein.

Ich habe in der Einleitung darauf hingewiesen, daß ich bewußt einen neuen Weg in der zusammenfassenden Behandlung der die Grundbauwerke betreffenden Fragen gegangen bin, weil aus der Vergangenheit die Folgerungen für die Zukunft gezogen, aus der Erfahrung die Lehre abgeleitet werden muß, weil die zerstreuten Beobachtungen des einzelnen die Beziehung zur Systematik des Gesamtgebietes finden müssen, und weil um die vielen schwierigen Aufgaben des Grundbaues, die noch offenstehen, nicht mehr herumgeredet werden darf, sondern dieses Gebiet nach einheitlichen Gesichtspunkten bearbeitet werden muß. Ich habe versucht, die Gesetzmäßigkeiten aus meinen Erfahrungen abzuleiten und habe dabei den Wunsch, daß meine Ausführungen Veranlassung geben, auch die Auffassung anderer für die Allgemeinheit zu erschließen.

Die letzten 15 Jahre haben gezeigt, daß wohl auf Teilgebieten des Grundbaues Fortschritte erzielt worden sind, jedoch fehlt es an der kritischen Zusammenfassung der grundbaulichen Aufgaben. Die vorliegende Arbeit zeigt deutlich, wie sehr eine solche Betrachtung die Verteidigungsstellung des Ingenieurs dadurch stärken kann, daß sie die Mittel aufdeckt, mit denen die Stellung noch

[1] DIN 1076, 1077 und B Ue P der Reichsbahn.

ausgebaut werden muß. Um die in die Arbeit gelegte Absicht zu einer Verwirklichung führen zu können, bedarf es der tätigen Mitarbeit der Berufskameraden, die auch durch kleinere Beobachtungen und Feststellungen sehr dazu beitragen können, die Arbeit der Versuchsanstalten, die naturgemäß oft zu sehr unter künstlichen Bedingungen ihre Versuche durchführen müssen, zu befruchten, damit eine Entfremdung zwischen theoretischer und praktischer Behandlung der grundlegenden Fragen nicht eintritt. Die Bedingungen, die in der Natur vorhanden sind, können auf künstlichem Wege niemals so vollkommen nachgestaltet werden, daß eine völlige Übertragbarkeit aller Schlüsse zulässig ist. Das große Erfahrungsmaterial, das leider unzugänglich für die Allgemeinheit an den vielen Stellen liegt, wo Grundbauwerke errichtet worden sind, ist vielleicht in seinem ganzen Umfange viel reichhaltiger und wertvoller als die in den letzten Jahren vorgenommenen Versuche.

Ich habe es während meiner praktischen Tätigkeit immer wieder als großen Mangel empfinden müssen, daß man oft Arbeiten neu in Angriff nehmen muß, die andere bereits vorbereitet haben, ohne daß man davon Kenntnis besitzt.

Wir müssen uns loslösen von der falschen Scheu, Fehler zu verbergen und sie lieber von anderen immer und immer wieder genau so wiederholen zu lassen.

Besonders im Grundbau brauchen wir die aufgeschlossene, innere Einstellung des Ingenieurs zu seinen Aufgaben. Ein großer Teil wertvoller Veröffentlichungen für den praktischen Gebrauch geht verloren, weil er nicht den richtigen Anschluß an das Gesamtgebiet gefunden hat. Auch eine übermäßige Spezialisierung, die den Zusammenhang mit dem Ganzen verliert, dient der Allgemeinheit ebensowenig wie eine Zusammenfassung, die an dem Kernpunkt vorübergeht.

Aus dem gleichen Grunde werden auch Handbücher in der bisherigen Art, so wertvoll sie auch als Nachschlagewerk sein mögen, wenigstens im Grundbau nicht zu einer restlosen Befriedigung des Suchenden führen können. Die sach- und fachgemäße Durcharbeitung sämtlicher Teilgebiete bedeutet eine Aufgabe, die von einem einzelnen gar nicht geleistet werden kann, weil er in den seltensten Fällen auf allen Gebieten die eigene Erfahrung zu Hilfe nehmen kann.

Nicht durch die archivarische Behandlung des Grundbaues, die einseitige Versuchstätigkeit in den Anstalten oder die rein theoretische Bearbeitung sind wir in unseren Erkenntnissen schlüssig weitergekommen, sondern immer wieder haben

die Beobachtung in der Natur,
die eigene Erfahrung bei der Bauausführung,
die jahrelange Kontrolle der in Betrieb befindlichen Bauwerke

uns die Richtung gewiesen, wo wir mit Theorie und Versuchen diese Erfahrungen auswerten können.

Ziehen wir also den Schluß aus diesen Überlegungen und vereinen wir unsere Kräfte, um die vielseitigen Angriffe unserer Gegner Erde und Wasser weiter zu erkunden und unsere Verteidigungsstellungen noch wirtschaftlicher und zweckmäßiger als bisher auszubauen.

Anmerkungen zu den Tabellen und Abbildungen.

Zu Seite 18ff., Tabelle 1 und 2: Die angegebenen Reibungswerte wurden sämtlich durch Versuche mit langsamem Aufbringen der Belastung v und langsamem Abscheren (natürlichem Wassergehalt) gefunden.

Zu Seite 50ff., Abb. 26—31: Die wirkliche Wasserüberdruckfigur wird aus dem Verlauf und der zeitlichen Änderung der Strömungslinien ermittelt. Sie wird zwischen Minimal- und Maximalbegrenzungslinie pendeln.

Zu Seite 108, Abb. 71: In Abb. c müßte die Spundwand wegen der Einspannung tiefer in den Boden gezeichnet sein.

Zu Seite 156, Abb. 93: Zur Vereinfachung des Beispieles ist der normalerweise auch im Fangedamm mehr oder weniger vorhandene Wasserdruck vernachlässigt. Er muß von Fall zu Fall ermittelt und angesetzt werden.

Zu Seite 160, Abb. 97: Die beiden eingetragenen Belastungsflächen stellen zwei verschiedene Belastungsfälle dar, die nicht gleichzeitig auftreten können.

Zu Seite 224, Abb. 170: Die sehr tiefe Rammung der Spundwand war aus Gründen des wasserdichten Abschlusses der wasserführenden Sandschicht, aber nicht aus statischen Gründen erforderlich.

Zu Seite 264, Abb. 152h: Die in dem Sohlenschnitt gezeichneten Arbeitsfugen müssen auch durch die im Schnitt gezeichnete Torkammer durchgehen.

Zu Seite 272, Abb. 157: In Abb. d muß wegen der Einspannung die Spundwand tiefer gezeichnet sein als in Abb. b, wo freie Auflagerung vorhanden ist.

GPSR Compliance

The European Union's (EU) General Product Safety Regulation (GPSR) is a set of rules that requires consumer products to be safe and our obligations to ensure this.

If you have any concerns about our products, you can contact us on ProductSafety@springernature.com

In case Publisher is established outside the EU, the EU authorized representative is:

Springer Nature Customer Service Center GmbH
Europaplatz 3
69115 Heidelberg, Germany

Batch number: 10683525

Printed by Printforce, the Netherlands